高等数学

（第2版）

上　册

邱忠文　李君湘　主编

国防工业出版社

·北京·

内 容 简 介

本版《高等数学》上、下册系高等院校"新高职"或"一般本科"高等数学课程使用的教材,本教材基本保留了"高等数学"课程内容的传统风格,编写时参照了《高等数学课程教学基本要求》.本书上册包括函数、极限与连续、导数与微分、微分中值定理及导数的应用、不定积分、定积分及向量代数与空间解析几何等 7 章;下册包括多元函数微分学、重积分、级数、微分方程及附录中的曲线积分与曲面积分等 5 章.全书基本上覆盖了现行理工科类院校《高等数学》课程(本科生)的全部教学内容.

本书既适用于全日制普通高等理工科院校及经济、管理类院校的本科生作为高等数学课程的教材,又可以作为网络高等教育、函授、高等职业技术教育或成人继续教育的大专生作高等数学课程的教科书.

图书在版编目(CIP)数据

高等数学. 上册／邱忠文,李君湘主编. —2 版.
北京:国防工业出版社,2017.1 重印
ISBN 978-7-118-04006-7

Ⅰ. 高… Ⅱ.①邱… ②李… Ⅲ. 高等数学 – 高等学校:技术学校 – 教材 Ⅳ. 013

中国版本图书馆 CIP 数据核字(2005)第 071983 号

※

国防工业出版社出版发行
(北京市海淀区紫竹院南路 23 号 邮政编码 100048)
北京嘉恒彩色印刷有限责任公司
新华书店经售
*
开本 710×960 1/16 印张 19 字数 344 千字
2017 年 1 月第 9 次印刷 印数 27001—29000 册 定价 30.00 元

(本书如有印装错误,我社负责调换)

国防书店:(010)88540777 发行邮购:(010)88540776
发行传真:(010)88540755 发行业务:(010)88540717

前　言

我们编写的《高等数学》(上、下册)教材,自 2001 年 9 月由国防工业出版社出版以来,经过了 4 年的教学实践,深感尚有多处不尽如意之处,为了进一步提高《高等数学》课程的教学质量,本书的主编对第 1 版的教材进行了适当的修改,吸收了使用本书师生的意见,编写了与本书配套的《高等数学习题解答与自我测试》教学辅导参考书.

第 2 版的教材在内容的编排上做了一些变动:"微分方程"的内容从上册的第 7 章,移到了下册的第 11 章;下册中"曲线积分与曲面积分"的内容,由正文部分移到了附录之中.

本书仍分上、下两册,上册的内容包括函数、极限与连续、导数与微分、微分中值定理及导数的应用、不定积分、定积分及向量代数与空间解析几何等 7 章;下册的内容包括多元函数微分学、重积分、级数、微分方程及附录中的曲线积分与曲面积分等 5 章的内容.全书基本上覆盖了现行理工科类院校《高等数学》课程(本科生)的全部教学内容.因此,本书既适用于全日制普通高等理工科院校及经济、管理类院校的本科生作高等数学课程的教材,又可以作为网络高等教育、函授、高等职业技术教育或成人继续教育的大专生(书中有 * 的内容不学)作高等数学课程的教科书.

与本书配套的《高等数学习题解答与自我测试》一书,是应学生们的要求编写的,它可以辅导和帮助同学们更好地学习高等数学,进一步提高解题的能力.书中的自我测试题基本上是为本科生准备的.

本书的编写得到了天津大学网络教育学院、天津大学仁爱学院、天津大学职业教育学院和天津大学继续教育学院的大力支持和帮助,编者在此深表感谢.天津大学精仪学院的部分同学在 2005 年研究生入学考试(数学 1)的准备中试用了本书,他们取得的成绩令我们高兴.

参加本书编写工作的有邱忠文、李君湘、于桂贞、李彩英、严丽、韩健、孙秀萍、韩月丽等.限于编者的水平,书中不免仍有疏误,恳请读者指正.

编　者

2005 年 6 月于天津大学

目　录

第1章 函 数

函数概念是现实世界中变量依从关系在数学中的反映,是高等数学研究的主要对象.在本章中,我们主要对初等函数的概念和性质作简略的介绍.

1.1 函数的概念

在高等数学课程中,研究问题所涉及到的数,绝大多数都是在实数范围内进行的.今后如果没有声明,本书中所提到的数,都是实数;所提到的数集,都是实数集.按照习惯,全体正自然数的集合记为 $\mathbf{N}^+$;全体整数的集合记为 $\mathbf{Z}$;全体有理数的集合记为 $\mathbf{Q}$;全体实数的集合记为 $\mathbf{R}$.

1.1.1 区间与邻域

定义 1.1 设数 a 与 b 满足 $a < b$,则数集 $\{x \mid a < x < b\}$ 称为开区间,记为 (a, b),即

$$(a, b) = \{x \mid a < x < b\}.$$

这里 a 和 b 分别称为开区间 (a, b) 的左端点和右端点.

对开区间 (a, b) 而言,显然有 $a \notin (a, b)$,$b \notin (a, b)$.

类似地,$[a, b] = \{x \mid a \leqslant x \leqslant b\}$,称为闭区间.$a$ 和 b 仍然称为闭区间 $[a, b]$ 的左端点和右端点.显然 $a \in [a, b]$,$b \in [a, b]$.

而把数集

$$[a, b) = \{x \mid a \leqslant x < b\},$$
$$(a, b] = \{x \mid a < x \leqslant b\}$$

都称为半开区间.

上面介绍的区间都是有限区间,数"$b - a$"称为这些有限区间的长度.除了有限区间之外,还有无限区间.引进记号"$+\infty$"(读为"正无穷大")及"$-\infty$"(读为"负无穷大"),则

$$(a, +\infty) = \{x \mid x > a\}; [a, +\infty) = \{x \mid x \geqslant a\};$$
$$(-\infty, b) = \{x \mid x < b\}; (-\infty, b] = \{x \mid x \leqslant b\}$$

都是无限区间.

而全体实数的集合 **R**,可以记为 $(-\infty,+\infty) = \{x \mid -\infty < x < +\infty\}$,当然也是无限区间.

今后,在不需要辨明所讨论的区间是否包含端点,以及是有限区间还是无限区间的场合,就简称为"区间"并常用字母"I"表示.

邻域也是一个经常用到的数学概念,它实际上是微观条件下的区间.

定义 1.2 设 a 与 $\delta(\delta > 0)$ 是两个数,称数集 $\{x \mid a - \delta < x < a + \delta\}$ 为点 a 的 δ 邻域,记为 $N(a,\delta)$,即

$$N(a,\delta) = \{x \mid a - \delta < x < a + \delta\}.$$

点 a 叫做这个邻域的中心,δ 叫做这个邻域的半径.

从定义 1.2 可知,邻域 $N(a,\delta)$ 实际上就是开区间 $(a-\delta, a+\delta)$.为了体现微观性,尽管定义 1.2 中对正数 δ 没有什么限制,一般总认为 δ 是很小的正数.

因为 $a - \delta < x < a + \delta$ 相当于 $|x - a| < \delta$,所以邻域 $N(a,\delta)$ 又可以表示为

$$N(a,\delta) = \{x \mid |x - a| < \delta\}.$$

有时候我们用到邻域的概念时,需要把邻域的中心去掉.去掉中心 a 的邻域 $N(a,\delta)$,称为点 a 的去心邻域,记为 $N(\hat{a},\delta)$,即

$$N(\hat{a},\delta) = \{x \mid 0 < |x - a| < \delta\},$$

或

$$N(\hat{a},\delta) = N(a,\delta) \setminus \{a\}.$$

今后把点 a 的某一邻域也记为 $N(a,\delta)$.

1.1.2　函数的定义

定义 1.3 设有两个数集 X、Y,f 是一个确定的对应规律,若对于每一个 $x \in X$,通过 f 都有惟一的 $y \in Y$ 和它对应.记为

$$f(x) = y,$$

则称 f 为定义在 X 上的一元函数,简称为函数.

在定义 1.3 中,X 为 f 的定义域,通常用记号 D_f 来表示.当 x 取遍 X 中的一切数时,与之对应的数 y 组成的数集 $V_f = \{y \mid y = f(x), x \in X\}$,称为函数 f 的值域.

一个函数是由对应规律和函数的定义域确定的,而值域则是随着对应规律和定义域的给定而确定的.习惯上把函数 f 说成"变量 y 是变量 x 的函数",并用记号 $y = f(x)$ 来表示.通常称 y 为因变量或函数,而把 x 称为自变量.

函数中表示对应关系的记号"f"也可以用其它的字母表示,例如"g"、"φ"、"F"、"G"等.这时函数的记号相应地表示为 $y = g(x)$、$y = \varphi(x)$、$y = F(x)$ 和 $y = G(x)$ 等.

在不考虑函数的实际意义的时候,函数的定义域就是自变量所能取的使函数关系成立的一切实数的集合,而函数的定义域 D_f 和值域 V_f 通常都是由区间

或数集来表示的.

我们在平面上建立直角坐标系 xOy,把满足对应关系 $y = f(x)(x \in D_f)$ 的数组 (x, y),看作 xOy 平面上的一个点,当 x 取遍 D_f 上的每一个数值时,就得到点 (x, y) 的一个集合 P

$$P = \{(x, y) \mid y = f(x), x \in D_f\}.$$

点集 P 称为函数 $y = f(x)$ 的图形.

1.1.3 函数值

如果对于自变量 x 的某一个确定的值 $x = x_0$,函数 f 有一个确定的对应值 $f(x_0)$,则称 $f(x_0)$ 为函数 f 在点 $x = x_0$ 处的函数值.这时也称函数 f 在点 $x = x_0$ 处是有定义的.

例 1.1 求函数 $y = \sqrt{1 - x^2}$ 的定义域 D_f 及函数值 $f\left(\dfrac{1}{2}\right)$.

解 函数 $y = \sqrt{1 - x^2}$ 的定义域为 $D_f = [-1, 1]$;函数值

$$f\left(\frac{1}{2}\right) = \sqrt{1 - \left(\frac{1}{2}\right)^2} = \frac{\sqrt{3}}{2}.$$

例 1.2 求函数 $y = |x| = \begin{cases} x, & \text{当 } x \geqslant 0, \\ -x, & \text{当 } x < 0 \end{cases}$ 的定义域 D_f、值域 V_f 及函数值 $f(-1)$.

解 函数 $y = |x|$ 的定义域为 $D_f = (-\infty, +\infty)$;值域 $V_f = [0, +\infty)$;函数值 $f(-1) = 1$.

例 1.3 求符号函数

$$y = \operatorname{sgn} x = \begin{cases} 1, & \text{当 } x > 0, \\ 0, & \text{当 } x = 0, \\ -1, & \text{当 } x < 0 \end{cases}$$

的定义域 D_f 及值域 V_f.

解 函数的定义域为 $D_f = (-\infty, +\infty)$;值域为 $V_f = \{-1, 0, 1\}$,其图形如图 1-1 所示.

例 1.4 设 $x \in \mathbf{R}$,不超过 x 的最大整数记为 $[x]$,则 $\left[\dfrac{4}{7}\right] = 0, [\sqrt{3}] = 1,$ $[-\pi] = -4, [-2] = -2, [3] = 3$. 求函数 $y = [x]$ 的定义域 D_f、值域 V_f.

解 函数 $y = [x]$ 的定义域为 $D_f = (-\infty, +\infty)$,值域为 $V_f = \mathbf{Z}$(全体整数). 其图形如图 1-2 所示.

函数 $y = [x]$ 通常称为取整函数或高斯(Gauss)函数.

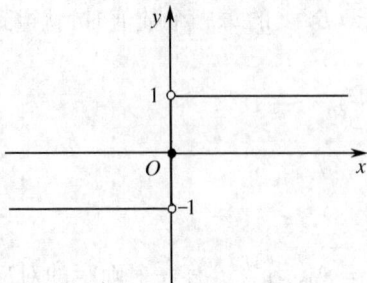

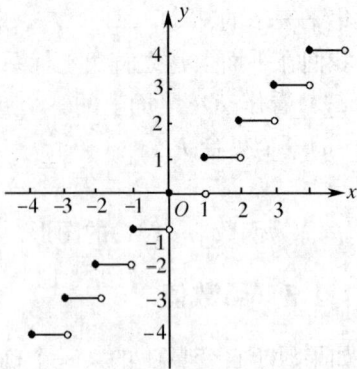

图 1-1   图 1-2

例 1.5 求函数

$$y = f(x) = \begin{cases} 2\sqrt{x}, & \text{当 } 0 \leqslant x \leqslant 1, \\ x + 1, & \text{当 } x > 1 \end{cases}$$

的定义域 D_f、值域 V_f.

解 函数的定义域为 $D_f = [0, +\infty)$,值域是 $V_f = [0, +\infty)$. 在例 1.5 中

当 $x \in [0, 1]$ 时,对应的函数值为 $f(x) = 2\sqrt{x}$,如 $f\left(\dfrac{1}{2}\right) = 2\sqrt{\dfrac{1}{2}} = \sqrt{2}$;

当 $x \in (1, +\infty)$ 时,对应的函数值为 $f(x) = x + 1$,如 $f(3) = 3 + 1 = 4$.

1.1.4　函数的性质

1. 有界性

若有正数 M 存在,使函数 $f(x)$ 在区间 I 上恒有 $|f(x)| \leqslant M$,则称 $f(x)$ 在区间 I 上是有界函数;否则,$f(x)$ 在区间 I 上是无界函数.

如果存在常数 M(不一定局限于正数),使函数 $f(x)$ 在区间 I 上恒有 $f(x) \leqslant M$,则称 $f(x)$ 在区间 I 上有上界,并且任意一个 $N \geqslant M$ 的数 N 都是 $f(x)$ 在区间 I 上的一个上界;如果存在常数 m,使 $f(x)$ 在区间 I 上恒有 $f(x) \geqslant m$,则称 $f(x)$ 在区间 I 上有下界,并且任意一个 $l \leqslant m$ 的数 l 都是 $f(x)$ 在区间 I 上的一个下界.

显然,函数 $f(x)$ 在区间 I 上有界的充分必要条件是 $f(x)$ 在区间 I 上既有上界又有下界.

例 1.6 函数 $f(x) = \sin x$ 在 $(-\infty, +\infty)$ 内是有界函数.

解 因为无论 x 取任何实数,都有 $|\sin x| \leqslant 1$,所以 $f(x) = \sin x$ 在 $(-\infty, +\infty)$ 内是有界函数.

从例 1.6 中可以看到,任何大于 1 的常数都可以作为 $\sin x$ 的上界;而任何小于 -1 的常数都可以作为 $\sin x$ 的下界.

例 1.7 验证函数 $f(x) = \dfrac{1}{x}$ 在区间 $[1,2]$ 上是有界的,在区间 $(0,1)$ 内是无界的.

解 由于 $f(x) = \dfrac{1}{x}$ 在 $x \in [1,2]$ 上满足 $|f(x)| \leqslant 1$,显然 $f(x)$ 在 $[1,2]$ 上是有界的.

而 $f(x) = \dfrac{1}{x}$ 在区间 $(0,1)$ 内,无论给定多么大的正数 M(当然会有 $M > 1$),必有 $x_1 = \dfrac{1}{2M} \in (0,1)$,使 $|f(x_1)| = 2M > M$. 也就是说,$f(x)$ 在区间 $(0,1)$ 内的某一点处,对应的函数值的绝对值,必定大于预先给定的任何正数,故 $f(x) = \dfrac{1}{x}$ 在 $(0,1)$ 内是无界的.

2. 单调性

设函数 $f(x)$ 在区间 I 上的任意两点 $x_1 < x_2$,都有 $f(x_1) < f(x_2)$(或 $f(x_1) > f(x_2)$))则称 $y = f(x)$ 在区间 I 上为严格单调增加(或严格单调减少)的函数. 在讨论函数的单调性时,"严格"两字通常也可以略去.

如果函数 $f(x)$ 在区间 I 上的任意两点 $x_1 < x_2$,都有 $f(x_1) \leqslant f(x_2)$(或 $f(x_1) \geqslant f(x_2)$),则称 $y = f(x)$ 在区间 I 上为广义单调增加(或广义单调减少)的函数. 广义单调增加的函数,通常称为非减函数;广义单调减少的函数则称为非增函数.

显然函数 $y = x^2$ 在区间 $(-\infty, 0)$ 内是单调减少的;在区间 $(0, +\infty)$ 内是单调增加的.

而函数 $y = x$、$y = x^3$ 在区间 $(-\infty, +\infty)$ 内都是单调增加的.

3. 奇偶性

若函数 $f(x)$ 在关于原点对称的区间 I 上满足 $f(-x) = f(x)$(或 $f(-x) = -f(x)$),则称 $f(x)$ 为偶函数(或奇函数).

偶函数的图形是关于 Oy 轴对称的;奇函数的图形是关于原点对称的.

例如,$f(x) = x^2$、$g(x) = x\sin x$ 在定义区间上都是偶函数,而 $F(x) = x$、$G(x) = x\cos x$ 在定义区间上都是奇函数.

4. 周期性

对于函数 $y = f(x)$,如果存在一个非零常数 T,对一切的 x 均有 $f(x + T) = f(x)$,则称函数 $f(x)$ 为周期函数,并把 $|T|$ 称为 $f(x)$ 的周期. 应当指出的是,通常讲的周期函数的周期是指最小的正周期.

对三角函数而言，$y = \sin x$、$y = \cos x$ 都是以 2π 为周期的周期函数，而 $y = \tan x$、$y = \cot x$ 则是以 π 为周期的周期函数.

关于函数的性质，除了有界性与无界性之外，单调性、奇偶性、周期性都是函数的特殊性质，而不是每一个函数都一定具备的.

1.1.5　复合函数与反函数

1. 复合函数

设 $y = f(u)$ 是数集 Y 上的函数，$u = \varphi(x)$ 是由数集 X 到数集 Y 的一个非空子集 Y_φ 的函数. 因此，对每一个 $x \in X$，通过 u 都有惟一的 y 与它对应，这时在 X 上产生了一个新的函数，用 $f \circ \varphi$ 表示，并称 $f \circ \varphi$ 为 X 上的复合函数，记为

$$(f \circ \varphi)(x) = y \text{ 或 } y = f[\varphi(x)], x \in X.$$

式中，u 叫做中间变量；X 是复合函数 $f \circ \varphi$ 的定义域；$f \circ \varphi$ 表示由 x 产生 y 的对应规律.

应当说明的是，复合函数 $(f \circ \varphi)(x)$ 的定义域 X 是不能等同于函数 $u = \varphi(x)$ 的定义域的. 数集 X 是由使函数 $u = \varphi(x)$ 的值域 Y_φ 满足 $Y_\varphi \subseteq Y$ 的实数所组成的.

复合函数是经常遇到的一种函数结构. 例如，由物理学知道，物体的动能 E 与速度 v 的函数关系是 $E = \frac{1}{2} m v^2$（这里 m 为物体的质量），如果将此物体以初速度 v_0 垂直向上抛出，由于地球引力的关系，这时速度 v 与时间 t 有下面的函数关系 $v = v_0 - gt$，于是，物体的动能成为时间 t 的函数

$$E = \frac{1}{2} m (v_0 - gt)^2.$$

这个函数就是复合函数，其中 v 是中间变量.

又例如 $y = \sin x^2$，是由 $y = \sin u$ 和 $u = x^2$ 复合而成的复合函数，其定义域为 **R**. 而函数 $y = \sqrt{x + 4}$ 是由 $y = \sqrt{u}$ 和 $u = x + 4$ 复合而成的复合函数，其定义域为 $[-4, +\infty)$. 它是中间变量 $u = x + 4$ 的定义域 **R** 的子集.

例 1.8　设 $f(x) = x^2$，$\varphi(x) = 2^x$. 求 $f[\varphi(x)]$、$\varphi[f(x)]$.

解　$f[\varphi(x)] = [\varphi(x)]^2 = (2^x)^2 = 2^{2x}$；

$$\varphi[f(x)] = 2^{f(x)} = 2^{x^2}.$$

从例 1.8 可以看出 $f \circ \varphi \neq \varphi \circ f$，也就是说复合函数的复合次序是不能交换的.

2. 反函数

设函数 $y = f(x)$ 的定义域为 D_f，值域为 V_f. 对任意的 $y \in V_f$，在 D_f 上确定了一个 x 与 y 的对应，且满足 $y = f(x)$. 如果把 y 看作自变量，x 看作因变量，就可以得到一个新的函数：$x = f^{-1}(y)$. 我们称 $x = f^{-1}(y)$ 为函数 $y = f(x)$ 的反函数，而把函数 $y = f(x)$ 称为直接函数. 一般地说，直接函数 f 与反函数 f^{-1} 是不相同的两个函数，这是因为定义域和对应规律不相同的缘故.

由于习惯上 x 表示自变量，y 表示因变量，我们约定 $y = f^{-1}(x)$ 也是直接函数 $y = f(x)$ 的反函数，通常称它为习惯反函数. 今后如不特别声明，求某一个直接函数 $y = f(x)$ 的反函数，均指求它的习惯反函数.

例 1.9 求函数 $y = 2x + 3$ 的反函数.

解 由 $y = 2x + 3$，有 $x = \dfrac{1}{2}y - \dfrac{3}{2}$，于是得到反函数

$$y = \frac{1}{2}x - \frac{3}{2}.$$

类似地，不难求出函数 $y = x^3$ 的反函数为 $y = x^{\frac{1}{3}}$.

应当说明的是，直接函数 $y = f(x)$ 与它的反函数 $y = f^{-1}(x)$ 的图形是关于直线 $y = x$ 对称的，并且单调的直接函数的反函数也是单调的.

习题 1-1

1. 求下列函数的定义域.

(1) $y = \dfrac{x+2}{x^2-4}$;　　　　　　(2) $y = \arcsin \dfrac{2x-1}{7}$;

(3) $y = \sqrt{\lg(x^2-3)}$;　　　　　(4) $y = \sqrt{x+1} + \dfrac{1}{\lg(1-x)}$.

2. 设 $f\left(\sin \dfrac{x}{2}\right) = 1 + \cos x$，求 $f(x)$、$f\left(\cos \dfrac{x}{2}\right)$.

3. 设 $f(u)$ 满足 $f^2(\lg u) - 2uf(\lg u) + u^2 \lg u = 0$，$u \in [1, 10]$，且 $f(0) = 0$，求 $f(x)$.

4. 设 $f(x) = \begin{cases} 1+x, & \text{当} -\infty < x \leqslant 0, \\ 2^x, & \text{当} 0 < x < +\infty \end{cases}$ 求 $f(-2)$, $f(0)$, $f(5)$ 及 $f(x-1)$.

5. 设 $f(x-1) = x^2$，求 $f(2x+1)$.

6. 设 $y = \dfrac{x}{2} f(t-x)$，且当 $x = 1$ 时，$y = \dfrac{1}{2}t^2 - t + \dfrac{1}{2}$，求 $f(x)$.

7. 判定函数 $f(x) = \left(\dfrac{1}{2+\sqrt{3}}\right)^x + \left(\dfrac{1}{2-\sqrt{3}}\right)^x$ 的奇偶性.

8. 求函数 $f(x) = \sin^2 2x$ 的周期.

9. 求由函数 $f(x) = \dfrac{1}{1+x}$ 所确定的复合函数 $f[f(x)]$ 及其定义域.

*10. 求函数 $y = \lg\left(\sin\dfrac{\pi}{x}\right)$ 的定义域.

1.2 初 等 函 数

1.2.1 基本初等函数

基本初等函数是指幂函数、指数函数、对数函数、三角函数、反三角函数和常数这 6 类函数.这些函数在中学的数学课程里已经学过.

基本初等函数虽然比较简单,但是由于它们的重要性,我们希望读者熟悉它们的图形、定义域和某些简单的性质.在这里,我们仅给出它们的图形,以利于读者复习.

1. 幂函数 $y = x^{\alpha}(\alpha \in \mathbf{R})$

它的定义域和值域依 α 的取值不同而不同,但是无论 α 取何值,幂函数在 $x \in (0, +\infty)$ 内总有定义.常见的幂函数的图形如图 1-3 所示.

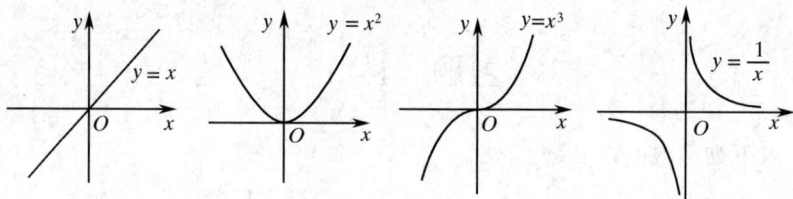

图 1-3

2. 指数函数 $y = a^{x}(a > 0, a \neq 1)$

它的定义域为 $(-\infty, +\infty)$,值域为 $(0, +\infty)$.指数函数的图形如图 1-4 所示.

3. 对数函数 $y = \log_a x(a > 0, a \neq 1)$

定义域为 $(0, +\infty)$,值域为 $(-\infty, +\infty)$.对数函数 $y = \log_a x$ 是指数函数 $y = a^x$ 的反函数.其图形如图 1-5 所示.

在工程中,常以无理数 $e = 2.718\,281\,828\cdots$ 作为指数函数和对数函数的底,并且记 $e^x = \exp x$,$\log_e x = \ln x$,而后者称为自然对数函数.

4. 三角函数

三角函数有正弦函数 $y = \sin x$、余弦函数 $y = \cos x$、正切函数 $y = \tan x$、余切函数 $y = \cot x$、正割函数 $y = \sec x$ 和余割函数 $y = \csc x$.其中正弦、余弦、正切和余切等函数的图形如图 1-6 所示.

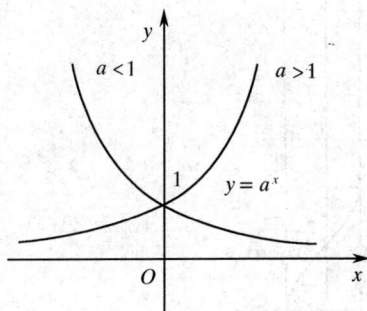

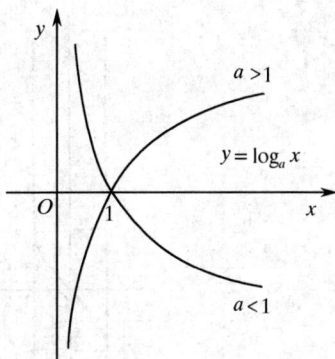

图 1 - 4　　　　　　　　　　　　　图 1 - 5

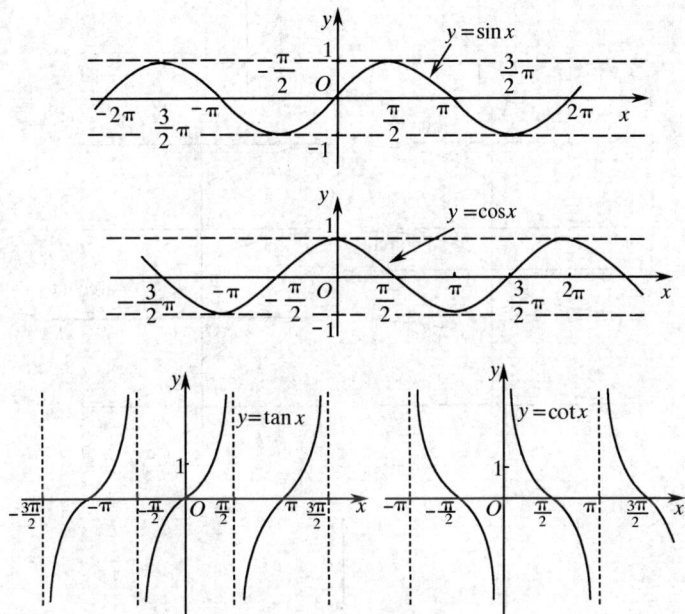

图 1 - 6

5. 反三角函数

反三角函数主要包括反正弦函数 $y = \arcsin x$、反余弦函数 $y = \arccos x$、反正切函数 $y = \arctan x$ 和反余切函数 $y = \operatorname{arccot} x$ 等. 它们的图形如图 1 - 7 所示.

6. 常量函数 $y = c$（c 为常数）

定义域为 $(-\infty, +\infty)$，函数的图形是一条水平的直线，如图 1 - 8 所示.

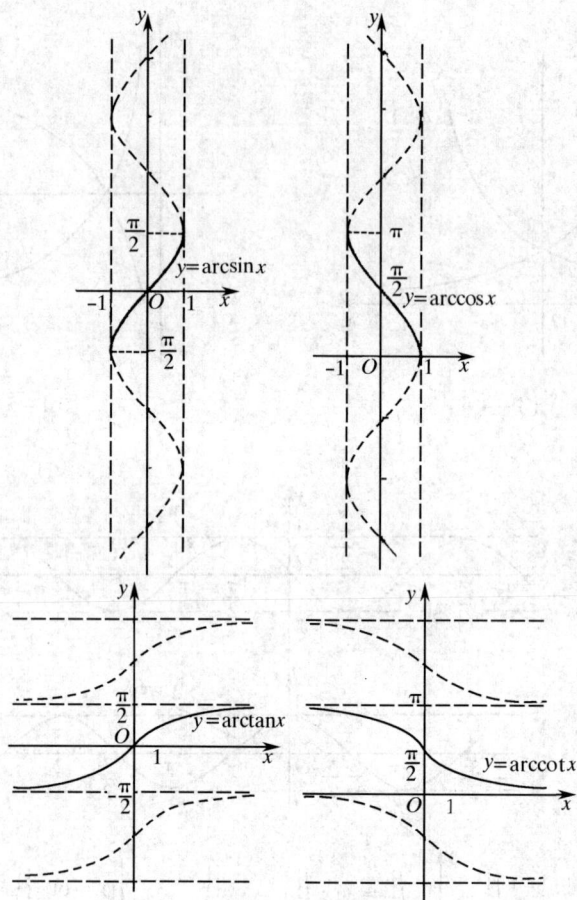

图 1 - 7

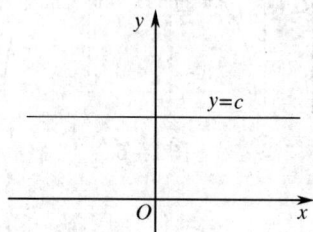

图 1 - 8

1.2.2 初等函数

在自然科学、社会科学及工程技术中,经常遇到的函数大多是由基本初等函数构成的.

通常把由基本初等函数经过有限次的四则运算和有限次的复合步骤所构成的.并用一个解析式表达的函数,称为初等函数.

例如, $y = \ln(\sin x + 4)$, $y = e^{2x}\sin(3x+1)$, $y = \sqrt[3]{\tan x}$ 等都是初等函数.初等函数虽然是常见的重要函数,但是在工程技术中,非初等函数也会经常遇到.例如符号函数 $y = \text{sgn}\,x$,取整函数 $y = [x]$ 等分段函数就是非初等函数.

在高等数学的习题中,常把一个初等函数分解为基本初等函数来研究,因此,学会分析初等函数的结构是十分重要的.

例 2.1 分析函数 $y = \sqrt{1 + x^2}$ 的结构.

解 令 $u = 1 + x^2$,则 $y = u^{\frac{1}{2}}$.而 $u = 1 + x^2$ 已是两个基本初等函数之和.设 $v(x) = 1$, $w(x) = x^2$,则函数的结构是: $y = u^{\frac{1}{2}}$, $u = v(x) + w(x)$, $v(x) = 1$, $w(x) = x^2$.

1.2.3　双曲函数

双曲函数是工程技术中常用到的初等函数,其定义如下.

双曲正弦:
$$\text{sh}\,x = \frac{e^x - e^{-x}}{2},$$

双曲余弦:
$$\text{ch}\,x = \frac{e^x + e^{-x}}{2},$$

双曲正切:
$$\text{th}\,x = \frac{\text{sh}\,x}{\text{ch}\,x} = \frac{e^x - e^{-x}}{e^x + e^{-x}},$$

双曲余切:
$$\coth x = \frac{\text{ch}\,x}{\text{sh}\,x} = \frac{e^x + e^{-x}}{e^x - e^{-x}} = \frac{1}{\text{th}\,x}.$$

其函数图形如图 1 - 9 所示.

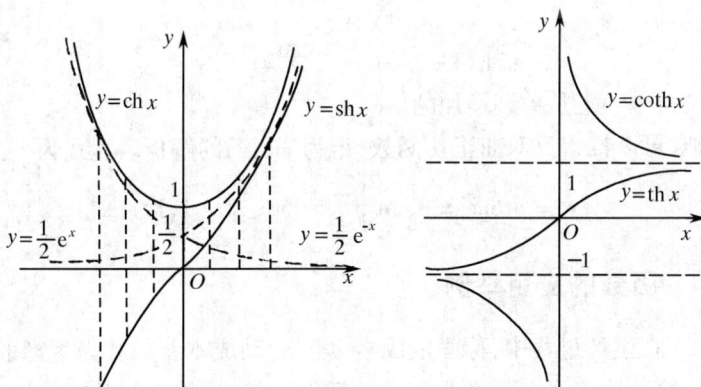

图 1 - 9

与三角函数相仿,双曲函数之间也有类似的公式,如

$$\mathrm{sh}(-x) = -\mathrm{sh}x; \mathrm{ch}(-x) = \mathrm{ch}x;$$
$$\mathrm{th}(-x) = -\mathrm{th}x; \coth(-x) = -\coth x;$$
$$\mathrm{ch}^2 x - \mathrm{sh}^2 x = 1$$

等.但是,双曲函数不是周期函数,这一点与三角函数有本质的差别.

双曲函数的反函数叫做反双曲函数.例如由双曲正弦函数

$$y = \mathrm{sh}x = \frac{\mathrm{e}^x - \mathrm{e}^{-x}}{2}, x \in \mathbf{R}$$

有

$$\mathrm{e}^{2x} - 2y\mathrm{e}^x - 1 = 0.$$

可解出

$$\mathrm{e}^x = y \pm \sqrt{y^2 + 1}.$$

因为指数函数只取正值,所以

$$\mathrm{e}^x = y + \sqrt{y^2 + 1},$$

即

$$x = \ln(y + \sqrt{y^2 + 1}).$$

这就是反双曲正弦函数的解析表达式.从而 $y = \mathrm{sh}x$ 的反函数(记为 $\mathrm{arsh}x$)是

$$y = \mathrm{arsh}x = \ln(x + \sqrt{x^2 + 1}), x \in \mathbf{R}.$$

对于双曲余弦函数 $y = \mathrm{ch}x (x \in \mathbf{R})$,由于其在定义域 $(-\infty, +\infty)$ 内不是单调函数,所以只能分别在它的两个单调区间 $(-\infty, 0)$ 及 $[0, +\infty)$ 上来讨论.取 $x \geqslant 0$ 所对应的一支作为该函数的主值,则反双曲余弦函数(记为 $\mathrm{arch}x$)的解析表达式为

$$y = \mathrm{arch}x = \ln(x + \sqrt{x^2 - 1}), x \geqslant 1.$$

它在区间 $[1, +\infty)$ 上是单调增加的.

类似地,可以推得反双曲正切函数(记为 $\mathrm{arth}x$)的解析表达式为

$$y = \mathrm{arth}x = \frac{1}{2}\ln\frac{1+x}{1-x}, x \in (-1, 1).$$

1.2.4 函数的应用举例

例 2.2 在生产过程中,称固定成本 a 与变动成本 b 的和为生产的总成本.若生产某一种产品的固定成本为 c_1 元,且每生产一件产品的变动费用增加 c_2 元,求生产这种产品的总成本 y 与产品产量 x 的函数关系,并求平均成本 $\bar{y}$.

解 由于生产某种产品的固定成本为 $a = c_1(元)$,则生产 x 件产品的变动成本为 $b = c_2 x(元)$. 于是所求的总成本函数 y 可以表示成为

$$y = a + b = c_1 + c_2 x(元) \qquad x \in \mathbf{N}$$

$$\bar{y} = \frac{y}{x} = \frac{c_1}{x} + c_2(元)$$

例 2.3 一种产品的价格为 p,当销量为 x 时,就得到销售收益函数 $R = px$,而销售收益与成本 y_1 之差就是该产品的利润.试写出该产品的利润函数 y 与销量 x 的函数关系.

解 由于收益函数 $R = px$,成本函数为 $y_1 = c_1 + c_2 x$,于是利润函数

$$y = R - y_1 = px - (c_1 + c_2 x).$$

例 2.4 把一个圆心角为 x 弧度的圆扇形卷成一个圆锥(见图 1 – 10).求圆锥的顶角 α 与 x 的函数关系.

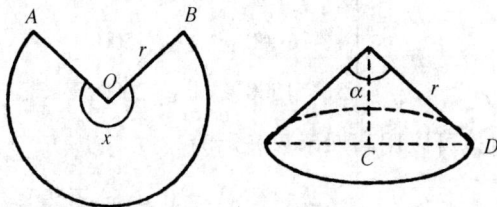

图 1 – 10

解 设圆扇形 AOB 的圆心角为 x 弧度,圆半径为 r,于是 $\overset{\frown}{AB}$ 的长度为 rx,把这个圆扇形卷成圆锥之后,它的顶角为 α,底圆 C 的周长为 rx,故底圆半径 $CD = \dfrac{rx}{2\pi}$. 因为 $\sin \dfrac{\alpha}{2} = \dfrac{CD}{r} = \dfrac{x}{2\pi}$,所以

$$\alpha = 2\arcsin \frac{x}{2\pi}$$

例 2.5 据国家统计局发表的公告,中国 1990 年 7 月 1 日的人口总数为 11.6 亿.若中国人口近期的函数为

$$p(x) = 11.6\mathrm{e}^{0.01073(x-1990)\left(1 - \frac{x-1990}{120}\right)},$$

其中 $p(x)$ 为公元 $x(x \geqslant 1990)$ 年时中国人口的数目(单位为亿人).求 $p(2000)$ 和 $p(2010)$.

解 $p(2000) = 11.6\mathrm{e}^{0.01073 \cdot 10 \cdot \frac{11}{12}} = 11.6\mathrm{e}^{0.09835} \approx 12.8(亿人)$

$p(2010) = 11.6\mathrm{e}^{0.01073 \cdot 20 \cdot \frac{5}{6}} = 11.6\mathrm{e}^{0.1788} \approx 13.8(亿人)$

应当说明的是,人口与年份的函数只是一个近期的预测函数,对中长期的参考价值较小,不同的时期,还要依据若干外因(如人口政策的变化),再重新建立新的函数.

例 2.6 某送递公司承诺,送递物品的到达时间依据发送地与目的地的铁路里程而定:里程在 500km 以内的,2 日内送达;里程超过 500km 时,每增加 500km,送达日期增加 1 日(里程不足 500km 时,送达日也按 1 日计算).试写出该公司送递物品到达的时间与铁路里程的函数关系.

解 这个函数可以写成分段函数的形式.设送达日期为 D(天),铁路里程为 x(千米),对于铁路里程为零的同城送递,把里程视为 $0 \leqslant x \leqslant 500$(千米),则

$$D = \begin{cases} 2, & 0 \leqslant x \leqslant 500, \\ 3, & 500 < x \leqslant 1000, \\ 4, & 1000 < x \leqslant 1500, \\ 5, & 1500 < x \leqslant 2000. \end{cases}$$

当然,这个函数也可以用高斯函数表示为

$$D = \begin{cases} 2, & 0 \leqslant x \leqslant 500, \\ 2 + \left| \left[\dfrac{500 - x}{500} \right] \right|, & x > 500. \end{cases}$$

高斯函数的另一个用途是可以把公元 x 年的第 k 天是星期几,可用下面的公式表示出来:

$$x - 1 + \left[\frac{x-1}{4} \right] - \left[\frac{x-1}{100} \right] + \left[\frac{x-1}{400} \right] + k \equiv n \pmod{7}$$

在这个公式中,n 是星期几,$x \geqslant 321$ 是公元的年份,k 是从 x 这一年的元旦到 k 这一天的天数(包括 k 这一天)."$\equiv$"是同余号.

例如,公元 2050 年的元旦为星期六,这是因为

$$2049 + \left[\frac{2049}{4} \right] - \left[\frac{2049}{100} \right] + \left[\frac{2049}{400} \right] + 1$$

$$= 2049 + 512 - 20 + 5 + 1 = 2547 \equiv 6 \pmod{7}$$

也就是说,2547 这个数除以 7 之后,余数为 6,就是星期 6.

同理,公元 321 年的 3 月 13 日是星期日.这是因为该年的 3 月 13 日的 $k = 31 + 28 + 13 = 72$,所以由公式有

$$320 + \left[\frac{320}{4}\right] - \left[\frac{320}{100}\right] + \left[\frac{320}{400}\right] + 72 = 469 \equiv 0 \quad (\text{mod}7)$$

在利用高斯函数计算公元 x 年的第 k 天是星期几的时候,必须限制 $x \geqslant 321$. 这是因为在公元 321 年 3 月 7 日那一天,古罗马的皇帝君士坦丁(Constantinus, 280 年—337 年)正式宣布采用"星期制",规定一个星期有 7 天,且第 1 天为星期日,第 2 天为星期 1,…… 依次永远循环下去,并且还宣布 3 月 7 日为星期 1.

习题 1–2

1. 分析下列复合函数的复合步骤.

(1) $y = \cos^2\left(3x + \frac{\pi}{4}\right)$; (2) $y = \arctan\sqrt[3]{\frac{x-1}{x+1}}$.

2. 验证等式 $|x| = x\,\text{sgn}\,x$ 成立.

3. 证明下列等式成立.

(1) $\text{sh}2x = 2\text{sh}x\text{ch}x$; (2) $\text{sh}x + \text{ch}x = e^x$;

(3) $\text{ch}x - \text{sh}x = e^{-x}$; (4) $\text{ch}^2x - \text{sh}^2x = 1$.

4. 对函数 $f(x), x \in [-l, l]$,则有等式

$$f(x) = \frac{1}{2}[f(x) + f(-x)] + \frac{1}{2}[f(x) - f(-x)],$$

指出 $\frac{1}{2}[f(x) + f(-x)]$ 与 $\frac{1}{2}[f(x) - f(-x)]$ 的奇偶性.

5. 设 $f(x) = \frac{1}{2}(a^x + a^{-x}), a > 0, a \neq 1$,验证:

$$f(x+t) + f(x-t) = 2f(x)f(t).$$

6. 设 $f\left(x + \frac{1}{x}\right) = x^2 + \frac{1}{x^2}$,求 $f\left(x - \frac{1}{x}\right)$.

7. 设 $f\left(\frac{1}{x}\right) = x(1 + \sqrt{x^2 + 1}), x > 0$. 求 $f(x)$.

第 1 章 基 本 要 求

1. 理解函数的概念,掌握函数的定义域及函数值的求法.

2. 知道函数的性质及复合函数的概念.

3. 掌握基本初等函数的图形及其性质.

4. 理解本章的基本内容(包括例题),能独立完成本章的习题.

复习题 1

1. 填空题.

(1) 设 $f(x) = \sqrt{x-3} + \arcsin\dfrac{1}{x}$,则函数 $f(x)$ 的 $D_f =$ _____.

(2) 设 $f(x-1) = x(x-1)$,则 $f(x) =$ _____.

(3) 函数 $y = 2x - 1$ 的反函数为_____.

(4) 设 $f\left(\dfrac{1}{x}\right) = \dfrac{x}{x-1}$,$x \neq 0, 1$.则 $f(2x) =$ _____.

(5) 设 $g(x) = 1 + x$,且当 $x \neq 0, 1$ 时,$f[g(x)] = \dfrac{1-x}{x}$,则 $f(x) =$

_____.

2. 选择题.

(1) 设 $g(x) = x^2 + 2x$,则 $\dfrac{g(x_0 + h) - g(x_0)}{h}\,(h \neq 0)$ 等于

(A) $(x_0 + 1) + 2h$；　　　　　　(B) $2(x_0 + 1) + h$；

(C) $2x_0 + h$；　　　　　　　　(D) $2h$.

答(　　)

(2) 设 $f(x) = \dfrac{1}{\sqrt{a^2 + x^2}}$,$a > 0$.则 $f(a\tan x)$ 等于

(A) $\dfrac{\cos x}{a}$；　　　　　　　(B) $\dfrac{\sin x}{a}$；

(C) $\dfrac{|\cos x|}{a}$；　　　　　　　(D) $\dfrac{|\sin x|}{a}$.

答(　　)

(3) 函数 $y = \lg(x - 1)$ 的有界区间为

(A) $(1, +\infty)$；　　　　　　　(B) $(2, +\infty)$；

(C) $(1, 2)$；　　　　　　　　(D) $(2, 3)$.

答(　　)

(4) 若 $y = \dfrac{1}{2}(a^x - a^{-x})$,$(a > 0, a \neq 1)$ 的反函数为 $\varphi(x)$,则 $\varphi(1)$ 等于

(A) $\log_a(1 + \sqrt{2})$；　　　　　(B) $\log_a(1 - \sqrt{2})$；

(C) $\dfrac{1}{2}(a - a^{-1})$；　　　　　(D) $\dfrac{1}{2}(a + a^{-1})$.

答(　　)

(5) 设 $f(x) = 4x^3 - 3x, \varphi(x) = \sin2x$，则 $\varphi[f(x)]$ 等于

(A) $\sin(4x^3 - 3x)$；　　　　　(B) $4\sin^3 2x - 3\sin2x$；

(C) $\sin(8x^3 - 6x)$；　　　　　(D) $4\sin^3 x - 3\sin x$.

答（　　）

3. 解下列各题.

（1）求 $y = \lg(x-1) + \dfrac{1}{\sqrt{x+1}}$ 的定义域.

（2）设 $y = f(x)$ 的定义域为 $[0,1]$，求函数 $f(3x-1)$ 的定义域.

（3）若 $f(x) = 2x+1$，求 $f(\sin x)$ 和 $f[f(x)]$.

（4）若 $f(x) = \ln(1+x)$，$f[\varphi(x)] = x$，求 $\varphi(x)$.

（5）判定函数 $f(x) = \lg x$ 的增减性.

（6）判定函数 $f(x) = \lg\dfrac{1-x}{1+x}$ 的奇偶性.

4. 求下列各题的解.

（1）设 $f(\ln x) = x^2(1 + \ln^2 x)$，求 $f(x)$.

（2）设 $f(x) = ax^2 + bx + c(a,b,c$ 均为常数$)$. 计算 $f(x+3) - 3f(x+2) + 3f(x+1) - f(x)$ 的值.

（3）若 $G(x) = G(-x)$，判别函数 $f(x) = G(x)g(x)$ 的奇偶性，其中

$$g(x) = \begin{cases} \dfrac{1}{2^x - 1} + \dfrac{1}{2}, & x \neq 0, \\ 0, & x = 0. \end{cases}$$

（4）已知某个函数的图像如图 1-11 所示，写出这个函数 $y = f(x)$ 的表达式.

（5）设 $f(x)$ 对任意的 $x, y \in \mathbf{R}$ 均有

$$f(xy) = f(x)f(y)$$

且 $f(0) \neq 0$，求 $f(x)$.

图 1-11

5. 试解下列各题.

（1）在温度计上，$0℃$ 对应于 $32℉$，$100℃$ 对应于 $212℉$，求摄氏温度 y 与华氏温度 x 之间的线性函数关系.

（2）北京到上海的铁路里程为 1463km，北京到重庆的铁路里程为 2087km，利用例 2.6，写出某送递公司送递物品的到达天数.

（3）计算出公元 2000 年元旦及 2008 年 6 月 1 日是星期几.

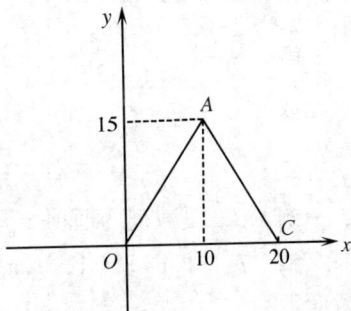

第 2 章 极限与连续

极限方法是高等数学的基本方法,高等数学中的很多概念都是用极限来定义的.本章我们首先讨论极限的概念,再讨论函数的连续性.

2.1 数列的极限

2.1.1 数列

按照某一种规律排列成的无穷多个数,叫无穷数列,简称为数列,记为 u_1, $u_2,\cdots,u_n,\cdots$ 或者 $\{u_n\}$ $(n=1,2,\cdots)$.其中每一个数叫做数列的项,第 n 项 u_n 叫做数列的通项.

例 1.1 设数列的通项 $u_n=2^n$,写出此数列.

解 $u_1=2^1=2,u_2=2^2=4,\cdots,u_n=2^n,\cdots$.
故此数列为

$$2,4,8,\cdots,2^n,\cdots.$$

例 1.2 设数列的通项 $u_n=1+\dfrac{1}{n}$,写出此数列.

解 $u_1=2,u_2=\dfrac{3}{2},\cdots,u_n=1+\dfrac{1}{n},\cdots$,
故此数列为

$$2,\frac{3}{2},\frac{4}{3},\cdots,1+\frac{1}{n},\cdots.$$

例 1.3 设数列的通项 $u_n=(-1)^{n-1}$,写出此数列.

解 $u_1=1,u_2=-1,\cdots,u_n=(-1)^{n-1},\cdots$,
故此数列为

$$1,-1,1,-1,\cdots,(-1)^{n-1},\cdots.$$

例 1.4 设数列的通项 $u_n=(-1)^{n-1}\dfrac{1}{n}$,写出此数列.

解 $u_1=1,u_2=-\dfrac{1}{2},\cdots,u_n=(-1)^{n-1}\dfrac{1}{n},\cdots$,
故此数列为

$$1, -\frac{1}{2}, \frac{1}{3}, \cdots, (-1)^{n-1}\frac{1}{n}, \cdots.$$

由于 n 与 u_n 之间存在着对应关系,可以把 u_n 视为正整数 n 的函数值,即

$$u_n = f(n), n = 1, 2, 3\cdots.$$

通常称这个函数为整标函数,其定义域是正的自然数,即 $n \in \mathbf{N}^+$.

2.1.2 数列的极限

当 n 无限增大时,数列 $u_n = f(n)$ 的变化趋势如何? 这是我们要研究的问题.

考察上面的 4 个例子,当 n 无限增大时,u_n 的变化趋势是不同的.在例 1.1 中,随着 n 的增大,$u_n = 2^n$ 的数值越来越大,而且无限增大;在例 1.3 中的 $u_n = (-1)^{n-1}$,随着 n 的增大,u_n 的值交替地取 1 和 -1;在例 1.2 中,$u_n = 1 + \frac{1}{n}$,随着 n 的增大,u_n 的值趋近于 1;在例 1.4 中,$u_n = (-1)^{n-1}\frac{1}{n}$,随着 n 的增大,u_n 的值趋近于 0.

当 n 无限增大时,数列的通项 u_n 能够无限地接近某一个固定的常数 A,能否说 A 就是数列 u_n 的极限呢? 实际上,这种关于数列极限的描述是不严格的.

我们知道,点 A 的 ε 邻域 $N(A, \varepsilon)$ 是一个与点 A 的距离小于 ε 的点集.因此,若 $u_n \in N(A, \varepsilon)$,则点 u_n 与点 A 的距离必定小于 ε.我们可以用 $|u_n - A| < \varepsilon$ 这个不等式中的 ε 来衡量点 u_n 与点 A 的接近程度:ε 越小,点 u_n 就越接近 A.如果对于任意给定的正数 ε,无论它多么地小,当 n 增大到一定的程度之后(当 n 大于某一个正整数 N 时),总有 $u_n \in N(A, \varepsilon)$,即 $|u_n - A| < \varepsilon$.这就可以对"n 无限增大"和"u_n 无限地接近 A"给出精确的定量的描述,于是可以得到数列 u_n 以 A 为极限的定义.

定义 1.1 对于数列 $\{u_n\}$ 及常数 A,若任给 $\varepsilon > 0$,总存在着正整数 N,当 $n > N$ 时,恒有

$$|u_n - A| < \varepsilon.$$

则称数列 $\{u_n\}$ 当 $n \to \infty$ 时,以 A 为极限,记为 $\lim\limits_{n\to\infty} u_n = A$ 或者简记为 $u_n \to A$($n \to \infty$).

如果数列 $\{u_n\}$ 的极限是 A,则称数列 $\{u_n\}$ 收敛于 A;若数列 $\{u_n\}$ 没有极限,则称数列 $\{u_n\}$ 发散.

定义 1.1 中,正数 ε 的任意性是很重要的,因为只有这样,不等式 $|u_n - A| < \varepsilon$ 才能表达出 u_n 与 A 无限接近的意思;同时,定义 1.1 中的正整数 N 与 ε 有关,一般说来,N 随正数 ε 的减小而增大.当然这样的 N 也是不惟一的.

用定义 1.1,我们可以证明一些比较简单的数列的极限.

例 1.5 证明 $\lim\limits_{n\to\infty}\dfrac{n+3}{n}=1$.

证 任给 $\varepsilon>0$,要使 $\left|\dfrac{n+3}{n}-1\right|=\dfrac{3}{n}<\varepsilon$,只要 $n>\dfrac{3}{\varepsilon}$ 就可以了.

因此,任给 $\varepsilon>0$,取 $N=\left[\dfrac{3}{\varepsilon}\right]$,则当 $n>N$ 时,恒有 $\left|\dfrac{n+3}{n}-1\right|<\varepsilon$ 成立,故

$$\lim_{n\to\infty}\frac{n+3}{n}=1.$$

例 1.6 证明 $\lim\limits_{n\to\infty}q^n=0,(|q|<1)$.

证 任给 $\varepsilon>0$,要使 $|q^n-0|=|q^n|<\varepsilon$,只要 $|q^n|=|q|^n<\varepsilon$,
或 $n\ln|q|<\ln\varepsilon$ 即可.

因为 $|q|<1$,所以 $\ln|q|<0$.于是 $|q|^n<\varepsilon$ 等价于 $n>\dfrac{\ln\varepsilon}{\ln|q|}$.

不妨设 $\varepsilon<1$,只要取 $N=\left[\dfrac{\ln\varepsilon}{\ln|q|}\right]$,则当 $n>N$ 时,就恒有

$$|q^n-0|<\varepsilon.$$

故

$$\lim_{n\to\infty}q^n=0\quad(|q|<1).$$

2.1.3 数列极限的性质

定理 1.1 (惟一性)收敛数列的极限是惟一的.

证 用反证法.若 $\{u_n\}$ 收敛,且极限不惟一,有 $\lim\limits_{n\to\infty}u_n=A$,$\lim\limits_{n\to\infty}u_n=B$.不妨
设 $A<B$,由极限的定义 1.1 知,对 $\varepsilon=\dfrac{B-A}{4}>0$,

$$\text{存在 } N_1>0,\text{当 } n>N_1 \text{ 时有 } |u_n-A|<\frac{B-A}{4};\qquad(1.1)$$

$$\text{存在 } N_2>0,\text{当 } n>N_2 \text{ 时有 } |u_n-B|<\frac{B-A}{4},\qquad(1.2)$$

取 $N=\max\{N_1,N_2\}$,则当 $n>N$ 时,式(1.1)与式(1.2)都成立,于是有

$$B-A=B-u_n+u_n-A\leqslant|B-u_n|+|u_n-A|$$

$$<\frac{B-A}{4}+\frac{B-A}{4}=\frac{B-A}{2}.$$

这显然是矛盾的,故原命题正确.   证毕.

定理 1.2 (有界性)若数列 $\{u_n\}$ 收敛,则数列 $\{u_n\}$ 有界.

证 设 $\lim\limits_{n\to\infty}u_n=A$,则对 $\varepsilon=1$,必存在 $N>0$,当 $n>N$ 时,恒有

$$|u_n - A| < 1$$

于是,当 $n > N$ 时,有

$$|u_n| = |u_n - A + A| \leqslant |u_n - A| + |A| < 1 + |A|.$$

取 $M = \max\{|u_1|, |u_2|, \cdots, |u_N|, 1 + |A|\}$,则有 $|u_n| \leqslant M$ 对一切 $n = 1, 2, \cdots$ 都成立,故数列 $\{u_n\}$ 有界.   证毕.

根据定理 1.2 可知无界数列一定是发散的,但是有界数列并不一定就收敛. 读者可以从例 1.7 得出这个结论.

例 1.7 验证有界数列 $u_n = (-1)^{n-1}$ 的极限不存在.

解 由于 $u_{2n} = -1, u_{2n-1} = 1$. 用反证法,若设数列 u_n 的极限为 a,取定 $\varepsilon = \frac{1}{4}$,当 $n > N$ 时,有

$$|u_{2n} - a| < \frac{1}{4}, \quad |u_{2n-1} - a| < \frac{1}{4}.$$

即

$$|-1 - a| < \frac{1}{4} \text{ 与 } |1 - a| < \frac{1}{4}.$$

应同时成立,而

$$|-1 - a| < \frac{1}{4} \Rightarrow -\frac{5}{4} < a < -\frac{3}{4},$$

$$|1 - a| < \frac{1}{4} \Rightarrow \frac{3}{4} < a < \frac{5}{4}.$$

根据定理 1.1 可知,这样的 a 是不存在的,故数列 $u_n = (-1)^{n-1}$ 无极限. 例 1.7 说明,数列有界只是数列收敛的必要条件.

习题 2-1

1. 写出下列数列的前 4 项.

(1) $u_n = \dfrac{1}{10^n}$;

(2) $u_n = \dfrac{1}{n} \cos \dfrac{\pi}{n}$;

(3) $u_n = \left(1 + \dfrac{1}{n}\right)^n$;

(4) $u_n = \dfrac{(-1)^n}{\sqrt{n^2 + 1}}$.

2. 观察下列数列的变化趋势,若数列有极限,写出其极限值.

(1) $u_n = \dfrac{n-1}{2n+1}$;

(2) $u_n = \dfrac{1 + (-1)^n}{n}$;

(3) $u_n = \dfrac{1 + (-1)^n}{2}$;

(4) $u_n = \dfrac{1}{3^n}$;

(5) $u_n = (-1)^n n$;　　　　　　(6) $u_n = 2 + \dfrac{1}{n^2}$.

3. 根据数列极限的定义证明下列各等式.

(1) $\lim\limits_{n \to \infty} \dfrac{1}{n^2} = 0$;　　　　　　(2) $\lim\limits_{n \to \infty} \left(1 - \dfrac{1}{3n}\right) = 1$;

(3) $\lim\limits_{n \to \infty} \dfrac{3n+1}{2n+1} = \dfrac{3}{2}$;　　　　　(4) $\lim\limits_{n \to \infty} \dfrac{\sin n}{n} = 0$.

4. 证明下列各题.

(1) $\lim\limits_{n \to \infty} \dfrac{n!}{n^n} = 0$,　　　　　　(2) $\lim\limits_{n \to \infty} \dfrac{2n^2 - 3n + 1}{6n^2} = \dfrac{1}{3}$.

2.2　函数的极限

数列 $\{u_n\}$ 的极限可以看作整标函数 $u_n = f(n)$ 当自变量 n 按正自然数的顺序无限增大时的极限.推广此概念,令自变量的变化是连续的,便得到函数 $f(x)$ 当 $x \to \infty$ 时的极限.

2.2.1　当 $x \to \infty$ 时函数 $f(x)$ 的极限

因为 x 可正可负,这种极限可以有几种不同的情况.

定义 2.1　设 $f(x)$ 在 $(M, +\infty)$（或 $(-\infty, -M)$）内有定义.任给 $\varepsilon > 0$,若总存在 $N > 0$,当 $x > N$（或 $x < -N$）时,恒有 $|f(x) - A| < \varepsilon$,则称 $f(x)$ 当 $x \to +\infty$（或 $x \to -\infty$）时,以常数 A 为极限,记为

$$\lim\limits_{x \to +\infty} f(x) = A\ （或\ \lim\limits_{x \to -\infty} f(x) = A）.$$

$\lim\limits_{x \to +\infty} f(x) = A$ 也可以简记为 $f(x) \to A\,(x \to +\infty)$;同理 $\lim\limits_{x \to -\infty} f(x) = A$ 也可以简记为 $f(x) \to A\,(x \to -\infty)$.

定义 2.2　设 $f(x)$ 在 $|x|$ 充分大时有定义.若对任给的正数 $\varepsilon > 0$,总存在 $N > 0$,当 $|x| > N$ 时,恒有 $|f(x) - A| < \varepsilon$ 成立,则称 $f(x)$ 当 $x \to \infty$ 时,以常数 A 为极限,记为

$$\lim\limits_{x \to \infty} f(x) = A,\ 或\ f(x) \to A\,(x \to \infty).$$

由定义 2.1 和定义 2.2 容易得出下面的定理.

定理 2.1　$\lim\limits_{x \to \infty} f(x) = A$ 的充分必要条件是 $\lim\limits_{x \to +\infty} f(x) = \lim\limits_{x \to -\infty} f(x) = A$.

例 2.1　证明 $\lim\limits_{x \to \infty} \dfrac{1}{x} = 0$.

证　任给 $\varepsilon > 0$,要使 $\left| \dfrac{1}{x} \right| < \varepsilon$,只需 $|x| > \dfrac{1}{\varepsilon}$.

如果取 $N = \dfrac{1}{\varepsilon}$,则当 $|x| > N$ 时,不等式 $\left| \dfrac{1}{x} - 0 \right| < \varepsilon$ 恒成立.由定义 2.2 知

$$\lim_{x \to \infty} \frac{1}{x} = 0.$$

2.2.2　当 $x \to x_0$ 时函数 $f(x)$ 的极限

对于函数 $y = f(x)$,除了研究 $x \to \infty$ 时的极限以外,还要研究 x 趋近于某一个常数 x_0 时,$f(x)$ 的变化趋势.

考查当 $x \to 1$ 时函数 $f(x) = \dfrac{2x^2 - 2}{x - 1}$ 的变化趋势.由于当 $x = 1$ 时,$f(x)$ 没有定义,而当 $x \neq 1$ 时,$f(x) = \dfrac{2x^2 - 2}{x - 1} = 2(x + 1)$.可知当 $x \to 1 (x \neq 1)$ 时,$f(x)$ 无限地接近于 4.

仿照函数极限的定义 2.2,我们用"$\varepsilon - \delta$"语言给出函数极限的定义.

定义 2.3　设 $f(x)$ 在 $x \in N(\hat{x}_0, \delta)$ 内有定义,任给 $\varepsilon > 0$,存在着 $\delta > 0$,使得对一切满足 $0 < |x - x_0| < \delta$ 的 x,恒有

$$| f(x) - A | < \varepsilon.$$

则称 $f(x)$ 当 $x \to x_0$ 时以常数 A 为极限,记为

$$\lim_{x \to x_0} f(x) = A, \text{或者} f(x) \to A (x \to x_0).$$

定义 2.3 中的 $0 < |x - x_0| < \delta$ 就是 $x \in (x_0 - \delta, x_0)$ $\bigcup (x_0, x_0 + \delta)$,而 $| f(x) - A | < \varepsilon$ 即是 $f(x) \in (A - \varepsilon, A + \varepsilon)$.这样,定义 2.3 可以作出以下的几何解释:对 A 的任意一个 ε 邻域 $(A - \varepsilon, A + \varepsilon)$,若总存在 x_0 的一个去心 δ 邻域,使得对一切 $x \in (x_0 - \delta, x_0)$ $\bigcup (x_0, x_0 + \delta)$,恒有 $f(x) \in (A - \varepsilon, A + \varepsilon)$,那么就有 $\lim\limits_{x \to x_0} f(x) = A$,如图 $2 - 1$ 所示.

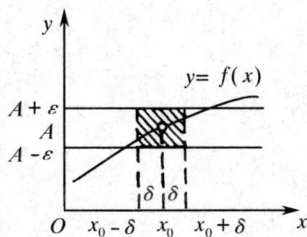

图 $2 - 1$

例 2.2　证明 $\lim\limits_{x \to x_0} c = c$,$c$ 为常数.

证　由于 $| f(x) - A | = | c - c | = 0 < \varepsilon$,且上式对一切 x 都成立.因此,定义中要求的 δ 可以取任意的正数.故有任给 $\varepsilon > 0$,对任意的 $\delta > 0$,当 $0 < |x - x_0| < \delta$ 时,恒有

$$| f(x) - A | = | c - c | = 0 < \varepsilon,$$

故

$$\lim_{x \to x_0} c = c.$$

例 2.3 证明 $\lim\limits_{x \to x_0} x = x_0$.

证 任给 $\varepsilon > 0$,要使 $|f(x) - A| = |x - x_0| < \varepsilon$.只需取 $\delta = \varepsilon$ 即可。对任给的 $\varepsilon > 0$,取 $\delta = \varepsilon$.当 $0 < |x - x_0| < \delta$ 时,恒有

$$|f(x) - A| = |x - x_0| < \varepsilon.$$

故

$$\lim\limits_{x \to x_0} x = x_0.$$

例 2.4 证明 $\lim\limits_{x \to 2}(2x - 1) = 3$.

证 任给 $\varepsilon > 0$,要使 $|f(x) - A| = |(2x - 1) - 3| = 2|x - 2| < \varepsilon$,只需取 $\delta = \dfrac{\varepsilon}{2}$.故任给 $\varepsilon > 0$,取 $\delta = \dfrac{\varepsilon}{2}$,当 $0 < |x - 2| < \delta$ 时,恒有

$$|(2x - 1) - 3| < \varepsilon.$$

即

$$\lim\limits_{x \to 2}(2x - 1) = 3.$$

例 2.5 证明 $|x| \geqslant |\sin x|$.

证 考虑圆心角为 x,半径为 R 的圆扇形 AOB.如图 $2-2$ 所示,把圆扇形 AOB 的面积记为 $S_{扇AOB}$,$\triangle AOB$ 的面积记为 $S_{\triangle AOB}$,由于

$$S_{扇AOB} \geqslant S_{\triangle AOB} \geqslant 0,$$

有

$$\frac{1}{2}R^2 x \geqslant \frac{1}{2}R^2 \sin x \geqslant 0,$$

即

$$x \geqslant \sin x \geqslant 0.$$

故

$$|x| \geqslant |\sin x|.$$

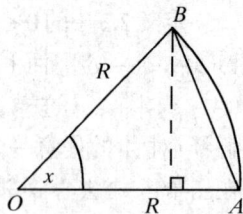

图 $2-2$

例 2.6 证明 $\lim\limits_{x \to x_0} \cos x = \cos x_0$.

证 任给 $\varepsilon > 0$,要使

$$|f(x) - A| = |\cos x - \cos x_0| = \left| -2\sin\frac{x + x_0}{2}\sin\frac{x - x_0}{2} \right|$$

$$= 2\left| \sin\frac{x + x_0}{2} \right| \cdot \left| \sin\frac{x - x_0}{2} \right| \leqslant 2\left| \sin\frac{x - x_0}{2} \right|$$

$$\leqslant 2\left| \frac{x - x_0}{2} \right| = |x - x_0| < \varepsilon,$$

只需取 $\delta = \varepsilon$.故任给 $\varepsilon > 0$,取 $\delta = \varepsilon$.当 $0 < |x - x_0| < \delta$ 时,恒有

$$|\cos x - \cos x_0| < \varepsilon.$$

即

$$\lim_{x \to x_0} \cos x = \cos x_0.$$

类似地,可以证明 $\lim\limits_{x \to x_0} \sin x = \sin x_0$.

有些实际问题只需要考虑从 x_0 的一侧趋于 x_0 时,$f(x)$ 的变化趋势. 这就需要引入函数的左极限和右极限的概念.

定义 2.4　任给 $\varepsilon > 0$,总存在 $\delta > 0$,对一切满足 $0 < x - x_0 < \delta$ 的 x,恒有 $|f(x) - A| < \varepsilon$,则称常数 A 为 $f(x)$ 在点 x_0 处的右极限,记为 $\lim\limits_{x \to x_0^+} f(x) = A$ 或 $f(x_0 + 0) = A$.

定义 2.5　任给 $\varepsilon > 0$,总存在 $\delta > 0$,使一切满足 $0 < x_0 - x < \delta$ 的 x,恒有 $|f(x) - A| < \varepsilon$,则称常数 A 为 $f(x)$ 在点 x_0 处的左极限,记为 $\lim\limits_{x \to x_0^-} f(x) = A$ 或 $f(x_0 - 0) = A$.

用定义 2.4 和定义 2.5 容易得到下面的定理.

定理 2.2　函数 $f(x)$ 当 $x \to x_0$ 时,极限存在的充分必要条件是 $f(x)$ 在点 x_0 处的左右极限存在且相等,即

$\lim\limits_{x \to x_0} f(x) = A$ 的充分必要条件是 $f(x_0 - 0) = f(x_0 + 0) = A$.

例 2.7　设 $f(x) = \begin{cases} 2x - 1, & x \geqslant 2, \\ 3, & x < 2. \end{cases}$ 判定 $f(x)$ 在点 $x = 2$ 处极限是否存在.

解　$\lim\limits_{x \to 2^-} f(x) = 3$, $\lim\limits_{x \to 2^+} f(x) = 3$,由定理 2.2 知 $\lim\limits_{x \to 2} f(x) = 3$.

例 2.8　设 $f(x) = \begin{cases} x, & x \geqslant 1, \\ 2, & x < 1. \end{cases}$ 判定 $f(x)$ 在点 $x = 1$ 处的极限是否存在.

解　由 $\lim\limits_{x \to 1^-} f(x) = 2$, $\lim\limits_{x \to 1^+} f(x) = 1$,可知 $\lim\limits_{x \to 1} f(x)$ 不存在.

2.2.3　函数极限的性质

函数的极限是函数的局部性质,它与数列的极限有相似的性质.

定理 2.3　(惟一性)如果函数的极限存在,则极限值是惟一的.

定理 2.4　(局部有界性)若 $\lim\limits_{x \to x_0} f(x) = A$,则存在 $\delta > 0$ 及 $M > 0$,对一切满足 $0 < |x - x_0| < \delta$ 的 x,均有 $|f(x)| \leqslant M$.

类似地,若 $\lim\limits_{x \to \infty} f(x) = A$,则存在 $N > 0$ 及 $M > 0$,对一切满足 $|x| > N$ 的 x,均有 $|f(x)| \leqslant M$.

定理 2.5 （局部保号性）若 $\lim\limits_{x \to x_0} f(x) = A > 0$（或 $A < 0$），则存在 $\delta > 0$，对一切满足 $0 < |x - x_0| < \delta$ 的 x，均有 $f(x) > 0$（或 $f(x) < 0$）.

证 我们仅证 $A > 0$ 的情形. 由于

$$\lim_{x \to x_0} f(x) = A > 0.$$

对 $\varepsilon = A$，必存在 $\delta > 0$，当 $0 < |x - x_0| < \delta$ 时，恒有

$$|f(x) - A| < \varepsilon = A.$$

即

$$-A < f(x) - A < A,$$

有

$$0 < f(x) < 2A.$$

对 $A < 0$ 的情形，同理可证. 证毕.

推论 1 若 $\lim\limits_{x \to \infty} f(x) = A > 0$（或 $A < 0$），则存在 $N > 0$，当 $|x| > N$ 时，$f(x) > 0$（或 $f(x) < 0$）.

推论 2 若 $f(x) \geqslant 0$（或 $f(x) \leqslant 0$），且 $\lim\limits_{\substack{x \to x_0 \\ (\text{或} x \to \infty)}} f(x) = A$，则 $A \geqslant 0$（或 $A \leqslant 0$）.

应当指出的是，当推论 2 的条件改为 $f(x) > 0$（或 $f(x) < 0$），且 $\lim\limits_{\substack{x \to x_0 \\ (\text{或} x \to \infty)}} f(x) = A$，也只能得到 $A \geqslant 0$（或 $A \leqslant 0$）的结论，而不是得到 $A > 0$（或 $A < 0$）的结论.

2.2.4 无穷小量与无穷大量

从现在开始，我们用未标明自变量变化过程的极限符号"lim"表示定理或运算对任一种极限过程（$x \to x_0$ 或 $x \to \infty$）都成立.

1. 无穷大量

在 $\lim f(x)$ 不存在的各种情况下，有一种情况较有规律，就是当 $x \to x_0$（或 $x \to \infty$）时，对应的函数的绝对值 $|f(x)|$ 无限增大，此时称 $f(x)$ 为无穷大量.

定义 2.6 任给 $M > 0$（无论它多么大），若总存在 $\delta > 0$（或 $N > 0$），当 $0 < |x - x_0| < \delta$（或 $|x| > N$）时，恒有 $|f(x)| > M$ 成立，则称 $f(x)$ 当 $x \to x_0$（或 $x \to \infty$）时是无穷大量，简称为无穷大，记为 $\lim f(x) = \infty$.

若用 $f(x) > M$（或 $f(x) < -M$）替换上述定义中的 $|f(x)| > M$，则称 $f(x)$ 为正（或负）无穷大，记为 $\lim f(x) = +\infty$（或 $\lim f(x) = -\infty$）.

例 2.9 证明 $\lim\limits_{x \to 1} \dfrac{1}{x-1} = \infty$.

证 任给 $M > 0$，要使 $\left| \dfrac{1}{x-1} \right| > M$，即 $|x - 1| < \dfrac{1}{M}$，只要取 $\delta = \dfrac{1}{M}$，则当

$0 < |x - 1| < \delta$ 时，$\left| \dfrac{1}{x - 1} \right| > M$ 恒成立. 由定义 2.6，$\lim\limits_{x \to 1} \dfrac{1}{x - 1} = \infty$.

应该注意，无穷大量是无界量，但其逆命题不成立，例如数列 $\{u_n\}$ 定义为：1, 0, 2, 0, 3, 0, $\cdots$，当 $n \to \infty$ 时是无界量，但 u_n 不是无穷大.

2. 无穷小量

定义 2.7　若 $\lim f(x) = 0$，则称 $f(x)$ 是该极限过程中的无穷小量，简称为无穷小.

例如，因为 $\lim\limits_{x \to 2} (x - 2) = 0$，所以函数 $x - 2$ 当 $x \to 2$ 时是无穷小；因为 $\lim\limits_{x \to \infty} \dfrac{1}{x} = 0$，所以函数 $\dfrac{1}{x}$ 当 $x \to \infty$ 时是无穷小.

在略去自变量变化趋势的情况下，无穷小常用 $\alpha(x)$，$\beta(x)$，$\gamma(x)$ 或 α，β，γ 来表示. 在自变量同一变化过程中，无穷小与函数极限的关系由下面的定理 2.6 揭示.

定理 2.6　$\lim\limits_{\substack{x \to x_0 \\ (\text{或} x \to \infty)}} f(x) = A$ 的充分必要条件是：$f(x) = A + \alpha(x)$，$0 < |x - x_0| < \delta$（或 $|x| > N$）.

证　仅证 $x \to x_0$ 的情况.

必要性　若 $\lim\limits_{x \to x_0} f(x) = A$，则对任给 $\varepsilon > 0$，总存在 $\delta > 0$，当 $0 < |x - x_0| < \delta$ 时，恒有 $|f(x) - A| < \varepsilon$，由定义 2.7 知 $f(x) - A$ 是无穷小，记 $f(x) - A = \alpha(x)$，即 $f(x) = A + \alpha(x)$.

充分性　设 $f(x) = A + \alpha(x)$，其中 A 是常数，由 $\lim\limits_{x \to x_0} \alpha(x) = 0$，则有 $|f(x) - A| = |\alpha(x)|$，可知任给 $\varepsilon > 0$，必存在 $\delta > 0$，当 $0 < |x - x_0| < \delta$ 时，有 $|\alpha(x)| = |f(x) - A| < \varepsilon$. 这就证明了 $\lim\limits_{x \to x_0} f(x) = A$.　　　　　　证毕.

3. 无穷大量与无穷小量的关系

定理 2.7　在某一极限过程中，若 $f(x)$ 为无穷大，则其倒数 $\dfrac{1}{f(x)}$ 为无穷小；反之，若 $f(x)$ 为无穷小，且 $f(x) \neq 0$，则 $\dfrac{1}{f(x)}$ 为无穷大.

证　仅对 $x \to x_0$ 的情形证明，设 $\lim\limits_{x \to x_0} f(x) = \infty$，则任给 $\varepsilon > 0$，取 $M = \dfrac{1}{\varepsilon} > 0$，必存在 $\delta > 0$，当 $0 < |x - x_0| < \delta$ 时，有 $|f(x)| > M$，即 $\left| \dfrac{1}{f(x)} \right| < \dfrac{1}{M} = \varepsilon$，故当 $x \to x_0$ 时 $\dfrac{1}{f(x)}$ 为无穷小.

反之，若 $\lim\limits_{x \to x_0} f(x) = 0$，且 $f(x) \neq 0$，则任给 $M > 0$，对 $\varepsilon = \dfrac{1}{M} > 0$，存在 $\delta > 0$，当

$0 < |x - x_0| < \delta$ 时，有 $|f(x)| < \varepsilon = \dfrac{1}{M}$，由于 $f(x) \neq 0$，从而有 $\left| \dfrac{1}{f(x)} \right| > M$，可知当 $x \to x_0$ 时 $\dfrac{1}{f(x)}$ 为无穷大. 证毕.

2.2.5　数列极限与函数极限的关系

*定理 2.8　海涅(Heine)定理　$\lim\limits_{\substack{x \to x_0 \\ (x \to \infty)}} f(x) = A$ 的充分必要条件是：对任意数列 $\{x_n\}$，当 $x_n \to x_0$（或 $x_n \to \infty$）且 $x_n \neq x_0$ 时都有 $\lim\limits_{n \to \infty} f(x_n) = A$.

这个定理揭示了函数极限与数列极限的关系. 根据这个定理，当函数极限存在时，求对应的数列的极限可归结为求函数的极限；也可以利用对应数列极限不存在或不相等来证明函数极限不存在.

例 2.10　证明 $\lim\limits_{x \to \infty} \sin x$ 不存在.

证　取数列 $x_n = n\pi, n \to \infty$ 时 $x_n \to +\infty$，这时 $\lim\limits_{n \to \infty} \sin x_n = \lim\limits_{n \to \infty} \sin n\pi = 0$.

再取数列 $x'_n = \left(2n + \dfrac{1}{2}\right)\pi, n \to \infty$ 时，$x'_n \to +\infty$，这时

$$\lim_{n \to \infty} \sin x'_n = \lim_{n \to \infty} \sin \left[\left(2n + \dfrac{1}{2}\right)\pi \right] = 1.$$

由海涅定理可知 $\lim\limits_{x \to +\infty} \sin x$ 不存在.

习题　2-2

1. 用极限的定义证明下列各式。

(1) $\lim\limits_{x \to 3}(3x - 4) = 5$;　　　　(2) $\lim\limits_{x \to -2} \dfrac{x^2 - 4}{x + 2} = -4$;

(3) $\lim\limits_{x \to +\infty} \dfrac{1}{x^2} = 0$;　　　　(4) $\lim\limits_{x \to +\infty} 2^{-x} = 0$;

(5) $\lim\limits_{x \to \infty} \dfrac{6x + 2}{x} = 6$.

2. 对下列函数，问 $\lim\limits_{x \to 1} f(x)$ 是否存在？

(1) $f(x) = \begin{cases} x + 4, & x < 1, \\ 2x - 1, & x \geqslant 1. \end{cases}$　　　　(2) $f(x) = \begin{cases} x^2 & 0 < x \leqslant 1, \\ 1, & 1 < x < 2. \end{cases}$

3. 根据函数的图形，写出下列各题的极限值.

(1) $\lim\limits_{x \to 0} 3^x = $ _____;　　　　(2) $\lim\limits_{x \to 0^+} 3^{\frac{1}{x}} = $ _____;

(3) $\lim\limits_{x \to 0^-} e^{\frac{1}{x}} = $ _____;　　　　(4) $\lim\limits_{x \to +\infty} \arctan x = $ _____;

(5) $\lim\limits_{x \to -\infty} \arctan x =$ _____ ; $\qquad$ (6) $\lim\limits_{x \to 0^+} \ln x =$ _____ .

4. 指出下列各题中,哪些是无穷大量,哪些是无穷小量.

(1) $f(x) = \dfrac{x^3}{x+2}$,当 $x \to 0$ 时;

(2) $f(x) = \dfrac{2}{x-1}$,当 $x \to 1$ 时;

(3) $f(x) = \mathrm{e}^{\frac{1}{x}}$,当 $x \to 0^+$ 时;

(4) $f(x) = \dfrac{\pi}{2} - \arctan x$,当 $x \to +\infty$ 时.

5. 下列函数在什么情况下是无穷小量,什么情况下是无穷大量?

(1) $y = \dfrac{1}{x^3}$; $\qquad\qquad\qquad$ (2) $y = \dfrac{1}{x+1}$;

(3) $y = \tan x$; $\qquad\qquad\qquad$ (4) $y = \ln x$.

6. 用海涅定理证明 $\lim\limits_{x \to +\infty} \cos x$ 不存在.

7. 仿照极限定义的"$\varepsilon - \delta$"语言,叙述负无穷大量 $\lim\limits_{x \to x_0^+} f(x) = -\infty$.

8. 证明:若 $\lim\limits_{x \to x_0} f(x) = A$,则存在 $\delta > 0$ 及 $M > 0$。对一切满足 $0 < |x - x_0| < \delta$ 的 x,均有 $|f(x)| < M$.

9. 证明:$\lim\limits_{x \to x_0} f(x) = A$ 的充分必要条件是 $\lim\limits_{x \to x_0^-} f(x) = \lim\limits_{x \to x_0^+} f(x) = A$.

10. 举出一个例子,当 $f(x) > 0$ 时,有 $\lim\limits_{\substack{x \to x_0 \\ (x \to \infty)}} f(x) = 0$.

11. 证明:$\lim\limits_{x \to 0} \sin \dfrac{1}{x}$ 不存在.

2.3　极限的运算法则

2.3.1　无穷小的运算法则

定理 3.1 有限个无穷小的和是无穷小.

证 设 $\lim \alpha(x) = 0$,$\lim \beta(x) = 0$,我们只需证明 $\lim [\alpha(x) + \beta(x)] = 0$. 这里,仅对 $x \to x_0$ 的情况给出证明,$x \to \infty$ 的情况留给读者自己练习.

由 $\lim\limits_{x \to x_0} \alpha(x) = 0$,知任给 $\varepsilon > 0$,必存在 $\delta_1 > 0$,当 $0 < |x - x_0| < \delta_1$ 时,有

$$|\alpha(x)| < \dfrac{\varepsilon}{2}. \qquad\qquad (3.1)$$

又由 $\lim\limits_{x \to x_0} \beta(x) = 0$,对上述的 $\varepsilon > 0$,必存在 $\delta_2 > 0$,当 $0 < |x - x_0| < \delta_2$ 时,有

$$| \beta(x) | < \frac{\varepsilon}{2}. \tag{3.2}$$

取 $\delta = \min\{\delta_1, \delta_2\}$, 当 $0 < | x - x_0 | < \delta$ 时, (3.1)与(3.2)两式同时成立, 即

$$| \alpha(x) + \beta(x) | \leqslant | \alpha(x) | + | \beta(x) |$$

$$< \frac{\varepsilon}{2} + \frac{\varepsilon}{2} = \varepsilon.$$

由无穷小的定义, 知

$$\lim_{x \to x_0} [\alpha(x) + \beta(x)] = 0. \qquad\qquad 证毕.$$

定理 3.2 无穷小乘有界变量还是无穷小.

证 我们仅证 $x \to \infty$ 的情况, 对 $x \to x_0$ 的情况, 类似可证.

设 $f(x)$ 当 $x \to \infty$ 时, 为有界变量, 即存在 $M > 0$ 和 $N_1 > 0$, 当 $| x | > N_1$ 时, 恒有 $| f(x) | \leqslant M$.

因为 $\lim\limits_{x \to \infty} \alpha(x) = 0$, 所以任给 $\varepsilon > 0$, 必存在 $N_2 > 0$. 当 $| x | > N_2$ 时, 恒有 $| \alpha(x) | < \frac{\varepsilon}{M}$.

取 $N = \max\{N_1, N_2\}$, 则当 $| x | > N$ 时, 有

$$| \alpha(x) f(x) | = | \alpha(x) | | f(x) | < \frac{\varepsilon}{M} \cdot M = \varepsilon.$$

这说明当 $x \to \infty$ 时, $\alpha(x) f(x)$ 无穷小. 证毕.

推论 1 有限个无穷小之积, 还是无穷小.

推论 2 常量乘无穷小, 还是无穷小.

定理 3.3 若 $\lim \alpha(x) = 0$, $\lim f(x) = A \neq 0$, 则

$$\lim \frac{\alpha(x)}{f(x)} = 0.$$

证 只需证 $\frac{1}{f(x)}$ 为该极限过程中的有界变量, 再用定理 3.2 的结论即可.

设 $\lim\limits_{x \to x_0} f(x) = A \neq 0$, 则对 $\varepsilon = \frac{|A|}{2} > 0$, 当 $0 < | x - x_0 | < \delta$, 有

$$\big| | f(x) | - | A | \big| \leqslant | f(x) - A | < \frac{|A|}{2},$$

即

$$\frac{|A|}{2} < | f(x) | < \frac{3|A|}{2}.$$

故

$$\left| \frac{1}{f(x)} \right| < \frac{2}{|A|} = M.$$

这说明, 当 $x \to x_0$ 时 $\frac{1}{f(x)}$ 为有界量. 证毕.

2.3.2 极限的四则运算法则

根据无穷小与函数极限的关系,以及无穷小的运算法则,可以得到函数极限的运算法则.

定理 3.4 若 $\lim f(x) = A$,$\lim g(x) = B$,则

(1) $\lim[f(x) \pm g(x)] = A \pm B = \lim f(x) \pm \lim g(x)$;

(2) $\lim[f(x)g(x)] = A \cdot B = \lim f(x) \cdot \lim g(x)$;

(3) 当 $B \neq 0$,有 $\lim \dfrac{f(x)}{g(x)} = \dfrac{A}{B} = \dfrac{\lim f(x)}{\lim g(x)}$.

证 这里仅证(2)、(3),把(1)留给读者证明. 由定理 2.6,$f(x) = A + \alpha(x)$,$g(x) = B + \beta(x)$,这里,$\lim \alpha(x) = \lim \beta(x) = 0$,故有

$$\begin{aligned} f(x)g(x) &= [A + \alpha(x)][B + \beta(x)] \\ &= AB + B\alpha(x) + A\beta(x) + \alpha(x)\beta(x). \end{aligned}$$

显然,

$$\lim f(x)g(x) = AB.$$

同理,对(3),只需证 $\dfrac{f(x)}{g(x)} - \dfrac{A}{B}$ 是无穷小量就可以了.

$$\frac{f(x)}{g(x)} - \frac{A}{B} = \frac{A + \alpha(x)}{B + \beta(x)} - \frac{A}{B} = \frac{B\alpha(x) - A\beta(x)}{B[B + \beta(x)]} \to 0 \text{(因为 } B \neq 0\text{)证毕}.$$

推论 3 若 k 为常数,并且 $\lim f(x)$ 存在,则

$$\lim kf(x) = k \lim f(x).$$

推论 4 若 n 是自然数,并且 $\lim f(x)$ 存在,则

$$\lim[f(x)]^n = [\lim f(x)]^n.$$

例 3.1 若 $f(x) = a_0 x^n + a_1 x^{n-1} + \cdots + a_{n-1} x + a_n$,求 $\lim\limits_{x \to x_0} f(x)$.

解

$$\begin{aligned} \lim_{x \to x_0} f(x) &= \lim_{x \to x_0} a_0 x^n + \lim_{x \to x_0} a_1 x^{n-1} + \cdots + \lim_{x \to x_0} a_{n-1} x + \lim_{x \to x_0} a_n \\ &= a_0 (\lim_{x \to x_0} x)^n + a_1 (\lim_{x \to x_0} x)^{n-1} + \cdots + a_{n-1} (\lim_{x \to x_0} x) + a_n \\ &= a_0 x_0^n + a_1 x_0^{n-1} + \cdots + a_{n-1} x_0 + a_n \\ &= f(x_0). \end{aligned}$$

此例说明,求多项式当 $x \to x_0$ 的极限时,只需用 x_0 代替函数中的 x 就行了. 例如,$\lim\limits_{x \to 1}(2x^2 + 1) = 2 \times 1^2 + 1 = 3$.

例 3.2 设 $F(x) = \dfrac{P(x)}{Q(x)}$,这里,$P(x)$、$Q(x)$ 都是多项式,求 $\lim\limits_{x \to x_0} F(x)$.

解 由例 3.1 知，$\lim\limits_{x \to x_0} P(x) = P(x_0)$，$\lim\limits_{x \to x_0} Q(x) = Q(x_0)$.

(1) 当 $Q(x_0) \neq 0$，由极限除法运算法则有

$$\lim_{x \to x_0} F(x) = \frac{P(x_0)}{Q(x_0)} = F(x_0).$$

(2) 当 $Q(x_0) = 0$ 但 $P(x_0) \neq 0$ 时，则 $\lim\limits_{x \to x_0} F(x) = \infty$.

(3) 当 $Q(x_0) = P(x_0) = 0$，则分子、分母约去 $(x - x_0)^k$ 的公因式，化成情况 (1)或(2). 这里，约分能进行，是因为 $x \to x_0$ 时，$x \neq x_0$，故 $x - x_0 \neq 0$. 如

$$\lim_{x \to 2} \frac{x^2 - 1 + x}{x - 1} = 5; \quad \lim_{x \to 1} \frac{x^2 - 1 + x}{x - 1} = \infty;$$

$$\lim_{x \to 1} \frac{x^2 - 1}{x - 1} = \lim_{x \to 1} \frac{x + 1}{1} = 2.$$

例 3.3 求 $\lim\limits_{x \to \infty} F(x) = \lim\limits_{x \to \infty} \dfrac{a_0 x^n + a_1 x^{n-1} + \cdots + a_{n-1} x + a_n}{b_0 x^m + b_1 x^{m-1} + \cdots + b_{m-1} x + b_m}$，$(a_0 \, , b_0 \neq 0 \, , m \, ,$ n 是正的自然数).

解 $\lim\limits_{x \to \infty} F(x) = \lim\limits_{x \to \infty} x^{n-m} \dfrac{a_0 + \dfrac{a_1}{x} + \cdots + \dfrac{a_n}{x^n}}{b_0 + \dfrac{b_1}{x} + \cdots + \dfrac{b_m}{x^m}} = \dfrac{a_0}{b_0} \lim\limits_{x \to \infty} x^{n-m}$

$$= \begin{cases} \dfrac{a_0}{b_0}, & \text{当 } m = n, \\ 0, & \text{当 } m > n, \\ \infty, & \text{当 } m < n. \end{cases}$$

例如，　　$\lim\limits_{x \to \infty} \dfrac{x^3 - 2x + 5}{4x^3 + 5x^2 + 1} = \dfrac{1}{4}; \quad \lim\limits_{x \to \infty} \dfrac{x^3 - 2x + 4}{x + 1} = \infty;$

$$\lim_{x \to \infty} \frac{x^2 + 2x - 1}{x^4 - x^3 + x} = 0.$$

例 3.4 求极限 $\lim\limits_{x \to 1} \left(\dfrac{1}{1 - x} - \dfrac{3}{1 - x^3} \right)$.

解 当 $x \to 1$ 时，$\dfrac{1}{1 - x}$ 和 $\dfrac{3}{1 - x^3}$ 的极限都不存在，因此不能直接用极限的四则运算法则，因为 $x \neq 1$，可将函数恒等变形得

$$\frac{1}{1 - x} - \frac{3}{1 - x^3} = \frac{1 + x + x^2 - 3}{1 - x^3} = \frac{(x + 2)(x - 1)}{1 - x^3}$$

$$= -\frac{x + 2}{x^2 + x + 1}$$

所以

$$\lim_{x \to 1}\left(\frac{1}{1-x} - \frac{3}{1-x^3}\right) = \lim_{x \to 1}\frac{-(x+2)}{x^2+x+1} = -1$$

例 3.5 求极限 $\lim\limits_{x \to 0}\dfrac{\sqrt{1+2x}-1}{x}$.

解 $\lim\limits_{x \to 0}\dfrac{\sqrt{1+2x}-1}{x} = \lim\limits_{x \to 0}\dfrac{(\sqrt{1+2x})^2-1^2}{x(\sqrt{1+2x}+1)} = \lim\limits_{x \to 0}\dfrac{2}{\sqrt{1+2x}+1} = 1.$

例 3.6 求极限 $\lim\limits_{x \to +\infty}(\sqrt{x^2+x} - \sqrt{x^2+1})$.

解 $\lim\limits_{x \to +\infty}(\sqrt{x^2+x} - \sqrt{x^2+1}) = \lim\limits_{x \to +\infty}\dfrac{x-1}{\sqrt{x^2+x}+\sqrt{x^2+1}}$

$$= \lim_{x \to +\infty}\frac{1-\dfrac{1}{x}}{\sqrt{1+\dfrac{1}{x}}+\sqrt{1+\dfrac{1}{x^2}}} = \frac{1}{2}$$

例 3.7 求 $\lim\limits_{x \to \infty}\dfrac{\sin x}{x}$.

解 当 $x \to \infty$ 时,分子分母的极限都不存在,所以不能用商的极限运算法则.因为 $\lim\limits_{x \to \infty}\dfrac{1}{x} = 0$,而 $\sin x$ 是有界函数,根据定理 3.2 有

$$\lim_{x \to \infty}\frac{\sin x}{x} = \lim_{x \to \infty}\frac{1}{x}\sin x = 0$$

注意:当 $x \to \infty$ 时 $\sin x$ 的极限不存在,因此本题也不能用乘积的运算法则来解.

习题 2-3

1. 若 $\lim\limits_{x \to x_0}f(x)$ 存在,$\lim\limits_{x \to x_0}g(x)$ 不存在,问:

(1) $\lim\limits_{x \to x_0}[f(x) \pm g(x)]$ 是否存在?

(2) $\lim\limits_{x \to x_0}[f(x) \cdot g(x)]$ 是否存在? 举例说明.

2. 若 $\lim\limits_{x \to x_0}f(x)$,$\lim\limits_{x \to x_0}g(x)$ 均不存在,问:

$\lim\limits_{x \to x_0}[f(x) + g(x)]$ 是否存在? 举例说明.

3. 求下列各极限.

(1) $\lim\limits_{x \to 1}(x^2 - 2x + 3)$; $\qquad$ (2) $\lim\limits_{x \to 2}\dfrac{x^2+4}{3-x}$;

(3) $\lim\limits_{x \to -1} \dfrac{x^2 + 2x + 5}{x^2 + 1}$;

(4) $\lim\limits_{x \to 1} \dfrac{x^2 - 2x + 1}{x^2 - 1}$;

(5) $\lim\limits_{x \to 0} \dfrac{x + 1}{x^2 + 2x}$;

(6) $\lim\limits_{x \to \infty} \dfrac{3x^3 - 2x^2 + 5}{2x^3 + x - 1}$;

(7) $\lim\limits_{x \to \infty} \dfrac{x^2 + 3x}{x^3 - 3x + 1}$;

(8) $\lim\limits_{x \to \infty} \dfrac{x^5 - 2x - 1}{x^4 + x^3 + 1}$;

(9) $\lim\limits_{x \to \infty} x^2 \left(\dfrac{1}{x + 1} - \dfrac{1}{x - 1} \right)$;

(10) $\lim\limits_{x \to 1} \dfrac{\sqrt[3]{x} - 1}{x - 1}$.

4. 求下列各极限.

(1) $\lim\limits_{h \to 0} \dfrac{(x + h)^2 - x^2}{h}$;

(2) $\lim\limits_{h \to 0} \dfrac{\sqrt{x + h} - \sqrt{x}}{h}$;

(3) $\lim\limits_{x \to \infty} \dfrac{x + \sin x}{x - \sin x}$;

(4) $\lim\limits_{x \to +\infty} e^{-x} \sin x$;

(5) $\lim\limits_{x \to +\infty} \left(\sqrt{x^2 + 1} - \sqrt{x^2 - 1} \right)$;

(6) $\lim\limits_{x \to +\infty} \dfrac{\sqrt{x^2 + 1}}{x + 1}$;

(7) $\lim\limits_{x \to 0} x \sin \dfrac{1}{x}$;

(8) $\lim\limits_{x \to \infty} \left(\dfrac{x^3}{2x^2 - 1} - \dfrac{x^2}{2x + 1} \right)$.

5. 求下列各极限.

(1) $\lim\limits_{n \to \infty} \dfrac{2^n + 3^n}{2^{n+1} + 3^{n+1}}$;

(2) $\lim\limits_{n \to \infty} \left(\dfrac{1 + 2 + 3 + \cdots + n}{n^2} \right)$;

(3) $\lim\limits_{n \to \infty} \left[\dfrac{1}{1 \times 2} + \dfrac{1}{2 \times 3} + \cdots + \dfrac{1}{n(n + 1)} \right]$.

2.4 极限的存在准则 两个重要的极限

本节给出判定极限存在的两个准则,即夹挤准则及单调有界准则,并且讨论两个重要的极限.

2.4.1 极限的存在准则

定理 4.1 (夹挤准则)若函数 $f(x)$ 在 $x \in N(\hat{x}_0, \delta)$ 内(或 $|x| > N$ 时)满足不等式

$$G(x) \leqslant f(x) \leqslant F(x),$$

且满足

$$\lim\limits_{\substack{x \to x_0 \\ (x \to \infty)}} G(x) = \lim\limits_{\substack{x \to x_0 \\ (x \to \infty)}} F(x) = A.$$

则有

$$\lim\limits_{\substack{x \to x_0 \\ (x \to \infty)}} f(x) = A.$$

证 仅证 $x \to x_0$ 的情形.

由于 $\lim\limits_{x \to x_0} G(x) = \lim\limits_{x \to x_0} F(x) = A$,故任给 $\varepsilon > 0$,必存在 $\delta_1 > 0$,当 $0 < |x - x_0| < \delta_1$ 时,恒有

$$|G(x) - A| < \varepsilon;$$

也必存在 $\delta_2 > 0$,当 $0 < |x - x_0| < \delta_2$ 时,恒有

$$|F(x) - A| < \varepsilon.$$

取 $\delta = \min\{\delta_1, \delta_2\}$,则当 $0 < |x - x_0| < \delta$ 时,$|G(x) - A| < \varepsilon$,$|F(x) - A| < \varepsilon$ 同时成立,即

$$A - \varepsilon < G(x) < A + \varepsilon, A - \varepsilon < F(x) < A + \varepsilon.$$

于是有

$$A - \varepsilon < G(x) \leqslant f(x) \leqslant F(x) < A + \varepsilon.$$

即当 $0 < |x - x_0| < \delta$ 时,恒有 $|f(x) - A| < \varepsilon$,故

$$\lim\limits_{x \to x_0} f(x) = A. \qquad\qquad 证毕.$$

应当指出的是,夹挤准则中的条件 $G(x) \leqslant f(x) \leqslant F(x)$ 改为严格的不等式 $G(x) < f(x) < F(x)$ 时,结论仍然成立.

夹挤准则,有的书上也称为夹逼准则.

定理 4.2 (单调有界准则)单调增加有上界的数列必有极限;单调减少有下界的数列必有极限.

定理 4.2 说明单调有界的数列必有极限. 定理 4.2 的证明略.

2.4.2 两个重要的极限

1. $\lim\limits_{x \to 0} \dfrac{\sin x}{x} = 1$.

我们先证明:$\lim\limits_{x \to 0^+} \dfrac{\sin x}{x} = 1$. 考虑在单位圆 O 中,如图 2-3 所示,把 $\triangle BOC$、$\triangle AOT$ 的面积分别记为 $S_{\triangle BOC}$、$S_{\triangle AOT}$,扇形 AOB 的面积记为 $S_{扇AOB}$. 由

$$S_{\triangle BOC} < S_{扇AOB} < S_{\triangle AOT},$$

有

$$\frac{1}{2}\sin x \cos x < \frac{1}{2} x \cdot 1^2 < \frac{1}{2}\tan x \cdot 1,$$

即

$$\sin x \cos x < x < \tan x,$$

故有

$$\cos x < \frac{\sin x}{x} < \frac{1}{\cos x},$$

由 $\lim\limits_{x \to 0^+} \cos x = \lim\limits_{x \to 0^+} \dfrac{1}{\cos x} = 1$,根据夹挤准则,得

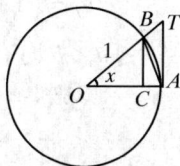

图 2-3

$$\lim_{x \to 0^+} \frac{\sin x}{x} = 1.$$

由于 $\frac{\sin x}{x}$ 是偶函数,故有

$$\lim_{x \to 0^-} \frac{\sin x}{x} = \lim_{x \to 0^-} \frac{\sin(-x)}{-x} = \lim_{x \to 0^+} \frac{\sin x}{x} = 1.$$

综上所述,有

$$\lim_{x \to 0} \frac{\sin x}{x} = 1.$$

例 4.1　计算 $\lim\limits_{x \to 0} \dfrac{\tan x}{x}$.

解　$\lim\limits_{x \to 0} \dfrac{\tan x}{x} = \lim\limits_{x \to 0} \dfrac{\sin x}{x} \cdot \dfrac{1}{\cos x} = \lim\limits_{x \to 0} \dfrac{\sin x}{x} \cdot \lim\limits_{x \to 0} \dfrac{1}{\cos x} = 1$

例 4.2　计算 $\lim\limits_{x \to 0} \dfrac{\sin 3x}{\sin 2x}$.

解　$\lim\limits_{x \to 0} \dfrac{\sin 3x}{\sin 2x} = \lim\limits_{x \to 0} \dfrac{\sin 3x}{3x} \cdot \dfrac{2x}{\sin 2x} \cdot \dfrac{3x}{2x} = \lim\limits_{x \to 0} \dfrac{\sin 3x}{3x} \cdot \lim\limits_{x \to 0} \dfrac{2x}{\sin 2x} \cdot \lim\limits_{x \to 0} \dfrac{3x}{2x}$

$$= 1 \cdot 1 \cdot \frac{3}{2} = \frac{3}{2}.$$

例 4.3　计算 $\lim\limits_{x \to 0} \dfrac{1 - \cos x}{x^2}$.

解　$\lim\limits_{x \to 0} \dfrac{1 - \cos x}{x^2} = \lim\limits_{x \to 0} \dfrac{2\left(\sin^2 \dfrac{x}{2}\right)}{x^2} = \dfrac{1}{2} \lim\limits_{x \to 0} \left(\dfrac{\sin \dfrac{x}{2}}{\dfrac{x}{2}}\right)^2 = \dfrac{1}{2}.$

例 4.4　计算 $\lim\limits_{x \to \infty} x \sin \dfrac{1}{x}$.

解　$\lim\limits_{x \to \infty} x \sin \dfrac{1}{x} = \lim\limits_{x \to \infty} \dfrac{\sin \dfrac{1}{x}}{\dfrac{1}{x}} \xlongequal{u = \frac{1}{x}} \lim\limits_{u \to 0} \dfrac{\sin u}{u} = 1.$

2. $\lim\limits_{x \to \infty} \left(1 + \dfrac{1}{x}\right)^x = \mathrm{e}$

首先考虑 x 取正整数且趋于 $+\infty$ 的情形.

令 $u_n = \left(1 + \dfrac{1}{n}\right)^n$,下面证明数列 $\{u_n\}$ 单调增加有上界,由代数的知识可知, 当 $0 \leqslant a < b$ 时有

$$\begin{aligned}
b^{n+1} - a^{n+1} &= (b^n + ab^{n-1} + a^2 b^{n-2} + \cdots + a^{n-1} b + a^n)(b - a) \\
&< (b^n + bb^{n-1} + b^2 b^{n-2} + \cdots + b^{n-1} b + b^n)(b - a) \\
&= (n + 1) b^n (b - a).
\end{aligned}$$

移项得

$$b^n[b - (n + 1)(b - a)] < a^{n+1}. \tag{4.1}$$

在(4.1)式中令 $a = 1 + \dfrac{1}{n+1}, b = 1 + \dfrac{1}{n}$, 有

$$\left(1 + \frac{1}{n}\right)^n \left[1 + \frac{1}{n} - (n+1)\left(\frac{1}{n} - \frac{1}{n+1}\right)\right] < \left(1 + \frac{1}{n+1}\right)^{n+1},$$

即

$$\left(1 + \frac{1}{n}\right)^n < \left(1 + \frac{1}{n+1}\right)^{n+1}.$$

这说明数列 $\left\{(1 + \dfrac{1}{n})^n\right\}$ 是单调增加的.

再令 $a = 1, b = 1 + \dfrac{1}{2n}$, 代入(4.1)式得

$$\left(1 + \frac{1}{2n}\right)^n \left(1 + \frac{1}{2n} - \frac{n+1}{2n}\right) < 1,$$

即

$$\left(1 + \frac{1}{2n}\right)^n < 2,$$

从而

$$\left(1 + \frac{1}{2n}\right)^{2n} < 4.$$

这说明数列 $\left\{\left(1 + \dfrac{1}{n}\right)^n\right\}$ 有界, 由单调有界准则知数列 $\left(1 + \dfrac{1}{n}\right)^n$ 的极限存在, 通常用字母 e 表示它, 即

$$\lim_{n \to \infty} \left(1 + \frac{1}{n}\right)^n = \mathrm{e}.$$

可以证明 e 是一个无理数, 若取它的小数到第 15 位, 其值是

$$\mathrm{e} = 2.718281828459045\cdots.$$

当 x 取实数而趋于 $+\infty$ 或 $-\infty$ 时, 函数 $\left(1 + \dfrac{1}{x}\right)^x$ 的极限都存在且都等于 e. 其证明如下:

任给 $x > 0$, 必存在自然数 n, 使 $n \leqslant x < n + 1$, 则有

$$\left(1 + \frac{1}{n+1}\right)^n < \left(1 + \frac{1}{x}\right)^x \leqslant \left(1 + \frac{1}{n}\right)^x < \left(1 + \frac{1}{n}\right)^{n+1}$$

当 $x \to +\infty$ 时, $n \to \infty$, 且

$$\lim_{n \to \infty} \left(1 + \frac{1}{n+1}\right)^n = \lim_{n \to \infty} \left(1 + \frac{1}{n+1}\right)^{n+1} \cdot \frac{1}{1 + \dfrac{1}{n+1}} = \mathrm{e},$$

$$\lim_{n \to \infty} \left(1 + \frac{1}{n}\right)^{n+1} = \lim_{n \to \infty} \left(1 + \frac{1}{n}\right)^n \cdot \left(1 + \frac{1}{n}\right) = \mathrm{e}.$$

由夹挤准则,有

$$\lim_{x \to +\infty}\left(1 + \frac{1}{x}\right)^x = e.$$

另一方面,若令 $x = -(t+1)$,则当 $x \to -\infty$ 时,$t \to +\infty$,有

$$\lim_{x \to -\infty}\left(1 + \frac{1}{x}\right)^x = \lim_{t \to +\infty}\left(1 - \frac{1}{t+1}\right)^{-(t+1)}$$

$$= \lim_{t \to +\infty}\left(\frac{t}{t+1}\right)^{-(t+1)} = \lim_{t \to +\infty}\left(1 + \frac{1}{t}\right)^{t+1}$$

$$= \lim_{t \to +\infty}\left[\left(1 + \frac{1}{t}\right)^t \cdot \left(1 + \frac{1}{t}\right)\right] = e.$$

综上所述,我们证明了重要极限:

$$\lim_{x \to \infty}\left(1 + \frac{1}{x}\right)^x = e. \tag{4.2}$$

如果令 $z = \frac{1}{x}$,则当 $x \to \infty$ 时,$z \to 0$,有

$$\lim_{x \to \infty}\left(1 + \frac{1}{x}\right)^x = \lim_{z \to 0}(1 + z)^{\frac{1}{z}} = e.$$

因此,式(4.2)又可以写成

$$\lim_{x \to 0}(1 + x)^{\frac{1}{x}} = e.$$

例 4.5 计算 $\lim\limits_{x \to \infty}\left(1 + \dfrac{k}{x}\right)^x, k \neq 0$.

解 $\lim\limits_{x \to \infty}\left(1 + \dfrac{k}{x}\right)^x = \lim\limits_{x \to \infty}\left(1 + \dfrac{k}{x}\right)^{\frac{x}{k} \cdot k} = \lim\limits_{x \to \infty}\left[\left(1 + \dfrac{k}{x}\right)^{\frac{x}{k}}\right]^k = e^k.$

由例 4.5 不难得出 $\lim\limits_{x \to \infty}\left(1 - \dfrac{3}{x}\right)^x = e^{-3}.$

例 4.6 计算 $\lim\limits_{x \to 0}(1 - x)^{\frac{2}{x}}$.

解 $\lim\limits_{x \to 0}(1 - x)^{\frac{2}{x}} = \lim\limits_{x \to 0}\left\{[1 + (-x)]^{\frac{1}{-x}}\right\}^{-2} = e^{-2}.$

习题 2-4

1. 计算下列极限.

(1) $\lim\limits_{x \to 0}\dfrac{\sin 2x}{x}$;

(2) $\lim\limits_{x \to 0}\dfrac{\sin mx}{\sin nx}(m、n \neq 0)$;

(3) $\lim_{x \to 0} \dfrac{\arcsin x}{x}$;

(4) $\lim_{x \to \pi} \dfrac{\sin x}{\pi - x}$;

(5) $\lim_{x \to 0^+} \dfrac{x}{\sqrt{1 - \cos x}}$;

(6) $\lim_{x \to 0} \dfrac{\sin x + x}{\sin x - 2x}$;

(7) $\lim_{n \to \infty} \left(n \sin \dfrac{\pi}{n} \right)$;

(8) $\lim_{x \to 0} \dfrac{\tan x - \sin x}{x^3}$.

2. 计算下列极限.

(1) $\lim_{n \to \infty} \left(1 + \dfrac{1}{n+1} \right)^{n+2}$;

(2) $\lim_{x \to \infty} \left(1 + \dfrac{2}{x} \right)^{x+1}$;

(3) $\lim_{x \to 0} (1 - 3x)^{\frac{1}{x}}$;

(4) $\lim_{x \to \infty} \left(\dfrac{x}{1+x} \right)^x$;

(5) $\lim_{x \to \infty} \left(\dfrac{x+1}{x-1} \right)^x$;

(6) $\lim_{x \to 0} (1 + \tan x)^{\cot x}$;

(7) $\lim_{x \to \frac{\pi}{2}} (1 + \cos x)^{2\sec x}$;

(8) $\lim_{n \to \infty} \left(1 + \dfrac{2x}{n} \right)^n$.

3. 设 $a > b > c > 0$, 求 $\lim_{n \to \infty} (a^n + b^n + c^n)^{\frac{1}{n}}$.

4. 设 $u_n = \dfrac{1}{3+1} + \dfrac{1}{3^2+1} + \dfrac{1}{3^3+1} + \cdots + \dfrac{1}{3^n+1}$, 利用极限存在的准则证明:
$\lim_{n \to \infty} u_n$ 存在.

2.5 无穷小的比较

2.5.1 无穷小的比较

大家知道,两个无穷小的和、差、积仍然是无穷小,但是两个无穷小的商却会出现不同的结果.

当 $x \to 0$ 时, x, x^2 及 $\sin 2x$ 都是无穷小,却有

$$\lim_{x \to 0} \frac{x^2}{x} = 0, \lim_{x \to 0} \frac{\sin 2x}{x^2} = \infty, \lim_{x \to 0} \frac{\sin 2x}{x} = 2.$$

两个无穷小之比的极限结果的不同,反映了不同的无穷小趋于零的"速度"不相同.我们可以用两个无穷小的比值极限来讨论它们趋于零的"速度"的快慢.

定义 5.1 设 α, β 是同一个极限过程中的两个无穷小量,若 $\lim \dfrac{\alpha}{\beta} = A$,则:

(1) $A \neq 0$ 时,称 α 与 β 为同阶无穷小,记为 $\beta = O(\alpha)$;

(2) $A = 1$ 时,称 α 与 β 为等价无穷小,记为 $\alpha \sim \beta$;

(3) $A = 0$ 时,称 α 是比 β 高阶的无穷小,记为 $\alpha = o(\beta)$.

当 $\alpha = o(\beta)$ 时,也可以称 β 是比 α 低阶的无穷小,显然此时 $\lim \dfrac{\beta}{\alpha} = \infty$. 从定义 5.1 还可以知道,$\alpha \sim \beta$ 是同阶无穷小中的特殊情况.

由定义 5.1 可知,当 $x \to 0$ 时,x^2 是比 x 更高阶的无穷小;x 与 $\sin 2x$ 是同阶无穷小.

例 5.1　验证当 $x \to 0$ 时,$\tan x \sim x$,$1 - \cos x \sim \dfrac{1}{2} x^2$.

解　因为 $\lim\limits_{x \to 0} \dfrac{\tan x}{x} = \lim\limits_{x \to 0} \dfrac{\sin x}{x} \cdot \dfrac{1}{\cos x} = 1$,所以当 $x \to 0$ 时,$\tan x \sim x$.

因为 $\lim\limits_{x \to 0} \dfrac{1 - \cos x}{\dfrac{1}{2} x^2} = \lim\limits_{x \to 0} \dfrac{4 \sin^2 \dfrac{x}{2}}{x^2} = 1$,所以当 $x \to 0$ 时,$1 - \cos x \sim \dfrac{1}{2} x^2$.

等价无穷小可以用于简化求极限的运算.

定理 5.1　设 $\alpha \sim \alpha_1$,$\beta \sim \beta_1$,若 $\lim \dfrac{\beta_1}{\alpha_1}$ 存在,则有 $\lim \dfrac{\beta}{\alpha} = \lim \dfrac{\beta_1}{\alpha_1}$.

证　$\lim \dfrac{\beta}{\alpha} = \lim \left(\dfrac{\beta}{\beta_1} \cdot \dfrac{\beta_1}{\alpha_1} \cdot \dfrac{\alpha_1}{\alpha} \right) = \lim \dfrac{\beta}{\beta_1} \cdot \lim \dfrac{\beta_1}{\alpha_1} \cdot \lim \dfrac{\alpha_1}{\alpha} = \lim \dfrac{\beta_1}{\alpha_1}$.　　　　证毕

根据定理 5.1,在求极限的乘除运算中,无穷小作为因子可以用它的等价无穷小来代替.

例 5.2　求 $\lim\limits_{x \to 0} \dfrac{\sin 2x}{\tan 5x}$.

解　因为当 $x \to 0$ 时,$\sin 2x \sim 2x$,$\tan 5x \sim 5x$,所以

$$\lim_{x \to 0} \frac{\sin 2x}{\tan 5x} = \lim_{x \to 0} \frac{2x}{5x} = \frac{2}{5}.$$

例 5.3　求 $\lim\limits_{x \to 0} \dfrac{x^3 + 4x^2}{\sin x^2}$.

解　因为当 $x \to 0$ 时,$\sin x^2 \sim x^2$,所以

$$\lim_{x \to 0} \frac{x^3 + 4x^2}{\sin x^2} = \lim_{x \to 0} \frac{x^3 + 4x^2}{x^2} = \lim_{x \to 0} (x + 4) = 4.$$

在极限计算中,当 $x \to 0$ 时,常用的等价无穷小有以下几个:

$\sin x \sim x$;　　　　$\tan x \sim x$;

$e^x - 1 \sim x$;　　　　$1 - \cos x \sim \dfrac{1}{2} x^2$;

$\ln(1 + x) \sim x$;　　$\arcsin x \sim x$;

$\arctan x \sim x$;　　　$(1 + x)^k - 1 \sim kx, (k \in \mathbf{R})$.

定理 5.2　无穷小量 $\alpha \sim \beta$ 的充分必要条件是 $\lim \dfrac{\alpha - \beta}{\beta} = 0$.

证　必要性　设 $\alpha \sim \beta$,则 $\lim \dfrac{\alpha}{\beta} = 1$,于是有

$$\lim \frac{\alpha - \beta}{\beta} = \lim\left(\frac{\alpha}{\beta} - \frac{\beta}{\beta} \right) = \lim \frac{\alpha}{\beta} - 1 = 0,$$

这就说明了 $\alpha - \beta = o(\beta)$.

充分性　若 $\lim \dfrac{\alpha - \beta}{\beta} = 0$,则 $\dfrac{\alpha}{\beta} = 1 + \dfrac{\alpha - \beta}{\beta}$,有

$$\lim \frac{\alpha}{\beta} = \lim\left(1 + \frac{\alpha - \beta}{\beta} \right) = 1 + \lim \frac{\alpha - \beta}{\beta} = 1.$$

即

$$\alpha \sim \beta. \qquad\qquad\qquad\qquad 证毕.$$

2.5.2　用变量代换和等价无穷小代换求极限的例子

例 5.4　求 $\lim\limits_{x \to 1} x^{\frac{1}{1-x}}$.

解　$\lim\limits_{x \to 1} x^{\frac{1}{1-x}} = \lim\limits_{x \to 1}[1 - (1 - x)]^{\frac{1}{1-x}} \xlongequal{t = 1 - x} \lim\limits_{t \to 0}(1 - t)^{\frac{1}{t}} = \mathrm{e}^{-1}.$

例 5.5　求 $\lim\limits_{x \to 0}(\cos 2x)^{\frac{1}{\sin^2 x}}$,

解　$\lim\limits_{x \to 0}(\cos 2x)^{\frac{1}{\sin^2 x}} = \lim\limits_{x \to 0}(\cos^2 x - \sin^2 x)^{\frac{1}{\sin^2 x}} = \lim\limits_{x \to 0}(1 - 2\sin^2 x)^{\frac{1}{\sin^2 x}}$

$$\xlongequal{t = 2\sin^2 x} \lim\limits_{t \to 0}[(1 - t)^{\frac{1}{t}}]^2 = (\mathrm{e}^{-1})^2 = \mathrm{e}^{-2}.$$

例 5.6　若 $\lim\limits_{x \to \infty}\left(\dfrac{x + 2a}{x - 2a} \right)^x = 8$,且 $a > 0$,求 a.

解　$\lim\limits_{x \to \infty}\left(\dfrac{x + 2a}{x - 2a} \right)^x = \lim\limits_{x \to \infty}\left(1 + \dfrac{4a}{x - 2a} \right)^x$

$$\xlongequal{t = \frac{4a}{x - 2a}} \lim\limits_{t \to 0}[(1 + t)^{\frac{1}{t}}]^{4a} \cdot (1 + t)^{2a} = \mathrm{e}^{4a} = 8$$

故　$a = \dfrac{1}{4}\ln 8 = \dfrac{3}{4}\ln 2$.

例 5.7　求 $\lim\limits_{x \to 0} \dfrac{1 - \cos x}{(\mathrm{e}^x - 1)\ln(1 + x)}$.

解　$\lim\limits_{x \to 0} \dfrac{1 - \cos x}{(\mathrm{e}^x - 1)\ln(1 + x)} = \lim\limits_{x \to 0} \dfrac{\dfrac{1}{2}x^2}{x \cdot x} = \dfrac{1}{2}.$

在用等价无穷小代换求极限时应当注意,一般情况下,可以对乘积中的因式作等价无穷小代换,而不应只对加减运算中的一个单项作等价无穷小代换.在分式的情况下,应当对分式(或分母)的整体作等价无穷小代换,否则就会导致运算上的错误.

习题 2-5

1. 验证当 $x \to 1$ 时,$1 - \sqrt{x}$ 与 $1 - x$ 是同阶无穷小.

2. 验证当 $x \to 0$ 时,$(1 - \cos x)^2$ 是比 x^2 更高阶的无穷小.

3. 验证当 $x \to 1$ 时,$\dfrac{1 - x^3}{2 + x}$ 与 $1 - x$ 是等价无穷小.

4. 用等价无穷小代换求下列极限.

(1) $\lim\limits_{x \to 0} \dfrac{1 - \cos 2x}{x^2}$;

(2) $\lim\limits_{x \to 0} \dfrac{x \sin x}{\sqrt{1 + x^2} - 1}$;

(3) $\lim\limits_{x \to 0} \dfrac{\arctan 2x}{\arcsin 3x}$;

(4) $\lim\limits_{x \to 0} \dfrac{\ln(1 + x)}{\tan 2x}$;

(5) $\lim\limits_{x \to 1} \dfrac{\ln x}{x - 1}$;

(6) $\lim\limits_{x \to 0} \dfrac{e^{2x} - 1}{\ln(1 + x)}$;

(7) $\lim\limits_{x \to +\infty} (x - 1)(e^{\frac{1}{x}} - 1)$;

(8) $\lim\limits_{x \to 0} \dfrac{\ln(1 + x^2)}{1 - \cos x}$.

2.6 函数的连续性

自然界中的很多现象,如气温的变化,生物的生长等,都有一种规律,即当时间的变化很微小时,它们各自的变化也是很微小的,这种规律反映在函数关系上,就是函数的连续性.

2.6.1 函数的连续性

定义 6.1 设函数 $y = f(x)$ 在点 x_0 的某一邻域 $N(x_0, \delta)$ 内有定义,若函数 $f(x)$ 当 $x \to x_0$ 时的极限存在,且等于 $f(x_0)$,即

$$\lim\limits_{x \to x_0} f(x) = f(x_0).$$

则称函数 $f(x)$ 在点 x_0 处连续.

函数 $f(x)$ 在点 x_0 处连续,通常记为 $f(x) \in C\{x_0\}$.

根据函数极限的定义,所谓函数 $f(x)$ 在点 x_0 处连续就是:任给正数 ε,必存

在正数 δ,使得对于适合不等式 $|x - x_0| < \delta$ 的一切 $x(x \in N(x_0, \delta))$,其所对应的函数值 $f(x)$ 都满足不等式 $|f(x) - f(x_0)| < \varepsilon$. 在这里取消了极限定义中要求 $x \neq x_0$ 的限制,这是因为当 $x = x_0$ 时,不等式 $|f(x) - f(x_0)| < \varepsilon$ 也是成立的.

当 $x \to x_0$ 时,若记 $x = x_0 + \Delta x$,这里 $\Delta x = x - x_0$ 称为自变量的改变量(或自变量的增量). 显然,$x \to x_0$ 与 $\Delta x \to 0$ 等价. 当自变量的改变量为 Δx 时,相应地函数的改变量(或函数的增量)Δy 就可以表示为

$$\Delta y = f(x_0 + \Delta x) - f(x_0) = f(x) - f(x_0)$$

有

$$f(x) = f(x_0) + \Delta y.$$

可见 $\lim\limits_{x \to x_0} f(x) = f(x_0)$ 与 $\lim\limits_{\Delta x \to 0} \Delta y = 0$ 是等价的,于是定义 6.1 又可以表示如下.

定义 6.2 设函数 $y = f(x)$ 在点 x_0 的某一邻域 $N(x_0, \delta)$ 内有定义. 在此邻域内,如果自变量的增量 $\Delta x = x - x_0$ 趋于零时,对应的函数增量 $\Delta y = f(x_0 + \Delta x) - f(x_0)$ 也趋于零,即

$$\lim_{\Delta x \to 0} \Delta y = \lim_{\Delta x \to 0} [f(x_0 + \Delta x) - f(x_0)] = 0.$$

则称函数 $y = f(x)$ 在点 x_0 处连续.

如果 $\lim\limits_{x \to x_0^-} f(x) = f(x_0)$,即 $f(x_0 - 0)$ 存在且

$$f(x_0 - 0) = f(x_0),$$

则称函数 $f(x)$ 在点 x_0 处左连续;如果 $\lim\limits_{x \to x_0^+} f(x) = f(x_0)$,即 $f(x_0 + 0)$ 存在且

$$f(x_0 + 0) = f(x_0),$$

则称函数 $f(x)$ 在点 x_0 处右连续.

显然,函数 $y = f(x)$ 在点 x_0 处连续的充分必要条件是 $f(x_0 - 0) = f(x_0 + 0) = f(x_0)$.

如果函数 $f(x)$ 在开区间 (a, b) 内的每一点都连续,则称 $f(x)$ 在开区间 (a, b) 内连续,这时 (a, b) 称为 $f(x)$ 的连续区间.

如果函数 $f(x)$ 在开区间 (a, b) 内连续,且在点 a 处右连续,在点 b 处左连续,则称 $f(x)$ 在闭区间 $[a, b]$ 上连续.

若用记号 $C(I)$(无论 I 是开区间或闭区间)表示区间 I 上全体连续函数的集合,则 $f(x) \in C(I)$ 表示 $f(x)$ 是区间 I 上的连续函数;$f(x) \in C(a, b)$ 表示 $f(x)$ 是开区间 (a, b) 内的连续函数;$f(x) \in C[a, b]$ 表示 $f(x)$ 是闭区间 $[a, b]$ 上的连续函数. 为了方便,$f(x) \in C(I)$ 也可以简记为 $f(x) \in C$ 或 $f \in C$.

区间 I 上连续函数的图形是一条不间断的曲线.

例 6.1 试说明多项式 $f(x) = a_0 x^n + a_1 x^{n-1} + \cdots + a_{n-1} x + a_n$ 在点 x_0

$(x_0 \in \mathbf{R})$处连续.

解 多项式 $f(x) = a_0 x^n + a_1 x^{n-1} + \cdots + a_{n-1} x + a_n$ 在任意的点 x_0 处的极限,由本章例 3.1 可知,对任意的 $x_0 \in \mathbf{R}$,有

$$\lim_{x \to x_0} f(x) = f(x_0).$$ 因此,多项式在 $x \in \mathbf{R}$ 连续.

显然,有理分式 $F(x) = \dfrac{P(x)}{Q(x)}$($P(x)$、$Q(x)$为多项式),当 $Q(x_0) \neq 0$ 时,由本章例 3.2 可知 $\lim\limits_{x \to x_0} F(x) = F(x_0).$ 因此,有理分式函数在定义域上是连续的.

例 6.2 利用定义 6.2 证明函数 $y = \sin x$ 在 $(-\infty, +\infty)$ 内是处处连续的.

证 设 x 是区间 $(-\infty, +\infty)$ 内的任意一点,当 x 有增量 Δx 时,函数对应的增量为

$$\Delta y = \sin(x + \Delta x) - \sin x = 2 \sin \frac{\Delta x}{2} \cos\left(x + \frac{\Delta x}{2}\right),$$

因为 $\left| \cos\left(x + \dfrac{\Delta x}{2}\right) \right| \leqslant 1,$

于是有 $|\Delta y| = |\sin(x + \Delta x) - \sin x| \leqslant 2 \left| \sin \dfrac{\Delta x}{2} \right|.$

因为对于任意角度 α,当 $\alpha \neq 0$ 时恒有 $|\sin \alpha| < |\alpha|$ 成立,所以

$$0 \leqslant |\Delta y| \leqslant 2 \left| \sin \frac{\Delta x}{2} \right| < |\Delta x|.$$

当 $\Delta x \to 0$ 时,由夹挤准则得 $|\Delta y| \to 0$,从而有

$$\lim_{\Delta x \to 0} \Delta y = \lim_{\Delta x \to 0} \left[\sin(x + \Delta x) - \sin x \right] = 0.$$

故对任何 x 值,函数 $y = \sin x$ 都是连续的.

另一方面,利用本章例 2.6 后面的结果,对任意的 $x_0 \in (-\infty, +\infty)$,由于

$$\lim_{x \to x_0} \sin x = \sin x_0$$

显然可以证得函数 $y = \sin x$ 的连续性.

类似地可以证明 $y = \cos x$ 在区间 $(-\infty, +\infty)$ 内也是处处连续的.

2.6.2 函数的间断点

若函数 $f(x)$ 在点 x_0 不连续,则称 x_0 为 $f(x)$ 的间断点.由函数连续的定义可知,$f(x)$ 在点 x_0 连续必须同时满足:

(1) $f(x)$ 在点 x_0 处有定义;

(2) $f(x_0 + 0)$,$f(x_0 - 0)$ 都存在;

(3) $f(x_0 + 0) = f(x_0 - 0) = f(x_0).$

根据上面的条件,可以将函数的间断点分为以下两大类:

1. 第一类间断点

若 $f(x_0+0)$、$f(x_0-0)$ 都存在,但不相等或者虽然相等,但不等于 $f(x_0)$(或函数在点 x_0 无定义),这时称点 x_0 为 $f(x)$ 的第一类间断点.

例如函数 $y=[x]$ 在整数点 N 处(参见第 1 章例 1.4 及图 1-2),由于

$$\lim_{x \to N^-}[x] = N-1, \lim_{x \to N^+}[x] = N.$$

故函数 $y=[x]$ 在所有整数点处,都有第一类间断点.

在第一类间断点中,若在点 x_0 处函数的极限存在,但是 $\lim\limits_{x \to x_0} f(x) \neq f(x_0)$ 或者 $f(x)$ 在点 x_0 处没有定义,这时点 x_0 称为 $f(x)$ 的可去间断点.

例 6.3 指出函数 $f(x)=\dfrac{\sin x}{x}$ 间断点的类型.

解 由于 $f(x)$ 在点 $x=0$ 处没有定义,显然 $x=0$ 是 $f(x)$ 的一个间断点,又

$$\lim_{x \to 0} f(x) = \lim_{x \to 0} \frac{\sin x}{x} = 1.$$

可知 $f(x)=\dfrac{\sin x}{x}$ 在点 $x=0$ 处为可去间断点.

对于例 6.3 这类的间断点,如果我们对函数 $f(x)$ 补充定义 $f(0)=1$,这时新函数

$$f(x) = \begin{cases} \dfrac{\sin x}{x}, & x \neq 0, \\ 1, & x = 0. \end{cases}$$

就成为连续函数了.

例 6.4 指出函数 $y=\begin{cases} x+1, & x \geqslant 0, \\ 0, & x < 0. \end{cases}$ 在点 $x=0$ 处间断点的类型.

解 因为 $\lim\limits_{x \to 0^-} f(x)=0$,$\lim\limits_{x \to 0^+} f(x)=1$,所以 $f(0+0) \neq f(0-0)$. 由于在点 $x=0$ 处函数的左、右极限都存在,知点 $x=0$ 为 $f(x)$ 的第一类间断点. 显然 $f(x)$ 的图形在点 $x=0$ 处产生了跳跃,有时候也称这类间断点为跳跃型间断点.

可去间断点和跳跃型间断点这两种左、右极限都存在的间断点,都属于第一类间断点.

2. 第二类间断点

凡不属于第一类间断点的间断点,统称为第二类间断点.

例如,$y=\dfrac{1}{x^2}$ 在 $x=0$ 处是第二类间断点. 由于 $\lim\limits_{x \to 0} \dfrac{1}{x^2} = \infty$,也称 $x=0$ 为无穷型间断点.

又如,$y = \sin\dfrac{1}{x}$,由于$\lim\limits_{x \to 0}\sin\dfrac{1}{x}$不存在,其函数值在$-1$与$1$之间无限次振荡,$x = 0$也称为振荡型间断点,它也是第二类间断点.

例 6.5　指出函数$f(x) = \mathrm{e}^{\frac{1}{x}}$在$x = 0$处间断点的类型.

解　$\lim\limits_{x \to 0^-}\mathrm{e}^{\frac{1}{x}} = 0$,$\lim\limits_{x \to 0^+}\mathrm{e}^{\frac{1}{x}} = \infty$,故$x = 0$是$f(x)$的第二类间断点.

2.6.3　连续函数的性质

运用函数连续的定义及极限的运算性质,不难得出下面的性质.

定理 6.1　若$f(x)$、$g(x)$在点x_0处连续,则

(1) $af(x) \pm bg(x)$,(a,b 为常数),

(2) $f(x) \cdot g(x)$,

(3) $\dfrac{f(x)}{g(x)}$,($g(x_0) \neq 0$)

也都在点x_0处连续.

定理 6.1 中的(1)、(2)两种情况可以推广到有限个连续函数的情况.

定理 6.2　(反函数的连续性)若函数$f(x)$在区间I上单调增加(减少)且连续,则其反函数$x = f^{-1}(y)$在对应的区间$I_1 = \{y \mid y = f(x), x \in I\}$上是单调增加(减少)的连续函数.

例如$y = \sin x$,$x \in \left(-\dfrac{\pi}{2}, \dfrac{\pi}{2}\right)$时是单调增加的连续函数,其反函数$y = \arcsin x$ 在$x \in (-1, 1)$时,也是单调增加的连续函数.

定理 6.3　连续函数的复合函数是连续的.

在定理 6.3 中,若$y = f(u)$连续,但是$u = \varphi(x)$在点x_0处不连续,却有$\lim\limits_{x \to x_0}\varphi(x) = a$,则有$\lim\limits_{x \to x_0}f[\varphi(x)] = f(a)$,即

$$\lim_{x \to x_0}f[\varphi(x)] = f[\lim_{x \to x_0}\varphi(x)] = f(a).$$

上式表明:连续函数的极限符号可以与函数符号进行交换,这给求复合函数的极限带来了很大的方便.

例 6.6　求$\lim\limits_{x \to \infty}\sin\left(1 + \dfrac{1}{x}\right)^x$.

解　$\lim\limits_{x \to \infty}\sin\left(1 + \dfrac{1}{x}\right)^x = \sin\left[\lim\limits_{x \to \infty}\left(1 + \dfrac{1}{x}\right)^x\right] = \sin\mathrm{e}$.

例 6.7　求$\lim\limits_{x \to 0}\dfrac{\ln(1 + x)}{\sin x}$.

解 $\lim\limits_{x \to 0} \dfrac{\ln(1+x)}{\sin x} = \lim\limits_{x \to 0} \dfrac{\ln(1+x)}{x} = \lim\limits_{x \to 0} \ln(1+x)^{\frac{1}{x}}$

$$= \ln\left[\lim\limits_{x \to 0}(1+x)^{\frac{1}{x}}\right] = \ln \mathrm{e} = 1.$$

例 6.8 求 $\lim\limits_{x \to 0} \dfrac{a^x - 1}{x}, (a > 0, a \neq 1)$.

解 $\lim\limits_{x \to 0} \dfrac{a^x - 1}{x} \xlongequal{t = a^x - 1} \lim\limits_{t \to 0} \dfrac{t}{\log_a(1+t)} = \lim\limits_{t \to 0} \dfrac{1}{\dfrac{1}{t}\log_a(1+t)}$

$$= \dfrac{1}{\lim\limits_{t \to 0}\log_a(1+t)^{\frac{1}{t}}} = \dfrac{1}{\log_a \mathrm{e}} = \ln a.$$

由例 6.8 不难得出：$\lim\limits_{x \to 0} \dfrac{\mathrm{e}^x - 1}{x} = \ln \mathrm{e} = 1$.

例 6.9 用取对数求极限法求 $\lim\limits_{x \to 0}(1 + 5x + 6x^2)^{\frac{1}{x}}$.

解 设 $y = (1 + 5x + 6x^2)^{\frac{1}{x}}$，则有 $\ln y = \dfrac{1}{x}\ln(1 + 5x + 6x^2)$.
于是

$$\lim\limits_{x \to 0}\ln y = \lim\limits_{x \to 0}\dfrac{\ln(1 + 5x + 6x^2)}{x} = \lim\limits_{x \to 0}\dfrac{5x + 6x^2}{x} = 5.$$

故

$$\lim\limits_{x \to 0}(1 + 5x + 6x^2)^{\frac{1}{x}} = \lim\limits_{x \to 0}\mathrm{e}^{\ln y} = \mathrm{e}^5.$$

由例 6.9 及海涅定理，不难得出下面的结果：

$$\lim\limits_{n \to \infty}\left(1 + \dfrac{5}{n} + \dfrac{6}{n^2}\right)^n = \mathrm{e}^5.$$

2.6.4 初等函数的连续性

我们已经证明了多项式、有理分式、三角函数中的 $\sin x$ 和 $\cos x$ 是连续的，实际上，我们可以推出以下定理.

定理 6.4 基本初等函数在其定义域内是连续的.

不仅如此，由于初等函数是由基本初等函数经过有限次的四则运算和复合步骤构成的，所以可推出定理 6.5。

定理 6.5 初等函数在其定义区间内是连续的.

由定理 6.5 可知，求初等函数 $f(x)$ 在定义区间内某点 x_0 处的极限时，只须

写出其函数值 $f(x_0)$ 即可.

例 6.10 求 $\lim\limits_{x \to 1} \sqrt{1 + x^2} \cdot \sin\dfrac{\pi x}{2}$.

解 因为点 $x = 1$ 是初等函数 $\sqrt{1 + x^2} \cdot \sin\dfrac{\pi x}{2}$ 定义区间中的一点,所以

$$\lim_{x \to 1} \sqrt{1 + x^2} \cdot \sin\frac{\pi x}{2} = \sqrt{1 + 1^2} \cdot \sin\frac{\pi}{2} = \sqrt{2}.$$

2.6.5 闭区间上连续函数的性质

函数在一点处连续是函数的局部性质,下面研究函数在闭区间上的整体性质.因为这些性质的几何意义十分明显,而证明它们还需要更深的实数理论知识,因此我们略去证明.

定理 6.6 (有界性定理)若 $f(x) \in C[a, b]$,则 $f(x)$ 在 $[a, b]$ 上有界.

这就是说,若 $f(x) \in C[a, b]$,则存在 $M > 0$,使 $|f(x)| \leqslant M$ 对一切 $x \in [a, b]$ 都成立.

定理 6.7 (最值存在定理)若 $f(x) \in C[a, b]$,则 $f(x)$ 在 $[a, b]$ 上可以取得其最大值或最小值.

这就是说,若 $f(x) \in C[a, b]$,那么至少存在两点 $\xi_1, \xi_2 \in [a, b]$,对一切 $x \in [a, b]$,恒有不等式

$$f(\xi_1) \leqslant f(x) \leqslant f(\xi_2)$$

成立,$f(\xi_1)$ 就是 $f(x)$ 在 $[a, b]$ 上的最小值,$f(\xi_2)$ 就是 $f(x)$ 在 $[a, b]$ 上的最大值.

注意,若函数在开区间内连续,或者在闭区间内有间断点,那么函数在该区间内就不一定有最大值或最小值.例如 $y = x^2$ 在开区间 $(0, 1)$ 内连续,但在 $(0, 1)$ 内既无最大值又无最小值.又如函数 $y = \begin{cases} 1 - x, & -1 \leqslant x \leqslant 0, \\ x, & 0 < x \leqslant 1. \end{cases}$ 在 $[-1, 1]$ 上没有最小值,因为函数在 $x = 0$ 处不连续.

定理 6.8 (介值定理)若 $f(x) \in C[a, b]$,则 $f(x)$ 可以取得最大值和最小值之间的一切值.

这就是说,若 M、m 是 $f(x)$ 在 $[a, b]$ 上的最大值和最小值,则对任给的实数 $c: m < c < M$,至少存在一点 $\xi \in [a, b]$,使 $f(\xi) = c$.

推论 1 若 $f(x) \in C[a, b]$,那么 $f(x)$ 可以取到 $f(a)$ 和 $f(b)$ 之间的一切值.

推论 2 (零值点定理) 若 $f(x) \in C[a, b]$,且 $f(a) \cdot f(b) < 0$,那么至少存在一点 $\xi \in (a, b)$,使 $f(\xi) = 0$.

从几何上看,零值点定理很容易理解:如果 $f(x) \in C[a,b]$,而且 $f(a)$ 与 $f(b)$ 异号,则曲线 $f(x)$ 至少过 Ox 轴一次.

例 6.11 证明方程 $x^5 - 5x = 1$ 至少有一个根介于 1 与 2 之间.

证 令 $f(x) = x^5 - 5x - 1$,则 $f(x) \in C[1,2]$.

又 $$f(1) = -5 < 0, f(2) = 21 > 0.$$
根据零值点定理,在 $(1,2)$ 内至少有一点 ξ 使得
$$f(\xi) = 0, 即 \xi^5 - 5\xi - 1 = 0 \quad (1 < \xi < 2)$$
故方程 $x^5 - 5x = 1$ 在 $(1,2)$ 内至少有一个根.

习题 2-6

1. 求下列函数的连续区间,并求极限.

(1) $f(x) = \sqrt{x-4} + \sqrt{6-x}$,求 $\lim\limits_{x \to 5} f(x)$;

(2) $f(x) = \lg(2-x)$,求 $\lim\limits_{x \to -8} f(x)$;

(3) $f(x) = \dfrac{2x}{x^2 + x - 2}$,求 $\lim\limits_{x \to 2} f(x)$;

(4) $f(x) = \arcsin\sqrt{1-x^2}$,求 $\lim\limits_{x \to \frac{1}{2}} f(x)$.

2. 求下列函数的间断点.

(1) $f(x) = \dfrac{1-x}{(1+x)^2}$; (2) $f(x) = \dfrac{\sin x}{x^2 - 1}$;

(3) $f(x) = \dfrac{x}{\sin x}$; (4) $f(x) = \dfrac{x^2 - 1}{x^2 + 3x + 2}$.

3. 讨论下列函数的连续性.

(1) $f(x) = \begin{cases} 2^{\frac{1}{x}} - 1, & x \neq 0, \\ 1, & x = 0; \end{cases}$

(2) $f(x) = \begin{cases} 2 - x, & x \leq 1, \\ x, & x > 1. \end{cases}$

4. 下列函数中,a 取什么值时函数连续?

(1) $f(x) = \begin{cases} e^x, & x < 0, \\ a + x, & x \geq 0; \end{cases}$ (2) $f(x) = \begin{cases} \dfrac{x^2 - 4}{x - 2}, & x \neq 2, \\ a, & x = 2. \end{cases}$

5. 求下列极限.

(1) $\lim\limits_{x \to +\infty} x[\ln(x+1) - \ln x]$; (2) $\lim\limits_{x \to 0}(1 + \sin x)^{\cot x}$;

(3) $\lim\limits_{x\to 0}\dfrac{\sqrt{1+x}-1}{\sqrt[3]{1+x}-1}$;

(4) $\lim\limits_{x\to 1}\sin\dfrac{x^2-1}{x-1}$.

6. 验证方程 $4x=2^x$ 有一个根在 0 与 $\dfrac{1}{2}$ 之间.

*7. 设 $f(x)\in C[a,b]$,且 $f(a)<a,f(b)>b$,证明:在 (a,b) 内至少存在一点 ξ,使得 $f(\xi)=\xi$.

第 2 章　基本要求

1. 理解数列极限与函数极限的概念,知道函数左右极限的概念.

2. 知道数列极限及函数极限的一些基本性质(包括有界性、惟一性、同号性及函数极限与无穷小的关系).

3. 掌握极限运算的法则,知道极限存在的准则,会用两个重要的极限、等价无穷小代换及变量代换求一些简单的极限.

4. 了解函数连续的概念,会讨论函数的连续性(即指出函数的连续区间,如有间断点,则确定其类型),知道闭区间上连续函数的性质.

5. 理解本章中的主要内容(包括例题),能独立完成本章中的习题.

复习题　2

1. 填空题.

(1) $\lim\limits_{x\to\infty}\left(1-\dfrac{5}{x}\right)^{2x}=$ _____;

(2) $\lim\limits_{x\to +\infty}x\left(\sqrt{x^2+1}-x\right)=$ _____;

(3) $\lim\limits_{x\to 1}\dfrac{1-\sqrt{x}}{1-\sqrt[3]{x}}=$ _____;

(4) $\lim\limits_{n\to\infty}n\left[\ln(n+2)-\ln n\right]=$ _____;

(5) $\lim\limits_{x\to 2}\dfrac{\ln x-\ln 2}{x-2}=$ _____.

2. 选择题.

(1) $\lim\limits_{x\to +\infty}\dfrac{\sqrt{x}+\sqrt[3]{x}+\sqrt[4]{x}}{\sqrt{2x+1}}=$

(A) 0;　　　　　(B) ∞;　　　　(C) $\dfrac{\sqrt{2}}{2}$;　　　　(D) $\dfrac{1}{2}$.

答(　　)

(2) $\lim\limits_{x \to 0} \dfrac{e^{|x|} - 1}{x}$ 的结果是

(A) 1;   (B) -1;   (C) 0;   (D) 不存在.

答( )

(3) $\lim\limits_{x \to 1} 2^{\frac{1}{x-1}}$ 的结果是

(A) $-\infty$;   (B) 不存在且不是无穷大;

(C) $+\infty$;   (D) 2.

答( )

(4) 当 $x \to 0$ 时, $\dfrac{2}{3}(\cos x - \cos 2x)$ 是 x^2 的

(A) 高阶无穷小;   (B) 低阶无穷小;

(C) 同阶但不是等价无穷小;   (D) 等价无穷小.

答( )

(5) 设函数 $f(x) = \begin{cases} \dfrac{e^x - e}{x - 1}, & x \neq 1, \\ a, & x = 1. \end{cases}$ 在点 $x = 1$ 处连续,则常数 a 等于

(A) e;   (B) 1;   (C) -1;   (D) 0.

答( )

3. 解下列各题.

(1) $\lim\limits_{n \to \infty} \dfrac{\sqrt{2^n} + \sqrt{3^n}}{\sqrt{2^n} - \sqrt{3^n}}$;   (2) $\lim\limits_{x \to +\infty} (\sqrt{x^2 + 1} - \sqrt{x^2 - 2x})$;

(3) $\lim\limits_{n \to \infty} \left(1 - \dfrac{2}{n} + \dfrac{3}{n^2}\right)^n$;   (4) $\lim\limits_{x \to 0} (\sec^2 x)^{\frac{1}{x^2}}$;

(5) $\lim\limits_{x \to 0} \dfrac{e^{x^3} - 1}{(3^x - 1)(1 - \cos x)}$;   (6) $\lim\limits_{x \to 0} \dfrac{1 - \sqrt{\cos x}}{x(1 - \cos \sqrt{x})}$.

4. 求下列各题的解.

(1) $\lim\limits_{x \to 0} \dfrac{a^{x + \sin x} - a^{\sin x}}{\sin x}$ $(a > 0, a \neq 1)$;

(2) $\lim\limits_{n \to \infty} n\left[\left(\dfrac{1}{2}\right)^{\frac{1}{n}} - 1\right]$;

(3) $\lim\limits_{n \to \infty} \left[\dfrac{1}{1 \cdot 3} + \dfrac{1}{3 \cdot 5} + \cdots + \dfrac{1}{(2n - 1)(2n + 1)}\right]\left(\dfrac{3n^2 - 1}{2n^2 + 1}\right)$;

(4) $\lim\limits_{n \to \infty} \left(\dfrac{1}{2n^2} + \dfrac{3}{2n^2} + \cdots + \dfrac{2n - 1}{2n^2}\right)$.

52

(5) 讨论函数 $f(x) = \begin{cases} \dfrac{\sin 2x}{x}, & x > 0, \\ \dfrac{x+1}{a}, & x \le 0, \end{cases}$ $(a \ne 0)$ 的连续性.

5. 试解下列各题.

(1) $\lim\limits_{n \to \infty} n^2 (\sqrt[n]{x} - \sqrt[n+1]{x})$;

(2) 证明:方程 $\sin x + x + 1 = 0$ 在开区间 $\left(-\dfrac{\pi}{2}, \dfrac{\pi}{2} \right)$ 内至少存在一个实数根.

第 3 章　导数与微分

导数与微分是微分学的基本概念,本章主要讨论导数与微分的概念及其计算方法.

3.1　导数的概念

3.1.1　引例

1. 变速直线运动的瞬时速度

设质点作非匀速直线运动,其所走路程 s 与时间 t 的函数关系为 $s = s(t)$,求时刻 t_0 时质点运动的速度.

设从 t_0 到 $t_0 + \Delta t$ 这段时间内,质点所走过的路程为

$$\Delta s = s(t_0 + \Delta t) - s(t_0).$$

对匀速直线运动来说,其速度可用公式

$$v = \frac{\Delta s}{\Delta t}$$

来计算.对于变速直线运动来说,当 Δt 很小时,速度的变化也很小,可以近似地看作匀速运动.比值

$$\bar{v} = \frac{\Delta s}{\Delta t} = \frac{s(t_0 + \Delta t) - s(t_0)}{\Delta t}$$

就是变速直线运动在区间 $[t_0, t_0 + \Delta t]$ 上的平均速度,$\bar{v}$ 可以作为 t_0 时刻速度的近似值.显然 Δt 愈小,近似程度就愈好.但是无论 Δt 取多么小,$\bar{v}$ 仍是平均速度.如果用取极限的方法,令 $\Delta t \to 0$,若平均速度 $\bar{v}$ 的极限存在,即

$$\lim_{\Delta t \to 0} \bar{v} = \lim_{\Delta t \to 0} \frac{\Delta s}{\Delta t} = \lim_{\Delta t \to 0} \frac{s(t_0 + \Delta t) - s(t_0)}{\Delta t} = v_0.$$

则称 v_0 为变速直线运动 $s = s(t)$ 在时刻 t_0 的瞬时速度.

2. 曲线在一点处的切线斜率

设平面上一条处处有切线的曲线方程为 $y = f(x)$,求曲线上点 $P_0(x_0, y_0)$ 处切线的斜率.

首先介绍曲线切线的概念.如图 3 - 1 所示,在曲线上取点 $P_0(x_0, y_0)$,

$P(x,y)$ 是曲线上点 $P_0(x_0,y_0)$ 邻近的一点,过 P_0、P 两点作一条直线,得到曲线在点 P_0 处的一条割线 P_0P,然后让点 P 沿曲线趋向 P_0,则割线 P_0P 的极限位置 P_0T 就称为曲线在点 P_0 的切线.

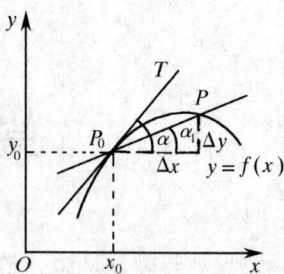

图 3 – 1

记 $\Delta x = x - x_0$,则 $\Delta y = f(x_0 + \Delta x) - f(x_0)$. 割线 P_0P 的斜率为

$$\bar{k} = \tan\alpha_1 = \frac{\Delta y}{\Delta x} = \frac{f(x_0 + \Delta x) - f(x_0)}{\Delta x},$$

式中 α_1 为割线 P_0P 的倾角.

当 $P \rightarrow P_0$ 时,$\Delta x \rightarrow 0$. 此时割线斜率 $\bar{k}$ 的极限值就是点 P_0 处切线 P_0T 的斜率 k,即

$$k = \tan\alpha = \lim_{\Delta x \to 0} \bar{k} = \lim_{\Delta x \to 0} \frac{\Delta y}{\Delta x} = \lim_{\Delta x \to 0} \frac{f(x_0 + \Delta x) - f(x_0)}{\Delta x},$$

其中 α 为切线 P_0T 的倾角.

撇开上面两个问题的实际意义,抓住它们在数量上的共性,都可以归纳为同一类型的数学运算,即求函数 $y = f(x)$ 在一点处增量 Δy 与自变量增量 Δx 的比值当 $\Delta x \rightarrow 0$ 时的极限.由此可以得到函数在某一点处的导数的定义.

3.1.2 导数的定义

定义 1.1 设函数 $y = f(x)$ 在点 x_0 的某个邻域 $N(x_0, \delta)$ 内有定义.在此邻域内,当自变量 x 在点 x_0 处有增量 Δx 时,函数相应地有增量 $\Delta y = f(x_0 + \Delta x) - f(x_0)$,如果当 $\Delta x \rightarrow 0$ 时,Δy 与 Δx 比值的极限存在,则称这个极限值为函数 $f(x)$ 在点 x_0 处的导数,记为

$$f'(x_0) \text{ 或 } y'\,|_{x = x_0},$$

也可记为 $\dfrac{\mathrm{d}y}{\mathrm{d}x}\bigg|_{x = x_0}$ 或 $\dfrac{\mathrm{d}f(x)}{\mathrm{d}x}\bigg|_{x = x_0}$.

即

$$f'(x_0) = y'\,|_{x = x_0} = \lim_{\Delta x \to 0} \frac{\Delta y}{\Delta x} = \lim_{\Delta x \to 0} \frac{f(x_0 + \Delta x) - f(x_0)}{\Delta x}, \tag{1.1}$$

这时称函数 $f(x)$ 在点 x_0 处可导,有时也说成函数 $f(x)$ 在点 x_0 处导数存在或具有导数. $f(x)$ 在点 x_0 的某一邻域内有定义,在点 x_0 处可导,可以简记为 $f(x) \in \mathrm{D}\{x_0\}$.

若令 $x_0 + \Delta x = x$,则函数 $f(x)$ 在点 x_0 处导数的定义式 (1.1) 也可以写成

$$f'(x_0) = \lim_{x \to x_0} \frac{f(x) - f(x_0)}{x - x_0}. \tag{1.2}$$

如果极限式(1.1)或式(1.2)不存在,便说函数 $f(x)$ 在点 x_0 处不可导.对于在点 x_0 处连续的函数 $f(x)$,当极限式(1.1)或式(1.2)为无穷大时,虽然导数不存在,但为了方便起见,也称函数 $f(x)$ 在点 x_0 处的导数为无穷大,也可写为 $f'(x_0) = \infty$.

按照导数的定义,变速直线运动在时刻 t_0 的瞬时速度 v_0 就是路程函数 $s(t)$ 在 t_0 处的导数 $s'(t_0)$;曲线 $y = f(x)$ 在点 $P_0(x_0, y_0)$ 处的切线斜率就是函数 $f(x)$ 在点 x_0 处的导数 $f'(x_0)$.

如果函数 $f(x)$ 在区间 (a, b) 内每一点 x 处的导数都存在,则称 $f(x)$ 在 (a, b) 内可导.若用记号 $D(I)$ 表示区间 I 上全体可导函数的集合,则 $f(x) \in D(I)$ 及 $f(x) \in D(a, b)$ 表示 $f(x)$ 是 I 内及 (a, b) 内的可导函数.为了方便,也可以简记为 $f(x) \in D$ 或 $f \in D$.

若 $f(x) \in D(a, b)$,则对于任意的 $x \in (a, b)$ 都有一个确定的导数值 $f'(x)$ 与之对应,因此 $f'(x)$ 也是区间 (a, b) 内的函数,这个函数称为原来函数 $f(x)$ 的导函数.导函数简称为导数,通常记为 y',也可以记为 $f'(x)$,$\dfrac{\mathrm{d}y}{\mathrm{d}x}$ 或 $\dfrac{\mathrm{d}f(x)}{\mathrm{d}x}$.

显然,$f(x)$ 在点 x_0 处的导数 $f'(x_0)$ 是导函数 $f'(x)$ 在 $x = x_0$ 处的函数值,即

$$f'(x_0) = f'(x) \mid_{x = x_0}.$$

例 1.1 求函数 $y = x^2$ 的导数,并求 $\dfrac{\mathrm{d}y}{\mathrm{d}x}\bigg|_{x=2}$.

解 求增量:在任意点 x 处给自变量以增量 Δx,算出函数相应的增量

$$\Delta y = (x + \Delta x)^2 - x^2 = 2x\Delta x + (\Delta x)^2.$$

作比值

$$\frac{\Delta y}{\Delta x} = 2x + \Delta x.$$

取极限,有

$$y' = \lim_{\Delta x \to 0} \frac{\Delta y}{\Delta x} = \lim_{\Delta x \to 0}(2x + \Delta x) = 2x.$$

故函数 $y = x^2$ 在点 $x = 2$ 处的导数为

$$\frac{\mathrm{d}y}{\mathrm{d}x}\bigg|_{x=2} = 2x \bigg|_{x=2} = 4.$$

定义 1.2 设函数 $f(x)$ 在点 x_0 的右侧 $[x_0, x_0 + \Delta x](\Delta x > 0)$ 有定义,如果极限

$$\lim_{\Delta x \to 0^+} \frac{f(x_0 + \Delta x) - f(x_0)}{\Delta x}$$

存在,则称此极限值为函数 $f(x)$ 在点 x_0 处对于自变量 x 的右导数,记为 $f'_+(x_0)$.仿此可以定义函数 $f(x)$ 在点 x_0 处对于自变量 x 的左导数为

$$f'_-(x_0) = \lim_{\Delta x \to 0^-} \frac{f(x_0 + \Delta x) - f(x_0)}{\Delta x}$$

定理 1.1 函数 $f(x)$ 在点 x_0 处可导的充分必要条件是 $f'_-(x_0)$ 及 $f'_+(x_0)$ 存在且相等.

若函数 $f(x)$ 在开区间 (a,b) 内可导,且 $f'_+(a)$ 及 $f'_-(b)$ 皆存在,则称 $f(x)$ 在闭区间 $[a,b]$ 上可导,即 $f(x) \in D[a,b]$.

3.1.3 导数的几何意义

由前面关于曲线的切线斜率的讨论及导数的定义知,函数 $y=f(x)$ 在点 x_0 处的导数 $f'(x_0)$ 是曲线 $y=f(x)$ 在点 $P_0(x_0, y_0)$ 处切线的斜率,即

$$f'(x_0) = \tan\alpha.$$

根据平面解析几何里直线的点斜式方程,可知曲线 $y=f(x)$ 在点 $P_0(x_0, y_0)$ 处的切线方程为

$$y - y_0 = f'(x_0)(x - x_0). \tag{1.3}$$

过曲线 $y=f(x)$ 上一点 $P_0(x_0, y_0)$ 而与切线垂直的直线称为曲线在点 $P_0(x_0, y_0)$ 处的法线,如果 $f'(x_0) \neq 0$,则其法线方程为

$$y - y_0 = -\frac{1}{f'(x_0)}(x - x_0). \tag{1.4}$$

如果 $f'(x_0)=0$,则曲线 $y=f(x)$ 上点 $P_0(x_0, y_0)$ 处的切线方程为 $y=y_0$,法线方程为 $x=x_0$.

当函数 $f(x)$ 在点 x_0 处连续,而 $f'(x_0) = \infty$ 时,曲线 $y=f(x)$ 在点 $P_0(x_0, y_0)$ 处的切线方程为 $x=x_0$,法线方程为 $y=y_0$.

例 1.2 求曲线 $y=x^2$ 在点 $M_0(2,4)$ 处的切线方程和法线方程.

解 由例 1.1 知 $y'|_{x=2}=4$,故过点 $M_0(2,4)$ 的切线斜率为 $k=4$,法线斜率为 $-\frac{1}{4}$,故

切线方程为 $y-4=4(x-2)$.

法线方程为 $y-4=-\frac{1}{4}(x-2)$.

例 1.3 问曲线 $y=x^2$ 上哪一点处的切线与直线 $y=2x-3$ 平行?

解 已知直线 $y=2x-3$ 的斜率 $k=2$.根据两直线平行的条件,所求切线的斜率也应等于 2,即由导数几何意义知 $y'=2x=2$,故得 $x=1$,将 $x=1$ 代入曲线

方程,得 $y = 1^2 = 1$,所以曲线 $y = x^2$ 在点 $(1,1)$ 处的切线与直线 $y = 2x - 3$ 平行.

3.1.4 基本初等函数的导数

1. 常数 $y = c$ 的导数

求增量： $\Delta y = c - c = 0$,

作比值： $\dfrac{\Delta y}{\Delta x} = 0$,

取极限： $\lim\limits_{\Delta x \to 0} \dfrac{\Delta y}{\Delta x} = 0$.

因此有 $(c)' = 0$,即常数的导数等于零.

2. 幂函数 $y = x^{\alpha}(\alpha \in \mathbf{R})$ 的导数.

当 $\alpha = n$ 时,

求增量： $\Delta y = (x + \Delta x)^n - x^n$

$$= nx^{n-1}\Delta x + \frac{n(n-1)}{2!}x^{n-2}(\Delta x)^2 + \cdots + (\Delta x)^n,$$

作比值： $\dfrac{\Delta y}{\Delta x} = nx^{n-1} + \dfrac{n(n-1)}{2!}x^{n-2}\Delta x + \cdots + (\Delta x)^{n-1}$,

取极限： $\lim\limits_{\Delta x \to 0} \dfrac{\Delta y}{\Delta x} = nx^{n-1}$,

即

$$(x^n)' = nx^{n-1}.$$

当 α 为任意实数时,有

$$(x^{\alpha})' = \alpha x^{\alpha - 1}.$$

这是幂函数的求导公式,这个公式的证明将在以后给出.

3. 正弦函数 $y = \sin x$ 的导数

求增量： $\Delta y = \sin(x + \Delta x) - \sin x = 2\cos\left(x + \dfrac{\Delta x}{2}\right)\sin\dfrac{\Delta x}{2}$,

作比值： $\dfrac{\Delta y}{\Delta x} = \dfrac{2\cos\left(x + \dfrac{\Delta x}{2}\right)\sin\dfrac{\Delta x}{2}}{\Delta x} = \cos\left(x + \dfrac{\Delta x}{2}\right)\dfrac{\sin\dfrac{\Delta x}{2}}{\dfrac{\Delta x}{2}}$,

取极限： $\lim\limits_{\Delta x \to 0}\dfrac{\Delta y}{\Delta x} = \lim\limits_{\Delta x \to 0}\left[\cos\left(x + \dfrac{\Delta x}{2}\right)\dfrac{\sin\dfrac{\Delta x}{2}}{\dfrac{\Delta x}{2}}\right] = \cos x \cdot 1 = \cos x$.

即

$$(\sin x)' = \cos x.$$

用类似方法容易求余弦函数 $\cos x$ 的导数为

$$(\cos x)' = -\sin x.$$

4. 指数函数 $y = a^x (a > 0, a \neq 1)$ 的导数

求增量： $\Delta y = a^{x + \Delta x} - a^x = a^x (a^{\Delta x} - 1)$,

作比值： $\dfrac{\Delta y}{\Delta x} = \dfrac{a^x (a^{\Delta x} - 1)}{\Delta x}$,

取极限： $\lim\limits_{\Delta x \to 0} \dfrac{\Delta y}{\Delta x} = \lim\limits_{\Delta x \to 0} a^x \dfrac{(a^{\Delta x} - 1)}{\Delta x} = a^x \ln a$,

即

$$(a^x)' = a^x \ln a.$$

特殊地,当 $a = e$ 时,因为 $\ln e = 1$,故有

$$(e^x)' = e^x.$$

5. 对数函数 $y = \log_a x (a > 0, a \neq 1)$ 的导数

求增量： $\Delta y = \log_a (x + \Delta x) - \log_a x = \log_a \left(1 + \dfrac{\Delta x}{x} \right)$,

作比值： $\dfrac{\Delta y}{\Delta x} = \dfrac{1}{\Delta x} \log_a \left(1 + \dfrac{\Delta x}{x} \right) = \dfrac{1}{x} \log_a \left(1 + \dfrac{\Delta x}{x} \right)^{\frac{x}{\Delta x}}$,

取极限： $\lim\limits_{\Delta x \to 0} \dfrac{\Delta y}{\Delta x} = \lim\limits_{\Delta x \to 0} \dfrac{1}{x} \log_a \left(1 + \dfrac{\Delta x}{x} \right)^{\frac{x}{\Delta x}} = \dfrac{1}{x} \log_a \lim\limits_{\Delta x \to 0} \left(1 + \dfrac{\Delta x}{x} \right)^{\frac{x}{\Delta x}}$

$$= \dfrac{1}{x} \log_a e = \dfrac{1}{x \ln a},$$

即

$$(\log_a x)' = \dfrac{1}{x \ln a}.$$

特殊地,当 $a = e$ 时,有

$$(\ln x)' = \dfrac{1}{x}.$$

例 1.4 求 $y = \left(\dfrac{\sqrt{x}}{x} \right)$ 的导数 y'.

解 $y' = \left(\dfrac{\sqrt{x}}{x} \right)' = (x^{-\frac{1}{2}})' = -\dfrac{1}{2} x^{-\frac{3}{2}} = -\dfrac{1}{2x\sqrt{x}}$.

3.1.5 函数的连续性与可导性的关系

定理 1.2 若函数 $f(x)$ 在点 x_0 处可导,则 $f(x)$ 在 x_0 点连续.

证 设函数 $y = f(x) \in D\{x_0\}$,故极限

$$\lim\limits_{\Delta x \to 0} \dfrac{\Delta y}{\Delta x} = f'(x_0)$$

存在,再根据有极限的函数与无穷小量的关系可知

$$\frac{\Delta y}{\Delta x} = f'(x_0) + \alpha,$$

其中

$$\lim_{\Delta x \to 0} \alpha = 0.$$

从而有

$$\Delta y = f'(x_0)\Delta x + \alpha \Delta x,$$

于是,当 $\Delta x \to 0$ 时,得到

$$\lim_{\Delta x \to 0} \Delta y = \lim_{\Delta x \to 0} \{f'(x_0)\Delta x + \alpha \Delta x\} = 0.$$

据函数在一点处连续的定义,可知 $f(x) \in C\{x_0\}$. 证毕.

另一方面,若一个函数在某一点连续,它却不一定在该点可导.

例 1.5 证明函数 $y = |x|$ 在 $x = 0$ 点处连续,但是它在该点处不可导.

证 函数 $y = |x|$ 在 $x = 0$ 点处连续是很明显的. 下面证明它在 $x = 0$ 处不可导.
因为

$$f'_-(0) = \lim_{\Delta x \to 0^-} \frac{|0 + \Delta x| - |0|}{\Delta x} = \lim_{\Delta x \to 0^-} \frac{-\Delta x}{\Delta x} = -1$$

$$f'_+(0) = \lim_{\Delta x \to 0^+} \frac{|0 + \Delta x| - |0|}{\Delta x} = \lim_{\Delta x \to 0^+} \frac{\Delta x}{\Delta x} = 1$$

即在点 $x = 0$ 处, $y = |x|$ 的左右导数不相等,所以此函数在点 $x = 0$ 处不可导.

由以上讨论可知,函数连续是函数可导的必要条件,但不是充分条件.

习题 3-1

1. 按导数的定义求下列函数的导数.

(1) $y = ax + b$;　　　　　　(2) $y = \cos x$;

(3) $y = \sqrt{x}$;　　　　　　(4) $y = \dfrac{1}{x}$.

2. 利用导数公式,求下列函数的导数.

(1) $y = x^{15}$;　　　　　　(2) $y = x\sqrt{x}$;

(3) $y = \dfrac{x^3}{\sqrt{x}}$;　　　　　　(4) $y = \dfrac{1}{\sqrt[3]{x^2}}$;

(5) $y = e^2$;　　　　　　(6) $y = \log_2 x$.

3. 已知物体的运动规律为 $s = 3t^2(\mathrm{m})$,求这物体在 $t = 2\mathrm{s}$ 时的速度.

4. 求曲线 $y = \sin x$ 在 $x = \dfrac{\pi}{4}$ 处的切线方程和法线方程.

5. 下列各题中,假定 $f'(x_0)$ 存在,根据导数的定义,指出 A 表示什么.

(1) $\lim\limits_{x \to x_0} \dfrac{f(x) - f(x_0)}{x - x_0} = A$；

(2) $\lim\limits_{\Delta x \to 0} \dfrac{f(x_0 - \Delta x) - f(x_0)}{\Delta x} = A$；

(3) $\lim\limits_{h \to 0} \dfrac{f(x_0 + h) - f(x_0)}{h} = A$.

6. 设 $f(x) = |x - a| \varphi(x)$，其中 $\varphi(x)$ 为连续函数，且 $\varphi(a) \neq 0$，求 $f'_{-}(a)$ 和 $f'_{+}(a)$.

7. 设 $f(x) = \begin{cases} x^2, & x \geqslant 1, \\ ax + b, & x < 1. \end{cases}$ 为了使函数 $f(x)$ 在 $x = 1$ 处连续且可导，试确定常数 a 和 b 的值.

3.2 函数的微分法

求函数导数的方法称为微分法.前面根据导数的定义,我们求出了基本初等函数的导数,但对于较复杂的函数,直接根据定义求它们的导数往往是很困难的.本节介绍求导数的几个基本法则和复合函数微分法.

3.2.1 函数的和、差、积、商的求导法则

定理 2.1 若 $u(x)$、$v(x) \in D$,则 $[u(x) \pm v(x)] \in D$,且有
$$[u(x) \pm v(x)]' = u'(x) \pm v'(x). \tag{2.1}$$

证 令 $y = u(x) \pm v(x)$,则
$$\begin{aligned} \Delta y &= [u(x + \Delta x) \pm v(x + \Delta x)] - [u(x) \pm v(x)] \\ &= [u(x + \Delta x) - u(x)] \pm [v(x + \Delta x) - v(x)] = \Delta u \pm \Delta v, \end{aligned}$$

作比值：$\dfrac{\Delta y}{\Delta x} = \dfrac{\Delta u}{\Delta x} \pm \dfrac{\Delta v}{\Delta x}$,

故 $[u(x) \pm v(x)]' = \lim\limits_{\Delta x \to 0} \dfrac{\Delta y}{\Delta x} = \lim\limits_{\Delta x \to 0} \left(\dfrac{\Delta u}{\Delta x} \pm \dfrac{\Delta v}{\Delta x} \right) = \lim\limits_{\Delta x \to 0} \dfrac{\Delta u}{\Delta x} \pm \lim\limits_{\Delta x \to 0} \dfrac{\Delta v}{\Delta x}$
$$= u'(x) \pm v'(x). \qquad \text{证毕.}$$

定理 2.2 若 $u(x), v(x) \in D$,则 $[u(x)v(x)] \in D$,且有
$$[u(x)v(x)]' = u'(x)v(x) + u(x)v'(x). \tag{2.2}$$

证 令 $y = u(x)v(x)$,则
$$\begin{aligned} \Delta y &= u(x + \Delta x)v(x + \Delta x) - u(x)v(x) \\ &= [u(x + \Delta x)v(x + \Delta x) - u(x)v(x + \Delta x)] \\ &\quad + [u(x)v(x + \Delta x) - u(x)v(x)] \\ &= \Delta u v(x + \Delta x) + u(x)\Delta v, \end{aligned}$$

故 $\left[u(x)v(x)\right]' = \lim\limits_{\Delta x \to 0}\dfrac{\Delta y}{\Delta x} = \lim\limits_{\Delta x \to 0}\dfrac{\Delta uv(x+\Delta x)+u(x)\Delta v}{\Delta x}$

$$= \lim\limits_{\Delta x \to 0}\left[\dfrac{\Delta u}{\Delta x}v(x+\Delta v)+u(x)\dfrac{\Delta v}{\Delta x}\right]$$

$$= \lim\limits_{\Delta x \to 0}\dfrac{\Delta u}{\Delta x}\lim\limits_{\Delta x \to 0}v(x+\Delta x)+\lim\limits_{\Delta x \to 0}u(x)\lim\limits_{\Delta x \to 0}\dfrac{\Delta v}{\Delta x}$$

$$= u'(x)v(x)+u(x)v'(x),$$

其中 $\lim\limits_{\Delta x \to 0}v(x+\Delta x)=v(x)$ 是由于 $v'(x)$ 存在,故 $v(x)$ 在点 x 处连续.　　证毕.

当 $v(x)=c$(c 为常数)时,有

$$\left[cu(x)\right]'=cu'(x).$$

定理 2.1、定理 2.2 均可推广到有限多个函数的情形.例如

$$(u\pm v\pm w)' = u'\pm v'\pm w'.$$

$$(uvw)' = u'vw+uv'w+uvw'.$$

例 2.1　求 $y=\sqrt[3]{x}+\sin x-\ln 3$ 的导数 y'.

解　$y' = (\sqrt[3]{x})'+(\sin x)'-(\ln 3)' = \dfrac{1}{3}x^{-\frac{2}{3}}+\cos x-0$

$$= \dfrac{1}{3\sqrt[3]{x^2}}+\cos x.$$

例 2.2　求 $y=\dfrac{x-\sqrt[3]{x}}{\sqrt{x}}+\ln x-\cos\dfrac{\pi}{3}$ 的导数 y'.

解　$y' = \left(x^{\frac{1}{2}}-x^{-\frac{1}{6}}+\ln x-\cos\dfrac{\pi}{3}\right)'$

$$= \dfrac{1}{2}x^{-\frac{1}{2}}-\left(-\dfrac{1}{6}\right)x^{-\frac{7}{6}}+\dfrac{1}{x}-0 = \dfrac{1}{2\sqrt{x}}+\dfrac{1}{6x\sqrt[6]{x}}+\dfrac{1}{x}.$$

例 2.3　设 $y=\mathrm{e}^x\cos x$,求 y' 及 $y'|_{x=\frac{\pi}{2}}$.

解　$y' = (\mathrm{e}^x)'\cos x+\mathrm{e}^x(\cos x)' = \mathrm{e}^x\cos x+\mathrm{e}^x(-\sin x)$

$$= \mathrm{e}^x(\cos x-\sin x).$$

$$y'|_{x=\frac{\pi}{2}} = \mathrm{e}^{\frac{\pi}{2}}\left(\cos\dfrac{\pi}{2}-\sin\dfrac{\pi}{2}\right) = -\mathrm{e}^{\frac{\pi}{2}}.$$

例 2.4　设 $y=x^3(\cos x+3\ln x)$,求 y'.

解　$y' = (x^3)'(\cos x+3\ln x)+x^3(\cos x+3\ln x)'$

$$= 3x^2(\cos x+3\ln x)+x^3\left(-\sin x+\dfrac{3}{x}\right)$$

$$= 3x^2(\cos x+3\ln x)-x^3\sin x+3x^2.$$

例 2.5 设 $f(x) = x^3 \ln x \cos x$,求 $f'(x)$.

解 $f'(x) = (x^3)' \ln x \cos x + x^3 (\ln x)' \cos x + x^3 \ln x (\cos x)'$

$$= 3x^2 \ln x \cos x + x^3 \cdot \frac{1}{x} \cos x + x^3 \ln x (-\sin x)$$

$$= x^2 (3\ln x \cos x + \cos x - x \ln x \sin x).$$

定理 2.3 若 $u(x)$、$v(x) \in D$,且 $v(x) \neq 0$,则 $y = \left[\dfrac{u(x)}{v(x)}\right] \in D$,且有

$$\left[\frac{u(x)}{v(x)}\right]' = \frac{u'(x)v(x) - u(x)v'(x)}{[v(x)]^2}.$$

证 $\Delta y = \dfrac{u(x + \Delta x)}{v(x + \Delta x)} - \dfrac{u(x)}{v(x)} = \dfrac{u(x + \Delta x)v(x) - u(x)v(x + \Delta x)}{v(x + \Delta x)v(x)}$

$$= \frac{[u(x + \Delta x) - u(x)]v(x) - u(x)[v(x + \Delta x) - v(x)]}{v(x + \Delta x)v(x)}$$

$$= \frac{\Delta u \cdot v(x) - u(x)\Delta v}{v(x + \Delta x)v(x)},$$

故 $\left[\dfrac{u(x)}{v(x)}\right]' = \lim\limits_{\Delta x \to 0} \dfrac{\Delta y}{\Delta x} = \lim\limits_{\Delta x \to 0} \dfrac{\dfrac{\Delta u}{\Delta x}v(x) - u(x)\dfrac{\Delta v}{\Delta x}}{v(x + \Delta x)v(x)}$

$$= \frac{u'(x)v(x) - u(x)v'(x)}{[v(x)]^2}. \qquad\qquad 证毕.$$

特殊地,当 $u(x) = 1$ 时,有

$$\left[\frac{1}{v(x)}\right]' = -\frac{v'(x)}{[v(x)]^2}.$$

例 2.6 设 $y = \tan x$,求 y'.

解 $y' = \left(\dfrac{\sin x}{\cos x}\right)' = \dfrac{(\sin x)' \cos x - \sin x (\cos x)'}{\cos^2 x}$

$$= \frac{\cos^2 x + \sin^2 x}{\cos^2 x} = \frac{1}{\cos^2 x} = \sec^2 x.$$

即

$$(\tan x)' = \sec^2 x.$$

例 2.7 设 $y = \sec x$,求 y'.

解 $y' = \left(\dfrac{1}{\cos x}\right)' = \dfrac{-(\cos x)'}{\cos^2 x} = \dfrac{\sin x}{\cos^2 x} = \tan x \sec x,$

即

$$(\sec x)' = \tan x \sec x.$$

例 2.6 和例 2.7 分别是正切函数和正割函数的导数公式,用类似的方法,容易求得余切函数和余割函数的导数公式.

$$(\cot x)' = -\frac{1}{\sin^2 x} = -\csc^2 x.$$

$$(\csc x)' = -\cot x \csc x.$$

3.2.2 复合函数的求导法则

定理 2.4 设函数 $u = \varphi(x) \in D\{x\}$,而函数 $y = f(u)$ 在对应点 $u = \varphi(x)$ 处可导,则复合函数 $y = f[\varphi(x)]$ 在点 x 处可导,且其导数为

$$y'(x) = f'(u)\varphi'(x).$$

证 由 $y = f(u)$ 在 u 点可导,得

$$f'(u) = \lim_{\Delta u \to 0} \frac{\Delta y}{\Delta u},$$

故

$$\frac{\Delta y}{\Delta u} = f'(u) + \alpha(\Delta u),$$

其中
$$\lim_{\Delta u \to 0} \alpha(\Delta u) = 0,$$

即

$$\Delta y = f'(u)\Delta u + \alpha(\Delta u)\Delta u,$$

于是

$$\frac{\Delta y}{\Delta x} = f'(u)\frac{\Delta u}{\Delta x} + \alpha(\Delta u)\frac{\Delta u}{\Delta x},$$

从而有

$$y' = \lim_{\Delta x \to 0}\frac{\Delta y}{\Delta x} = \lim_{\Delta x \to 0}\left[f'(u)\frac{\Delta u}{\Delta x} + \alpha(\Delta u)\frac{\Delta u}{\Delta x}\right]$$

$$= \lim_{\Delta x \to 0}f'(u)\lim_{\Delta x \to 0}\frac{\Delta u}{\Delta x} + \lim_{\Delta x \to 0}\alpha(\Delta u)\lim_{\Delta x \to 0}\frac{\Delta u}{\Delta x}.$$

因为 $u = \varphi(x)$ 在 x 处连续,因此当 $\Delta x \to 0$ 时,$\Delta u \to 0$,从而 $\alpha \to 0$,所以

$$y'(x) = f'(u)\varphi'(x). \qquad\qquad 证毕.$$

复合函数的求导公式也可以写成

$$\frac{dy}{dx} = \frac{dy}{du} \cdot \frac{du}{dx}.$$

例 2.8 求 $y = e^{-x}$ 的导数.

解 设 $y = e^u, u = -x$,则

$$y' = (e^u)'(-x)' = e^u \cdot (-1) = -e^{-x}.$$

例 2.9 求 $y = \mathrm{sh}x = \dfrac{\mathrm{e}^x - \mathrm{e}^{-x}}{2}$ 的导数.

解 $y' = (\mathrm{sh}x)' = \dfrac{(\mathrm{e}^x)' - (\mathrm{e}^{-x})'}{2} = \dfrac{\mathrm{e}^x + \mathrm{e}^{-x}}{2} = \mathrm{ch}x.$

即双曲正弦函数的导数为

$$(\mathrm{sh}x)' = \mathrm{ch}x.$$

同样方法求得双曲余弦函数的导数为

$$(\mathrm{ch}x)' = \mathrm{sh}x.$$

例 2.10 求 $y = x^{\alpha}(x > 0, \alpha$ 为任意实数) 的导数.

解 因为 $y = x^{\alpha} = \mathrm{e}^{\alpha \ln x}$, 设 $y = \mathrm{e}^u, u = \alpha \ln x$, 所以

$$y' = (\mathrm{e}^u)'(\alpha \ln x)' = \mathrm{e}^u \alpha \frac{1}{x} = x^{\alpha} \frac{\alpha}{x} = \alpha x^{\alpha - 1},$$

即

$$(x^{\alpha})' = \alpha x^{\alpha - 1}, (x > 0).$$

复合函数的求导法则可以推广到两个以上中间变量的情形. 例如, $y = f(u)$, $u = \varphi(v), v = \psi(x)$, 则复合函数 $y = f[\varphi(\psi(x))]$ 的导数公式为

$$y' = f'(u)\varphi'(v)\psi'(x).$$

例 2.11 求 $y = \cos^3(\alpha x + \beta)(\alpha, \beta \in \mathbf{R})$ 的导数.

解 设 $y = u^3, u = \cos v, v = \alpha x + \beta$, 则有

$$y' = (u^3)'(\cos v)'(\alpha x + \beta)' = 3u^2(-\sin v) \cdot \alpha$$

$$= -3\alpha \cos^2(\alpha x + \beta)\sin(\alpha x + \beta).$$

例 2.12 求 $y = \ln|x|$ 的导数.

解 当 $x > 0$ 时, $y = \ln|x| = \ln x, y' = \dfrac{1}{x}$;

当 $x < 0$ 时, $y = \ln|x| = \ln(-x) = \ln u, u = -x$,

则

$$y' = (\ln u)'(-x)' = \frac{1}{u} \cdot (-1) = \frac{1}{x}.$$

综上所述, 有

$$(\ln|x|)' = \frac{1}{x}.$$

3.2.3 反函数的导数

定理 2.5 设函数 $x = \varphi(y)$ 在区间 I_y 内单调可导, 并且 $\varphi'(y) \neq 0$, 则其反

函数 $y = f(x)$ 在对应区间 $I_x = \{x \mid x = \varphi(y), y \in I_y\}$ 内也可导,且有

$$f'(x) = \frac{1}{\varphi'(y)}.$$

证 因为函数 $x = \varphi(y)$ 在区间 I_y 内单调可导,故它在区间 I_y 内必单调连续,则其反函数 $y = f(x)$ 在 I_x 内也单调连续,由 $f(x)$ 的单调性,当 $\Delta x \neq 0$ 时,必有 $\Delta y \neq 0$. 由 $f(x)$ 的连续性,当 $\Delta x \to 0$ 时,必有 $\Delta y \to 0$. 又由假设 $\varphi'(y) \neq 0$,从而有

$$f'(x) = \lim_{\Delta x \to 0} \frac{\Delta y}{\Delta x} = \frac{1}{\lim\limits_{\Delta y \to 0} \dfrac{\Delta x}{\Delta y}} = \frac{1}{\varphi'(y)}. \qquad 证毕.$$

定理 2.5 可以简单叙述为:反函数的导数等于原来函数的导数之倒数.

例 2.13 求 $y = \arcsin x$ 的导数.

解 由于 $y = \arcsin x$ 是 $x = \sin y$ 的反函数,而 $x = \sin y$ 在区间 $-\frac{\pi}{2} < y < \frac{\pi}{2}$ 内单调且可导,并有 $(\sin y)' = \cos y > 0, y \in \left(-\frac{\pi}{2}, \frac{\pi}{2}\right)$,从而,在对应区间 $-1 < x < 1$ 内有

$$(\arcsin x)' = \frac{1}{(\sin y)'} = \frac{1}{\cos y} = \frac{1}{\sqrt{1 - \sin^2 y}} = \frac{1}{\sqrt{1 - x^2}},$$

因此反正弦函数的导数为

$$(\arcsin x)' = \frac{1}{\sqrt{1 - x^2}}.$$

用同样的方法可求出反余弦函数的导数为

$$(\arccos x)' = -\frac{1}{\sqrt{1 - x^2}}.$$

例 2.14 求 $y = \arctan x$ 的导数.

解 由于 $y = \arctan x$ 是 $x = \tan y$ 的反函数,而 $x = \tan y$ 在区间 $-\frac{\pi}{2} < y < \frac{\pi}{2}$ 内单调可导,并且 $(\tan y)' = \sec^2 y > 0, y \in \left(-\frac{\pi}{2}, \frac{\pi}{2}\right)$,从而在对应区间 $-\infty < x < +\infty$ 内有

$$(\arctan x)' = \frac{1}{(\tan y)'} = \frac{1}{\sec^2 y} = \frac{1}{1 + \tan^2 y} = \frac{1}{1 + x^2}.$$

因此反正切函数的导数为

$$(\arctan x)' = \frac{1}{1 + x^2}.$$

用同样方法可以求出反余弦函数的导数

$$(\text{arccot}x)' = -\frac{1}{1+x^2}.$$

3.2.4 初等函数的求导问题

前面已推导出所有的基本初等函数的导数公式,而且还推导出函数的和、差、积、商的求导法则与复合函数的求导法则,因此求初等函数的导数,只要运用基本初等函数导数公式、四则运算的求导法则和复合函数的求导法则,就可以顺利地解决了.为此我们把这些求导公式和求导法则归纳如下:

1. 基本初等函数的导数公式

$$(c)' = 0, \qquad\qquad (x^\alpha)' = \alpha x^{\alpha-1},$$

$$(\ln x)' = \frac{1}{x}, \qquad\qquad (\text{e}^x)' = \text{e}^x,$$

$$(\log_a x)' = \frac{1}{x\ln a}, \qquad\qquad (a^x)' = a^x \ln a,$$

$$(\sin x)' = \cos x, \qquad\qquad (\cos x)' = -\sin x,$$

$$(\tan x)' = \sec^2 x, \qquad\qquad (\cot x)' = -\csc^2 x,$$

$$(\sec x)' = \sec x \tan x, \qquad\qquad (\csc x)' = -\csc x \cot x,$$

$$(\arcsin x)' = \frac{1}{\sqrt{1-x^2}}, \qquad\qquad (\arccos x)' = -\frac{1}{\sqrt{1-x^2}},$$

$$(\arctan x)' = \frac{1}{1+x^2}, \qquad\qquad (\text{arccot}x)' = -\frac{1}{1+x^2}.$$

2. 函数的和、差、积、商的求导法则

$$(u \pm v)' = u' \pm v',$$

$$(uv)' = u'v + uv',$$

$$\left(\frac{u}{v}\right)' = \frac{u'v - uv'}{v^2} \quad (v \neq 0).$$

3. 复合函数的求导法则

设 $y = f(u)$,而 $u = \varphi(x)$,则复合函数 $y = f[\varphi(x)]$ 的导数为

$$\frac{\text{d}y}{\text{d}x} = \frac{\text{d}y}{\text{d}u} \cdot \frac{\text{d}u}{\text{d}x} \quad\text{或}\quad y'(x) = f'(u)\varphi'(x).$$

例 2.15 $y = \arcsin\sqrt{x}$,求 y'.

解 $y' = (\arcsin\sqrt{x})' = \dfrac{1}{\sqrt{1-(\sqrt{x})^2}} \cdot \dfrac{1}{2\sqrt{x}} = \dfrac{1}{2\sqrt{x-x^2}}.$

例 2.16 $y = \sin\dfrac{2x}{1+x^2}$,求 y' .

解 $y' = \cos\dfrac{2x}{1+x^2} \cdot \left(\dfrac{2x}{1+x^2}\right)'$

$\qquad = \cos\dfrac{2x}{1+x^2} \cdot \dfrac{2(1+x^2) - 2x(1+x^2)'}{(1+x^2)^2}$

$\qquad = \dfrac{2(1-x^2)}{(1+x^2)^2}\cos\dfrac{2x}{1+x^2}.$

例 2.17 $y = \mathrm{e}^{\sin\frac{1}{x}}$,求 y' .

解 $y' = \mathrm{e}^{\sin\frac{1}{x}}\left(\sin\dfrac{1}{x}\right)' = \mathrm{e}^{\sin\frac{1}{x}}\cos\dfrac{1}{x} \cdot \left(\dfrac{1}{x}\right)' = -\dfrac{1}{x^2}\mathrm{e}^{\sin\frac{1}{x}}\cos\dfrac{1}{x}.$

例 2.18 $y = \dfrac{\sin^n x}{1+\mathrm{e}^{x^2}}$,求 y' .

解 $y' = \dfrac{(\sin^n x)'(1+\mathrm{e}^{x^2}) - \sin^n x(1+\mathrm{e}^{x^2})'}{(1+\mathrm{e}^{x^2})^2}$

$\qquad = \dfrac{n\sin^{n-1}x \cdot \cos x(1+\mathrm{e}^{x^2}) - \sin^n x \cdot 2x(\mathrm{e})^{x^2}}{(1+\mathrm{e}^{x^2})^2}$

$\qquad = \dfrac{\sin^{n-1}x[\,n(1+\mathrm{e}^{x^2})\cos x - 2x\mathrm{e}^{x^2}\sin x\,]}{(1+\mathrm{e}^{x^2})^2}$

例 2.19 求反双曲函数 $\mathrm{arsh}x$, $\mathrm{arch}x$, $\mathrm{arth}x$ 的导数.

解 $(\mathrm{arsh}x)' = [\,\ln(x + \sqrt{x^2+1})\,]'$

$\qquad = \dfrac{1}{x + \sqrt{x^2+1}}(x + \sqrt{x^2+1})'$

$\qquad = \dfrac{1}{x + \sqrt{x^2+1}}\left(1 + \dfrac{1}{2\sqrt{x^2+1}} \cdot 2x\right)$

$\qquad = \dfrac{1}{x + \sqrt{x^2+1}} \cdot \dfrac{\sqrt{x^2+1} + x}{\sqrt{x^2+1}}$

$\qquad = \dfrac{1}{\sqrt{x^2+1}}, \ -\infty < x < +\infty.$

$\quad (\mathrm{arch}x)' = [\,\ln(x + \sqrt{x^2-1})\,]'$

$\qquad = \dfrac{1}{x + \sqrt{x^2-1}}\left(1 + \dfrac{x}{\sqrt{x^2-1}}\right) = \dfrac{1}{\sqrt{x^2-1}}, 1 < x < +\infty.$

$$(\operatorname{arth}x)' = \left(\frac{1}{2}\ln\frac{1+x}{1-x}\right)' = \frac{1}{2}\left[\ln(1+x) - \ln(1-x)\right]'$$

$$= \frac{1}{2}\left(\frac{1}{1+x} + \frac{1}{1-x}\right) = \frac{1}{1-x^2}, -1 < x < 1.$$

习题 3-2

1. 求下列函数的导数.

(1) $y = x^6 + 5a^3x^2 - a^5$;

(2) $y = \dfrac{\pi}{x^5} - \dfrac{7}{x^3} + \ln 2$;

(3) $y = 3x^{\frac{2}{3}} - 2^x + 3\mathrm{e}^x$;

(4) $y = \sin x \cdot \cos x$;

(5) $y = x^2 \ln x$;

(6) $y = (2 + nx^m)(2 + mx^n)$;

(7) $y = (1 + x^2)\arctan x - \log_2 x$;

(8) $y = \dfrac{\ln x}{x}$;

(9) $y = \dfrac{1 + \sin x}{1 + \cos x}$;

(10) $y = \dfrac{2\csc x}{1 + x^2}$;

(11) $y = x \sin x \ln x$;

(12) $y = a^x x^a \quad (a > 0, a \neq 1)$;

(13) $y = \dfrac{1 + \tan x}{1 - \tan x}\mathrm{e}^x$;

(14) $y = \dfrac{3\mathrm{ch}x}{\ln x}$.

2. 求下列函数在指定点处的导数.

(1) $f(x) = \dfrac{3}{5 - x} + \dfrac{x^2}{5}$, 求 $f'(0)$ 和 $f'(2)$;

(2) $\rho = \varphi \sin \varphi + \dfrac{1}{2}\cos \varphi$, 求 $\left.\dfrac{\mathrm{d}\rho}{\mathrm{d}\varphi}\right|_{\varphi = \frac{\pi}{4}}$.

3. 求下列复合函数的导数.

(1) $y = (2x + 5)^4$;

(2) $y = \dfrac{1}{(3x - 1)^5}$;

(3) $y = 5\tan\left(\dfrac{x}{5} + 1\right)$;

(4) $y = \arctan(x^2 + 1)$;

(5) $y = \arccos\dfrac{1}{x} \quad (x > 1)$;

(6) $y = \left(\arcsin\dfrac{x}{2}\right)^2$;

(7) $y = \sqrt{x^2 + a^2}$;

(8) $y = \sqrt{a^2 - x^2}$.

(9) $y = \mathrm{e}^{\sqrt{1 - x^2}}$;

(10) $y = \mathrm{e}^{-\frac{x}{2}}\cos 3x$.

4. 求下列函数的导数.

(1) $y = \dfrac{x}{\sqrt{1 - x^2}}$;

(2) $y = \tan^3(1 - 2x)$;

(3) $y = \arccos \sqrt{1 - 3x}$;

(4) $y = \arctan \dfrac{x + 1}{x - 1}$;

(5) $y = \ln(\sin \sqrt{x^2 + 1})$;

(6) $y = \sin^2(\cos 3x)$;

(7) $y = 3^{\sqrt{\ln x}}$;

(8) $y = \mathrm{e}^{\arctan \frac{1}{x}}$;

(9) $y = \arcsin \dfrac{x}{\sqrt{1 + x^2}}$;

(10) $y = 2^{\frac{x}{\ln x}}$;

(11) $y = \sin^3 5x \cos^2 \dfrac{x}{3}$;

(12) $y = \dfrac{x^3}{3 \sqrt{(1 + x^2)^3}}$;

(13) $y = x \sqrt{a^2 - x^2} + a^2 \arcsin \dfrac{x}{a}$ $(a > 0)$;

(14) $y = \ln \dfrac{(x - 1)^3 (x - 2)}{x - 3}$;

(15) $y = \sqrt{\cos x} a^{\sqrt{\cos x}}$ $(a > 0, a \neq 1)$.

5. 设 $f(x) \in D$,求下列函数 y 的导数 $\dfrac{\mathrm{d}y}{\mathrm{d}x}$.

(1) $y = f(x^2)$;

(2) $y = f(\sin^2 x) + f(\cos^2 x)$;

(3) $y = f(\mathrm{e}^x) \cdot \mathrm{e}^{f(x)}$.

6. 设 $\varphi(x), \psi(x) \in D, y = \sqrt{\varphi^2(x) + \psi^2(x)}$,求 $\dfrac{\mathrm{d}y}{\mathrm{d}x}$.

7. 证明:可导的偶函数的导数是奇函数;而可导的奇函数的导数是偶函数.

3.3 高 阶 导 数

3.3.1 高阶导数的概念

在引入导数概念的时候,已经知道变速直线运动的速度 $v(t)$ 是路程函数 $s(t)$ 对时间 t 的导数,即

$$v(t) = \frac{\mathrm{d}s}{\mathrm{d}t} \text{ 或 } v(t) = s'(t).$$

通常我们把路程函数 $s(t)$ 称为速度函数 $v(t)$ 的原函数,而把速度函数 $v(t) = s'(t)$ 称为原函数 $s(t)$ 对 t 的一阶导数。而加速度 $a = a(t)$ 又是速度函数 $v(t)$ 对时间 t 的一阶导数. 于是加速度 $a(t)$ 是 $s(t)$ 的一阶导数 $\dfrac{\mathrm{d}s}{\mathrm{d}t}$ 再求导数,即

$$a = \frac{\mathrm{d}v}{\mathrm{d}t} = \frac{\mathrm{d}\left(\dfrac{\mathrm{d}s}{\mathrm{d}t}\right)}{\mathrm{d}t} \text{ 或 } a = v' = (s')'.$$

这种对一阶导数再求导数 $\dfrac{\mathrm{d}\left(\dfrac{\mathrm{d}s}{\mathrm{d}t}\right)}{\mathrm{d}t}$ 或 $(s')'$,叫做 $s(t)$ 对 t 的二阶导数.

定义 3.1 若函数 $y = f(x) \in D(I)$,且 $f'(x)$ 仍是区间 I 内的函数,若极限

$$\lim_{\Delta x \to 0} \frac{f'(x + \Delta x) - f'(x)}{\Delta x}$$

存在,则称此极限值为函数 $f(x)$ 在点 x 的二阶导数,记作

$$y'', f''(x), \frac{\mathrm{d}^2 y}{\mathrm{d}x^2} \ 或 \ \frac{\mathrm{d}^2 f}{\mathrm{d}x^2}.$$

类似地,如果二阶导数 $f''(x)$ 仍是可导函数,对二阶导数再求一次导数便得到 $f(x)$ 的三阶导数,记为

$$y''', f'''(x), \frac{\mathrm{d}^3 y}{\mathrm{d}x^3} \ 或 \ \frac{\mathrm{d}^3 f}{\mathrm{d}x^3}.$$

如此类推,一般地,设 $y = f(x)$ 的 $n-1 (n \in \mathbf{N}^+)$ 阶导数 $y^{(n-1)}$ 存在,并且它仍然可导,即 $[y^{(n-1)}]'$ 存在时,称该导数为原来函数 $f(x)$ 的 n 阶导数,并记为

$$y^{(n)}, f^{(n)}(x), \frac{\mathrm{d}^n y}{\mathrm{d}x^n} \ 或 \ \frac{\mathrm{d}^n f}{\mathrm{d}x^n}.$$

二阶及二阶以上的导数统称为高阶导数.由此可见,求函数 $y = f(x)$ 的高阶导数,只要将函数 $y = f(x)$ 逐次求导即可得到.

为方便起见,我们用 $D^n(I)$(或 $D^n\{x\}$)表示区间 I 上(或点 x 处)所有存在 n 阶导数的函数集合.例如 $f(x) \in D^n(I)$,表示 $f(x)$ 是区间 I 上的具有 n 阶导数的函数,更简单地,还可以简记为 $f \in D^n(I)$ 或 $f \in D^n$.

类似地用 $C^n(I)$(或 $C^n\{x\}$)表示在区间 I 上(或在点 x 处)所有存在 n 阶导数连续的函数集合,则 $f(x) \in C^n(I)$ 表示 $f(x)$ 在区间 I 上具有 n 阶连续的导数,更简单地则记为 $f \in C^n(I)$ 或 $f \in C^n$.

例 3.1 设 $y = \sqrt{x^2 + 1}$,求 y''.

解 $y' = \dfrac{x}{\sqrt{x^2 + 1}}$,

$$y'' = \left(\frac{x}{\sqrt{x^2+1}}\right)' = \frac{\sqrt{x^2+1} - x\dfrac{x}{\sqrt{x^2+1}}}{x^2+1} = \frac{1}{\sqrt{(x^2+1)^3}}.$$

例 3.2 设 $y = \sin ax$,求 y''.

解 $y' = a\cos ax$,

$y'' = -a^2\sin ax.$

3.3.2 函数高阶导数的几个例子

一般情况下,求函数的高阶导数并没有便捷的方法,但是对于某些特殊的函数,高阶导数则有公式可用,下面介绍几个例子.

例 3.3 求正弦函数和余弦函数的 n 阶导数.

解 对 $y = \sin x$,$y' = (\sin x)' = \cos x = \sin\left(x + \dfrac{\pi}{2}\right)$;

$$y'' = \cos\left(x + \frac{\pi}{2}\right) = \sin\left[\left(x + \frac{\pi}{2}\right) + \frac{\pi}{2}\right] = \sin\left(x + 2 \cdot \frac{\pi}{2}\right);$$

$$y''' = \cos\left(x + 2 \cdot \frac{\pi}{2}\right) = \sin\left[\left(x + \frac{2 \cdot \pi}{2}\right) + \frac{\pi}{2}\right]$$

$$= \sin\left(x + 3 \cdot \frac{\pi}{2}\right);$$

$$\vdots$$

假设 $y^{(n-1)} = \sin\left[x + (n-1) \cdot \dfrac{\pi}{2}\right]$,

则有

$$y^{(n)} = \cos\left[x + (n-1)\frac{\pi}{2}\right] = \sin\left[x + (n-1)\frac{\pi}{2} + \frac{\pi}{2}\right]$$

$$= \sin\left(x + n \cdot \frac{\pi}{2}\right).$$

于是得到

$$(\sin x)^{(n)} = \sin\left(x + n \cdot \frac{\pi}{2}\right).$$

类似地可推得

$$(\cos x)^{(n)} = \cos\left(x + n \cdot \frac{\pi}{2}\right).$$

例 3.4 求指数函数 $y = a^x (a > 0, a \neq 1)$ 的 n 阶导数.

解 $y' = (a^x)' = a^x \ln a$;

$$y'' = (a^x \ln a)' = a^x \ln^2 a;$$

$$\vdots$$

假设 $y^{(n-1)} = a^x \ln^{n-1} a$,

则

$$y^{(n)} = (a^x \ln^{n-1} a)' = a^x \ln^n a.$$

于是得到

$$(a^x)^{(n)} = a^x \ln^n a.$$

特别是当 $a = e$ 时,$\ln e = 1$,则有

$$(e^x)' = (e^x)'' = \cdots = (e^x)^{(n)} = e^x.$$

例 3.5 求幂函数 $y = x^\alpha (\alpha$ 是任意常数$)$ 的 n 阶导数.

解 $y' = (x^\alpha)' = \alpha x^{\alpha-1}$;

$$y'' = (\alpha x^{\alpha-1})' = \alpha(\alpha-1)x^{\alpha-2};$$
$$\vdots$$

假设 $y^{(n-1)} = \alpha(\alpha-1)\cdots(\alpha-(n-2))x^{\alpha-(n-1)}$

$$= \alpha(\alpha-1)(\alpha-2)\cdots(\alpha-n+2)x^{\alpha-n+1},$$

则 $y^{(n)} = \alpha(\alpha-1)(\alpha-2)\cdots(\alpha-n+2)(\alpha-n+1)x^{\alpha-n},$

即

$$(x^\alpha)^{(n)} = \alpha(\alpha-1)\cdots(\alpha-n+1)x^{\alpha-n}.$$

当 $\alpha = n$ 时有

$$(x^n)^{(n)} = n(n-1)(n-2)\cdots3\cdot2\cdot1 = n!.$$

且有
$$(x^n)^{(n+1)} = 0.$$

例 3.6 求 $y = \ln(1+x)$ 的 n 阶导数.

解 $y' = (\ln(1+x))' = \dfrac{1}{1+x};$

$$y'' = \left(\frac{1}{1+x}\right)' = -\frac{1}{(1+x)^2};$$

$$y''' = \left(-\frac{1}{(1+x)^2}\right)' = \frac{2}{(1+x)^3};$$

假设 $y^{(n-1)} = (-1)^{n-1-1}\dfrac{(n-1-1)!}{(1+x)^{n-1}} = (-1)^{n-2}\dfrac{(n-2)!}{(1+x)^{n-1}},$

则 $y^{(n)} = \left[(-1)^{n-2}\dfrac{(n-2)!}{(1+x)^{n-1}}\right]' = (-1)^{n-2}\dfrac{-(n-1)(n-2)!}{(1+x)^n}$

$$= (-1)^{n-1}\frac{(n-1)!}{(1+x)^n}.$$

即

$$[\ln(1+x)]^{(n)} = (-1)^{n-1}\frac{(n-1)!}{(1+x)^n}.$$

除了以上几个函数的高阶导数公式之外,下面我们再写出几个常用的高阶导数公式供读者备用.

(1) $(e^{\alpha x})^{(n)} = \alpha^n e^{\alpha x}, (\alpha \in \mathbf{R}).$

(2) $(\sin\alpha x)^{(n)} = \alpha^n \sin\left(\alpha x + n\cdot\dfrac{\pi}{2}\right), (\alpha \in \mathbf{R}).$

(3) $(\cos\alpha x)^{(n)} = \alpha^n \cos\left(\alpha x + n\cdot\dfrac{\pi}{2}\right), (\alpha \in \mathbf{R}).$

(4) $[\ln(ax+b)]^{(n)} = \dfrac{(-1)^{n-1}(n-1)!\ a^n}{(ax+b)^n}.$

(5) $\left(\dfrac{1}{ax+b}\right)^{(n)} = \dfrac{(-1)^n n!\ a^n}{(ax+b)^{n+1}}.$

*3.3.3 莱布尼茨(Leibniz)公式

例 3.7 设函数 $u = u(x)$, $v = v(x)$ 在点 x 处都有直到 n 阶的导数,求其乘积 $y = u(x)v(x)$ 在点 x 处的 n 阶导数.

解 $(uv)' = u'v + uv'$,

$(uv)'' = u''v + 2u'v' + uv''$,

$(uv)''' = u'''v + 3u''v' + 3u'v'' + uv'''$,

……

用数学归纳法可以证明

$$(uv)^{(n)} = u^{(n)}v + \frac{n}{1!}u^{(n-1)}v' + \frac{n(n-1)}{2!}u^{(n-2)}v'' + \cdots$$

$$+ \frac{n(n-1)\cdots(n-k+1)}{k!}u^{(n-k)}v^{(k)} + \cdots + uv^{(n)}.$$

上式称为莱布尼茨(Leibniz)公式.把它和二项式定理展开式

$$(u + v)^n = u^n v^0 + \frac{n}{1!}u^{n-1}v^1 + \frac{n(n-1)}{2!}u^{n-2}v^2 + \cdots$$

$$+ \frac{n(n-1)\cdots(n-k+1)}{k!}u^{n-k}v^k + \cdots + u^0 v^n$$

对比,把 k 次幂换成 k 阶导数,函数的零次幂就理解为函数本身,就得到莱布尼茨公式:

$$(uv)^{(n)} = u^{(n)}v + \frac{n}{1}u^{(n-1)}v' + \cdots$$

$$+ \frac{n(n-1)\cdots(n-k+1)}{k!}u^{(n-k)}v^{(k)} + \cdots + uv^{(n)}.$$

例 3.8 求 $y = x^2 e^{ax}$ 的 10 阶导数 $y^{(10)}$.

解 设 $u = e^{ax}$, $v = x^2$,则

$$u^{(k)} = a^k e^{ax}(k = 1, 2, \cdots, 10),$$

$$v' = 2x, v'' = 2, v^{(k)} = 0(k = 3, 4, \cdots, 10),$$

利用莱布尼茨公式,便得到

$$y^{(10)} = (uv)^{(10)} = (e^{ax})^{(10)}x^2 + \frac{10}{1!}(e^{ax})^{(9)}(x^2)'$$

$$+ \frac{10(10-1)}{2!}(e^{ax})^{(8)}(x^2)''$$

$$= a^{10}e^{ax}x^2 + 10a^9 e^{ax}(2x) + \frac{10 \cdot 9}{2}a^8 e^{ax} \cdot 2$$

$$= (a^2 x^2 + 20ax + 90)a^8 e^{ax}.$$

习题 3-3

1. 求下列函数的二阶导数.

(1) $y = x\sqrt{1 + x^2}$; (2) $y = e^{-x^2}$;

(3) $y = \ln(1 - x^2)$; (4) $y = (1 + x^2)\arctan x$;

(5) $y = e^{2x}\sin 3x$; (6) $y = (\arcsin x)^2$.

2. 设 $f(x)$ 具有二阶导数,求以下函数的 y''.

(1) $y = f(x^2)$; (2) $y = f\left(\dfrac{1}{x}\right)$;

(3) $y = f(e^x)$; (4) $y = f(\ln x)$.

3. 验证函数 $y = c_1 e^{\lambda x} + c_2 e^{-\lambda x}(\lambda, c_1, c_2$ 是常数$)$满足关系式 $y'' - \lambda^2 y = 0$.

4. 求下列函数的 n 阶导数的一般表达式.

(1) $y = (ax + b)^n$; (2) $y = x\ln x$;

(3) $y = xe^x$; (4) $y = \dfrac{1}{x(1 - x)}$.

5. 求下列函数的 n 阶导数.

(1) $y = \sin^2 x$; (2) $y = \cos^2 x$;

(3) $y = \dfrac{2x}{2x + 1}$; (4) $y = \ln(3 + 7x - 6x^2)$.

*6. 求下列函数的指定阶的导数.

(1) $y = x^2\sin ax$,求 $y^{(10)}$.

(2) $y = x^2\ln x$,求 $y^{(50)}$.

3.4 隐函数及参量函数的微分法

3.4.1 隐函数的微分法

我们常见的函数,一般都是把函数 y 用自变量 x 的解析式表示的,例如 $y = \sin^2 x, y = \ln\sqrt{x^2 + 1}$ 等,这样的函数称为显函数.在实际问题中有一些函数不是显函数形式,而是由一个二元方程 $F(x, y) = 0$ 来确定 y 为 x 的函数,例如方程

$$x^2 + y^3 - 1 = 0$$

在区间$(-\infty, +\infty)$内任给 x 一个值,相应地总有满足这个方程的 y 值存在,这个方程就确定了 y 是 x 的函数,这样的函数称为隐函数.

一般地,如果在方程 $F(x、y)=0$ 中,当 x 取某区间内的任一值时,相应地总有满足这个方程的 y 值存在,那么我们就说 $F(x、y)=0$ 在该区间内确定了一个隐函数.

有些方程所确定的隐函数很容易表示成显函数的形式,例如由前面所给方程 $x^2+y^3-1=0$ 解出 y,得显函数 $y=\sqrt[3]{1-x^2}$.但是有些隐函数化为显函数是困难的,甚至是不可能的.例如由二元方程

$$xy-e^x+e^y=0$$

所确定的函数,我们就无法把 y 表示成 x 的显函数.

在实际问题中,有时需要计算隐函数的导数(不管隐函数能否化为显函数),我们可以直接由二元方程求出它所确定的隐函数的导数.下面通过具体例子说明这种方法.

例 4.1　求由方程 $y^4-2y+x^2-3x^6=0$ 所确定的隐函数的导数 y'.

解　把方程两边分别对 x 求导,注意到 y 是 x 的函数,有

$$4y^3y'-2y'+2x-18x^5=0.$$

由此得

$$y'=\frac{9x^5-x}{2y^3-1}.$$

例 4.2　设由方程 $xy-e^x+e^y=0$ 确定了隐函数 y,求 y' 及 $y'|_{x=0}$.

解　把方程两边分别对 x 求导,得

$$y+xy'-e^x+e^yy'=0.$$

解出 y',得

$$y'=\frac{e^x-y}{e^y+x}.$$

把 $x=0$ 代入方程 $xy-e^x+e^y=0$ 中,得 $e^y-1=0$,解出 $y=0$,于是有

$$y'|_{x=0}=\frac{e^x-y}{e^y+x}\bigg|_{x=0}=1.$$

例 4.3　求椭圆 $\dfrac{x^2}{4}+y^2=1$ 在点 $M\left(\sqrt{2},\dfrac{\sqrt{2}}{2}\right)$ 处的切线方程.

解　将方程两边对 x 求导数,得

$$\frac{x}{2}+2yy'=0,$$

$$y'=-\frac{x}{4y}.$$

当 $x=\sqrt{2},y=\dfrac{\sqrt{2}}{2}$ 时,$y'(\sqrt{2})=-\dfrac{1}{2}.$

由导数的几何意义知过点 M 的切线斜率 $k = -\dfrac{1}{2}$，于是椭圆过点 M 的切线方程为

$$y - \frac{\sqrt{2}}{2} = -\frac{1}{2}(x - \sqrt{2}),$$

即

$$x + 2y - 2\sqrt{2} = 0.$$

3.4.2 取对数求导法

在计算某些函数的导数时，采用先取对数再求导数的方法比较简便，简称为"取对数求导法".

对幂指函数 $y = f(x)^{\varphi(x)}(f(x) > 0)$，求导数时可以利用取对数求导法，即

$$\ln y = \varphi(x)\ln f(x).$$

等式两边对 x 求导数，得

$$\frac{1}{y} \cdot y' = \varphi'(x)\ln f(x) + \varphi(x)\frac{f'(x)}{f(x)},$$

于是

$$y' = y\left[\varphi'(x)\ln f(x) + \varphi(x)\frac{f'(x)}{f(x)}\right]$$

$$= f(x)^{\varphi(x)}\left[\varphi'(x)\ln f(x) + \varphi(x)\frac{f'(x)}{f(x)}\right].$$

例 4.4 求函数 $y = x^{\sin x}(x > 0)$ 的导数.

解 取对数：$\ln y = \sin x \ln x$，等式两边对 x 求导数，有

$$\frac{y'}{y} = \cos x \ln x + \frac{\sin x}{x},$$

故

$$y' = x^{\sin x}\left(\cos x \ln x + \frac{\sin x}{x}\right).$$

例 4.5 求函数 $y = (\sin x)^{\cos x}$ 的导数.

解 取对数：$\ln y = \cos x \ln \sin x$，等式两边对 x 求导数，有

$$\frac{1}{y} \cdot y' = -\sin x \ln \sin x + \frac{\cos^2 x}{\sin x} = (\cos x \cot x - \sin x \ln \sin x),$$

故

$$y' = (\sin x)^{\cos x}(\cos x \cot x - \sin x \ln \sin x).$$

例 4.6　求 $y = x\sqrt{\dfrac{1-x}{1+x}}$ 的导数.

解　此函数是由乘、除、开方等运算构成,直接求导数较繁,用取对数求导法就比较简单了. 两边取对数,得

$$\ln y = \ln x + \frac{1}{2}\left[\ln(1-x) - \ln(1+x)\right],$$

对 x 求导数,有　$\dfrac{y'}{y} = \dfrac{1}{x} + \dfrac{1}{2}\left(\dfrac{-1}{1-x} - \dfrac{1}{1+x}\right),$

即

$$y' = y\left(\frac{1}{x} - \frac{1}{1-x^2}\right) = x\sqrt{\frac{1-x}{1+x}}\left(\frac{1}{x} - \frac{1}{1-x^2}\right)$$

$$= \sqrt{\frac{1-x}{1+x}}\left(1 - \frac{x}{1-x^2}\right).$$

3.4.3　参量函数微分法

设有参量方程

$$\begin{cases} x = \varphi(t), \\ y = \psi(t) \end{cases} t \in (\alpha, \beta), \tag{4.1}$$

如果函数 $x = \varphi(t)$ 具有单调连续的反函数 $t = \varphi^{-1}(x)$,将它代入函数 $y = \psi(t)$ 中,便得

$$y = \psi(\varphi^{-1}(x)).$$

因此参量方程式(4.1)确定了 y 与 x 的函数关系,这种函数关系就称为参量方程所确定的函数,简称为参量函数.

参量函数微分法是直接从参量方程求出 y 对 x 的导数的方法.

设 $x = \varphi(t), y = \psi(t)$ 在区间 (α, β) 上可导,且 $\varphi'(t) \neq 0, t = \varphi^{-1}(x)$ 为 $x = \varphi(t)$ 的反函数,将参量方程确定的函数 $y = y(x)$ 看成由 $y = \psi(t), t = \varphi^{-1}(x)$ 复合而成的,即以 t 为中间变量,x 为自变量的复合函数. 由复合函数的导数公式,有

$$\frac{\mathrm{d}y}{\mathrm{d}x} = \frac{\mathrm{d}y}{\mathrm{d}t} \cdot \frac{\mathrm{d}t}{\mathrm{d}x},$$

再由反函数微分法,有

$$\frac{\mathrm{d}t}{\mathrm{d}x} = \frac{1}{\dfrac{\mathrm{d}x}{\mathrm{d}t}},$$

故

$$\frac{\mathrm{d}y}{\mathrm{d}x} = \frac{\mathrm{d}y}{\mathrm{d}t} \cdot \frac{1}{\dfrac{\mathrm{d}x}{\mathrm{d}t}} = \frac{\psi'(t)}{\varphi'(t)}, (\varphi'(t) \neq 0). \tag{4.2}$$

式(4.2)就是由参量方程式(4.1)所确定的函数的导数公式.

如果函数 $x = \varphi(t), y = \psi(t)$ 具有二阶导数,且 $\varphi'(t) \neq 0$,则由式(4.2)又可得到由参量方程式(4.1)所确定的函数的二阶导数公式

$$\frac{d^2 y}{dx^2} = \frac{d}{dx}\left(\frac{dy}{dx}\right) = \frac{d}{dx}\left(\frac{\psi'(t)}{\varphi'(t)}\right)$$

$$= \frac{d}{dt}\left(\frac{\psi'(t)}{\varphi'(t)}\right)\frac{dt}{dx} = \frac{d}{dt}\left(\frac{\psi'(t)}{\varphi'(t)}\right) \cdot \frac{1}{\dfrac{dx}{dt}} = \frac{\left(\dfrac{\psi'(t)}{\varphi'(t)}\right)'}{\varphi'(t)}$$

$$= \frac{\psi''(t)\varphi'(t) - \psi'(t)\varphi''(t)}{[\varphi'(t)]^2} \cdot \frac{1}{\varphi'(t)}$$

$$= \frac{\psi''(t)\varphi'(t) - \psi'(t)\varphi''(t)}{[\varphi'(t)]^3}.$$

例 4.7 求摆线 $\begin{cases} x = a(t - \sin t) \\ y = a(1 - \cos t) \end{cases}$ 在 $t = \dfrac{\pi}{2}$ 时的切线方程.

解 $\dfrac{dy}{dx} = \dfrac{a(1-\cos t)'}{a(t - \sin t)'} = \dfrac{\sin t}{1 - \cos t}.$

当 $t = \dfrac{\pi}{2}$ 时,切线斜率为

$$k = \frac{dy}{dx}\bigg|_{t=\frac{\pi}{2}} = \frac{\sin t}{1 - \cos t}\bigg|_{t=\frac{\pi}{2}} = 1.$$

$t = \dfrac{\pi}{2}$ 对应摆线上的点为 $M\left(a\left(\dfrac{\pi}{2} - 1\right), a\right)$,摆线过点 M 的切线方程为

$$y - a = x - a\left(\frac{\pi}{2} - 1\right),$$

即

$$y = x + a\left(2 - \frac{\pi}{2}\right).$$

例 4.8 设 $\begin{cases} x = \ln(1 + t^2), \\ y = t - \arctan t. \end{cases}$ $(t > 0)$,求 $\dfrac{dy}{dx}, \dfrac{d^2 y}{dx^2}$.

解 $\dfrac{dy}{dx} = \dfrac{(t - \arctan t)'}{(\ln(1 + t^2))'} = \dfrac{1 - \dfrac{1}{1 + t^2}}{\dfrac{2t}{1 + t^2}} = \dfrac{t}{2},$

$$\frac{d^2 y}{dx^2} = \frac{d}{dt}\left(\frac{t}{2}\right) \cdot \frac{1}{\dfrac{dx}{dt}} = \frac{\left(\dfrac{t}{2}\right)'}{[\ln(1 + t^2)]'} = \frac{\dfrac{1}{2}}{\dfrac{2t}{1 + t^2}} = \frac{1 + t^2}{4t}.$$

例 4.9 设 $\begin{cases} x = \ln\cos t, \\ y = \sin t - t\cos t. \end{cases}$ 求 $\dfrac{d^2 y}{dx^2}\Big|_{t=\frac{\pi}{3}}$.

解 $\dfrac{dy}{dx} = \dfrac{(\sin t - t\cos t)'}{(\ln\cos t)'} = \dfrac{\cos t - \cos t + t\sin t}{\dfrac{-\sin t}{\cos t}} = -t\cos t,$

$\dfrac{d^2 y}{dx^2} = \dfrac{d}{dt}(-t\cos t) \cdot \dfrac{1}{\dfrac{dx}{dt}} = \dfrac{(-t\cos t)'}{(\ln\cos t)'}$

$\qquad = \dfrac{-\cos t + t\sin t}{\dfrac{-\sin t}{\cos t}} = \cos t(\cot t - t),$

因此 $\dfrac{d^2 y}{dx^2}\Big|_{t=\frac{\pi}{3}} = \cos\dfrac{\pi}{3}\left(\cot\dfrac{\pi}{3} - \dfrac{\pi}{3}\right) = \dfrac{1}{6}(\sqrt{3} - \pi).$

习题 3 – 4

1. 求下列方程所确定的隐函数 y 的导数 $\dfrac{dy}{dx}$.

(1) $x^2 + 2xy - y^2 = 2x$;

(2) $xy = e^{x+y}$;

(3) $\ln y + \dfrac{x}{y} = 0$;

(4) $\arctan(x + y) = x$;

(5) $y = 1 - xe^y$;

(6) $\arctan\dfrac{y}{x} = \ln\sqrt{x^2 + y^2}$.

2. 验证:内摆线 $x^{\frac{2}{3}} + y^{\frac{2}{3}} = a^{\frac{2}{3}}$ ($a > 0$) 的切线介于坐标轴之间的部分的长度为常数.

3. 用取对数求导法求下列函数的导数.

(1) $y = x^{\cos\frac{x}{2}}$;

(2) $y = e^{\cos\frac{1}{x}}$;

(3) $y = \left(1 + \dfrac{1}{x}\right)^x$;

(4) $y = \left(\dfrac{x}{x+1}\right)^x$.

4. 求下列参量函数的导数 $\dfrac{dy}{dx}$.

(1) $\begin{cases} x = t^2, \\ y = 4t; \end{cases}$

(2) $\begin{cases} x = e^t\cos t, \\ y = e^t\sin t; \end{cases}$

(3) $\begin{cases} x = a\cos^3 t, \\ y = a\sin^3 t; \end{cases}$

(4) $\begin{cases} x = \dfrac{a}{2}\left(t + \dfrac{1}{t}\right), \\ y = \dfrac{b}{2}\left(t - \dfrac{1}{t}\right); \end{cases}$

$(5)\ \begin{cases} x = \dfrac{1}{t+1}, \\ y = \left(\dfrac{t}{t+1}\right)^2. \end{cases}$

5. 写出下列曲线在所给参数值相应的点处的切线方程和法线方程.

$(1)\ \begin{cases} x = \sin t, \\ y = \cos 2t, \end{cases}$ 在 $t = \dfrac{\pi}{4}$ 处;

$(2)\ \begin{cases} x = \dfrac{3at}{1+t^2}, \\ y = \dfrac{3at^2}{1+t^2}, \end{cases}$ 在 $t = 2$ 处.

6. 求下列参量函数的二阶导数.

$(1)\ \begin{cases} x = a\cos t, \\ y = b\sin t; \end{cases}$

$(2)\ \begin{cases} x = \sqrt{1+t}, \\ y = \sqrt{1-t}; \end{cases}$

$(3)\ \begin{cases} x = a(\cos t + t\sin t), \\ y = a(\sin t - t\cos t); \end{cases}$

$(4)\ \begin{cases} x = f'(t), \\ y = tf'(t) - f(t), \end{cases}\ f''(x) \neq 0.$

7. 证明: 由 $\begin{cases} x = \mathrm{e}^t\sin t, \\ y = \mathrm{e}^t\cos t. \end{cases}$ 所确定的函数 $y = f(x)$ 满足关系式

$$y''(x+y)^2 = 2(xy' - y).$$

3.5 函数的微分

3.5.1 微分的概念

例 5.1 设有正方形金属薄片受温度变化的影响,其边长由 x_0 变化到 $(x_0 + \Delta x)$,则面积 y 由 x_0^2 变化到 $(x_0 + \Delta x)^2$,求面积的增量 Δy.

解 $\Delta y = (x_0 + \Delta x)^2 - x_0^2 = 2x_0\Delta x + (\Delta x)^2.$

从上式可以看出,Δy 分成两部分,第一部分 $2x_0\Delta x$ 是 Δx 的一个线性函数,而第二部分 $(\Delta x)^2$(见图 3-2)是图中右上角小正方形面积,当 $\Delta x \to 0$ 时,它是比 Δx 更高阶的无穷小量.因此当边长的增量 Δx 很微小时(即$|\Delta x|$很小时),面积的增量 Δy 可以近似地用第一部分 $2x_0\Delta x$(即 Δx 的线性部分)代替.

对于一般函数 $y = f(x)$,如果它满足一定的条件,函数的增量 $\Delta y = f(x_0 + \Delta x) - f(x_0)$ 可以表示为两部分之和,即

$$\Delta y = (\Delta x\ 的一次项) + o(\Delta x),$$

如果取 Δx 的线性函数作为 Δy 的近似值,则产生的误差是比 Δx 更高阶的无穷小(当 $\Delta x \to 0$ 时).下面给出函数微分的定义.

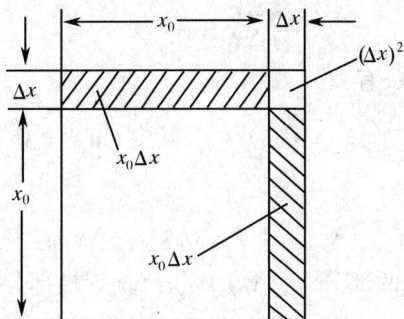

图 3 - 2

定义 5.1 设函数 $y = f(x)$ 在 $N(x_0, \delta)$ 内有定义且 $x_0 + \Delta x \in N(x_0, \delta)$, 如果函数的增量

$$\Delta y = f(x_0 + \Delta x) - f(x_0)$$

可表示为

$$\Delta y = k\Delta x + o(\Delta x),$$

其中 k 是不依赖于 Δx 的常数, 那么函数 $y = f(x)$ 在点 x_0 是可微的, 称 $k\Delta x$ 为函数 $y = f(x)$ 在点 x_0 处的微分, 记为 $dy|_{x = x_0}$, 即

$$dy|_{x = x_0} = k\Delta x.$$

为方便起见, 我们把自变量 x 的增量 Δx 称为自变量的微分, 记为 $dx = \Delta x$, 于是函数 y 在点 x_0 处的微分就可以记为 $dy|_{x = x_0} = kdx$.

3.5.2 函数可微的条件

定理 5.1 函数 $y = f(x)$ 在点 x_0 处可微的充分必要条件是函数在点 x_0 处可导, 且当 $f(x)$ 在点 x_0 处可微时, 其微分必为 $dy|_{x = x_0} = f'(x_0)dx$.

证 必要性 设函数 $y = f(x)$ 在点 x_0 可微, 依定义有

$$\Delta y = k\Delta x + o(\Delta x) \tag{5.1}$$

两边除以 Δx, 再令 $\Delta x \rightarrow 0$ 得

$$\lim_{\Delta x \to 0} \frac{\Delta y}{\Delta x} = k + \lim_{\Delta x \to 0} \frac{o(\Delta x)}{\Delta x} = k.$$

这就证明了 $f(x)$ 在点 x_0 处的导数存在, 且 $k = f'(x_0)$.

充分性 设 $y = f(x)$ 在点 x_0 处可导, 即有

$$\lim_{\Delta x \to 0} \frac{\Delta y}{\Delta x} = f'(x_0),$$

由极限与无穷小的关系,有

$$\frac{\Delta y}{\Delta x} = f'(x_0) + \beta, \text{其中} \lim_{\Delta x \to 0} \beta = 0.$$

从而有

$$\Delta y = f'(x_0)\Delta x + \beta\Delta x.$$

由此可见 Δy 可以分成两部分, $f'(x_0)\Delta x$ 是 Δx 线性部分,而

$$\lim_{\Delta x \to 0} \frac{\beta\Delta x}{\Delta x} = \lim_{\Delta x \to 0} \beta = 0,$$

故 $\beta\Delta x$ 是比 Δx 更高阶的无穷小量,由微分定义可知, $y = f(x)$ 在点 x_0 可微,即

$$\mathrm{d}y \mid_{x = x_0} = f'(x_0)\Delta x = f'(x_0)\mathrm{d}x. \qquad\qquad \text{证毕.}$$

定理 5.1 说明,函数 $y = f(x)$ 在一点处可微与可导是等价的,而且当函数 $y = f(x)$ 在点 x 处可微时,必有

$$\mathrm{d}y = f'(x)\mathrm{d}x. \qquad\qquad (5.2)$$

(5.2)式又可写成

$$f'(x) = \frac{\mathrm{d}y}{\mathrm{d}x}, \qquad\qquad (5.3)$$

即函数的导数等于函数的微分 $\mathrm{d}y$ 与自变量微分 $\mathrm{d}x$ 之商,所以导数也称为微商.

由(5.2)式可知,对函数 $y = f(x)$ 求微分时,只要求出函数的导数 $f'(x)$ 再乘以自变量的微分 $\mathrm{d}x$,就得到函数的微分 $\mathrm{d}y$,即由基本导数公式可以得到相应的基本微分公式.我们通常把求函数的导数与微分的方法统称为微分法.

例 5.2 求函数 $y = x^3 + 2x^2$ 在 $x = 1, \mathrm{d}x = 0.1$ 时的微分.

解 因为

$$\mathrm{d}y = (x^3 + 2x^2)'\mathrm{d}x = (3x^2 + 4x)\mathrm{d}x$$

所以当 $x = 1, \mathrm{d}x = 0.1$ 时有

$$\mathrm{d}y = (3x^2 + 4x) \mid_{x=1} \times 0.1 = 0.7.$$

例 5.3 求函数 $y = \sin x$ 在 $x = \frac{\pi}{4}$ 点处的微分.

解 因为

$$\mathrm{d}y = (\sin x)'\mathrm{d}x = \cos x \, \mathrm{d}x$$

所以

$$\mathrm{d}y \mid_{x = \frac{\pi}{4}} = \cos x \mid_{x = \frac{\pi}{4}} \mathrm{d}x = \frac{\sqrt{2}}{2}\mathrm{d}x.$$

3.5.3 微分的几何意义

在直角坐标系中，$y = f(x)$ 表示一条曲线，$f'(x_0)$ 表示曲线在点 $P_0(x_0, y_0)$ 处切线的斜率，记切线的倾角为 α（图 3-3），于是

$$NT = \tan\alpha \cdot \Delta x = f'(x_0)\Delta x = \mathrm{d}y,$$

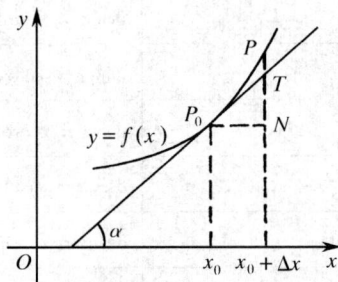

图 3-3

即函数 $y = f(x)$ 在点 x_0 处的微分 $\mathrm{d}y$ 就是曲线 $y = f(x)$ 在点 $P_0(x_0, y_0)$ 处切线的纵坐标的增量. 此时函数 $y = f(x)$ 的增量为

$$\Delta y = NP = NT + TP = \mathrm{d}y + TP,$$

差值 $\Delta y - \mathrm{d}y = TP$ 就是比 Δx 更高阶的无穷小（当 $\Delta x \to 0$ 时），因此在点 P_0 的邻近可以用切线段近似代替曲线段.

3.5.4 微分的运算公式

从函数的微分表达式 $\mathrm{d}y = f'(x)\mathrm{d}x$ 可以看出，要计算出函数的微分，只要求出函数的导数，再乘以自变量的微分即可.

1. 基本初等函数的导数与微分公式

由基本初等函数的导数公式，可以得到微分的公式，请参看下面的表格.

序号	导 数 公 式	微 分 公 式
1	$(c)' = 0$	$\mathrm{d}(c) = 0$
2	$(x^\alpha)' = \alpha x^{\alpha-1}$	$\mathrm{d}(x^\alpha) = \alpha x^{\alpha-1}\mathrm{d}x$
3	$(\ln x)' = \dfrac{1}{x}$	$\mathrm{d}\ln x = \dfrac{1}{x}\mathrm{d}x$
4	$(\log_a x)' = \dfrac{1}{x\ln a}$	$\mathrm{d}\log_a x = \dfrac{1}{x\ln a}\mathrm{d}x$
5	$(\mathrm{e}^x)' = \mathrm{e}^x$	$\mathrm{d}\mathrm{e}^x = \mathrm{e}^x\mathrm{d}x$

（续）

序号	导 数 公 式	微 分 公 式
6	$(a^x)' = a^x \ln a$	$\mathrm{d}a^x = a^x \ln a \mathrm{d}x$
7	$(\sin x)' = \cos x$	$\mathrm{d}\sin x = \cos x \mathrm{d}x$
8	$(\cos x)' = -\sin x$	$\mathrm{d}\cos x = -\sin x \mathrm{d}x$
9	$(\tan x)' = \sec^2 x$	$\mathrm{d}\tan x = \sec^2 x \mathrm{d}x$
10	$(\cot x)' = -\csc^2 x$	$\mathrm{d}\cot x = -\csc^2 x \mathrm{d}x$
11	$(\sec x)' = \sec x \tan x$	$\mathrm{d}\sec x = \sec x \tan x \mathrm{d}x$
12	$(\csc x)' = -\csc x \cot x$	$\mathrm{d}\csc x = -\csc x \cot x \mathrm{d}x$
13	$(\arcsin x)' = \dfrac{1}{\sqrt{1-x^2}}$	$\mathrm{d}\arcsin x = \dfrac{1}{\sqrt{1-x^2}}\mathrm{d}x$
14	$(\arccos x)' = -\dfrac{1}{\sqrt{1-x^2}}$	$\mathrm{d}\arccos x = -\dfrac{1}{\sqrt{1-x^2}}\mathrm{d}x$
15	$(\arctan x)' = \dfrac{1}{1+x^2}$	$\mathrm{d}\arctan x = \dfrac{1}{1+x^2}\mathrm{d}x$
16	$(\text{arccot} x)' = -\dfrac{1}{1+x^2}$	$\mathrm{d}\,\text{arccot}\,x = -\dfrac{1}{1+x^2}\mathrm{d}x$

2. 函数和、差、积、商的微分法

设 $u = u(x), v = v(x)$ 在点 x 处均可微，则有

$$\mathrm{d}(ku) = k\mathrm{d}u \quad (k \text{ 为常数});$$
$$\mathrm{d}(u \pm v) = \mathrm{d}u \pm \mathrm{d}v;$$
$$\mathrm{d}(u \cdot v) = u\mathrm{d}v + v\mathrm{d}u;$$
$$\mathrm{d}\left(\frac{u}{v}\right) = \frac{v\mathrm{d}u - u\mathrm{d}v}{v^2} \quad (v \neq 0).$$

下面仅对两个函数之商的微分公式给出证明.

因为

$$\mathrm{d}\left(\frac{u}{v}\right) = \left(\frac{u}{v}\right)' \mathrm{d}x,$$

根据两函数之商的导数公式，有

$$\mathrm{d}\left(\frac{u}{v}\right) = \frac{u'v - uv'}{v^2}\mathrm{d}x = \frac{u'v\mathrm{d}x - uv'\mathrm{d}x}{v^2},$$

由于
$$u'\mathrm{d}x = \mathrm{d}u, v'\mathrm{d}x = \mathrm{d}v,$$
所以
$$\mathrm{d}\left(\frac{u}{v}\right) = \frac{v\mathrm{d}u - u\mathrm{d}v}{v^2}.$$

3. 复合函数的微分法则

设 $y = f(u), u = \varphi(x)$ 均为可微函数,则复合函数 $y = f[\varphi(x)]$ 的微分为
$$\mathrm{d}y = \{f[\varphi(x)]\}'\mathrm{d}x,$$
由
$$\{f[\varphi(x)]\}' = f'(u)\varphi'(x),$$
得到
$$\mathrm{d}y = f'(u)\varphi'(x)\mathrm{d}x.$$
注意到
$$\varphi'(x)\mathrm{d}x = \mathrm{d}u,$$
所以
$$\mathrm{d}y = f'(u)\mathrm{d}u.$$

可见无论 u 是自变量还是中间变量,函数的微分 $\mathrm{d}y$ 的形式保持不变. 微分的这一特性称为一阶微分的形式不变性. 这一性质在以后要讨论的积分学中有很重要的作用.

利用微分的形式不变性,容易求得复合函数的微分.

例 5.4 $y = \cos(2x + 3)$,求 $\mathrm{d}y$.

解   令 $u = 2x + 3$,则 $y = \cos u$,利用微分形式不变性,得
$$\mathrm{d}y = \mathrm{d}(\cos u) = -\sin u\mathrm{d}u = -\sin(2x + 3)\mathrm{d}(2x + 3)$$
$$= -\sin(2x + 3) \cdot 2\mathrm{d}x = -2\sin(2x + 3)\mathrm{d}x.$$

例 5.5 $y = \mathrm{e}^{ax + bx^2}$,求 $\mathrm{d}y$.

解   令 $u = ax + bx^2$,则 $y = \mathrm{e}^u$,
$$\mathrm{d}y = (\mathrm{e}^u)'\mathrm{d}u = \mathrm{e}^{ax + bx^2}\mathrm{d}(ax + bx^2)$$
$$= \mathrm{e}^{ax + bx^2}(a + 2bx)\mathrm{d}x.$$

例 5.6 $y = \ln\sin(x^2 + 2x)$,求 $\mathrm{d}y$.

解 $\mathrm{d}y = \mathrm{d}(\ln\sin(x^2 + 2x)) = \dfrac{1}{\sin(x^2 + 2x)}\mathrm{d}\sin(x^2 + 2x)$
$$= \frac{\cos(x^2 + 2x)}{\sin(x^2 + 2x)}\mathrm{d}(x^2 + 2x) = 2(x + 1)\cot(x^2 + 2x)\mathrm{d}x.$$

例 5.7 设 $y = e^{-x}\cos\frac{1}{x}$,求 dy.

解 $dy = d\left(e^{-x}\cos\frac{1}{x}\right) = \cos\frac{1}{x}de^{-x} + e^{-x}d\cos\frac{1}{x}$

$\qquad = \cos\frac{1}{x}e^{-x}d(-x) + e^{-x}\left(-\sin\frac{1}{x}\right)d\left(\frac{1}{x}\right)$

$\qquad = -e^{-x}\left(\cos\frac{1}{x} - \frac{1}{x^2}\sin\frac{1}{x}\right)dx.$

*3.5.5 微分在近似计算中的应用

应用微分可以近似计算较复杂的函数值或函数的增量,因为当 $|\Delta x|$ 很小时,用 dy 替代 Δy,即用线性函数替代非线性函数,误差是会很小的,即

$$\Delta y \approx dy = f'(x_0)\Delta x.$$

这个式子也可以写成

$$\Delta y = f(x_0 + \Delta x) - f(x_0) \approx f'(x_0)\Delta x, \tag{5.4}$$

或 $\qquad\qquad f(x_0 + \Delta x) \approx f(x_0) + f'(x_0)\Delta x. \tag{5.5}$

在(5.5)式中令 $x = x_0 + \Delta x$,即 $\Delta x = x - x_0$,则(5.5)式又可以写成

$$f(x) \approx f(x_0) + f'(x_0)(x - x_0). \tag{5.6}$$

于是,可用(5.4)式来计算 Δy 的近似值;也可用(5.6)式来计算 $f(x)$ 的近似值.

例 5.8 求 $\sin 31°$ 的近似值.

解 设 $f(x) = \sin x$,令 $x_0 = \frac{\pi}{6}$,$\Delta x = x - x_0 = \frac{\pi}{180}$,由(5.6)式,有

$$\sin 31° = \sin\left(\frac{\pi}{6} + \frac{\pi}{180}\right) \approx \sin\frac{\pi}{6} + \left(\cos\frac{\pi}{6}\right)\cdot\frac{\pi}{180}$$

$$= \frac{1}{2} + \frac{\sqrt{3}}{2}\frac{\pi}{180} \approx 0.5000 + 0.0151 = 0.5151.$$

例 5.9 半径为 10cm 的金属圆片加热后,半径伸长了 0.05cm,问面积估计增大了多少?

解 设圆面积为 S,半径为 r,则

$$S = \pi r^2.$$

由(5.4)式,得

$$\Delta S \approx 2\pi r\Delta r.$$

将 $r = 10$cm,$\Delta r = 0.05$cm 代入上式,得

$$\Delta S \approx 2\pi \times 10 \times 0.05 = \pi(\mathrm{cm}^2).$$

于是金属圆片面积大约增大了 $\pi(\mathrm{cm}^2)$.

例 5.10 设 $|x| \ll 1$, 试证明 $(1 + x)^\alpha \approx 1 + \alpha x$.

证明 设 $f(x) = (1 + x)^\alpha$, 取 $x_0 = 0$, 由式(5.6)得

$$(1 + x)^\alpha \approx 1 + \alpha(1 + x)^{\alpha-1}\big|_{x=0}(x - 0) = 1 + \alpha x.$$

利用式(5.6)容易证明下列近似公式,

当 $|x| \ll 1$ 时, $\sin x \approx x$; $\arcsin x \approx x$; $\tan x \approx x$; $\arctan x \approx x$; $\mathrm{e}^x \approx 1 + x$; $\ln(1 + x) \approx x$.

习题 3 – 5

1. 求函数 $y = 5x + x^2$ 当 $x = 2, \Delta x = 0.001$ 时的增量 Δy 和微分 $\mathrm{d}y$.

2. 求函数 $y = \dfrac{2}{\sqrt{x}}$ 当 $x = 9$ 时的微分 $\mathrm{d}y$.

3. 已知曲线 $y = f(x)$ 在 $x = 1$ 处的切线方程为 $2x - y + 1 = 0$, 求 $x = 1$ 时函数的微分 $\mathrm{d}y$.

4. 求下列函数的微分.

(1) $y = (x^2 + 2x)(x - 4)$;

(2) $y = \dfrac{x}{1 - x^2}$;

(3) $y = x^2 \sin x$;

(4) $y = [\ln(1 - x)^2]^2$;

(5) $y = \dfrac{1}{(\tan x + 1)^2}$;

(6) $y = \arcsin\sqrt{1 - x^2}$ $(x > 0)$;

(7) $y = \mathrm{e}^{ax}\sin bx$;

(8) $y = \mathrm{e}^{ax}\cos bx$.

5. 在下列各题的括号中, 填上适当的函数, 使等式成立.

(1) $\mathrm{d}(\quad) = 3x\mathrm{d}x$;

(2) $\mathrm{d}(\quad) = \dfrac{1}{x}\mathrm{d}x$;

(3) $\mathrm{d}(\quad) = \dfrac{1}{2\sqrt{x}}\mathrm{d}x$;

(4) $\mathrm{d}(\quad) = \mathrm{e}^{-2x}\mathrm{d}x$;

(5) $\mathrm{d}(\quad) = \dfrac{1}{\sqrt{1 - x^2}}\mathrm{d}x$;

(6) $\mathrm{d}(\quad) = \sqrt{1 + 2x}\,\mathrm{d}(1 + 2x)$.

*6. 计算下列各式的近似值.

(1) $\cos 29°$;

(2) $\arctan 1.05$;

(3) $\sqrt[5]{1.01}$;

(4) $\ln(0.9)$.

第 3 章 基本要求

1. 理解导数的概念及导数的几何意义,会求曲线的切线及法线方程,知道函数的可导性与连续性的关系.

2. 掌握基本初等函数的导数和微分的公式及求导的法则.

3. 会求初等函数的导数和微分,并会求隐函数及由参量方程所确定的函数的导数,知道取对数求导的方法.

4. 了解函数的高阶导数的概念,会求一些简单函数的高阶导数.

5. 理解微分的定义,微分的几何意义及导数与微分的关系,会求简单函数的微分.

6. 理解本章中的主要内容(包括例题),能独立完成本章中的习题.

复习题 3

1. 填空题.

(1) 设函数 $f(\ln x) = (\ln x)^2 + \ln x^2, x > 0$,则 $f'(x) =$ _____;

(2) 设 $y = x^x \cos x, x > 0$,则 $y' =$ _____;

(3) 设 $y = \dfrac{1}{x^2 + 5x + 6}$,则 $y^{(100)} =$ _____;

(4) 设函数 $y = y(x)$ 由方程 $e^{xy} - 2x - y - 3 = 0$ 确定,则 $y'|_{x=-1} =$ _____;

(5) 设 $\begin{cases} x = e^{t^2}, \\ y = te^t. \end{cases}$ 则 $\dfrac{dy}{dx}\bigg|_{t=1} =$ _____.

2. 选择题.

(1) 若 $y = \ln \dfrac{x+1}{x-1}$,则 $y'|_{x=\frac{\sqrt{2}}{2}} =$

(A) $2\sqrt{2}$;   (B) $-2\sqrt{2}$;   (C) 4 ;   (D) -4.

答(　　)

(2) 曲线 $y = \dfrac{1}{3}x^3 + \dfrac{1}{2}x^2 + 6x + 1$ 在点 $M_0(0,1)$ 处的切线与 Ox 轴的交点坐标是

(A) $(-1,0)$;　　　　(B) $\left(-\dfrac{1}{6},0\right)$;　　　　(C) $(1,0)$;　　　　(D) $\left(\dfrac{1}{6},0\right)$.

答(　)

(3) 设函数 $y=y(x)$ 是由方程 $\sin(xy)-\ln\dfrac{x+1}{y}=1$ 确定,则 $y'|_{x=0}=$

(A) e;　　　　(B) e^2;　　　　(C) $e+e^2$;　　　　(D) $e-e^2$.

答(　)

(4) 设 $\begin{cases} x=e^{-t}, \\ y=te^t, \end{cases}$ 则 $\dfrac{d^2y}{dx^2}=$

(A) $(3+2t)e^{3t}$;　　　　　　　　(B) $2te^{2t}$;

(C) $-(1+t)e^{2t}$;　　　　　　　　(D) $(3+2t)e^{2t}$.

答(　)

(5) 函数 $y=\ln\sin\sqrt{x}$ 的微分为

(A) $-\dfrac{1}{2\sqrt{x}}\tan\sqrt{x}\,dx$;　　　　　(B) $\dfrac{1}{2\sqrt{x}}\tan\sqrt{x}\,dx$;

(C) $\dfrac{1}{2\sqrt{x}}\cot\sqrt{x}\,dx$;　　　　　(D) $-\dfrac{1}{2\sqrt{x}}\cot\sqrt{x}\,dx$.

答(　)

3. 解下列各题.

(1) 求函数 $y=a^x+\sqrt{1-a^{2x}}\arccos(a^x)$, $(a>0,a\neq1)$ 的导数 y';

(2) 已知曲线 L 的参量方程为 $\begin{cases} x=2(t-\sin t), \\ y=2(1-\cos t). \end{cases}$ 求曲线上对应于 $t=\dfrac{\pi}{2}$ 处的切线方程;

(3) 设 $(\cos x)^y=(\sin y)^x$,其中 y 是 x 的函数,求 $\dfrac{dy}{dx}$;

(4) 若 $\begin{cases} x=2t^3-1, \\ y=\sqrt{1+t^2}. \end{cases}$ 求 $\dfrac{d^2y}{dx^2}\Big|_{t=1}$;

(5) 求 $y=\ln(2x+3)$ 的 $y^{(n)}$, $(n\in\mathbf{N}^+)$.

4. 求下列各题的解.

(1) 若 $y=x\arcsin\dfrac{x}{2}+\sqrt{4-x^2}$,求 $\dfrac{dy}{dx}$;

(2) 若 $y = x(\sin x)^{x^2}, x \in (0, \pi)$，求 $\dfrac{\mathrm{d}y}{\mathrm{d}x}\bigg|_{x=\frac{\pi}{2}}$；

(3) 求过坐标原点且与曲线 $y = \dfrac{x+9}{x+5}$ 相切的切线方程；

(4) 设 $f(x) = \begin{cases} x^2 & x \leqslant 1, \\ ax+b, & x > 1. \end{cases}$ 为了使函数 $f(x)$ 在 $x = 1$ 处连续且可导，试确定常数 a、b 的值；

(5) 设 $y = (x^2 + 2x + 2)\mathrm{e}^x$，求 $y^{(n)}, (n \in \mathbf{N}^+)$.

5. 试解下列各题.

(1) 设函数 $f(x)$ 在 $x = 1$ 处具有连续的一阶导数，且 $f'(1) = -2$，求

$$\lim_{x \to 0^+} \frac{\mathrm{d}f(\cos\sqrt{x})}{\mathrm{d}x};$$

(2) 求曲线 $\begin{cases} x + t(1-t) = 0, \\ t\mathrm{e}^y + y + 1 = 0. \end{cases}$ 当 $t = 0$ 时的切线方程和法线方程.

第4章 微分中值定理及导数的应用

本章先介绍微分中值定理,然后再利用导数研究函数及曲线的某些性态.例如,把判别函数的单调增减性问题转化为判别其一阶导数的正负号问题,把判别函数曲线的凹凸性问题转化为判别其二阶导数的正负号问题,而与此相联系的还要研究如何求函数的极大值、极小值、最大值和最小值等问题的实际应用.

4.1 微分中值定理

罗尔(Rolle)定理、拉格朗日(Lagrange)定理、柯西(Cauchy)定理及泰勒(Taylor)定理统称为微分中值定理.

4.1.1 罗尔定理

定理1.1 (罗尔定理)若$f(x) \in C[a,b]$,$f(x) \in D(a,b)$且$f(a) = f(b)$,则至少存在一点$\xi \in (a,b)$,使得$f'(\xi) = 0$.

证 因为$f(x) \in C[a,b]$,所以$f(x)$在$[a,b]$上必取得最大值M和最小值m.

(1) 若$m = M$,则$f(x)$在$[a,b]$上恒为常数,从而$f'(x) = 0$,$x \in (a,b)$,这时在(a,b)内任取一点ξ,均有$f'(\xi) = 0$.

(2)若$m \neq M$,则m、M中至少有一个不等于$f(a)$(或$f(b)$).不妨设$M \neq f(a)$,即函数$f(x)$在$[a,b]$上的最大值不是函数在区间端点处的函数值,故存在$\xi \in (a,b)$,使$f(\xi) = M$,并对一切的点$x = \xi + \Delta x$,且$x \in (a,b)$,均有

$$\Delta y = f(x) - f(\xi) = f(\xi + \Delta x) - f(\xi) \leqslant 0.$$

又由于$f(x) \in D(a,b)$,于是

当$\Delta x < 0$时,$\dfrac{\Delta y}{\Delta x} = \dfrac{f(\xi + \Delta x) - f(\xi)}{\Delta x} \geqslant 0$,知$\lim\limits_{\Delta x \to 0^-} \dfrac{\Delta y}{\Delta x} \geqslant 0$;

当$\Delta x > 0$时,$\dfrac{\Delta y}{\Delta x} = \dfrac{f(\xi + \Delta x) - f(\xi)}{\Delta x} \leqslant 0$,知$\lim\limits_{\Delta x \to 0^+} \dfrac{\Delta y}{\Delta x} \leqslant 0$.

在点ξ处,必然有$f'(\xi) = 0$. 证毕.

罗尔定理的几何解释是很明显的,若连续曲线 $y = f(x)$, $x \in [a,b]$ 的弧段 $\overset{\frown}{AB}$ 上处处有不垂直于 Ox 轴的切线,即 $f(x) \in D(a,b)$,且 A、B 两点的纵坐标相等,则至少在 $\overset{\frown}{AB}$ 内有一点 $(\xi, f(\xi))$,在该点处曲线有水平的切线,如图 4-1 所示.

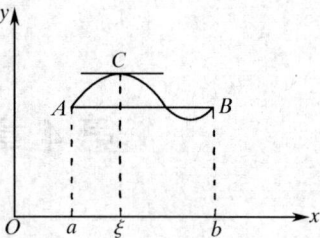

应当指出的是,罗尔定理的三个条件: $f(x) \in C[a,b]$, $f(x) \in D(a,b)$ 及 $f(a) = f(b)$,三者缺一不可,否则如图 4-2 所示,定理的结论就可能不成立.

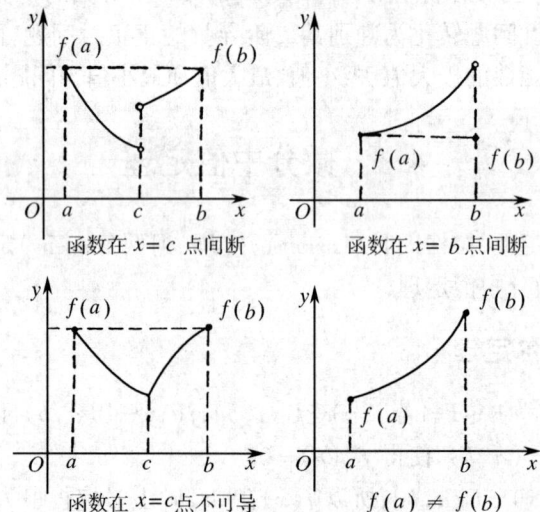

图 4-1

图 4-2

例1.1 验证函数 $f(x) = e^{-x}\sin x$ 在 $x \in [0,\pi]$ 上满足罗尔定理,并求出满足 $f'(\xi) = 0$ 的 ξ 值.

解 因为 $f(x) = e^{-x}\sin x$ 满足:

(1) $f(x) \in C[0,\pi]$;

(2) $f'(x) = e^{-x}(\cos x - \sin x)$ 在 $x \in (0,\pi)$ 上存在,即 $f(x) \in D(0,\pi)$;

(3) $f(0) = f(\pi) = 0$.

所以 $f(x)$ 在 $x \in [0,\pi]$ 上满足罗尔定理的条件,故必存在 $\xi \in (0,\pi)$,使

$$f'(\xi) = e^{-\xi}(\cos\xi - \sin\xi) = 0.$$

由于 $e^{-\xi} \neq 0$,故有 $\cos\xi - \sin\xi = 0$, $\xi \in (0,\pi)$,知 $\xi = \dfrac{\pi}{4}$ 为所求.

不难验证函数 $f_1(x) = x^2 - x$ 与 $f_2(x) = x^3 - 4x^2 + 3x$ 在 $x \in [0,1]$ 上均满足

罗尔定理的条件. 对 $f_1(x)$ 而言, ξ 的值为 $\dfrac{1}{2}$; 对 $f_2(x)$ 而言, ξ 的值为 $\dfrac{4-\sqrt{7}}{3}$.

4.1.2 拉格朗日定理

定理 1.2 (拉格朗日定理)若 $f(x) \in C[a,b]$, $f(x) \in D(a,b)$, 则至少存在一点 $\xi \in (a,b)$, 使

$$f'(\xi) = \frac{f(b)-f(a)}{b-a}. \tag{1.1}$$

证 设辅助函数 $\varphi(x) = f(x) - \dfrac{f(b)-f(a)}{b-a}x$, $x \in [a,b]$. 显然, $\varphi(x)$ 在 $x \in [a,b]$ 上满足罗尔定理的条件. 于是存在 $\xi \in (a,b)$, 使

$$\varphi'(\xi) = f'(\xi) - \frac{f(b)-f(a)}{b-a} = 0.$$

有 $$f'(\xi) = \frac{f(b)-f(a)}{b-a}. \qquad\qquad 证毕.$$

拉格朗日定理的几何意义是明显的.

在函数 $f(x)$ 满足定理所给的条件时, 由图 4-3 可知, 至少存在一点 $\xi \in (a,b)$ 使曲线 $y=f(x)$ 在点 $(\xi, f(\xi))$ 处的切线平行于弦 AB.

为了便于应用, 公式(1.1)又可以写成下面的几种形式:

(1) $f(b) - f(a) = f'(\xi)(b-a)$, $(a < \xi < b)$.
$$\tag{1.2}$$

(2) 当 $x + \Delta x \in [a,b]$ (无论 $\Delta x > 0$ 或 $\Delta x < 0$)时, 有

$$f(x+\Delta x) - f(x) = f'(\xi)\Delta x, \tag{1.3}$$

其中, ξ 在 x 与 $x + \Delta x$ 之间.

(3) 若记 $\xi = x + \theta\Delta x$, $0 < \theta < 1$, 则由(1.3)式可得

$$f(x+\Delta x) - f(x) = f'(x+\theta\Delta x)\Delta x, \quad (0 < \theta < 1). \tag{1.4}$$

公式(1.4)称为有限增量公式.

作为拉格朗日定理的应用, 下面给出几个结论.

推论 1 若 $f'(x) = 0$, $x \in (a,b)$, 则 $f(x)$ 在区间 (a,b) 内为常数.

证 任给 $x_1, x_2 \in (a,b)$, 且 $x_2 > x_1$, 在 $[x_1, x_2]$ 上对 $f(x)$ 用拉格朗日定理, 得

$$f(x_2) - f(x_1) = f'(\xi)(x_2 - x_1) = 0, \quad x_1 < \xi < x_2,$$

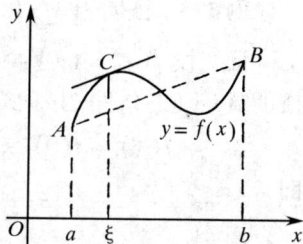

图 4-3

即
$$f(x_2) = f(x_1).$$

由于 x_1, x_2 是 (a, b) 中的任意两点,故知 $f(x)$ 在 $x \in (a, b)$ 为常数.

由推论 1 不难得出下面的结果:

(1) 若 $f'(x) = g'(x), x \in (a, b)$,则在 $x \in (a, b)$ 时,$f(x) - g(x)$ 恒为常数.

(2) 若 $f'(x) = k (k$ 为常数$), x \in (a, b)$,则有
$$f(x) = kx + b (k, b \text{ 为常数}), x \in (a, b).$$

例 1.2 求出 $f_1(x) = x^2, f_2(x) = e^x$ 在 $x \in [0, 1]$ 上满足拉格朗日定理的 ξ 的值.

解 不难验证,$f_1(x) = x^2, f_2(x) = e^x$ 在 $x \in [0, 1]$ 上都满足拉格朗日定理.

对 $f_1(x)$,由 $\dfrac{f(1) - f(0)}{1 - 0} = 1 = 2\xi$,知 $\xi = \dfrac{1}{2}$;

对 $f_2(x)$,由 $\dfrac{f(1) - f(0)}{1 - 0} = e - 1 = e^\xi$,知 $\xi = \ln(e - 1)$.

例 1.3 证明当 $x > 0$ 时,$\dfrac{x}{1 + x} < \ln(1 + x) < x$.

证 设 $f(x) = \ln(1 + x), x \in [0, +\infty)$,当 $x > 0$ 时,$f(x)$ 在 $[0, x]$ 上满足拉格朗日定理的条件,由公式 (1.2) 有
$$f(x) - f(0) = f'(\xi)(x - 0) = f'(\xi)x, \quad 0 < \xi < x,$$

即
$$\ln(1 + x) = \frac{x}{1 + \xi}.$$

因为 $0 < \xi < x$, 所以 $\dfrac{x}{1 + x} < \dfrac{x}{1 + \xi} < x$,

即 $\dfrac{x}{1 + x} < \ln(1 + x) < x, x > 0$.

例 1.4 设 $f(x)$ 在 $x \in [a, b]$ 上可微,证明:存在 $\xi \in (a, b)$,使等式
$\dfrac{bf(b) - af(a)}{b - a} = f(\xi) + \xi f'(\xi)$ 成立.

证 设辅助函数 $F(x) = xf(x)$,则 $F(x)$ 在 $x \in [a, b]$ 上满足拉格朗日定理的条件,故存在 $\xi \in (a, b)$,使得
$$\frac{F(b) - F(a)}{b - a} = F'(\xi), \xi \in (a, b).$$

即
$$\frac{bf(b) - af(a)}{b - a} = f(\xi) + \xi f'(\xi), \xi \in (a, b).$$

4.1.3 柯西定理

定理 1.3 （柯西定理）设 $f(x)$、$g(x) \in C[a,b]$，$f(x)$、$g(x) \in D(a,b)$ 且 $g'(x) \neq 0$，则至少存在一点 $\xi \in (a,b)$，使得

$$\frac{f(b) - f(a)}{g(b) - g(a)} = \frac{f'(\xi)}{g'(\xi)}. \tag{1.5}$$

证 设辅助函数 $\varphi(x) = f(x) - \dfrac{f(b) - f(a)}{g(b) - g(a)} g(x)$，$x \in [a,b]$，则 $\varphi(x)$ 在 $[a,b]$ 上满足罗尔定理的条件，于是存在 $\xi \in (a,b)$，使

$$\varphi'(\xi) = f'(\xi) - \frac{f(b) - f(a)}{g(b) - g(a)} g'(\xi) = 0,$$

有

$$\frac{f(b) - f(a)}{g(b) - g(a)} = \frac{f'(\xi)}{g'(\xi)}. \qquad\qquad 证毕.$$

例 1.5 设 $f(x) \in C[a,b]$，$f(x) \in D(a,b)$，证明：当 $0 < a < b$ 时，存在 $\xi \in (a,b)$ 使等式 $f(b) - f(a) = \xi f'(\xi) \ln \dfrac{b}{a}$ 成立.

证 设 $g(x) = \ln x$，则 $f(x)$、$g(x)$ 在 $[a,b]$ 上满足柯西定理的条件. 由柯西定理知存在 $\xi \in (a,b)$，使

$$\frac{f(b) - f(a)}{g(b) - g(a)} = \frac{f'(\xi)}{g'(\xi)}$$

成立，即

$$\frac{f(b) - f(a)}{\ln b - \ln a} = \frac{f'(\xi)}{\dfrac{1}{\xi}}.$$

有

$$f(b) - f(a) = \xi f'(\xi) \ln \frac{b}{a}, \xi \in (a,b).$$

4.1.4 泰勒定理

定理 1.4 （泰勒定理）设 $f(x) \in D^{n+1}(a,b)$. 若 $x_0 \in (a,b)$，则对任意的 $x \in (a,b)$，则至少存在一点 $\xi \in (a,b)$，有

$$f(x) = f(x_0) + f'(x_0)(x - x_0) + \frac{1}{2!} f''(x_0)(x - x_0)^2 + \cdots$$

$$+ \frac{1}{n!} f^{(n)}(x_0)(x - x_0)^n + R_n(x), \tag{1.6}$$

其中

$$R_n(x) = \frac{f^{(n+1)}(\xi)}{(n+1)!}(x - x_0)^{n+1}, (\xi \text{ 介于 } x \text{ 与 } x_0 \text{ 之间}).$$

＊证　设辅助函数

$$F(t) = f(x) - \varphi(x,t) - \frac{(x-t)^{n+1}[f(x) - \varphi(x,x_0)]}{(x-x_0)^{n+1}},$$

$$t \in (a,b).$$

其中　$\varphi(x,t) = f(t) + \sum_{k=1}^{n} \frac{f^{(k)}(t)}{k!}(x-t)^k, t \in (a,b).$

当 $x_0, x \in (a,b)$ 时，不妨设 $x_0 < x$，则函数 $F(t)$ 在 $t \in [x_0, x]$ 上满足罗尔定理的条件，(由 $\varphi(x,x) = f(x)$，知 $F(x) = F(x_0) \doteq 0$)于是存在 $\xi \in (x_0, x)$，使 $F'(\xi) = 0$.

由于 $\varphi'_t(x,t) = \frac{f^{(n+1)}(t)}{n!}(x-t)^n$，

$$F'(t) = -\varphi'_t(x,t) - \frac{-(n+1)(x-t)^n[f(x) - \varphi(x,x_0)]}{(x-x_0)^{n+1}},$$

$$F'(\xi) = -\frac{f^{(n+1)}(\xi)}{n!}(x-\xi)^n + \frac{(n+1)(x-\xi)^n[f(x) - \varphi(x,x_0)]}{(x-x_0)^{n+1}} = 0,$$

即

$$f(x) = f(x_0) + f'(x_0)(x - x_0) + \frac{1}{2!}f''(x_0)(x - x_0)^2 + \cdots$$

$$+ \frac{f^{(n)}(x_0)}{n!}(x - x_0)^n + \frac{f^{(n+1)}(\xi)}{(n+1)!}(x - x_0)^{n+1}.$$

对 $x_0 > x$ 的情况，同理可证．从而公式(1.6)得证．其中 ξ 介于 x 与 x_0 之间.

证毕.

在泰勒定理中，公式(1.6)又称为 n 阶泰勒公式，而关于 $(x - x_0)$ 的 n 次多项式

$$P_n(x) = f(x_0) + f'(x_0)(x - x_0) + \cdots + \frac{1}{n!}f^{(n)}(x_0)(x - x_0)^n$$

则称为 $f(x)$ 在点 x_0 处的 n 阶泰勒多项式．当取 $x_0 = 0$ 时，泰勒公式(1.6)就变为

$$f(x) = f(0) + f'(0)x + \frac{1}{2!}f''(0)x^2 + \cdots$$

$$+ \frac{1}{n!}f^{(n)}(0)x^n + \frac{f^{(n+1)}(\xi)}{(n+1)!}x^{n+1}, \tag{1.7}$$

其中 ξ 介于 0 与 x 之间，公式(1.7)又称为 n 阶马克劳林公式.

在泰勒公式(1.6)中, $R_n(x) = \dfrac{f^{(n+1)}(\xi)}{(n+1)!}(x-x_0)^{n+1}$ 通常称为拉格朗日余项(其中 ξ 介于 x 与 x_0 之间). 同理,马克劳林公式(1.7)的拉格朗日余项为 $R_n(x) = \dfrac{f^{(n+1)}(\xi)}{(n+1)!}x^{n+1}$ (其中 ξ 介于 0 与 x 之间).

由泰勒公式(1.6)知,用 n 阶泰勒多项式

$$P_n(x) = f(x_0) + f'(x_0)(x-x_0) + \frac{1}{2!}f''(x_0)(x-x_0)^2$$

$$+ \cdots + \frac{1}{n!}f^{(n)}(x_0)(x-x_0)^n$$

去代替函数 $f(x)$ 时,其误差就是 $|R_n(x)|$. 如果对于某一个 n,当 $x \in N(x_0,\delta)$ 时,总有 $|f^{(n+1)}(x)| \le M$,则有估计误差的不等式

$$|R_n(x)| = \left| \frac{f^{(n+1)}(\xi)}{(n+1)!}(x-x_0)^{n+1} \right| \le \frac{M}{(n+1)!}|x-x_0|^{n+1}.$$

当取 $x_0 = 0$ 时,类似地,对马克劳林公式也有近似公式

$$f(x) \approx f(0) + f'(0)x + \frac{1}{2!}f''(0)x^2 + \cdots + \frac{1}{n!}f^{(n)}(0)x^n,$$ 其误差 $|R_n(x)|$ 应满足的不等式为

$$|R_n(x)| \le \frac{M}{(n+1)!}|x|^{n+1}.$$

由于 $\lim\limits_{x \to x_0} \dfrac{R_n(x)}{(x-x_0)^n} = 0$,因此,泰勒公式的拉格朗日余项常用皮亚诺(Peano)余项 $o((x-x_0)^n)$ 来代替,于是公式(1.6)与(1.7)又可以写成

$$f(x) = f(x_0) + f'(x_0)(x-x_0) + \frac{1}{2!}f''(x_0)(x-x_0)^2 + \cdots$$

$$+ \frac{1}{n!}f^{(n)}(x_0)(x-x_0)^n + o((x-x_0)^n);$$

$$f(x) = f(0) + f'(0)x + \frac{1}{2!}f''(0)x^2 + \cdots + \frac{1}{n!}f^{(n)}(0)x^n$$

$$+ o(x^n).$$

例 1.6 求函数 $f(x) = e^x$ 的 n 阶马克劳林公式.

解 因为 $f(x) = f'(x) = \cdots = f^{(n)}(x) = f^{(n+1)}(x) = e^x$,

所以 $\qquad f(0) = f'(0) = f''(0) = \cdots f^{(n)}(0) = 1$,

$$f^{(n+1)}(\xi) = e^{\xi}, (\xi \text{ 介于 } 0 \text{ 与 } x \text{ 之间}).$$

故 $\quad e^x = 1 + x + \dfrac{1}{2!}x^2 + \cdots + \dfrac{1}{n!}x^n + \dfrac{e^{\xi}}{(n+1)!}x^{n+1}.$

这里用的拉格朗日余项,ξ 介于 0 与 x 之间.

如果用上面等式右边的 n 次多项式来近似表达 e^x,有

$$e^x \approx 1 + x + \frac{1}{2!}x^2 + \cdots + \frac{1}{n!}x^n.$$

这个近似式所产生的误差为

$$|R_n(x)| = \left| \frac{e^\xi}{(n+1)!}x^{n+1} \right| \leqslant \frac{e^{|x|}}{(n+1)!}|x|^{n+1}.$$

当 $x = 1$ 时,有

$$e \approx 1 + 1 + \frac{1}{2!} + \frac{1}{3!} + \cdots + \frac{1}{n!},$$

而误差为

$$|R_n| \leqslant \frac{e}{(n+1)!} < \frac{3}{(n+1)!}.$$

若取 $n = 7$,有

$$|R_7| < \frac{3}{8!} < 10^{-4},$$

$$e \approx 1 + 1 + \frac{1}{2!} + \frac{1}{3!} + \cdots + \frac{1}{7!} \approx 2.7183.$$

例 1.7 求 $f(x) = \sin x$ 的 $2m$ 阶马克劳林公式,并求 $\sin 10°$ 准确到 10^{-4} 的近似值.

解 因为 $f^{(n)}(x) = \sin\left(x + \frac{n\pi}{2}\right)$,所以 $f(0) = 0, f'(0) = 1$,

$f''(0) = 0, f'''(0) = -1, \cdots, f^{(2m-1)}(0) = (-1)^{m-1}, f^{(2m)}(0) = 0$,

$m \in \mathbf{N}^+$.

则 $f(x) = \sin x$ 的 $2m$ 阶马克劳林公式为

$$\sin x = x - \frac{1}{3!}x^3 + \frac{1}{5!}x^5 + \cdots + (-1)^{m-1}\frac{x^{2m-1}}{(2m-1)!} + R_{2m}(x).$$

其中 $R_{2m}(x) = \dfrac{\sin\left[\xi + \frac{(2m+1)\pi}{2}\right]}{(2m+1)!}x^{2m+1}$,(这里 ξ 介于 0 与 x 之间).

由于 $10° = \dfrac{\pi}{18} < 0.2$,

有 $\qquad |R_{2m}| < \dfrac{1}{(2m+1)!}\left(\dfrac{\pi}{18}\right)^{2m+1} < \dfrac{(0.2)^{2m+1}}{(2m+1)!} < 10^{-4}$,

只需取 $m = 2$ 就可以了.于是

$$\sin 10° = \sin\frac{\pi}{18} \approx \frac{\pi}{18} - \frac{1}{3!}\left(\frac{\pi}{18}\right)^3 \approx 0.174\,53 - 0.000\,88 = 0.173\,7.$$

习题　4-1

1. 验证函数 $f(x) = x - x^3$ 在区间 $[0,1]$ 上满足罗尔定理的条件,并求出满足定理条件的 ξ 值.

2. 验证函数 $f(x) = \arctan x$ 在区间 $[0,1]$ 上满足拉格朗日定理的条件,并求出满足定理条件的 ξ 值.

3. 验证函数

$$f(x) = \begin{cases} \dfrac{x^3}{3}, & 0 \leqslant x \leqslant 1, \\[2mm] \dfrac{4}{3} - \dfrac{1}{x}, & 1 < x < +\infty. \end{cases}$$

在区间 $[0,3]$ 上满足拉格朗日定理的条件,并求出满足定理条件的 ξ 值.

4. 验证函数 $f(x) = x^2 + 2, g(x) = x^3 - 1$ 在区间 $[1,2]$ 上满足柯西定理的条件,并求出满足定理条件的 ξ 值.

5. 试问罗尔定理对下列函数是否成立?

(1) $f(x) = \dfrac{3}{2x^2 + 1}$ 在 $[-1,1]$ 上;

(2) $f(x) = 1 - \sqrt[3]{x^2}$ 在 $[-1,1]$ 上;

(3) $f(x) = |x|$ 在 $[-a,a]$ 上,$(a > 0)$.

6. 设 $f(x) = x(x-1)(x-2)(x-3)$,不用求导数,说明方程 $f'(x) = 0$ 有几个实根,并指出它们所在的区间.

7. 若 $a_0, a_1, \cdots, a_n$ 是满足

$$a_0 + \frac{a_1}{2} + \frac{a_2}{3} + \cdots + \frac{a_n}{n+1} = 0$$

的实数,利用罗尔定理证明方程

$$a_0 + a_1 x + a_2 x^2 + \cdots + a_n x^n = 0$$

在区间 $(0,1)$ 内至少有一个实根.

8. 设函数 $f(x)$ 在区间 $[a,b]$ 上连续,在 (a,b) 内可微,且

$$f^2(b) - f^2(a) = b^2 - a^2,$$

试证明方程 $f(x)f'(x) = x$ 在区间 (a,b) 内至少有一个实根.

9. 设函数 $f(x)$ 在区间 $[1,2]$ 上具有二阶导数 $f''(x)$,且 $f(2) = f(1) = 0$,如果

$$F(x) = (x-1)f(x)$$

证明:至少存在一点 $\xi \in (1,2)$,使得 $F''(\xi) = 0$.

10. 设函数 $f(x)$ 在区间 (a,b) 内具有二阶导数,且
$$f(x_1) = f(x_2) = f(x_3),$$
其中 $a < x_1 < x_2 < x_3 < b$,证明:在区间 (x_1, x_3) 内至少存在一点 ξ,使得 $f''(\xi) = 0$.

11. 证明:当 $0 < a \leqslant b$ 时,
$$\frac{b-a}{b} \leqslant \ln \frac{b}{a} \leqslant \frac{b-a}{a}$$

12. 证明:当 $a > b > 0, n > 1$ 时,
$$nb^{n-1}(a-b) < a^n - b^n < na^{n-1}(a-b).$$

13. 写出函数 $f(x) = 3x^3 - 2x^2 - x + 2$ 在 $x_0 = -1$ 处的三阶泰勒多项式.

14. 写出函数 $f(x) = e^x$ 在 $x_0 = 1$ 处的 n 阶泰勒公式.

15. 写出函数 $f(x) = \sqrt{1+x}$ 的二阶马克劳林公式.

4.2　罗必塔法则

求函数极限的时候,经常会遇到当 $x \to x_0$(或 $x \to \infty$)时,函数 $f(x)$ 和 $g(x)$ 都是无穷小量或者都是无穷大量的情况,那么 $f(x)$ 和 $g(x)$ 之比的极限
$$\lim_{\substack{x \to x_0 \\ (x \to \infty)}} \frac{f(x)}{g(x)}$$
可能存在,也可能不存在,通常把两个无穷小量之比的极限称为 $\dfrac{``0"}{0}$ 型未定式,把两个无穷大量之比的极限称为 $\dfrac{``\infty"}{\infty}$ 型未定式.而罗比塔(L'Hospital)法则是求未定式极限的简单而有效的方法.

4.2.1　$\dfrac{``0"}{0}$ 型未定式

定理 2.1　(罗必塔法则 1)若函数 $f(x), g(x)$ 满足

(1) $\lim\limits_{x \to x_0} f(x) = 0, \lim\limits_{x \to x_0} g(x) = 0$;

(2) 在点 x_0 的某一邻域内(点 x_0 可除外)$f'(x)$、$g'(x)$ 都存在且 $g'(x) \neq 0$;

(3) $\lim\limits_{x \to x_0} \dfrac{f'(x)}{g'(x)}$ 存在(或为 ∞),

则

$$\lim_{x \to x_0} \frac{f(x)}{g(x)} = \lim_{x \to x_0} \frac{f'(x)}{g'(x)} \tag{2.1}$$

证 由定理的条件(2)可知函数 $f(x)$ 与 $g(x)$ 在点 x_0 的某邻域内(x_0 点除外)连续,再由条件(1)在点 x_0 处补充定义,使得

$$f(x_0) = g(x_0) = 0.$$

这样,函数 $f(x)$ 与 $g(x)$ 在点 x_0 处也连续.

设 x 为点 x_0 的某一邻域内异于 x_0 的任意一点,那么,在区间 $[x_0, x]$ 或 $[x, x_0]$ 上,函数 $f(x)$ 与 $g(x)$ 满足柯西定理的条件.故至少存在一点 ξ,使得

$$\frac{f(x)}{g(x)} = \frac{f(x) - f(x_0)}{g(x) - g(x_0)} = \frac{f'(\xi)}{g'(\xi)} \quad (\xi \text{ 介于 } x_0 \text{ 与 } x \text{ 之间}).$$

由于 ξ 介于 x_0 与 x 之间,故当 $x \to x_0$ 时 $\xi \to x_0$.再由条件(3)可得

$$\lim_{x \to x_0} \frac{f(x)}{g(x)} = \lim_{x \to x_0} \frac{f'(\xi)}{g'(\xi)} = \lim_{\xi \to x_0} \frac{f'(\xi)}{g'(\xi)} = \lim_{x \to x_0} \frac{f'(x)}{g'(x)}. \qquad \text{证毕.}$$

这就是说,当 $\lim\limits_{x \to x_0} \dfrac{f'(x)}{g'(x)}$ 存在时, $\lim\limits_{x \to x_0} \dfrac{f(x)}{g(x)}$ 也存在,且等于 $\lim\limits_{x \to x_0} \dfrac{f'(x)}{g'(x)}$;当 $\lim\limits_{x \to x_0} \dfrac{f'(x)}{g'(x)} = \infty$ 时, $\lim\limits_{x \to x_0} \dfrac{f(x)}{g(x)} = \infty$.

如果 $\lim\limits_{x \to x_0} \dfrac{f'(x)}{g'(x)}$ 又呈 "$\dfrac{0}{0}$" 型未定式,且导函数 $f'(x), g'(x)$ 满足定理 2.1 的条件,那么可以继续使用罗比塔法则,即

$$\lim_{x \to x_0} \frac{f(x)}{g(x)} = \lim_{x \to x_0} \frac{f'(x)}{g'(x)} = \lim_{x \to x_0} \frac{f''(x)}{g''(x)}.$$

并且可以依此类推下去.

推论 1 若函数 $f(x), g(x)$ 满足

(1) $\lim\limits_{x \to \infty} f(x) = 0$, $\lim\limits_{x \to \infty} g(x) = 0$;

(2) 当 $|x| > N > 0$ 时, $f'(x)$、$g'(x)$ 存在,且 $g'(x) \neq 0$;

(3) $\lim\limits_{x \to \infty} \dfrac{f'(x)}{g'(x)}$ 存在(或为 ∞),

则

$$\lim_{x \to \infty} \frac{f(x)}{g(x)} = \lim_{x \to \infty} \frac{f'(x)}{g'(x)}. \tag{2.2}$$

证 令 $x = \dfrac{1}{t}$,则当 $x \to \infty$ 时,有 $t \to 0$,由定理 2.1 便有

$$\lim_{x\to\infty}\frac{f(x)}{g(x)} = \lim_{t\to 0}\frac{f\left(\dfrac{1}{t}\right)}{g\left(\dfrac{1}{t}\right)} = \lim_{t\to 0}\frac{f'\left(\dfrac{1}{t}\right)\left(-\dfrac{1}{t^2}\right)}{g'\left(\dfrac{1}{t}\right)\left(-\dfrac{1}{t^2}\right)} = \lim_{x\to\infty}\frac{f'(x)}{g'(x)}$$

例 2.1　求 $\lim\limits_{x\to 1}\dfrac{x^3 - 3x + 2}{x^3 - x^2 - x + 1}$.

解　$\lim\limits_{x\to 1}\dfrac{x^3 - 3x + 2}{x^3 - x^2 - x + 1} \xlongequal{\frac{\text{``}0\text{''}}{0}} \lim\limits_{x\to 1}\dfrac{3x^2 - 3}{3x^2 - 2x - 1} \xlongequal{\frac{\text{``}0\text{''}}{0}} \lim\limits_{x\to 1}\dfrac{6x}{6x - 2} = \dfrac{3}{2}$.

必须指出的是,连续使用定理 2.1 时,每使用一次都必须检查所求极限式是否属于 $\dfrac{\text{``}0\text{''}}{0}$ 型未定式.例如在例 2.1 中,$\lim\limits_{x\to 1}\dfrac{6x}{6x - 2}$ 已不是未定式,不能再对它应用罗比塔法则,否则就会导致错误的结果.

例 2.2　求 $\lim\limits_{x\to 0}\dfrac{x^2 + \mathrm{e}^{-x^2} - 1}{\sin^4 x}$.

解　当 $x\to 0$ 时,$\sin^4 x \sim x^4$,故

$$\lim_{x\to 0}\frac{x^2 + \mathrm{e}^{-x^2} - 1}{\sin^4 x}$$

$$= \lim_{x\to 0}\frac{x^2 + \mathrm{e}^{-x^2} - 1}{x^4} \xlongequal{\frac{\text{``}0\text{''}}{0}} \lim_{x\to 0}\frac{2x - 2x\mathrm{e}^{-x^2}}{4x^3}$$

$$= \lim_{x\to 0}\frac{1 - \mathrm{e}^{-x^2}}{2x^2} \xlongequal{\frac{\text{``}0\text{''}}{0}} \lim_{x\to 0}\frac{2x\mathrm{e}^{-x^2}}{4x} = \lim_{x\to 0}\frac{\mathrm{e}^{-x^2}}{2} = \frac{1}{2}.$$

例 2.3　求 $\lim\limits_{x\to +\infty}\dfrac{\dfrac{\pi}{2} - \arctan x}{\dfrac{1}{x}}$.

解　$\lim\limits_{x\to +\infty}\dfrac{\dfrac{\pi}{2} - \arctan x}{\dfrac{1}{x}} \xlongequal{\frac{\text{``}0\text{''}}{0}} \lim\limits_{x\to +\infty}\dfrac{-\dfrac{1}{1 + x^2}}{-\dfrac{1}{x^2}} = \lim\limits_{x\to +\infty}\dfrac{x^2}{1 + x^2} = 1.$

4.2.2　$\dfrac{\text{``}\infty\text{''}}{\infty}$ 型未定式

定理 2.2　(罗必塔法则 2)若函数 $f(x)$、$g(x)$ 满足

(1) $\lim\limits_{x\to x_0}f(x) = \infty$,$\lim\limits_{x\to x_0}g(x) = \infty$;

(2) 在点 x_0 的某一邻域内(点 x_0 可除外)$f'(x)$、$g'(x)$ 都存在,且 $g'(x) \neq 0$;

(3) $\lim\limits_{x \to x_0} \dfrac{f'(x)}{g'(x)}$ 存在(或为 ∞),

则

$$\lim_{x \to x_0} \frac{f(x)}{g(x)} = \lim_{x \to x_0} \frac{f'(x)}{g'(x)}. \tag{2.3}$$

推论 2 若函数 $f(x)$、$g(x)$ 满足

(1) $\lim\limits_{x \to \infty} f(x) = \infty$, $\lim\limits_{x \to \infty} g(x) = \infty$;

(2) 当 $|x| > N > 0$ 时, $f'(x)$ 和 $g'(x)$ 都存在, 且 $g'(x) \neq 0$;

(3) $\lim\limits_{x \to \infty} \dfrac{f'(x)}{g'(x)}$ 存在(或为 ∞),

则

$$\lim_{x \to \infty} \frac{f(x)}{g(x)} = \lim_{x \to \infty} \frac{f'(x)}{g'(x)}. \tag{2.4}$$

定理 2.2 及推论 2 的证明从略.

例 2.4 求 $\lim\limits_{x \to 0^+} \dfrac{\ln\sin x}{\ln x}$.

解 $\lim\limits_{x \to 0^+} \dfrac{\ln\sin x}{\ln x} \overset{\text{“}\frac{\infty}{\infty}\text{”}}{=\!=\!=} \lim\limits_{x \to 0^+} \dfrac{\frac{1}{\sin x}\cos x}{\frac{1}{x}} = \lim\limits_{x \to 0^+} \dfrac{x}{\sin x} \cdot \cos x$

$$= \lim_{x \to 0^+} \frac{x}{\sin x} \cdot \lim_{x \to 0^+} \cos x = 1.$$

例 2.5 求 $\lim\limits_{x \to \frac{\pi}{2}} \dfrac{\tan x}{\tan 3x}$.

解 $\lim\limits_{x \to \frac{\pi}{2}} \dfrac{\tan x}{\tan 3x} \overset{\text{“}\frac{\infty}{\infty}\text{”}}{=\!=\!=} \lim\limits_{x \to \frac{\pi}{2}} \dfrac{\sec^2 x}{3\sec^2 3x} = \lim\limits_{x \to \frac{\pi}{2}} \dfrac{\cos^2 3x}{3\cos^2 x}$

$$\overset{\text{“}\frac{0}{0}\text{”}}{=\!=\!=} \frac{1}{3} \lim_{x \to \frac{\pi}{2}} \frac{2\cos 3x \cdot (-\sin 3x) \cdot 3}{2\cos x \cdot (-\sin x)} = \frac{1}{3} \lim_{x \to \frac{\pi}{2}} \frac{3\sin 6x}{\sin 2x}$$

$$\overset{\text{“}\frac{0}{0}\text{”}}{=\!=\!=} \lim_{x \to \frac{\pi}{2}} \frac{6\cos 6x}{2\cos 2x} = 3.$$

4.2.3 其他类型的未定式

除了 $\dfrac{\text{“}0\text{”}}{0}$ 和 $\dfrac{\text{“}\infty\text{”}}{\infty}$ 型未定式之外, 还有其他类型的未定式, 例如: "$0 \cdot \infty$"、"∞

$- \infty$"、"1^∞"、"0^0"、"∞^0" 等型的未定式. 我们可以把这些类型的未定式化为 "$\dfrac{0}{0}$"

型或"$\dfrac{\infty}{\infty}$"型的未定式,然后再利用罗必塔法则来计算.

例2.6 求$\lim\limits_{x \to 0}\cot 2x \cdot \ln\tan\left(\dfrac{\pi}{4} + x\right)$.

解
$$\lim_{x \to 0}\cot 2x \cdot \ln\tan\left(\dfrac{\pi}{4} + x\right) \xlongequal{\text{"}0 \cdot \infty\text{"}} \lim_{x \to 0} \frac{\ln\tan\left(\dfrac{\pi}{4} + x\right)}{\tan 2x}$$

$$\xlongequal{\text{"}\frac{0}{0}\text{"}} \lim_{x \to 0} \frac{\dfrac{1}{\tan\left(\dfrac{\pi}{4} + x\right)} \cdot \sec^2\left(\dfrac{\pi}{4} + x\right)}{2\sec^2 2x}$$

$$= \frac{1}{2}\lim_{x \to 0} \frac{\cos^2 2x}{\tan\left(\dfrac{\pi}{4} + x\right)} \cdot \frac{1}{\cos^2\left(\dfrac{\pi}{4} + x\right)} = \frac{1}{2} \cdot 1 \cdot \frac{1}{\left(\dfrac{\sqrt{2}}{2}\right)^2} = 1.$$

例2.7 求$\lim\limits_{x \to 0}\left(\dfrac{1}{\sin^2 x} - \dfrac{1}{x^2}\right)$.

解 这是"$\infty - \infty$"型未定式,通分后可化为"$\dfrac{0}{0}$"型未定式,并且当$x \to 0$时,$\sin^2 x \sim x^2$,故

$$\lim_{x \to 0}\left(\frac{1}{\sin^2 x} - \frac{1}{x^2}\right) = \lim_{x \to 0}\frac{x^2 - \sin^2 x}{x^2\sin^2 x} = \lim_{x \to 0}\frac{x^2 - \sin^2 x}{x^4} =$$

$$\lim_{x \to 0}\frac{x - \sin x}{x^3} \cdot \frac{x + \sin x}{x}.$$

因为

$$\lim_{x \to 0}\frac{x - \sin x}{x^3} \xlongequal{\text{"}\frac{0}{0}\text{"}} \lim_{x \to 0}\frac{1 - \cos x}{3x^2} \xlongequal{\text{"}\frac{0}{0}\text{"}} \lim_{x \to 0}\frac{\sin x}{6x} = \frac{1}{6},$$

$$\lim_{x \to 0}\frac{x + \sin x}{x} = \lim_{x \to 0}\left(1 + \frac{\sin x}{x}\right) = 2,$$

所以

$$\lim_{x \to 0}\left(\frac{1}{\sin^2 x} - \frac{1}{x^2}\right) = \frac{1}{3}.$$

例2.8 求$\lim\limits_{x \to 0^+}\left(\cos\sqrt{x}\right)^{\frac{1}{x}}$.

解 这是"1^∞"型未定式,设$y = \left(\cos\sqrt{x}\right)^{\frac{1}{x}}$,则

$$\ln y = \frac{1}{x}\ln\left(\cos\sqrt{x}\right).$$

因为

$$\lim_{x\to 0^+} \frac{1}{x}\ln(\cos\sqrt{x}) \xlongequal{\text{"}0\cdot\infty\text{"}} \lim_{x\to 0^+} \frac{\ln(\cos\sqrt{x})}{x}$$

$$\xlongequal{\frac{\text{"}0\text{"}}{0}} \lim_{x\to 0^+} \frac{-\sin\sqrt{x}}{\cos\sqrt{x}} \cdot \frac{1}{2\sqrt{x}}$$

$$= -\frac{1}{2}\lim_{x\to 0^+} \frac{1}{\cos\sqrt{x}} \cdot \frac{\sin\sqrt{x}}{\sqrt{x}} = -\frac{1}{2},$$

所以

$$\lim_{x\to 0^+}(\cos\sqrt{x})^{\frac{1}{x}} = \lim_{x\to 0^+} e^{\frac{\ln(\cos\sqrt{x})}{x}} = e^{\lim_{x\to 0^+}\frac{\ln(\cos\sqrt{x})}{x}} = e^{-\frac{1}{2}}.$$

例 2.9　求 $\lim\limits_{x\to 0^+} x^{\frac{1}{1+\ln x}}$.

解　这是"0^0"型未定式,设 $y = x^{\frac{1}{1+\ln x}}$,则

$$\ln y = \frac{\ln x}{1+\ln x}.$$

因为

$$\lim_{x\to 0^+} \frac{\ln x}{1+\ln x} \xlongequal{\frac{\text{"}\infty\text{"}}{\infty}} \lim_{x\to 0^+} \frac{\frac{1}{x}}{\frac{1}{x}} = 1,$$

所以

$$\lim_{x\to 0^+} x^{\frac{1}{1+\ln x}} = \lim_{x\to 0^+} e^{\frac{\ln x}{1+\ln x}} = e^{\lim_{x\to 0^+}\frac{\ln x}{1+\ln x}} = e.$$

例 2.10　求 $\lim\limits_{x\to\frac{\pi}{2}^-}(\tan x)^{\cos x}$.

解　这是"∞^0"型未定式,设 $y = (\tan x)^{\cos x}$,则

$$\ln y = \cos x\ln(\tan x).$$

因为

$$\lim_{x\to\frac{\pi}{2}^-}\cos x \cdot \ln(\tan x) \xlongequal{\text{"}0\cdot\infty\text{"}} \lim_{x\to\frac{\pi}{2}^-} \frac{\ln(\tan x)}{\sec x}$$

$$\xlongequal{\frac{\text{"}\infty\text{"}}{\infty}} \lim_{x\to\frac{\pi}{2}^-} \frac{\frac{\sec^2 x}{\tan x}}{\sec x \cdot \tan x} = \lim_{x\to\frac{\pi}{2}^-} \frac{\sec x}{\tan^2 x} = \lim_{x\to\frac{\pi}{2}^-} \frac{\cos x}{\sin^2 x} = 0,$$

所以

$$\lim_{x\to\frac{\pi}{2}^-}(\tan x)^{\cos x} = \lim_{x\to\frac{\pi}{2}^-} e^{\frac{\ln(\tan x)}{\sec x}} = e^{\lim_{x\to\frac{\pi}{2}^-}\frac{\ln(\tan x)}{\sec x}} = e^0 = 1.$$

罗必塔法则是求未定式极限行之有效的方法,如果能与其他求极限的方法配合使用,例如能化简时尽量化简,能应用等价无穷小量替换时尽可能应用,则可以使运算更为简练,达到事半功倍的效果.

但是必须指出的是,罗必塔法则只是求未定式极限的方法之一,对于有些未定式,罗必塔法则并不适用. 例如,求 $\lim\limits_{x\to\infty}\dfrac{x+\sin x}{x}$ 时,由于 $\lim\limits_{x\to\infty}(1+\cos x)$ 不存在,故罗必塔法则不适用,但是这个极限我们可以用下面的方法求出:

$$\lim_{x\to\infty}\frac{x+\sin x}{x}=\lim_{x\to\infty}\left(1+\frac{\sin x}{x}\right)=1.$$

习题 4-2

1. 求下列函数的极限.

(1) $\lim\limits_{x\to 0}\dfrac{e^x-e^{-x}}{\sin x}$;

(2) $\lim\limits_{x\to a}\dfrac{x^m-a^m}{x^n-a^n}(m,n\in\mathbf{N}^+)$;

(3) $\lim\limits_{x\to\frac{\pi}{4}}\dfrac{\tan x-1}{\sin 4x}$;

(4) $\lim\limits_{x\to 0}\dfrac{x-\arcsin x}{\sin^3 x}$;

(5) $\lim\limits_{x\to 0}\dfrac{e^x-e^{-x}-2x}{x-\sin x}$;

(6) $\lim\limits_{x\to 0}\dfrac{e^x-\cos x}{\sin x}$;

(7) $\lim\limits_{x\to 0}\dfrac{x-\tan x}{x^3}$;

(8) $\lim\limits_{x\to 0}\dfrac{a^x-b^x}{x}$;

(9) $\lim\limits_{x\to 0}\dfrac{e^x+\sin x-1}{\ln(1+x)}$;

(10) $\lim\limits_{x\to 0}\dfrac{x-\arctan x}{\sin^3 x}$;

2. 求下列函数的极限.

(1) $\lim\limits_{x\to 0}\dfrac{x\cos x-\sin x}{x^3}$;

(2) $\lim\limits_{x\to 0}\dfrac{x^3+e^{-x^2}-1}{2\sin^2 x}$;

(3) $\lim\limits_{x\to 0^+}\dfrac{\ln\sin 3x}{\ln\sin x}$;

(4) $\lim\limits_{x\to 0^+}\dfrac{\ln\sin x}{\dfrac{1}{x}}$;

(5) $\lim\limits_{x\to 0^+}\dfrac{\ln\sin 3x}{\ln x^3}$;

(6) $\lim\limits_{x\to +\infty}\dfrac{x^n}{e^x}(n\in\mathbf{N}^+)$;

(7) $\lim\limits_{x\to +\infty}\dfrac{\ln x}{x^n}(n\in\mathbf{N}^+)$;

(8) $\lim\limits_{x\to +\infty}\dfrac{\ln(\ln x)}{x}$;

(9) $\lim\limits_{x\to 1^+}\left(\dfrac{2}{x^2-1}-\dfrac{1}{x-1}\right)$;

(10) $\lim\limits_{x\to 1^+}\left(\dfrac{x}{x-1}-\dfrac{1}{\ln x}\right)$;

3. 计算下列极限.

---

(1) $\lim\limits_{x \to \frac{\pi}{2}^-} (\sec x - \tan x)$;

(2) $\lim\limits_{x \to 0}\left(\dfrac{1}{x} - \dfrac{1}{\mathrm{e}^x - 1} \right)$;

(3) $\lim\limits_{x \to 1}(1 - x)\tan \dfrac{\pi x}{2}$;

(4) $\lim\limits_{x \to 0^+} x(\mathrm{e}^{\frac{1}{x}} - 1)$;

(5) $\lim\limits_{x \to 0^+} x^{\tan x}$;

(6) $\lim\limits_{x \to 0}(\cos x)^{\frac{1}{x}}$;

(7) $\lim\limits_{x \to 1}(2 - x)^{\tan \frac{\pi}{2} x}$;

(8) $\lim\limits_{x \to 0^+}\left(\dfrac{1}{x} \right)^{\tan x}$.

4.3 函数的单调增减性与极值

如果函数 $f(x)$ 在区间 (a,b) 内是单调增加的,那么函数曲线 $y = f(x)$ 在 (a,b) 内随着 x 的增大而上升.从几何图形上看,上升曲线上所有切线的倾角都是锐角,即斜率 $\tan\alpha = f'(x) > 0$(图 4 – 4).

如果 $f(x)$ 在 (a,b) 内是单调减少的,那么曲线 $y = f(x)$ 在 (a,b) 内随着 x 的增加而下降.从几何图形上看,下降曲线上所有切线的倾角都是钝角,即斜率 $\tan\alpha = f'(x) < 0$(图 4 – 5),这说明在函数可导的条件下,函数的增减性与导数的正负性有着密切的关系.

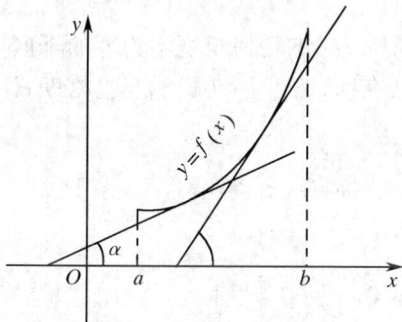

图 4 – 4

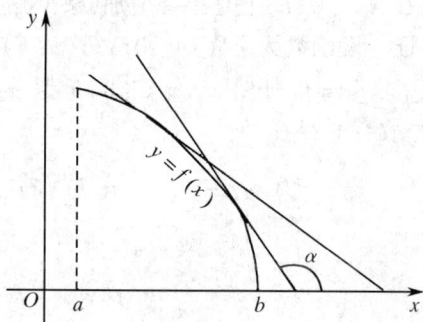

图 4 – 5

4.3.1 函数增减性的充分必要条件

定理 3.1 设函数 $f(x) \in \mathrm{C}[a,b], f(x) \in \mathrm{D}(a,b)$,则当 $f(x)$ 在 $x \in [a,b]$ 上严格单调增加(或减少)时,必有 $f'(x) \geqslant 0$(或 $f'(x) \leqslant 0$),$x \in (a,b)$,且在 (a,b) 内的任何长度不为零的子区间上 $f'(x) \not\equiv 0$.

证 若 $f(x)$ 在 $[a,b]$ 上是严格单调增加的函数,则任给 $x \in (a,b)$ 及 $x + \Delta x \in (a,b)$.

当 $\Delta x < 0$ 时, $f(x + \Delta x) - f(x) < 0$;

当 $\Delta x > 0$ 时, $f(x + \Delta x) - f(x) > 0$.

故恒有

$$\frac{f(x + \Delta x) - f(x)}{\Delta x} > 0.$$

由于 $f(x) \in D(a,b)$, 知

$$f'(x) = \lim_{\Delta x \to 0} \frac{f(x + \Delta x) - f(x)}{\Delta x} \geq 0.$$

这里等号不能在 (a,b) 内的任何长度不为零的子区间上成立, 否则 $f(x)$ 在该子区间上恒为常数, 这与 $f(x)$ 在 $[a,b]$ 上严格单调增加矛盾.

$f(x)$ 在 $[a,b]$ 上严格单调减少的情况同理可证.   证毕.

定理 3.1 说明了函数 $f(x)$ 在某区间 I 上的增减性, 与函数的导数 $f'(x)$ 在该区间的正负性有密切的关系, 实际上定理 3.1 就是函数单调增减性的必要条件, 而充分条件则由下面的定理 3.2 给出.

定理 3.2 设函数 $f(x) \in C[a,b]$, $f(x) \in D(a,b)$, 当 $f'(x) \geq 0$ (或 $f'(x) \leq 0$), $x \in (a,b)$, 且在 (a,b) 的任何长度不为零的子区间上 $f'(x) \not\equiv 0$, 则 $f(x)$ 在 $x \in [a,b]$ 上是单调增加(减少)的.

证 设函数为 $f'(x) \geq 0$, $x \in (a,b)$, 且在 (a,b) 的任何长度不为零的子区间上 $f'(x) \not\equiv 0$. 任给 $x_1, x_2 \in [a,b]$ 且 $x_2 > x_1$, 在 $[x_1, x_2]$ 上 $f(x)$ 满足拉格朗日定理. 故有 ξ 存在, 使

$$f(x_2) - f(x_1) = f'(\xi)(x_2 - x_1), x_1 < \xi < x_2.$$

即

$$f(x_2) - f(x_1) \geq 0,$$

故

$$f(x_2) \geq f(x_1).$$

这里等号是不能成立的, 否则有 $f(x_1) = f(x_2)$. 由 x_1 与 x_2 的任意性, 可知 $f(x)$ 在 (x_1, x_2) 内恒有 $f'(x) \equiv 0$, 这就与 $f'(x)$ 在 (a,b) 内的任何长度不为零的子区间上 $f'(x) \not\equiv 0$ 矛盾.

于是任给 $x_1, x_2 \in [a,b]$, 当 $x_2 > x_1$ 时, 必有 $f(x_2) > f(x_1)$. 故知函数 $f(x)$ 在 $[a,b]$ 上是单调增加的.

同理可证当 $f'(x) \leq 0$ 时, 函数是单调减少的情况.   证毕.

把定理 3.1 与定理 3.2 结合起来, 就得到可导函数 $f(x)$ 单调增减性的充分必要条件:

若 $f(x) \in C[a,b]$，$f(x) \in D(a,b)$，则 $f(x)$ 在 $x \in [a,b]$ 上单调增加(减少)的充分必要条件是在 (a,b) 内 $f'(x) \geq 0$ $(f'(x) \leq 0)$，且在 (a,b) 内的任何长度不为零的子区间上 $f'(x) \not\equiv 0$.

上面的充分必要条件，把闭区间 $[a,b]$ 换成开区间 (a,b)、半开区间 $(a,b]$ 或 $[a,b)$ 及无穷区间 $(-\infty, +\infty)$ 结论仍然成立.

定义 3.1 函数 $y = f(x)$ 一阶导数为零的点，称为函数的一阶驻点，简称为驻点.

同理，函数 $y = f(x)$ 二阶导数为零的点，称为函数的二阶驻点，……，函数 $y = f(x)$ n 阶导数为零的点，称为函数的 n 阶驻点.

例 3.1 讨论函数 $y = x^3$ 的单调增减性.

解 $y = x^3$ 的定义域是 $(-\infty, +\infty)$，且有

$$y' = (x^3)' = 3x^2 > 0 \quad (x \neq 0).$$

故知，$y = x^3$ 在 $(-\infty, +\infty)$ 内是单调增加的函数.

例 3.2 确定 $f(x) = \dfrac{1}{5}x^5 - \dfrac{1}{3}x^3$ 的单调区间.

解 函数 $f(x)$ 的定义域为 $(-\infty, +\infty)$. 由于

$$f'(x) = x^4 - x^2 = x^2(x+1)(x-1)$$

令 $f'(x) = 0$，求得函数的驻点：$x_1 = 0, x_2 = -1, x_3 = 1$. 它们把区间 $(-\infty, +\infty)$ 分为 4 个子区间：$(-\infty, -1)$、$(-1,0)$、$(0,1)$、$(1, +\infty)$.

在 $(-\infty, -1) \bigcup (1, +\infty)$ 内 $f'(x) > 0$，$f(x)$ 单调增加；

在 $(-1,0) \bigcup (0,1)$ 内 $f'(x) < 0$，$f(x)$ 单调减少.

故 $(-\infty, -1)$ 及 $(1, +\infty)$ 为 $f(x)$ 的单调增加区间，因为 $x = 0$ 为 $f(x)$ 的孤立驻点(且 $f'(x)$ 在 $(-1,1)$ 内不变号)，所以 $f(x)$ 的单调减少区间也可以记为 $(-1,1)$.

例 3.3 确定函数 $f(x) = \sqrt[3]{x^2}$ 的单调区间.

解 $f(x)$ 的定义域为 $(-\infty, +\infty)$.

$$f'(x) = \frac{2}{3} \frac{1}{\sqrt[3]{x}},$$

当 $x = 0$ 时，$f'(x)$ 不存在，$x = 0$ 把 $(-\infty, +\infty)$ 分为两部分，$(-\infty, 0)$ 及 $(0, +\infty)$.

在区间 $(-\infty, 0)$ 内 $f'(x) < 0$，$f(x)$ 单调减少；

在区间 $(0, +\infty)$ 内 $f'(x) > 0$，$f(x)$ 单调增加.

所以，$(-\infty, 0)$ 为 $f(x)$ 的单调减少区间，$(0, +\infty)$ 为 $f(x)$ 的单调增加区间.

例 3.4 证明：当 $x > 0$ 时，$1 + \dfrac{1}{2}x > \sqrt{1+x}$.

证　设 $f(x) = 1 + \dfrac{1}{2}x - \sqrt{1+x}$，

$$f'(x) = \frac{1}{2} - \frac{1}{2\sqrt{1+x}}$$

$$= \frac{\sqrt{1+x}-1}{2\sqrt{1+x}} = \frac{x}{2\sqrt{1+x}(\sqrt{1+x}+1)}.$$

$f(x)$ 在 $[0, +\infty)$ 上连续，在 $(0, +\infty)$ 内可导，且当 $x>0$ 时，$f'(x)>0$. 因此 $f(x)$ 在 $[0, +\infty)$ 上是单调增加的. 故有

当 $x>0$ 时，$f(x)>f(0)=0$，即

$$1 + \frac{1}{2}x - \sqrt{1+x} > 0,$$

亦即

$$1 + \frac{1}{2}x > \sqrt{1+x} \quad (x>0).$$

例 3.5　试证方程 $x^3 + x - 1 = 0$ 只有一个正实根.

证　设 $f(x) = x^3 + x - 1$，$f(x)$ 在闭区间 $[0,1]$ 上连续，且 $f(0) = -1 < 0, f(1) = 1 > 0$，由连续函数在闭区间上的零值点定理，知存在点 $\xi \in (0,1)$，使得

$$f(\xi) = 0.$$

即 $x^3 + x - 1 = 0$ 在 $(0,1)$ 内至少有一正实根.

因为 $f(x)$ 在 $(0, +\infty)$ 内连续、可导，且有

$$f'(x) = 3x^2 + 1 > 0,$$

所以，$f(x)$ 在 $(0, +\infty)$ 内单调增加，从而方程

$$x^3 + x - 1 = 0$$

只有一个正实根.

4.3.2　函数的极值及其求法

1. 极值的定义

定义 3.2　设 $f(x)$ 在 $x \in N(x_0, \delta)$ 内有定义，且对邻域内的任何点 $x \neq x_0$，均有 $f(x) < f(x_0)$（或 $f(x) > f(x_0)$），则称 $f(x_0)$ 为 $f(x)$ 的一个极大（小）值，而点 x_0 称为函数 $f(x)$ 的极大（小）值点.

函数的极大值、极小值统称为函数的极值，极大值点、极小值点统称为极值点. 并且由定义 3.1 可知，函数的极值只是一个局部性的概念，对同一个函数而

言,某点邻域内的极大值并不一定会比另一个点邻域内的极小值大,这是因为极值的概念只具有局部的性质.从图 4-6 中可以看出,函数 $f(x)$ 在点 x_4 处取得极小值,它就比在点 x_1 处取得的极大值要大,即 $f(x_4) > f(x_1)$.类似地还有 $f(x_6) > f(x_1)$.

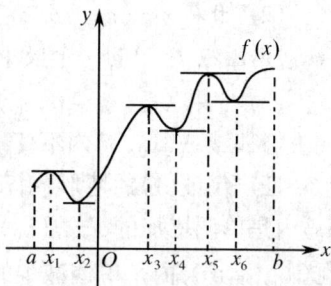

图 4-6

2. 极值存在的必要条件与充分条件

定理 3.3 (极值存在的必要条件)设函数 $f(x) \in D\{x_0\}$,若 $f(x_0)$ 是 $f(x)$ 的极值,则必有 $f'(x_0) = 0$.

证 设 $f(x_0)$ 是 $f(x)$ 的极大值,则在 $x \in N(x_0, \delta)$ 内,当 $x \neq x_0$ 时,有 $f(x) - f(x_0) < 0$,那么,

当 $x < x_0$ 时,$\dfrac{f(x) - f(x_0)}{x - x_0} > 0$,

当 $x > x_0$ 时,$\dfrac{f(x) - f(x_0)}{x - x_0} < 0$,

取极限,得

$$f_-'(x_0) = \lim_{x \to x_0^-} \frac{f(x) - f(x_0)}{x - x_0} \geqslant 0;$$

$$f_+'(x_0) = \lim_{x \to x_0^+} \frac{f(x) - f(x_0)}{x - x_0} \leqslant 0.$$

由于函数 $f(x)$ 在点 x_0 处可导,故有

$$f'(x_0) = f_+'(x_0) = f_-'(x_0) = 0.$$

当 $f(x_0)$ 是 $f(x)$ 的极小值时,同理可证. 证毕.

定理 3.3 说明,可导函数 $f(x)$ 在点 x_0 处取得极值时,函数在点 $(x_0, f(x_0))$ 处必有水平切线,即函数极值必在驻点处取得.

应当指出的是,可导函数的驻点,并不一定就是极值点.例如 $y = x^3$ 在点 $x = 0$ 处为驻点,但它不是极值点.另一方面,函数 $y = |x|$,在点 $x = 0$ 处是不可导的,但是 $x = 0$ 确实是 $y = |x|$ 的极小值点,那么,如何判定函数的极值点呢?定理 3.4 回答了这个问题.

定理 3.4 (极值存在的第一充分条件)设 $f(x) \in C\{x_0\}$,且当 $x \in N(\hat{x}_0, \delta)$ 时,$f'(x)$ 存在.

(1) 如果 $x \in (x_0 - \delta, x_0)$ 时,$f'(x) > 0$;$x \in (x_0, x_0 + \delta)$ 时,$f'(x) < 0$,则 $f(x_0)$ 是函数 $f(x)$ 的一个极大值.

(2) 如果 $x \in (x_0 - \delta, x_0)$ 时,$f'(x) < 0$;$x \in (x_0, x_0 + \delta)$ 时,$f'(x) > 0$. 则 $f(x_0)$ 是函数 $f(x)$ 的一个极小值.

(3) 如果 $x \in (x_0 - \delta, x_0) \bigcup (x_0, x_0 + \delta)$ 时,$f'(x)$ 恒为正或恒为负($f'(x)$ 在去心邻域 $N(\hat{x}_0, \delta)$ 内不变号)则 $f(x_0)$ 不是函数 $f(x)$ 的极值.

证 仅证(1)的情形. 由于 $x \in (x_0 - \delta, x_0)$ 时,$f'(x) > 0$,知 $f(x)$ 在 $(x_0 - \delta, x_0)$ 内是单调增加的,故 $f(x_0) > f(x)$;对 $x \in (x_0, x_0 + \delta)$ 时,$f'(x) < 0$,知 $f(x)$ 在 $(x_0, x_0 + \delta)$ 内是单调减少的,故 $f(x_0) > f(x)$. 这就表明 $f(x_0)$ 是函数 $f(x)$ 的一个极大值.

类似地可以证明定理 3.4 的(2)与(3). 证毕.

极值存在的第一充分条件,既适用于在点 x_0 处可导的函数,也适用于在点 x_0 处有定义,但是在点 x_0 处导数不存在的函数. 当可导函数 $f(x)$ 在驻点处的二阶导数不为零时,用定理 3.5 来判定极值较为方便.

定理 3.5 (极值存在的第二充分条件)设 $f(x) \in C\{x_0\}$,且 $f(x) \in D^2\{x_0\}$. 若 $f'(x_0) = 0$,$f''(x_0) \neq 0$,则有

(1) 当 $f''(x_0) < 0$ 时,$f(x_0)$ 是 $f(x)$ 的极大值;

(2) 当 $f''(x_0) > 0$ 时,$f(x_0)$ 是 $f(x)$ 的极小值.

证 只证情形(1). 由于 $f''(x_0) < 0$,由二阶导数的定义知

$$f''(x_0) = \lim_{x \to x_0} \frac{f'(x) - f'(x_0)}{x - x_0} = \lim_{x \to x_0} \frac{f'(x)}{x - x_0} < 0.$$

根据函数值与极限值的同号性定理,必存在点 x_0 的某一邻域 $N(\hat{x}_0, \delta)$,使得

$$\frac{f'(x)}{x - x_0} < 0, \quad x \in N(\hat{x}_0, \delta).$$

从而可推知:

当 $x - x_0 < 0$ 时,必有 $f'(x) > 0$;

当 $x - x_0 > 0$ 时,必有 $f'(x) < 0$.

由定理 3.4 知道,函数 $f(x)$ 在点 x_0 处取得极大值.

类似地可以证明情形(2). 证毕.

定理 3.5 说明,只要 $f(x)$ 在驻点 x_0 处的二阶导数存在,且 $f''(x_0) \neq 0$,就可以断定该驻点一定是极值点. 但是当 $f''(x_0) = 0$ 时,$f(x_0)$ 可能是 $f(x)$ 的极值,也可能不是 $f(x)$ 的极值.

根据定理 3.4 及定理 3.5 可知,求函数 $f(x)$ 的极值的方法为:

(1) 确定函数 $f(x)$ 的定义域,并求 $f(x)$ 的一阶导数 $f'(x)$,二阶导数 $f''(x)$.

(2) 求出 $f(x)$ 的驻点和一阶导数不存在而函数有定义的点. 并逐个用定理 3.5(或定理 3.4)进行判定.

(3) 确定出极值点并求出极值点处的函数值.

例 3.6 求函数 $f(x) = 2x^3 - 6x^2 - 18x + 7$ 的极值.

解 $f(x)$ 的定义域为 $(-\infty, +\infty)$, $f(x)$ 在 $(-\infty, +\infty)$ 内二阶可导, 且

$$f'(x) = 6x^2 - 12x - 18,$$
$$f''(x) = 12x - 12.$$

令

$$f'(x) = 6(x^2 - 2x - 3) = 6(x + 1)(x - 3) = 0,$$

求得驻点: $x_1 = -1, x_2 = 3$.

因为 $f''(-1) = -24 < 0, f''(3) = 24 > 0$, 所以

$$f(-1) = 17 \text{ 为 } f(x) \text{ 的极大值};$$

$$f(3) = -47 \text{ 为 } f(x) \text{ 的极小值}.$$

例 3.7 求函数 $f(x) = x^{\frac{2}{3}} e^{-x}$ 的极值.

解 $f(x)$ 的定义域为 $(-\infty, +\infty)$,

$$f'(x) = \frac{1}{\sqrt[3]{x} e^x} \left(\frac{2}{3} - x \right).$$

当 $x = \frac{2}{3}$ 时, $f'(x) = 0$; 当 $x = 0$ 时, 函数 $f(0) = 0$, 但 $f'(x)$ 不存在, 即 $x = \frac{2}{3}$ 及 $x = 0$ 为 $f(x)$ 的"可能"极值点. 利用极值存在的第一充分条件, 列表如下:

x	$(-\infty, 0)$	0	$\left(0, \frac{2}{3}\right)$	$\frac{2}{3}$	$\left(\frac{2}{3}, +\infty\right)$
$f'(x)$	$-$	不存在	$+$	0	$-$
$f(x)$	$\searrow$	0 极小值	$\nearrow$	$\left(\frac{2}{3}\right)^{\frac{2}{3}} e^{-\frac{2}{3}}$ 极大值	$\searrow$

$f(x)$ 的极小值为 $f(0) = 0$; $f(x)$ 的极大值为 $f\left(\frac{2}{3}\right) = \left(\frac{2}{3}\right)^{\frac{2}{3}} e^{-\frac{2}{3}}$.

例 3.8 求函数 $f(x) = (x^2 - 1)^3 + 1$ 的极值.

解 $f(x)$ 的定义域为 $(-\infty, +\infty)$, $f(x)$ 在 $(-\infty, +\infty)$ 内二阶可导, 且

$$f'(x) = 6x(x^2 - 1)^2,$$

$$f''(x) = 6(x^2 - 1)(5x^2 - 1).$$

令 $f'(x) = 0$,求得驻点 $x_1 = -1, x_2 = 0, x_3 = 1$.

因为 $f''(-1) = f''(1) = 0$,所以利用极值存在的第一充分条件,列表如下:

x	$(-\infty, -1)$	-1	$(-1,0)$	0	$(0,1)$	1	$(1, +\infty)$
$f'(x)$	$-$	0	$-$	0	$+$	0	$+$
$f(x)$	↘		↘	0 极小值	↗		↗

$f(x)$ 在 $(-\infty, +\infty)$ 上没有极大值,极小值为 $f(0) = 0$.

下面介绍一个利用高阶导数判定函数极值点的方法.

＊推论 若 $f(x)$ 在点 x_0 的某一邻域内具有直到 n 阶的导数,当 $f'(x_0) = f''(x_0) = \cdots = f^{(n-1)}(x_0) = 0$ 即 $f(x)$ 的最高阶驻点为 $(n-1)$ 阶,但 $f^{(n)}(x_0) \neq 0$,则

(1) 当 n 为奇数时,点 x_0 不是 $f(x)$ 的极值点.

(2) 当 n 为偶数时,点 x_0 是 $f(x)$ 的极值点,且

$f^{(n)}(x_0) > 0$,点 x_0 为极小值点;

$f^{(n)}(x_0) < 0$,点 x_0 为极大值点.

例 3.9 判定函数 $f(x) = x^4$ 的极值点.

解 求导数,则 $f'(x) = 4x^3, f''(x) = 12x^2$,易知其驻点为 $x = 0$,且 $f''(0) = 0$.继续求导:$f'''(x) = 24x, f^{(4)}(x) = 24$.

由于 $f'(0) = f''(0) = f'''(0) = 0$,但 $f^{(4)}(0) = 24 \neq 0$,由推论可知,点 $x = 0$ 为 $f(x) = x^4$ 的极小值点.

利用推论,我们不难知道函数 $g(x) = x^3$ 在其 3 阶驻点 $x = 0$ 处,不取得极值.

习题 4-3

1. 求下列函数的极值.

(1) $y = x^2 - 2x + 3$;

(2) $y = 2x^3 - 3x^2$;

(3) $y = \sqrt[3]{(x^2 - 1)^2}$;

(4) $y = \dfrac{x^3}{3 + x^2}$;

(5) $y = x^3(x - 5)^2$;

(6) $y = \dfrac{2x}{\ln x}$ $(x > 1)$;

(7) $y = \dfrac{x}{1+x^2}$;　　　　　　　　　　(8) $y = 1 - (x-2)^{\frac{2}{3}}$;

(9) $y = x^{\frac{1}{3}}(1-x)^{\frac{2}{3}}$.

2. 常数 a 为何值时,函数 $f(x) = a\sin x + \dfrac{1}{3}\sin 3x$ 在 $x = \dfrac{\pi}{3}$ 处取得极值? 并求此极值.

3. 试证:当 $a^2 - 3b < 0$ 时,函数 $f(x) = x^3 + ax^2 + bx + c$ 无极值.

4. 试确定常数 a 和 b,使函数 $f(x) = a\ln x + bx^2 + x$ 在 $x = 1$ 和 $x = 2$ 处有极值,并求此极值.

5. 设曲线 $y = ax^2 + bx + c$ 在 $x = -1$ 处取得极值,且与曲线 $f(x) = 3x^2$ 相切于点 $(1,3)$,试确定常数 a、b 和 c.

6. 证明下列不等式

(1) $1 + x\ln(x + \sqrt{1+x^2}) > \sqrt{1+x^2}$ 　$(x > 0)$;

(2) $\ln(1+x) > \dfrac{\arctan x}{1+x}$ 　$(x > 0)$;

(3) $e^{2x-1} > 2x$ 　$(x > \dfrac{1}{2})$;

(4) $x - \dfrac{1}{6}x^3 < \sin x < x$ 　$(x > 0)$;

(5) $x - \dfrac{1}{2}x^2 < \ln(1+x) < x$ 　$(x > 0)$.

7. 证明方程 $x\ln x - 2 = 0$ 在区间 $[1, e]$ 上只有一个实根.

8. 证明方程 $x^3 - 6x^2 + 9x - 10 = 0$ 只有一个实根.

4.4　函数的最大值与最小值

4.4.1　函数的最大值与最小值

定义 4.1　函数 $f(x)$ 在某一个区间 I 上,恒有 $f(x_0) \geqslant f(x)$（或 $f(x_0) \leqslant f(x)$）,$x_0, x \in I$,则称点 x_0 为 $f(x)$ 在区间 I 上的最大（小）值点,而 $f(x_0)$ 则称为 $f(x)$ 在区间 I 上的最大（小）值.

函数 $f(x)$ 的最大值与最小值,统称为函数 $f(x)$ 的最值.

由闭区间上连续函数的性质可知,如果函数 $f(x)$ 在闭区间 $[a,b]$ 上连续,那么在 $[a,b]$ 上 $f(x)$ 一定可以取得最大值 $f_{\max}(x)$（或 $\max\{f(x)\}$）及最小值 $f_{\min}(x)$（或 $\min\{f(x)\}$）. 但是,这仅是最值的存在定理,并没有提供求函数最值的方法.

如果函数 $f(x) \in C[a,b]$,$f(x) \in D(a,b)$,或在 $x \in (a,b)$ 时,至多有有限

个驻点和导数不存在的点,由于最值点是存在的,因此:

(1) 最值点可以在区间(a,b)内取得,显然取得最值的点必为极值点,那么在这一点处,或者是驻点,或者是导数不存在的点.

(2) 最值点也可能在区间的端点$x=a$及$x=b$处取得.

对于上面的两种情况,我们可以得出求函数$f(x)$在区间$[a,b]$上的最值的一般方法.

① 求出$f(x)$在区间(a,b)内的全部驻点和函数有定义但导数不存在的点:$x_1,x_2,\cdots,x_n$.

② 比较函数值:$f(a),f(x_1),f(x_2),\cdots f(x_n),f(b)$的大小. 其中最大者,就是$f(x)$在$[a,b]$上的最大值;最小者,就是$f(x)$在$[a,b]$上的最小值.

特别要指出的是,如果连续函数$f(x)$在区间I(I不局限于闭区间,它可以是开区间,也可以是无穷区间)内只有惟一的极值点x_0(函数$f(x)$的图形只为一峰或一谷的情况),那么当函数的最大(小)值存在时,则该极大(小)值点即为所求的最大(小)值点,如图4-7所示.

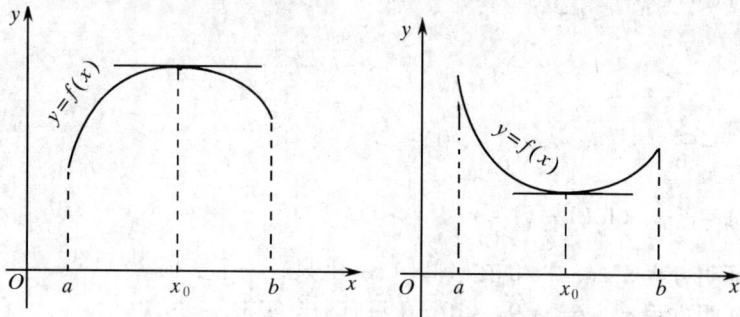

图 4-7

例 4.1 求函数$f(x)=2x^3+3x^2-12x+14$在区间$[-3,4]$上的最大值和最小值.

解 $f'(x)=6x^2+6x-12=6(x+2)(x-1)$
令$f'(x)=0$解得驻点:$x_1=-2,x_2=1$,由于

$$f(-3)=23; \qquad f(-2)=34;$$
$$f(1)=7; \qquad f(4)=142.$$

比较可知,$f(x)$在$[-3,4]$上的最大值为$f(4)=142$;最小值为$f(1)=7$.

例 4.2 设$0\leqslant x\leqslant 1,a>1$,试证明不等式

$$\frac{1}{2^{a-1}}\leqslant x^a+(1-x)^a\leqslant 1.$$

证 设 $f(x) = x^a + (1-x)^a, x \in [0,1]$.
$$f'(x) = ax^{a-1} - a(1-x)^{a-1}.$$

令 $f'(x) = 0$,解得驻点 $x = \dfrac{1}{2}$.并计算出下列函数值:

$$f(0) = 1, f\left(\dfrac{1}{2}\right) = \dfrac{1}{2^{a-1}}, f(1) = 1.$$

比较这些函数值的大小,可知 $f(x)$ 在 $[0,1]$ 上的最大值为 $f(0) = f(1) = 1$;最小值为 $f\left(\dfrac{1}{2}\right) = \dfrac{1}{2^{a-1}}$. 所以

$$\dfrac{1}{2^{a-1}} \leqslant x^a + (1-x)^a \leqslant 1, x \in [0,1].$$

例 4.3 设可导函数 $f(x)$ 满足:

$$3f(x) - f\left(\dfrac{1}{x}\right) = \dfrac{1}{x} \quad (x \neq 0).$$

求 $f(x)$ 在闭区间 $[1,6]$ 上的最大值和最小值.

解 据题意有方程组:

$$\begin{cases} 3f(x) - f\left(\dfrac{1}{x}\right) = \dfrac{1}{x} \\ 3f\left(\dfrac{1}{x}\right) - f(x) = x \end{cases} \quad (x \neq 0).$$

可解出

$$f(x) = \dfrac{1}{8}\left(x + \dfrac{3}{x}\right),$$

则

$$f'(x) = \dfrac{1}{8}\left(1 - \dfrac{3}{x^2}\right), x \in [1,6].$$

在区间 $[1,6]$ 上有惟一驻点 $x = \sqrt{3}$.

$$\because f(\sqrt{3}) = \dfrac{\sqrt{3}}{4}, f(1) = \dfrac{1}{2}, f(6) = \dfrac{13}{16},$$

$$\therefore f_{\max} = f(6) = \dfrac{13}{16},$$

$$f_{\min} = f(\sqrt{3}) = \dfrac{\sqrt{3}}{4}.$$

例 4.4 圆扇形的周长为 m,问圆的半径为何值时,圆扇形有最大面积.

解 设圆的半径为 r,圆扇形的弧长为 l,圆扇形的面积为 S,则有 $2r + l = m$,

$$S = \frac{1}{2} rl = \frac{1}{2} r(m - 2r) = \frac{1}{2}(mr - 2r^2), \quad (r > 0).$$

$$\frac{\mathrm{d}S}{\mathrm{d}r} = \frac{1}{2}(m - 4r),$$

函数 S 有惟一驻点 $r = \frac{1}{4} m$. 由于

$$\frac{\mathrm{d}^2 S}{\mathrm{d}r^2}\bigg|_{r=\frac{1}{4}m} = (-2)\bigg|_{r=\frac{1}{4}m} = -2 < 0$$

可知 $r = \frac{1}{4} m$ 即是最大值点,即

$$S_{\max} = S\bigg|_{r=\frac{1}{4}m} = \frac{1}{16}m^2$$

例 4.5   要制造一个容积为 V 的圆柱形密闭容器,问应当选择圆柱形容器的半径 R 和高 h 为多少时,才能使所用的原材料最省.

解   设圆柱形密闭容器的表面积为 S,则

$$S = 2\pi Rh + 2\pi R^2,$$

又由于 $V = \pi R^2 h$,有 $h = \dfrac{V}{\pi R^2}$,从而有

$$S = \frac{2V}{R} + 2\pi R^2, (0 < R < +\infty).$$

要求所使用的原材料最省,实际上是使容器的表面积 S 最小.求导数

$$S' = -\frac{2V}{R^2} + 4\pi R,$$

令 $S' = 0$,求出定义域内的惟一驻点 $R = \sqrt[3]{\dfrac{V}{2\pi}}$,而

$$S''\bigg|_{R=\sqrt[3]{\frac{V}{2\pi}}} = 12\pi > 0.$$

由于函数 $S = S(R)$ 在 $(0, +\infty)$ 内有惟一极小点 $R = \sqrt[3]{\dfrac{V}{2\pi}}$,所以当 $R = \sqrt[3]{\dfrac{V}{2\pi}}$,$h = \sqrt[3]{\dfrac{4V}{\pi}}$ 时,使用的原材料最省.

*4.4.2   导数在经济方面的应用

1. 弹性

定义 4.2   可导函数 $y = f(x)$ 在任意一点 x 处的弹性函数为

$$\lim_{\Delta x \to 0} \frac{x\Delta y}{y\Delta x} = \frac{x}{y}f'(x) = x\frac{f'(x)}{f(x)}.$$

通常用记号 $\dfrac{Ey}{Ex}$ 来表示,即

$$\frac{Ey}{Ex} = x\frac{f'(x)}{f(x)}.$$

弹性函数,通常又简称为弹性,它实际上是函数的相对导数. 而函数 $y = f(x)$ 在点 $x = x_0$ 处的弹性则是弹性函数在点 $x = x_0$ 处的值,即

$$\frac{Ey}{Ex}\bigg|_{x=x_0} = x_0 \cdot \frac{f'(x_0)}{f(x_0)}.$$

例 4.6 求函数 $y = 2e^{3x}$ 的弹性 $\dfrac{Ey}{Ex}$ 及 $\dfrac{Ey}{Ex}\bigg|_{x=2}$.

解 $\dfrac{Ey}{Ex} = x\dfrac{f'(x)}{f(x)} = x \cdot \dfrac{6e^{3x}}{2e^{3x}} = 3x,$

$\dfrac{Ey}{Ex}\bigg|_{x=2} = 3x\big|_{x=2} = 6$

所谓弹性,实际上是自变量的值每改变 1% 时,函数 y 相应地变化 $\dfrac{Ey}{Ex}\%$.

例 4.7 设某种产品的需求量 Q 与价格 x 的关系为 $Q(x) = 200\left(\dfrac{1}{2}\right)^x$. 求产品价格为 1(元)时,价格改变 1% 对产品需求的影响有多大?

解 $\because \dfrac{EQ}{Ex} = x\dfrac{200\left(\dfrac{1}{2}\right)^x(-\ln 2)}{200\left(\dfrac{1}{2}\right)^x} = (-\ln 2)x.$

$\therefore \dfrac{EQ}{Ex}\bigg|_{x=1} = -\ln 2 \approx -0.6931.$

这说明当价格为 1(元)时,价格增加 1%,产品的需求将减少 0.6931%.

2. 边际分析

在经济学中常把函数 $y = f(x)$ 的导数称为此函数的边际值. 相应地,成本函数的导数称为边际成本;收益函数的导数称为边际收益;利润函数的导数称为边际利润.

例 4.8 设某商品的需求函数为 $Q = f(x) = 100 - \dfrac{1}{3}x^2$,问 x 为何值时收益最大? 并求最大收益.

解 因为由经济学知收益函数 $R(x) = xf(x) = 100x - \dfrac{1}{3}x^3$,所以边际收益为

$$R'(x) = 100 - x^2$$

令 $R'(x) = 0$,有驻点 $x = 10$ ($x = -10$ 舍去),

$$\because R''(10) = -2x \big|_{x=10} = -20 < 0;$$

$\therefore$ 当 $x = 10$ 时收益最大,且最大收益为

$$R_{\max} = R(10) = 1000 - 333.33 \approx 666.$$

例 4.9 某企业生产一种产品,固定成本为 20(万元),每生产 1 件产品,成本要增加 1(万元),如果知道总收益 R 与年产量 x 件的关系是

$$R(x) = \begin{cases} 81x - \dfrac{1}{2}x^2, & 0 \leqslant x \leqslant 100, \\ 3020, & x > 100. \end{cases}$$

单位为万元,问每年生产多少产品时总利润最大?

解 由于总成本函数为

$$C(x) = 20 + x.$$

于是总利润函数为

$$\begin{aligned} P(x) &= R(x) - C(x) \\ &= \begin{cases} 81x - \dfrac{1}{2}x^2 - (20 + x), & 0 \leqslant x \leqslant 100, \\ 3020 - (20 + x), & x > 100. \end{cases} \\ &= \begin{cases} 80x - \dfrac{1}{2}x^2 - 20, & 0 \leqslant x \leqslant 100, \\ 3000 - x, & x > 100. \end{cases} \end{aligned}$$

而

$$P'(x) = \begin{cases} 80 - x, & 0 \leqslant x \leqslant 100, \\ -1, & x > 100. \end{cases}$$

令 $P'(x) = 0$,得 $x = 80$,且 $P''(80) = -1 < 0$. 故 $x = 80$ 时,总利润为最大,此时总利润为

$$P(80) = 3180(万元)$$

习题 4-4

1. 求下列函数在指定区间上的最大值与最小值.

(1) $f(x) = x^2 - 4x + 6$ 在 $[-3, 10]$ 上;

(2) $f(x) = x^4 - 2x^2 + 6$ 在 $[-2, 2]$ 上;

(3) $f(x) = x^3 - 3x + 3$ 在 $\left[-\dfrac{3}{2}, \dfrac{5}{2}\right]$ 上;

(4) $f(x) = x + \sqrt{1 - x}$ 在 $[-5, 1]$ 上;

(5) $f(x) = x + 2\cos x$ 在 $\left[0, \dfrac{\pi}{2}\right]$ 上；

(6) $f(x) = x + \dfrac{1}{x}$ 在 $[1, 10]$ 上；

(7) $f(x) = \sqrt{5 - 4x}$ 在 $[-1, 1]$ 上；

(8) $f(x) = \sqrt{x(10 - x)}$ 在 $[0, 10]$ 上.

2. 证明：$x > 0$ 时，$\cos x > 1 - \dfrac{x^2}{2}$.

3. 在平面直角坐标系的第一象限给定一点 $M_0(x_0, y_0)$，过点 M_0 引直线使它与坐标轴正向所构成的三角面积最小，求此直线方程.

4. 过平面上一个定点 $M_0(1, 4)$ 引一条直线，使它在两坐标轴上的截距都为正，且截距之和为最小，求此直线方程.

5. 要做一个有盖的长方体盒子，体积为 72cm^3，底面边长成 $1:2$ 的关系，问长方体各边的长度为多少时，才能使其表面积最小.

6. 在一个半径为 a 的球内，作内接圆柱，问圆柱的底半径 r 为何值时，圆柱的体积最大.

7. 某窗框形状是由半圆置于矩形上面所形成的，若此窗框的周长为一定，试确定半圆的半径和矩形的高，使其通过的光线最为充足.

*8. 设某种产品的需求量 Q 与价格 P 的关系为 $Q(P) = 1600\left(\dfrac{1}{2}\right)^P$，求：

(1) 需求对价格的弹性.

(2) 当产品价格为 5 元时，价格改变 1% 对产品的影响是多少.

*9. 设某产品的需求函数为 $Q = 125 - \dfrac{1}{5}P$，成本函数为 $C = 50 + 20Q$，若国家征收收益税率为 r 时，试求取得最大利润的产量 Q，并求 $r = 20\%$ 时的产量 Q^*.

4.5 曲线的凹凸性与拐点

4.5.1 曲线的凹凸性

知道了函数的增减性，对函数图像变化的大致情况就有了基本了解. 从图 $4-8$ 中可以看到，若 $x \in (a, b)$ 时，函数 $f(x)$ 是单调增加的，则从点 A 到点 B 函数 $f(x)$ 的图形可以是曲线段 $\overparen{ACB}$、$\overline{AEB}$ 或 $\overparen{ADB}$. 到底哪一段曲线更合于实际情况呢？这就需要研究曲线的凹凸性.

定义 5.1 设函数 $f(x) \in C(I)$，任给 $x_1, x_2 \in I$，若恒有

$$f\left(\frac{x_1 + x_2}{2}\right) < \frac{f(x_1) + f(x_2)}{2},$$

$$\left(或 f\left(\frac{x_1 + x_2}{2}\right) > \frac{f(x_1) + f(x_2)}{2}\right).$$

则称 $f(x)$ 在区间 I 内为凹(凸)函数,其相应的函数曲线则称为凹(凸)曲线或凹(凸)弧.

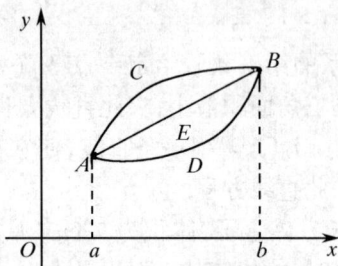

图 4-8

图 4-9 给出了曲线在 (x_1, x_2) 上凹凸弧段的示意图,从图上可以看到,凹(凸)弧的弦 $\overline{AB}$ 总在弧段 $\widehat{AB}$ 的上(下)方.

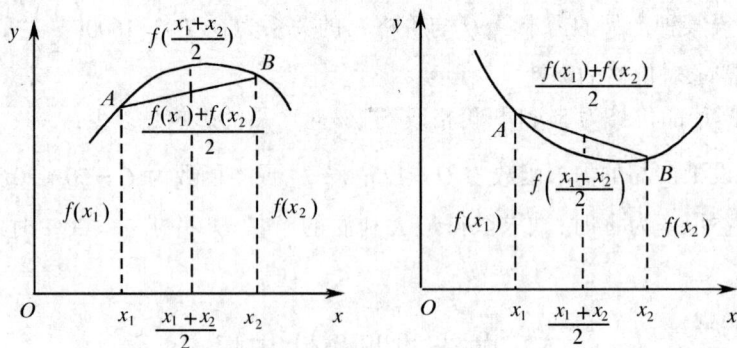

图 4-9

如果连续函数 $f(x)$ 具有二阶导数,利用二阶导数的正负性可以判定函数曲线 $f(x)$ 的凹凸性.

定理 5.1 设函数 $f(x) \in C[a, b], f(x) \in D^2(a, b)$.

(1) 如果在 $x \in (a, b)$ 时,$f''(x) \geqslant 0$,但在 (a, b) 内的任何长度不为零的子区间上 $f''(x) \not\equiv 0$,则函数曲线在 $x \in [a, b]$ 上为凹弧.

(2) 如果在 $x \in (a, b)$ 时,$f''(x) \leqslant 0$,但在 (a, b) 内的任何长度不为

区间上 $f''(x) \not\equiv 0$，则函数曲线在 $x \in [a, b]$ 上为凸弧.

证 我们仅就(1)的情形证明如下.

任给 $x_1, x_2 \in (a, b)$，设 $x_1 < x_2$，记

$$x_0 = \frac{x_1 + x_2}{2}, x_2 - x_0 = x_0 - x_1 = h > 0.$$

由定理条件所设，函数 $f(x)$ 在 $[x_1, x_0]$ 及 $[x_0, x_2]$ 上满足拉格朗日定理，有

$$f(x_0) - f(x_1) = f'(\xi_1)h, x_1 < \xi_1 < x_0; \tag{5.1}$$

$$f(x_2) - f(x_0) = f'(\xi_2)h, x_0 < \xi_2 < x_2. \tag{5.2}$$

式(5.2)减去式(5.1)，得

$$f(x_1) + f(x_2) - 2f(x_0) = [f'(\xi_2) - f'(\xi_1)]h > 0. \tag{5.3}$$

这是由于 $h > 0, f''(x) \geqslant 0$ 且在 (a, b) 内的任何长度不为零的子区间上 $f''(x) \not\equiv 0$. 可知在 $[a, b]$ 上 $f'(x)$ 是单调增加的，又 $\xi_1 < x_0 < \xi_2$. 从而有 $f'(\xi_2) - f'(\xi_1) > 0$，可得到

$$[f'(\xi_2) - f'(\xi_1)]h > 0.$$

由式(5.3)，有

$$\frac{f(x_1) + f(x_2)}{2} > f(x_0) = f\left(\frac{x_1 + x_2}{2}\right)$$

根据曲线凹凸性的定义 5.1 可知，函数曲线 $f(x)$ 在 $[a, b]$ 上为凹弧.

类似地，可以证明情形(2). 证毕.

另外，函数曲线的凹凸性还可以用定义 5.2 来描述(参考图 4 – 10).

****定义 5.2** 若曲线 $y = f(x), x \in (a, b)$，在每一点处的曲线弧总位于该点处切线的上(下)方，则称此曲线在 (a, b) 内为凹(凸)曲线.

当函数曲线 $f(x)$ 在 (a, b) 内为凹(凸)曲线时，相应地称 (a, b) 为曲线 $f(x)$ 的凹(凸)区间. 例如在图 4 – 10 中，由于 $\overset{\frown}{AC}$ 为凸弧，故 (a, c) 为 $f(x)$ 的凸区间；$\overset{\frown}{CB}$ 为凹弧，故 (c, b) 为 $f(x)$ 的凹区间.

在判定曲线的凹凸性时，定理 5.1 是常用的工具.

例 5.1 判断曲线 $y = x^4$ 的凹凸性.

解 因为

$$y' = 4x^3, y'' = 12x^2,$$

所以，$y = x^4$ 在定义域 $(-\infty, +\infty)$ 内，恒有 $y'' \geqslant 0$，仅当 $x = 0$ 时 $y''(0) = 0$，由定理 5.1 知，曲线 $y = x^4$ 在 $(-\infty, +\infty)$ 内是凹弧.

例 5.2 判断曲线 $y = x^3$ 的凹凸性.

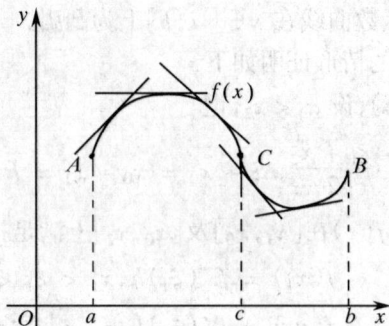

图 4 - 10

解 因为

$$y' = 3x^2, y'' = 6x,$$

当 $x < 0$ 时，$y'' < 0$，故曲线 $y = x^3$ 在 $(-\infty, 0)$ 内为凸弧；

当 $x > 0$ 时，$y'' > 0$，故曲线 $y = x^3$ 在 $(0, +\infty)$ 内为凹弧.

上例中，原点 $O(0,0)$ 是曲线 $y = x^3$ 凹凸弧的分界点，通常称为曲线的拐点.

4.5.2　曲线的拐点

定义 5.3　在连续曲线 $y = f(x)$ 上，凹弧与凸弧的分界点，称为曲线 $y = f(x)$ 的拐点.

如果 $f(x)$ 的二阶导数 $f''(x)$ 在点 x_0 的左右两侧邻域内变号，则点 $(x_0, f(x_0))$ 一定是拐点. 由此可见，曲线 $y = f(x)$ 的拐点的横坐标 x_0 只可能是使 $f''(x) = 0$ 的点或者是 $f''(x)$ 不存在的点，于是可以按下列步骤求曲线 $y = f(x)$，$x \in (a, b)$ 的拐点：

(1) 求 $f(x)$ 的一、二阶导数 $f'(x) \text{、} f''(x)$.

(2) 令 $f''(x) = 0$，求出函数 $f(x)$ 在 $x \in (a, b)$ 内的二阶驻点及 $f''(x)$ 不存在的点；

(3) 对于 (2) 中求出的每一点 $(x_0, f(x_0))$，检查 $f''(x)$ 在点 $x = x_0$ 左右两侧邻域内的符号.

若 $f''(x)$ 在点 $x = x_0$ 的左右两侧邻域内的符号相反，则点 $(x_0, f(x_0))$ 是拐点；

若 $f''(x)$ 在点的 $x = x_0$ 的左右两侧邻域内的符号相同，则点 $(x_0, f(x_0))$ 不是拐点.

例 5.3　求曲线 $y = 3x^4 - 4x^3 + 1$ 的凹凸区间与拐点.

解　函数 $y = 3x^4 - 4x^3 + 1$ 的定义域为 $(-\infty, +\infty)$.

$$y' = 12x^3 - 12x^2,$$

$$y'' = 36x^2 - 24x = 36x\left(x - \frac{2}{3}\right).$$

令 $y'' = 0$，解得二阶驻点：$x_1 = 0, x_2 = \frac{2}{3}$.

它们把函数的定义域 $(-\infty, +\infty)$ 分为三个部分，如下面表格所示.

x	$(-\infty, 0)$	0	$\left(0, \frac{2}{3}\right)$	$\frac{2}{3}$	$\left(\frac{2}{3}, +\infty\right)$
y''	$+$	0	$-$	0	$+$
y	凹	$(0,1)$为拐点	凸	$\left(\frac{2}{3}, \frac{11}{27}\right)$为拐点	凹

于是，$(-\infty, 0) \cup \left(\frac{2}{3}, +\infty\right)$ 为凹区间；$\left(0, \frac{2}{3}\right)$ 为凸区间；点 $(0, 1)$ 及点 $\left(\frac{2}{3}, \frac{11}{27}\right)$ 为曲线的拐点.

例 5.4 求曲线 $y = \sqrt[3]{x}$ 的凹凸区间与拐点.

解 函数 $y = \sqrt[3]{x}$ 的定义域为 $(-\infty, +\infty)$.

$$y' = \frac{1}{3\sqrt[3]{x^2}}, \quad y'' = -\frac{2}{9x \cdot \sqrt[3]{x^2}} \neq 0.$$

函数 y 无二阶驻点，且当 $x = 0$ 时，y'' 不存在，$x = 0$ 把 $(-\infty, +\infty)$ 分为两部分：

当 $x \in (-\infty, 0)$ 时，$y'' > 0$，$(-\infty, 0)$ 为凹区间；

当 $x \in (0, +\infty)$ 时，$y'' < 0$，$(0, +\infty)$ 为凸区间.

点 $(0, 0)$ 为曲线的拐点.

*定理 5.2 设函数曲线 $y = f(x)$ 具有三阶导数，当点 $(x_0, f(x_0))$ 是二阶驻点且有 $f'''(x_0) \neq 0$. 则点 $(x_0, f(x_0))$ 是曲线 $f(x)$ 的拐点.

例 5.5 求曲线 $y = 2x^3 - x + 2$ 的拐点.

解 $\because y = 2x^3 - x + 2, y' = 6x^2 - 1, y'' = 12x$.

$\therefore x = 0$（这时 $y = 2$）是惟一的二阶驻点.

由于

$$y'''|_{x=0} = 12 \neq 0.$$

由定理 5.2 知，点 $(0, 2)$ 为拐点.

习题 4-5

1. 求下列曲线的凹凸区间与拐点.

(1) $y = x^3 - 6x^2 + 12x + 4$;   (2) $y = x^2 \ln x$;

(3) $y = (1 + x^2)e^x$; (4) $y = 2 + (x - 4)^{\frac{1}{3}}$;

(5) $y = \sin x, x \in (0, 2\pi)$; (6) $y = x^3(1 - x)$.

2. 当 a, b 为何值时,点 $(1, 3)$ 是曲线 $y = ax^3 + bx^2$ 的拐点.

3. 试确定曲线 $y = ax^3 + bx^2 + cx + d$ 中的常数 a、b、c、d,使得 $x = -2$ 为驻点,点 $(1, -10)$ 为拐点,且曲线通过点 $(-2, 44)$.

4. 设曲线 $y = ax^3 + bx^2 + cx + 2$ 在 $x = 1$ 处有极小值 0,点 $(0, 2)$ 是曲线的拐点,试确定常数 a、b、c.

5. 证明摆线 $\begin{cases} x = a(t - \sin t), \\ y = a(1 - \cos t) \end{cases}$ $(a > 0, 0 < t < 2\pi)$ 为凸曲线.

6. 验证曲线 $y = \dfrac{x - 1}{x^2 + 1}$ 有三个拐点,且这三个拐点位于同一条直线上.

4.6 函数图形的描绘

为了能够较为准确地描绘出函数的图形,可以借助函数的一阶导数,确定函数的增减区间和极值;借助函数的二阶导数,确定函数的凹凸区间和拐点,使得在有限的范围内容易作出函数的图形.如果再辅以曲线的渐近线,就可以使函数图形的描绘更准确.

4.6.1 曲线的渐近线

定义 6.1 当曲线 $y = f(x)$ 上的动点 M,沿着曲线无限远离坐标原点时,如果动点 M 与某直线 L 的距离趋于零,则称直线 L 为曲线 $y = f(x)$ 的渐近线(图 4 – 11).

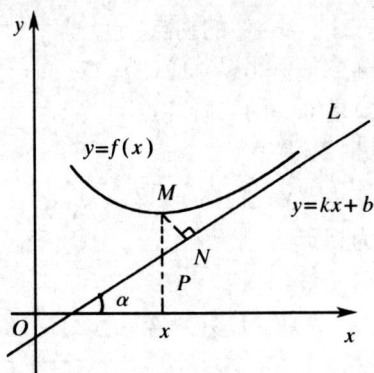

图 4 – 11

1. 垂直渐近线

对于曲线 $y = f(x)$，如果有

$$\lim_{\substack{x \to x_0^+ \\ (x \to x_0^-)}} f(x) = + \infty (\text{或} - \infty),$$

则称直线 $x = x_0$ 为曲线 $y = f(x)$ 的一条垂直渐近线. 例如, 因为

$$\lim_{x \to \frac{\pi}{2}^-} \tan x = + \infty,$$

$$\lim_{x \to -\frac{\pi}{2}^+} \tan x = - \infty,$$

所以, 直线 $x = \pm \dfrac{\pi}{2}$ 是曲线 $y = \tan x, x \in \left(-\dfrac{\pi}{2}, \dfrac{\pi}{2} \right)$ 的两条垂直渐近线 (图 4 – 12).

又例如, 因为

$$\lim_{x \to 1} \frac{1}{1 - x} = \infty,$$

所以, $x = 1$ 为曲线 $y = \dfrac{1}{1 - x}$ 的一条垂直渐近线 (图 4 – 13).

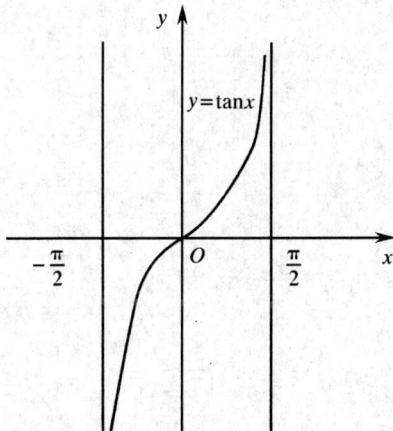

图 4 – 12

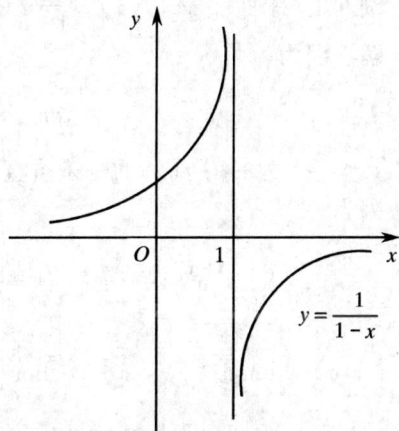

图 4 – 13

2. 斜渐近线

对于曲线 $y = f(x)$, 如果

$$\lim_{\substack{x \to + \infty \\ (\text{或} x \to - \infty)}} \frac{f(x)}{x} = k,$$

$$\lim_{\substack{x \to + \infty \\ (\text{或} x \to - \infty)}} [f(x) - kx] = b,$$

其中 k、b 为常数,则直线 $y = kx + b$ 为曲线 $y = f(x)$ 的一条斜渐近线.

当 $k = 0$ 时,即

$$\lim_{\substack{x \to +\infty \\ (\text{或} x \to -\infty)}} f(x) = b,$$

则直线 $y = b$ 为曲线 $y = f(x)$ 的一条水平渐近线.

例如,因为

$$\lim_{x \to -\infty} e^x = 0,$$

所以直线 $y = 0$ 为曲线 $y = e^x$ 的一条水平渐近线.

又例如,因为

$$\lim_{x \to +\infty} \arctan x = \frac{\pi}{2},$$

$$\lim_{x \to -\infty} \arctan x = -\frac{\pi}{2},$$

所以,$y = \pm \dfrac{\pi}{2}$ 为曲线 $y = \arctan x$ 的两条水平渐近线.

例 6.1 求曲线 $y = f(x) = \dfrac{x^2}{1 + x}$ 的渐近线.

解 因为

$$\lim_{x \to -1} \frac{x^2}{1 + x} = \infty,$$

所以,$x = -1$ 为曲线 $f(x)$ 的一条垂直渐近线.

因为

$$k = \lim_{x \to +\infty} \frac{f(x)}{x} = \lim_{x \to +\infty} \frac{x^2}{x(1 + x)} = \lim_{x \to +\infty} \frac{x}{1 + x} = 1,$$

$$b = \lim_{x \to +\infty} [f(x) - x] = \lim_{x \to +\infty} \left(\frac{x^2}{1 + x} - x \right) = \lim_{x \to +\infty} \frac{-x}{1 + x} = -1.$$

所以 $y = x - 1$ 为曲线的斜渐近线.

在例 6.1 中,当 $x \to -\infty$ 时,仍有 $k = 1, b = -1$,说明 $f(x)$ 的斜渐近线为同一条直线 $y = x - 1$.

例 6.2 求曲线 $y = \dfrac{\ln x}{x}$ 的渐近线.

解 因为

$$\lim_{x \to 0^+} \frac{\ln x}{x} = \lim_{x \to 0^+} \frac{1}{x} \cdot \ln x = -\infty,$$

所以,$x = 0$ 为曲线的垂直渐近线.

因为

$$k = \lim_{x \to +\infty} \frac{f(x)}{x} = \lim_{x \to +\infty} \frac{\ln x}{x^2} \xlongequal{\frac{"\infty"}{\infty}} \lim_{x \to +\infty} \frac{\frac{1}{x}}{2x} = \lim_{x \to +\infty} \frac{1}{2x^2} = 0,$$

$$b = \lim_{x \to +\infty} f(x) = \lim_{x \to +\infty} \frac{\ln x}{x} \xlongequal{\frac{\infty}{\infty}} \lim_{x \to +\infty} \frac{1}{x} = 0.$$

所以, $y = 0$ 为曲线的水平渐近线.

4.6.2 函数图形的描绘

描绘函数图形是单元函数微分学知识的综合应用,描绘函数 $f(x)$ 图形的一般步骤是:

(1) 确定函数 $f(x)$ 的定义域、间断点、奇偶性、周期性等;

(2) 求函数的一阶导数 $f'(x)$,确定函数的增减区间与极值;

(3) 求函数的二阶导数 $f''(x)$,确定函数图形的凹凸区间与拐点;

(4) 求出函数曲线 $f(x)$ 的渐近线;

(5) 列出表格,并描绘出函数 $f(x)$ 的图形.

例 6.3 描绘函数 $y = x^3 - 3x^2 + 1$ 的图形.

解 (1) 函数的定义域为 $(-\infty, +\infty)$;

(2) $y' = 3x^2 - 6x = 3x(x-2)$,令 $y' = 0$,求得驻点 $x_1 = 0, x_2 = 2$;

(3) $y'' = 6x - 6 = 6(x-1)$,令 $y'' = 0$,求得 $x = 1$;

(4) 函数图形没有渐近线;

(5) 列表如下:

x	$(-\infty, 0)$	0	$(0,1)$	1	$(1,2)$	2	$(2, +\infty)$
y'	+	0	−	−	−	0	+
y''	−	−	−	0	+	+	+
y	↗	$(0,1)$ 极大值点	↘	$(1, -1)$ 拐点	↘	$(2, -3)$ 极小值点	↗

并描绘出函数 y 的图形(图 4 - 14).

例 6.4 描绘函数 $y = \dfrac{1 - x^3}{x^2}$ 的图形.

解 (1) 函数的定义域为 $(-\infty, 0) \bigcup (0, +\infty)$.

(2) $y' = -\dfrac{x^3 + 2}{x^3}$.

令 $y' = 0$,解得驻点 $x = -\sqrt[3]{2}$,在定义域内没有一阶导数不存在的点.

(3) $y'' = \dfrac{6}{x^4} > 0$.

(4) 因为

$$\lim_{x \to 0} \frac{1 - x^3}{x^2} = \infty,$$

所以,$x = 0$ 为函数图形的垂直渐近线.

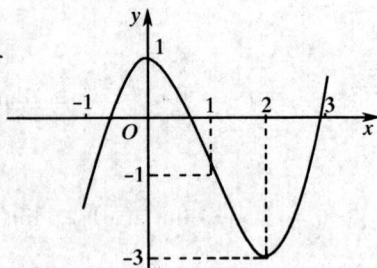

图 4 - 14

又因为

$$\lim_{x \to +\infty} \frac{f(x)}{x} = \lim_{x \to +\infty} \frac{1 - x^3}{x^3} = -1,$$

$$\lim_{x \to +\infty} \left[f(x) + x \right] = \lim_{x \to +\infty} \left(\frac{1 - x^3}{x^2} + x \right) = \lim_{x \to +\infty} \frac{1}{x^2} = 0,$$

所以,$y = -x$ 为函数图形的斜渐近线.

(5) 列表如下:

x	$(-\infty, -\sqrt[3]{2})$	$-\sqrt[3]{2}$	$(-\sqrt[3]{2}, 0)$	$(0, +\infty)$
y'	$-$	0	$+$	$-$
y''	$+$	$+$	$+$	$+$
y	$\searrow$	$\left(-\sqrt[3]{2}, \dfrac{3}{\sqrt[3]{4}} \right)$ 极小值点	$\nearrow$	$\searrow$

描出函数 y 的图形如图 4 - 15 所示.

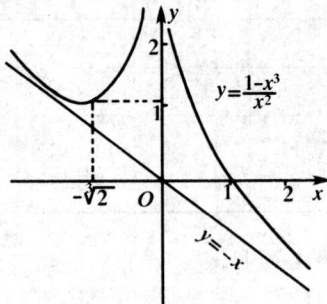

图 4 - 15

习题 4 – 6

1. 求下列曲线的渐近线.

(1) $y = \dfrac{x^2}{x^2 - 4}$;

(2) $y = \dfrac{x^3}{x^2 + 9}$;

(3) $y = x + \arctan x$;

(4) $y = \dfrac{x}{1 + x^2}$;

(5) $y = e^{\frac{1}{x}}$;

(6) $y = \sqrt{x^2 - 1}$.

2. 描绘下列函数的图形.

(1) $y = \dfrac{x^2}{1 + x}$;

(2) $y = \dfrac{2x - 1}{(x - 1)^2}$;

(3) $y = x^3 - x^2 - x + 1$;

(4) $y = \dfrac{x^3}{(x - 1)^2}$.

4.7 曲　率

在工程实际中,常常要考虑曲线的弯曲程度,曲率就是表示曲线弯曲程度的量.为了得到曲率的计算公式,我们先介绍弧微分的概念.

4.7.1 弧微分

定义 7.1 设函数 $f(x) \in C^1[a, b]$,则称曲线 $y = f(x)$ 是 $[a, b]$ 上的一条光滑的曲线.

设曲线 $y = f(x)$ 是一条光滑的曲线,曲线 $f(x)$ 上的一段弧为 $\overarc{AB}$,其中点 A 为弧 $\overarc{AB}$ 的起点,点 B 为弧 $\overarc{AB}$ 的终点,并规定按照 x 增大的方向作为弧 $\overarc{AB}$ 的正向,点 $M(x, y)$ 为弧 $\overarc{AB}$ 上的任意一点,且从点 A 到点 M 的弧长为 s,于是 s 是 x 的单调增函数,即

$$s = s(x)$$

现在,求 s 对 x 的导数. 在弧 $\overarc{AB}$ 上取异于点 $M(x, y)$ 的 点 $M_1(x + \Delta x, y + \Delta y)$ (图

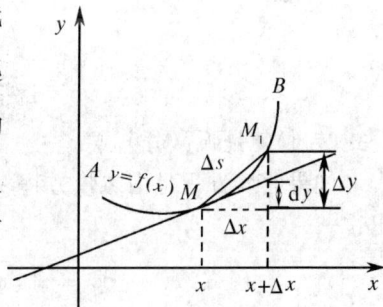

图 4 – 16

4 – 16),对应于 x 的增量 Δx,弧长 s 有增量 $\Delta s = \overarc{MM_1}$.记弦 MM_1 的长度为 $|MM_1|$,

于是

$$\left(\frac{\Delta s}{\Delta x}\right)^2 = \left(\frac{\widehat{MM_1}}{\Delta x}\right)^2 = \left(\frac{\widehat{MM_1}}{|MM_1|}\right)^2 \cdot \frac{|MM_1|^2}{(\Delta x)^2}$$

$$= \left(\frac{\widehat{MM_1}}{|MM_1|}\right)^2 \cdot \frac{(\Delta x)^2 + (\Delta y)^2}{(\Delta x)^2}$$

$$= \left(\frac{\widehat{MM_1}}{|MM'_1|}\right)^2 \cdot \left[1 + \left(\frac{\Delta y}{\Delta x}\right)^2\right],$$

$$\frac{\Delta s}{\Delta x} = \pm \sqrt{\left(\frac{\widehat{MM_1}}{|MM_1|}\right)^2 \left[1 + \left(\frac{\Delta y}{\Delta x}\right)^2\right]}.$$

当 $\Delta x \to 0$ 时，$M_1 \to M$，故有

$$\lim_{\Delta x \to 0} \frac{\widehat{MM_1}}{|MM_1|} = 1 \ \text{及} \ \lim_{\Delta x \to 0} \frac{\Delta y}{\Delta x} = y',$$

从而有

$$\lim_{\Delta x \to 0} \frac{\Delta s}{\Delta x} = \pm \sqrt{1 + y'^2}.$$

因为 $s = s(x)$ 是单调增加函数，所以有

$$\frac{\mathrm{d}s}{\mathrm{d}x} = \lim_{\Delta x \to 0} \frac{\Delta s}{\Delta x} > 0,$$

因此根号前面取正号，即

$$\frac{\mathrm{d}s}{\mathrm{d}x} = \sqrt{1 + y'^2},$$

或

$$\mathrm{d}s = \sqrt{1 + y'^2}\mathrm{d}x. \tag{7.1}$$

公式(7.1)就是弧微分公式.

如果曲线方程是由参量方程 $x = \varphi(t)$ 和 $y = \psi(t)$ 给出时，则由公式(7.1)得出：

$$\mathrm{d}s = \sqrt{[\varphi'(t)]^2 + [\psi'(t)]^2}\mathrm{d}t \tag{7.2}$$

例 7.1 求曲线 $y = \ln \sec x, (0 < x < \frac{\pi}{2})$ 的弧微分.

解 因为 $y' = \frac{1}{\sec x} \cdot \sec x \tan x = \tan x$，所以

$$\mathrm{d}s = \sqrt{1 + y'^2}\mathrm{d}x = \sqrt{1 + \tan^2 x}\,\mathrm{d}x = \sec x\mathrm{d}x.$$

4.7.2 曲率

设弧段 $\overset{\frown}{MM_1}$ 为光滑曲线段,其长度记为 Δs,弧段 $\overset{\frown}{MM_1}$ 上切线的倾角随切点的移动而改变,若从点 M 到点 M_1 切线倾角的改变量为 $\Delta\alpha$($\Delta\alpha$ 也称为弧段 $\overset{\frown}{MM_1}$ 切线的转角),则弧段 $\overset{\frown}{MM_1}$ 的弯曲程度由 $\Delta\alpha$ 与 Δs 两个量确定.

由图 4-17 可以看出,当两个弧段 $\overset{\frown}{MM_1}$ 与 $\overset{\frown}{NN_1}$ 的弧长相等时,切线转角大的弯曲程度大,这说明曲线的弯曲程度与切线的转角成正比.

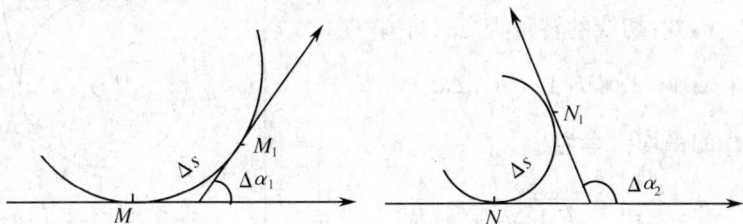

图 4 – 17

由图 4-18 可以看出,当两个弧段 $\overset{\frown}{MM_1}$ 与 $\overset{\frown}{NN_1}$ 的切线转角相等时,弧长小的弯曲程度大,这说明曲线的弯曲程度与弧段的长度成反比.

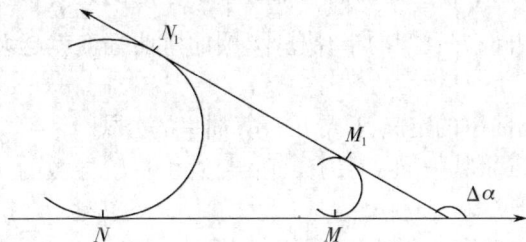

图 4 – 18

下面我们引入曲率的概念.

通常用比值 $\left|\dfrac{\Delta\alpha}{\Delta s}\right|$,即单位弧段上切线的转角的大小来描述弧段 $\overset{\frown}{MM_1}$ 的平均弯曲程度,称这个比值为弧段 $\overset{\frown}{MM_1}$ 的平均曲率,记为

$$\overline{K} = \left|\frac{\Delta\alpha}{\Delta s}\right|.$$

一般地,曲线在不同的点处有不同的弯曲程度,因此平均曲率还不能准确地刻画曲线上各点处的弯曲程度,为此引入曲率的定义.

定义 7.2 设光滑曲线段 $\overset{\frown}{MM_1}$ 的长为 Δs,其切线的转角为 $\Delta\alpha$.当点 M_1 沿

着曲线趋于点 M 时，即 $\Delta s \to 0$ 时，平均曲率 $\bar{K}$ 的极限为

$$\lim_{\Delta s \to 0} \left| \frac{\Delta \alpha}{\Delta s} \right|.$$

如果该极限存在，则称其为曲线在 M 点处的曲率，记为 K（或 K_M），即

$$K = \lim_{\Delta s \to 0} \left| \frac{\Delta \alpha}{\Delta s} \right| = \left| \frac{\mathrm{d}\alpha}{\mathrm{d}s} \right|.$$

例 7.2　求半径为 R 的圆上任意一点处的曲率.

解　见图 4－19，M 为圆 O_1 上任意的一点，M_1 为圆上另一点，过这两点的切线分别为 MT 与 M_1T_1，切线的转角为 $\Delta \alpha$，且有

$$| \Delta s | = | \overset{\frown}{MM_1} | = R | \Delta \alpha |,$$

圆弧 $\overset{\frown}{MM_1}$ 的平均曲率为

$$\bar{K} = \left| \frac{\Delta \alpha}{\Delta s} \right| = \frac{| \Delta \alpha |}{R | \Delta \alpha |} = \frac{1}{R},$$

于是点 M 处的曲率为

$$K = \lim_{\Delta s \to 0} \bar{K} = \frac{1}{R}.$$

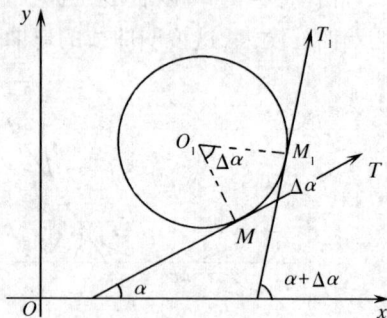

图 4－19

例 7.2 说明了圆上各点处的曲率都等于半径的倒数 $\dfrac{1}{R}$，即同圆或等圆上各点的弯曲程度都相同；并且圆的半径越小，圆的弯曲程度就越大. 这与我们的直观感觉是一致的.

下面我们根据曲率的定义，推导出计算曲率的公式.

设曲线 $y = f(x)$，其中 $f(x)$ 具有二阶导数. 由一阶导数的几何意义，知在任意的点处均有

$$y' = \tan\alpha.$$

两边对 x 求导，有

$$y'' = \sec^2\alpha \cdot \frac{\mathrm{d}\alpha}{\mathrm{d}x}.$$

从而

$$\frac{\mathrm{d}\alpha}{\mathrm{d}x} = \frac{y''}{\sec^2\alpha} = \frac{y''}{1 + \tan^2\alpha} = \frac{y''}{1 + {y'}^2}.$$

即

$$\mathrm{d}\alpha = \frac{y''}{1 + {y'}^2}\mathrm{d}x.$$

而

$$\mathrm{d}s = \sqrt{1 + {y'}^2}\,\mathrm{d}x.$$

由曲率的定义可以得出

$$K = \left| \frac{\mathrm{d}\alpha}{\mathrm{d}s} \right| = \frac{|y''|}{(1 + y'^2)^{\frac{3}{2}}}. \tag{7.3}$$

如果曲线由参量方程给出

$$\begin{cases} x = \varphi(t), \\ y = \psi(t), \end{cases}$$

则由参量函数微分法,分别求出 y'_x 及 y''_x 为

$$y'_x = \frac{\psi'(t)}{\varphi'(t)}, y''_x = \frac{\varphi'(t)\psi''(t) - \varphi''(t)\psi'(t)}{[\varphi'(t)]^3}.$$

代入式(7.3),得

$$K = \frac{|\varphi'(t)\psi''(t) - \varphi''(t)\psi'(t)|}{[\varphi'^2(t) + \psi'^2(t)]^{3/2}}. \tag{7.4}$$

例 7.3　求曲线 $y = \frac{1}{3}x^3$ 在点 $M(x,y)$、$M_0(0,0)$、$M_1\left(1, \frac{1}{3}\right)$ 处的曲率.

解　由于 $y' = x^2, y'' = 2x$,由曲率公式知,在任意一点 M 处,曲率为

$$K = \frac{|y''|}{(1 + y'^2)^{\frac{3}{2}}} = \frac{|2x|}{(1 + x^4)^{\frac{3}{2}}};$$

在点 $M_0(0,0)$ 处,$y'(0) = y''(0) = 0$,

$$K = \frac{|y''(0)|}{[1 + y'^2_{(0)}]^{\frac{3}{2}}} = 0;$$

在点 $M_1\left(1, \frac{1}{3}\right)$ 处,$y'(1) = 1, y''(1) = 2$,

$$K = \frac{|y''(1)|}{[1 + y'^2(1)]^{\frac{3}{2}}} = \frac{\sqrt{2}}{2}.$$

在有些工程实际问题中,例如土木建筑工程或机械制造中,梁的弯曲程度很小,各点处切线的倾角 α 也很小,从而 $|y'| = |\tan\alpha|$ 与 1 比较起来小得多(工程上记为 $|y'| \ll 1$),故有

$$1 + y'^2 \approx 1,$$

从而可以得到曲率的近似公式

$$K = \frac{|y''|}{(1 + y'^2)^{\frac{3}{2}}} \approx |y''|.$$

4.7.3　曲率圆

设曲线 $y = f(x)$ 在点 $M(x, y)$ 处的曲率为 $K(K \neq 0)$.过点 M 作切线 MT,作法线 MN 指向曲线的凹侧(图4-20).在 MN 上取一点 C,使 $|MC| = \frac{1}{K} = \rho$,以 C 为圆心,ρ 为半径作圆,则这个圆上各点处的曲率也等于 K,我们称这个圆为曲

线在点 M 处的曲率圆,称 ρ 为曲率半径,称 $C(\xi,\eta)$ 为曲率中心.曲率圆与曲线 $y=f(x)$ 在点 M 处有相同的切线,相同的凹向和相同的曲率,因此曲率圆又称为密切圆.

当 $K=0$ 时,曲率半径为无穷大,实际上由于直线 $y=kx+b$(k,b 为常数)的曲率处处为零,即 $K=0$.因此,也可以认为直线是半径为无穷大的圆周.

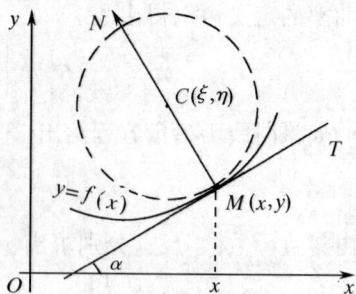

图 4-20

设函数 $y=f(x)$ 具有二阶导数,且 $y''\neq 0$.则在函数曲线 $y=f(x)$ 上的任意一点 $M(x,y)$ 处的曲率圆的曲率中心 $C(\xi,\eta)$ 的坐标可以用下面的公式算出.

$$\begin{cases} \xi = x - \dfrac{y'(1+y'^2)}{y''}, \\[2mm] \eta = y + \dfrac{1+y'^2}{y''}. \end{cases} \tag{7.5}$$

习题 4-7

1. 求下列曲线的弧微分.

(1) $y=\sqrt{2px}$,$(p>0)$;　　　　(2) $y=\cos x$;

(3) $\begin{cases} x=a(t-\sin t) \\ y=a(1-\cos t). \end{cases}$　$(0\leqslant t\leqslant 2\pi)$.

2. 求下列曲线在指定点处的曲率.

(1) $y=\dfrac{1}{x}$ 在点 $(1,1)$ 处;

(2) $y=\sin x$ 在点 $\left(\dfrac{\pi}{2},1\right)$ 处;

(3) $y=x^2-4x+3$ 在点 $(2,-1)$ 处;

(4) $\begin{cases} x=2\cos t \\ y=\sin t \end{cases}$　在点 $(2,0)$ 及 $(0,1)$ 处.

3. 问抛物线 $y=-2x^2+4x+1$ 在哪一点处的曲率最大?并求出最大曲率.

*4. 求曲线 $y=\sqrt{2}x^{\frac{3}{2}}$ 在点 $(2,4)$ 处的曲率半径.

第4章　基本要求

1. 知道罗尔定理、拉格朗日定理、柯西定理和泰勒定理的条件与结论.

2. 会用罗必塔法则求"$\dfrac{0}{0}$"、"$\dfrac{\infty}{\infty}$"型这两种未定式的极限,对其它简单类型的未定式的极限,可以化为这两种类型的未定式来求解.

3. 掌握函数增减性、极值(包括最大值、最小值)的求法.

4. 会求曲线的凹凸性及拐点. 能描绘出简单函数的图形(包括能写出函数曲线渐近线的方程).

5. 了解曲线弧微分的概念.

6. 理解本章中的主要内容(包括例题),能独立完成本章中的习题.

复习题 4

1. 填空题.

(1) 函数 $y = 2x^2 - \ln x$ 的单调减少的区间为_____.

(2) 函数 $f(x) = x^3 - 2x^2 + x + 2$ 的极大值为_____.

(3) 函数曲线 $y = xe^{2x}$ 的凸区间为_____.

(4) 函数曲线 $y = \ln(1 + x^2)$,当 $x > 0$ 时的拐点为_____.

(5) 曲线 $y = xe^{\frac{2}{x}} + 1$ 的斜渐近线为_____.

2. 选择题.

(1) 函数 $y = x^3 + 6x + 1$ 在其定义域($-\infty$, $+\infty$)内

(A) 图形为凸曲线;　　　　(B) 图形为凹曲线;

(C) 是单调增加的函数;　　(D) 是单调减少的函数.

答(　　)

(2) 设函数 $f(x)$、$g(x)$ 均为 $[a,b]$ 上的可导函数,且 $f(x) > 0$,$g(x) > 0$. 若 $f'(x)g(x) + f(x)g'(x) < 0$,则在 $x \in (a,b)$ 时,下列不等式成立的是

(A) $f(x)g(x) > f(a)g(a)$;　　　(B) $f(x)g(x) > f(b)g(b)$;

(C) $\dfrac{f(x)}{g(x)} > \dfrac{f(a)}{g(a)}$;　　　(D) $\dfrac{f(x)}{g(x)} > \dfrac{f(b)}{g(b)}$.

答(　　)

(3) 设 $f(x) \in D^2(-\infty, +\infty)$,且 $f'(x_0) = 0$,问 $f(x)$ 还必须满足下面的哪一个条件,$f(x_0)$ 才是 $f(x)$ 在 $(-\infty, +\infty)$ 内的最大值?

(A) 点 $x = x_0$ 是 $f(x)$ 的极值点;

(B) 点 $x = x_0$ 是 $f(x)$ 的惟一驻点;

(C) $f''(x) < 0$,$x \in (-\infty, +\infty)$;

(D) $f''(x) > 0$,$x \in (-\infty, +\infty)$.

（4）设函数 $f(x) = ax^3 - 6ax^2 + b$ 在区间 $[-1,2]$ 上的最大值为 8，最小值为 -24，且知 $a > 0$，则系数 a、b 的值是

(A) $a = 2, b = -24$；　　　　　(B) $a = 8, b = 2$；

(C) $a = 8, b = -24$；　　　　　(D) $a = 2, b = 8$.

（5）曲线 $y = 4 - x^2$ 在点 $M_0(0,4)$ 处的曲率 K_{M_0} 等于

(A) 2；　　　　(B) 0；　　　　(C) $\dfrac{1}{4}$；　　　　(D) 1.

3. 解下列各题.

（1）$\lim\limits_{x \to 0} \dfrac{e^x(x-2) + x + 2}{\sin^3 x}$；

（2）判定函数 $y = (x-1)(x+1)^3$ 的增减性；

（3）求函数 $y = \dfrac{x^3 + x}{x^4 - x^2 + 1}$ 的极值；

（4）在直线 $3x - y = 0$ 上求一点 $M_0(x_0, y_0)$，使它与点 $A(1,1)$ 和点 $B(2,3)$ 的距离的平方和最小；

（5）求曲线 $y = \ln(1 - x^2)$ 上曲率最大的点处的曲率.

4. 求下列各题的解.

（1）$\lim\limits_{x \to 0} (e^x + x)^{\frac{1}{x}}$；

（2）判定曲线 $y = x^2 + \dfrac{1}{5}(3x + 2)^{\frac{5}{3}}$ 的凹凸性并求其拐点；

（3）求体积为 V 的直圆柱体具有最小表面积时，柱体的高 h；

（4）讨论方程 $e^x = bx$ 实根的个数；

（5）从点 $A(5,0)$ 向抛物线 $y = \sqrt{x}$ 上的点 $P(x,y)$ 作最短线段 AP，验证：AP 是抛物线过点 P 处的法线.

5. 试解下列各题.

（1）$\lim\limits_{x \to 0} \dfrac{\cos(\sin x) - \cos x}{\sin^4 x}$；

（2）设 $f(x) \in D[0,1]$，且 $f(0) = 0$，$f(1) = 1$，但 $f(x) \neq x$，$(x \neq 0,1)$. 证明：在 $(0,1)$ 区间内必有 x_1 与 x_2 存在，使

$$\frac{1}{f'(x_1)} + \frac{1}{f'(x_2)} = 2$$

第 5 章 不 定 积 分

在数学上,正的运算和逆的运算是经常会遇到的.对应于正运算加法的逆运算是减法;对应于正运算乘法的逆运算是除法;对应于正运算正整数次乘方的逆运算是开方.

一般地说,逆运算要比正运算困难.不定积分就是微分运算的逆运算,虽然从概念上讲比较简单,但是在计算上则是较为繁杂的.

众所周知,微分学的基本问题是已知一个函数 $F(x)$,求它的导数 $F'(x)$. 在实际问题中,往往会遇到这样的问题:已知一个函数 $f(x)$,求函数 $F(x)$,使 $F'(x) = f(x)$.这样的问题实际上是微分的逆运算,也就是本章要研究的不定积分.正因为如此,结合微分学来学习不定积分是十分有益的.

5.1 不定积分的概念

5.1.1 原函数与不定积分

1. 原函数

定义 1.1 若 $F(x)$ 与 $f(x)$ 在区间 I 内,任给 $x \in I$,均有
$$F'(x) = f(x), \text{或} \, \mathrm{d}F(x) = f(x)\mathrm{d}x,$$
则称 $F(x)$ 是 $f(x)$ 在 I 内的一个原函数.

今后,凡提到原函数,都是指在某一区间上而言的,对此就不再一一说明.

求原函数是求导数的逆运算,要判断一个函数 $F(x)$ 是不是 $f(x)$ 的原函数,只要看它的导数 $F'(x)$ 是不是 $f(x)$ 就行了.例如:

因为 $(x^3)' = 3x^2$,所以 x^3 是 $3x^2$ 的一个原函数;

因为 $(\sin x)' = \cos x$,所以 $\sin x$ 是 $\cos x$ 的一个原函数.

应当指出的是,函数 $F(x) \in \mathrm{D}(a,b)$,则 $F'(x) = f(x)$ 是惟一的.而函数 $f(x)$ 的原函数,如果存在的话,就不止一个.实际上 $f(x)$ 的原函数有无穷多个.例如,x^3 是 $3x^2$ 的一个原函数,由于常数的导数是零,对任意的常数 C,均有
$$(x^3 + C)' = 3x^2.$$
这说明 $x^3 + C$ 均为 $3x^2$ 的原函数.

定理 1.1 若 $f(x)$ 有一个原函数 $F(x)$，则它必有无穷多个原函数.并且对任意的常数 C，形如 $F(x) + C$ 的函数族，包括了 $f(x)$ 的全体原函数.

证 对任意的常数 C，均有

$$[F(x) + C]' = F'(x) + 0 = f(x).$$

知 $f(x)$ 有无穷多个原函数：$F(x) + C$.

设 $G(x)$ 是 $f(x)$ 的另一个任意的原函数，即 $G'(x) = f(x)$，于是

$$[G(x) - F(x)]' = G'(x) - F'(x) = f(x) - f(x) = 0.$$

导数为零的函数，在该区间内必为常数，故有

$$G(x) - F(x) = C,$$

即

$$G(x) = F(x) + C. \qquad\qquad 证毕.$$

定理 1.1 的证明过程表明：$f(x)$ 的任意两个原函数之差是一个常数.

至于已给函数 $f(x)$ 具备什么条件才有原函数，这里先介绍结论，以后再给出证明.

存在定理 若 $f(x) \in C[a, b]$，则存在 $F(x)$，使 $F'(x) = f(x)$，$x \in [a, b]$.

2.不定积分的定义

定义 1.2 函数 $f(x)$ 的全体原函数叫做 $f(x)$ 的不定积分，记为 $\int f(x)\mathrm{d}x$. 其中记号 $\int$ 叫做积分号，$f(x)$ 叫做被积函数，$f(x)\mathrm{d}x$ 叫做被积式，x 叫做积分变量.

如果 $F(x)$ 是 $f(x)$ 的一个原函数，那么由定理 1.1 知 $f(x)$ 的任何一个原函数都可以表示为 $F(x) + C$（C 为常数）.当 C 为任意常数时，形如 $F(x) + C$ 的一族函数就是 $f(x)$ 的全体原函数，由定义 1.2 有

$$\int f(x)\mathrm{d}x = F(x) + C.$$

这里，任意常数 C 又叫做积分常数.

在求不定积分 $\int f(x)\mathrm{d}x$ 时，只需要先求出它的一个原函数，然后再加上积分常数 C 就行了.

例 1.1 求 $\int 3x^2\mathrm{d}x$.

解 因为 $(x^3)' = 3x^2$，所以 x^3 是 $3x^2$ 的一个原函数，故

$$\int 3x^2\mathrm{d}x = x^3 + C.$$

例 1.2 求 $\int \cos x\mathrm{d}x$.

解 因为 $\sin x$ 是 $\cos x$ 的一个原函数,所以

$$\int \cos x \mathrm{d}x = \sin x + C.$$

例 1.3 求 $\displaystyle\int \frac{1}{\sqrt{1-x^2}} \mathrm{d}x$.

解 因为 $\arcsin x$ 是 $\dfrac{1}{\sqrt{1-x^2}}$ 的一个原函数,所以

$$\int \frac{1}{\sqrt{1-x^2}} \mathrm{d}x = \arcsin x + C.$$

5.1.2 不定积分的几何意义

在平面直角坐标系 xOy 中,$f(x)$ 的任意一个原函数的图形称为 $f(x)$ 的一条积分曲线,其方程为 $y = F(x)$.而 $f(x)$ 的全体原函数 $F(x) + C$ 的图形称为 $f(x)$ 的积分曲线族.它们的方程是 $y = F(x) + C$ 或者 $y = \displaystyle\int f(x)\mathrm{d}x$ (见图 5-1).

显然,积分曲线族中的任意一条曲线,都可以由曲线 $y = F(x)$ 沿 Oy 轴平行移动一段距离得到.因此,积分曲线族中的所有积分曲线都是彼此平行的.换一句话说,在积分曲线族上横坐标相同的点处,所有的积分曲线的切线都是互相平行的,这是因为

$$[F(x) + C]' = F'(x) = f(x).$$

即所有的切线都有相同的斜率 $f(x)$.

因此,不定积分 $\displaystyle\int f(x)\mathrm{d}x$ 在几何上表示了 $f(x)$ 的积分曲线族 $y = F(x) + C$.

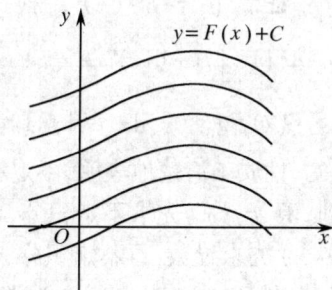

图 5-1

在一些具体问题中,如果已知一条积分曲线经过定点 (x_0, y_0),要求这条积分曲线,可以先用不定积分的方法求出积分曲线族 $y = F(x) + C$,然后,再根据已知条件 $y_0 = F(x_0) + C$,解出常数 $C = y_0 - F(x_0)$.这样就得到了所求的积分曲线 $y = F(x) + [y_0 - F(x_0)]$.

例 1.4 一条曲线过点 $(1, 3)$,且曲线上任意一点 (x, y) 处的切线斜率为 $2x$,求此曲线的方程.

解 设所求的曲线方程为 $y = F(x)$,由题意知 $F'(x) = 2x$,即 $F(x)$ 是 $2x$ 的一个原函数.由

$$\int 2x \mathrm{d}x = x^2 + C$$

知所求的曲线是积分曲线族 $y = x^2 + C$ 中的一条. 根据曲线过点 $(1,3)$ 得 $y_0 = 3 = 1^2 + C$. 有 $C = y_0 - F(x_0) = 3 - 1^2 = 2$.

故所求的曲线为

$$y = x^2 + 2$$

像例 1.4 中确定积分常数的条件"曲线过点 $(1,3)$"通常称为定解条件. 定解条件也可以用数学等式表示为 $y|_{x=1} = 3$ 或 $y(1) = 3$.

5.1.3　不定积分的性质

在讨论不定积分的性质时, 总是假设被积函数在所讨论的某区间上是连续的.

性质 1　若 $F(x)$ 是 $f(x)$ 的一个原函数, 则

(1) $(\int f(x)\mathrm{d}x)' = f(x)$ 或 $\mathrm{d}(\int f(x)\mathrm{d}x) = f(x)\mathrm{d}x$;

(2) $\int F'(x)\mathrm{d}x = F(x) + C$ 或 $\int \mathrm{d}F(x) = F(x) + C$.

这里 $(\int f(x)\mathrm{d}x)' = \dfrac{\mathrm{d}}{\mathrm{d}x}(\int f(x)\mathrm{d}x)$.

证　由于 $F'(x) = f(x)$, 故有

(1) $(\int f(x)\mathrm{d}x)' = (F(x) + C)' = F'(x) = f(x)$;

(2) $\int F'(x)\mathrm{d}x = \int f(x)\mathrm{d}x = F(x) + C$.

性质 1 清楚地表明, 不定积分运算与微分运算之间的互逆关系, 从 (1) 中看到, 函数 $f(x)$ 先求不定积分, 再求导数, 其结果等于 $f(x)$; 从 (2) 中可以看出, 对 $F(x)$ 先求导数, 再不定积分, 其结果不再是 $F(x)$, 而是 $F(x) + C$.　　证毕.

性质 2　若 $k \neq 0$ 为常数, 则

$$\int kf(x)\mathrm{d}x = k\int f(x)\mathrm{d}x.$$

证　因为 $(k\int f(x)\mathrm{d}x)' = k(\int f(x)\mathrm{d}x)' = kf(x)$,

$$(\int kf(x)\mathrm{d}x)' = kf(x).$$

并且性质 2 等式的两端均含有任意常数, 它们都是 $kf(x)$ 的全体原函数, 所以

$$\int kf(x)\mathrm{d}x = k\int f(x)\mathrm{d}x.$$　　证毕.

性质 2 说明: 不定积分中不为零的常数因子可以提到积分号外面来.

性质 3　$\int [f_1(x) \pm f_2(x)]\mathrm{d}x = \int f_1(x)\mathrm{d}x \pm \int f_2(x)\mathrm{d}x.$

证　对上面等式右端求导,有

$$\left[\int f_1(x)\mathrm{d}x \pm \int f_2(x)\mathrm{d}x\right]' = \left[\int f_1(x)\mathrm{d}x\right]' \pm \left[\int f_2(x)\mathrm{d}x\right]'$$
$$= f_1(x) \pm f_2(x).$$

这说明性质 3 等式的右端是 $f_1(x) \pm f_2(x)$ 的原函数,由于它有两个积分记号,形式上含有两个积分常数,把这两个积分常数合并为一个.因此它实际上是 $f_1(x)$ $\pm f_2(x)$ 的不定积分,与性质 3 等式左端相等.　　　　　　　　　证毕.

性质 3 说明:两个函数代数和的不定积分等于它们不定积分的代数和.

性质 3 对于有限个函数的情形,结论也是成立的,即

$$\int [f_1(x) \pm f_2(x) \pm \cdots \pm f_n(x)]\mathrm{d}x =$$
$$\int f_1(x)\mathrm{d}x \pm \int f_2(x)\mathrm{d}x \pm \cdots \pm \int f_n(x)\mathrm{d}x.$$

5.1.4　基本积分表

由于积分运算与微分运算是互逆的运算,因此,由导数的基本公式就可以得到相应的不定积分的基本积分表.

(1) $\displaystyle\int k\mathrm{d}x = kx + C$　（k 为常数）;

(2) $\displaystyle\int x^\alpha\mathrm{d}x = \dfrac{x^{\alpha+1}}{\alpha+1} + C$　（$\alpha \in \mathbf{R}, \alpha \neq -1$）;

(3) $\displaystyle\int \dfrac{1}{x}\mathrm{d}x = \ln|x| + C$;

(4) $\displaystyle\int a^x\mathrm{d}x = \dfrac{a^x}{\ln a} + C$　（$a > 0, a \neq 1$）;

(5) $\displaystyle\int \mathrm{e}^x\mathrm{d}x = \mathrm{e}^x + C$;

(6) $\displaystyle\int \sin x\mathrm{d}x = -\cos x + C$;

(7) $\displaystyle\int \cos x\mathrm{d}x = \sin x + C$;

(8) $\displaystyle\int \dfrac{1}{\cos^2 x}\mathrm{d}x = \int \sec^2 x\mathrm{d}x = \tan x + C$;

(9) $\displaystyle\int \dfrac{1}{\sin^2 x}\mathrm{d}x = \int \csc^2 x\mathrm{d}x = -\cot x + C$;

(10) $\displaystyle\int \sec x\tan x\mathrm{d}x = \sec x + C$;

(11) $\displaystyle\int \csc x\cot x\mathrm{d}x = -\csc x + C$;

$(12) \int \dfrac{1}{1+x^2} dx = \arctan x + C;$

$(13) \int \dfrac{1}{\sqrt{1-x^2}} dx = \arcsin x + C;$

$(14) \int \mathrm{sh}\, x\, dx = \mathrm{ch}\, x + C;$

$(15) \int \mathrm{ch}\, x\, dx = \mathrm{sh}\, x + C.$

基本积分表是求不定积分的基础,必须熟记.下面利用基本积分表和不定积分的简单性质,求一些不定积分.

例 1.5 求 $\int \dfrac{1}{x^2} dx$.

解 $\int \dfrac{1}{x^2} dx = \int x^{-2} dx = \dfrac{x^{-2+1}}{-2+1} + C = -\dfrac{1}{x} + C.$

例 1.6 求 $\int x^3 \sqrt{x}\, dx$.

解 原式 $= \int x^{\frac{7}{2}} dx = \dfrac{x^{\frac{7}{2}+1}}{\frac{7}{2}+1} + C = \dfrac{2}{9} x^{\frac{9}{2}} + C.$

例 1.7 求 $\int \left(3\sin x - \dfrac{1}{5\sqrt{x}} \right) dx$.

解 原式 $= \int 3\sin x\, dx - \int \dfrac{1}{5\sqrt{x}} dx = 3\int \sin x\, dx - \dfrac{1}{5} \int \dfrac{1}{\sqrt{x}} dx$

$= -3\cos x + C_1 - \dfrac{2}{5} \sqrt{x} + C_2$

$= -3\cos x - \dfrac{2}{5} \sqrt{x} + C \quad (C = C_1 + C_2).$

注意,在例 1.7 的解答过程中,分项积分后,每一个不定积分的结果都应加上一个任意常数,但因为两个任意常数 C_1 与 C_2 之和,仍是任意常数,所以只要在最后结果中加上一个任意常数 C 就可以了.

在求不定积分的过程中,适当应用代数及三角公式对被积函数进行恒等变形,有利于把所求的积分化为基本积分表中已有的形式,使积分可以顺利求出.

例 1.8 求 $\int \dfrac{(x+1)(x+2)}{x^2} dx$.

解 原式 $= \int \dfrac{x^2+3x+2}{x^2} dx = \int \left(1 + \dfrac{3}{x} + \dfrac{2}{x^2} \right) dx$

$= \int dx + \int \dfrac{3}{x} dx + 2\int \dfrac{1}{x^2} dx$

$= x + 3\ln |x| - \dfrac{2}{x} + C.$

例 1.9　求 $\int \dfrac{x^2}{x^2 + 1} \mathrm{d}x$.

解　原式 $= \displaystyle\int \dfrac{x^2 + 1 - 1}{x^2 + 1} \mathrm{d}x = \int\left(1 - \dfrac{1}{x^2 + 1}\right)\mathrm{d}x$

$\qquad = x - \arctan x + C.$

例 1.10　求 $\int \tan^2 x \, \mathrm{d}x$.

解　原式 $= \displaystyle\int (\sec^2 x - 1)\mathrm{d}x = \int \sec^2 x \, \mathrm{d}x - \int \mathrm{d}x$

$\qquad = \tan x - x + C.$

习题　5 - 1

1. 求下列不定积分.

(1) $\displaystyle\int \dfrac{3}{x^4}\mathrm{d}x$;

(2) $\displaystyle\int 2^x \mathrm{d}x$;

(3) $\displaystyle\int \dfrac{5}{\cos^2 x}\mathrm{d}x$;

(4) $\displaystyle\int \dfrac{2}{\sin^2 x}\mathrm{d}x$;

(5) $\displaystyle\int \dfrac{3}{1 + x^2}\mathrm{d}x$;

(6) $\displaystyle\int \sin\left(x + \dfrac{\pi}{4}\right)\mathrm{d}x$.

2. 求下列不定积分

(1) $\displaystyle\int \dfrac{\sqrt{1 + x^2}}{2\sqrt{1 - x^4}}\mathrm{d}x$;

(2) $\displaystyle\int 3^x \mathrm{e}^x \mathrm{d}x$;

(3) $\displaystyle\int \cot^2 x \, \mathrm{d}x$;

(4) $\displaystyle\int \dfrac{5^x - 2^x}{3^x}\mathrm{d}x$;

(5) $\displaystyle\int \sin\dfrac{x}{2}\cos\dfrac{x}{2}\mathrm{d}x$;

(6) $\displaystyle\int 2\cos^2\dfrac{x}{2}\mathrm{d}x$;

(7) $\displaystyle\int \dfrac{\cos 2x}{\cos^2 x \sin^2 x}\mathrm{d}x$;

(8) $\displaystyle\int \dfrac{\cos 2x}{\cos x - \sin x}\mathrm{d}x$.

3. 一条曲线经过点 $(1,2)$,且在曲线上任意点 $M(x,y)$ 处的切线斜率等于 $3x^2$,求这条曲线的方程.

4. 设 $f'(\sin^2 x) = \cos^2 x$,求 $f(x)$.

5*. 求满足下列条件的函数 $F(x)$.

(1) $F'(x) = 2x$,且 $F(0) = 1$;

(2) $F'(x) = (3x - 5)(1 - x)$,且 $F(1) = 3$;

(3) $F'(x) = \left(\sin\dfrac{x}{2} - \cos\dfrac{x}{2}\right)^2$,且 $F\left(\dfrac{\pi}{2}\right) = 0$;

(4) $F'(\sin x) = \cos^2 x$，且 $F(1) = 0$.

5.2 换元积分法

利用基本积分表和积分的性质，只能计算为数不多的积分，为了扩大计算积分的范围，本节介绍基本积分法之一的换元积分法.

5.2.1 第一类换元积分法

定理 2.1 设 $F(u)$ 是 $f(u)$ 的一个原函数，$u = u(x)$ 有连续的一阶导数，则有

$$\int f[u(x)]u'(x)\mathrm{d}x = F[u(x)] + C.$$

证 因为 $F'(u) = f(u)$，所以 $\int f(u)\mathrm{d}u = F(u) + C$.

由于 $\mathrm{d}F[u(x)] = f[u(x)]u'(x)\mathrm{d}x = f[u(x)]\mathrm{d}u(x)$，故

$$\int f[u(x)]u'(x)\mathrm{d}x = \int f[u(x)]\mathrm{d}u(x) = \left[\int f(u)\mathrm{d}u\right]_{u=u(x)}$$

$$= [F(u) + C]_{u=u(x)} = F[u(x)] + C. \qquad 证毕.$$

例 2.1 求 $\int \cos 5x \mathrm{d}x$.

解 $\int \cos 5x \mathrm{d}x = \dfrac{1}{5}\int \cos 5x \cdot 5\mathrm{d}x = \dfrac{1}{5}\int \cos 5x \mathrm{d}(5x)$

$$\xrightarrow{\text{设} u=5x} \dfrac{1}{5}\int \cos u \mathrm{d}u = \dfrac{1}{5}\sin u + C,$$

代回原来的变量 x，得

$$\int \cos 5x \mathrm{d}x = \dfrac{1}{5}\sin 5x + C.$$

例 2.2 求 $\int (2x + 1)^9 \mathrm{d}x$

解 $\int (2x + 1)^9 \mathrm{d}x = \dfrac{1}{2}\int (2x + 1)^9 \cdot 2\mathrm{d}x = \dfrac{1}{2}\int (2x + 1)^9 \mathrm{d}(2x + 1)$

$$\xrightarrow{\text{设} u=2x+1} \dfrac{1}{2}\int u^9 \mathrm{d}u = \dfrac{1}{2} \cdot \dfrac{1}{10}u^{10} + C$$

$$= \dfrac{1}{20}(2x + 1)^{10} + C.$$

例 2.3 求 $\int x\sqrt{1 - x^2}\mathrm{d}x$.

解 $\displaystyle\int x\sqrt{1-x^2}\,\mathrm{d}x = -\frac{1}{2}\int\sqrt{1-x^2}\cdot(1-x^2)'\,\mathrm{d}x$

$$\xeq{设\,u=1-x^2} -\frac{1}{2}\int\sqrt{u}\,\mathrm{d}u = -\frac{1}{2}\cdot\frac{2}{3}u^{\frac{3}{2}} + C$$

$$= -\frac{1}{3}(1-x^2)^{\frac{3}{2}} + C.$$

例 2.4 求 $\displaystyle\int\frac{x}{1+x^4}\,\mathrm{d}x$.

解 $\displaystyle\int\frac{x}{1+x^4}\,\mathrm{d}x = \frac{1}{2}\int\frac{1}{1+(x^2)^2}\cdot(x^2)'\,\mathrm{d}x$

$$\xeq{设\,u=x^2}\frac{1}{2}\int\frac{1}{1+u^2}\,\mathrm{d}u = \frac{1}{2}\arctan u + C = \frac{1}{2}\arctan x^2 + C.$$

第一类换元积分法,实际上是用变量代换的方法来计算不定积分. 比较困难一点的是,当代换式 $u=u(x)$ 给出之后,需要把 $u'(x)\mathrm{d}x$ 换成 $\mathrm{d}u(x)$. 技巧和经验总是要通过多次的实践并加以总结才能获得的.

当运算熟练之后,解题过程可以写得更简捷些,有时甚至可以不写出代换式和新变量 u .

例 2.5 求 $\displaystyle\int\frac{1+\ln x}{x}\,\mathrm{d}x$.

解 方法 1:

$$\int\frac{1+\ln x}{x}\,\mathrm{d}x = \int\frac{1}{x}\,\mathrm{d}x + \int\frac{\ln x}{x}\,\mathrm{d}x = \ln x + \int\ln x\cdot(\ln x)'\,\mathrm{d}x$$

$$= \ln x + \int\ln x\,\mathrm{d}(\ln x) = \ln x + \frac{1}{2}\ln^2 x + C.$$

方法 2:

$$\int\frac{1+\ln x}{x}\,\mathrm{d}x = \int(1+\ln x)\cdot(1+\ln x)'\,\mathrm{d}x$$

$$= \int(1+\ln x)\,\mathrm{d}(1+\ln x) = \frac{1}{2}(1+\ln x)^2 + C.$$

两种解法,殊途同归,读者可以自行验证一下. 它们的结果形式虽然不同,但都是正确的.

例 2.6 求 $\displaystyle\int\frac{1}{\sqrt{a^2-x^2}}\,\mathrm{d}x$, $a>0$ 为常数.

解 $\displaystyle\int\frac{1}{\sqrt{a^2-x^2}}\,\mathrm{d}x = \int\frac{1}{a\sqrt{1-\left(\dfrac{x}{a}\right)^2}}\,\mathrm{d}x$

$$= \int\frac{1}{\sqrt{1-\left(\dfrac{x}{a}\right)^2}}\,\mathrm{d}\!\left(\frac{x}{a}\right) = \arcsin\frac{x}{a} + C.$$

例 2.7　求 $\displaystyle\int \frac{1}{a^2 + x^2}\mathrm{d}x$，　$a > 0$ 为常数.

解　$\displaystyle\int \frac{1}{a^2 + x^2}\mathrm{d}x = \int \frac{1}{a^2\left(1 + \dfrac{x^2}{a^2}\right)}\mathrm{d}x$

$$= \frac{1}{a}\int \frac{1}{1 + \left(\dfrac{x}{a}\right)^2}\mathrm{d}\left(\frac{x}{a}\right) = \frac{1}{a}\arctan \frac{x}{a} + C.$$

例 2.8　求 $\displaystyle\int \frac{1}{x^2 + 4x + 5}\mathrm{d}x$.

解　$\displaystyle\int \frac{1}{x^2 + 4x + 5}\mathrm{d}x = \int \frac{1}{1 + (x + 2)^2}\mathrm{d}x = \arctan(x + 2) + C.$

例 2.9　求 $\displaystyle\int \sin^3 x\cos x\mathrm{d}x$.

解　$\displaystyle\int \sin^3 x\cos x\mathrm{d}x = \int \sin^3 x\mathrm{d}(\sin x) = \frac{1}{4}\sin^4 x + C.$

运用换元积分法,必须要熟悉基本积分表中的公式及一些常用的微分式,如:

$$\mathrm{d}x = \frac{1}{a}\mathrm{d}(ax \pm b) = -\mathrm{d}(a - x) = \mathrm{d}(x \pm a);$$

$$x\mathrm{d}x = \frac{1}{2}\mathrm{d}(x^2) = \frac{1}{2a}\mathrm{d}(ax^2 \pm b) = -\frac{1}{2}\mathrm{d}(a^2 - x^2);$$

$$\frac{1}{x}\mathrm{d}x = \mathrm{d}(\ln x) = \mathrm{d}(\ln x \pm b);$$

$$\mathrm{e}^x\mathrm{d}x = \mathrm{d}(\mathrm{e}^x) = \frac{1}{a}\mathrm{d}(a\mathrm{e}^x) = \mathrm{d}(\mathrm{e}^x \pm b);$$

$$\cos x\mathrm{d}x = \mathrm{d}(\sin x);$$

$$\sin x\mathrm{d}x = -\mathrm{d}(\cos x) = \mathrm{d}(a - \cos x)$$

等等.在运用换元积分法时,常要用到一些技巧,并进行一些适当的初等代数或三角函数的运算,把被积函数变形之后,再用换元积分法.

例 2.10　求 $\displaystyle\int \tan x\mathrm{d}x$.

解　$\displaystyle\int \tan x\mathrm{d}x = \int \frac{\sin x}{\cos x}\mathrm{d}x = -\int \frac{\mathrm{d}(\cos x)}{\cos x} = -\ln |\cos x| + C.$

类似地,有

$$\int \cot x\mathrm{d}x = \ln |\sin x| + C.$$

在例 2.10 中,遇到了形如 $\displaystyle\int \frac{\varphi'(x)}{\varphi(x)}\mathrm{d}x\left(\text{或}\int \frac{\mathrm{d}[\varphi(x)]}{\varphi(x)}\right)$ 的积分,我们可以利用

下面的公式:

$$\int \frac{\varphi'(x)}{\varphi(x)} dx = \int \frac{d[\varphi(x)]}{\varphi(x)} = \ln |\varphi(x)| + C.$$

例 2.11 求 $\int \frac{1}{1 + e^{-x}} dx$.

解 $\int \frac{1}{1 + e^{-x}} dx = \int \frac{e^x}{e^x + 1} dx = \int \frac{d(e^x + 1)}{e^x + 1} = \ln(e^x + 1) + C.$

例 2.12 求 $\int \frac{1}{\sin x \cos x} dx$.

解 $\int \frac{1}{\sin x \cos x} dx = \int \frac{1}{\tan x \cdot \cos^2 x} dx = \int \frac{d(\tan x)}{\tan x} = \ln |\tan x| + C.$

类似地,不难看出下面的结果:

$$\int \frac{1}{\sin 2x} dx = \frac{1}{2} \ln |\tan x| + C.$$

例 2.13 求 $\int \csc x \, dx$.

解 $\int \csc x \, dx = \int \frac{1}{\sin x} dx = \int \frac{dx}{2 \sin \frac{x}{2} \cos \frac{x}{2}}$

$$= \int \frac{d\left(\frac{x}{2}\right)}{\sin \frac{x}{2} \cos \frac{x}{2}} = \ln \left| \tan \frac{x}{2} \right| + C.$$

因为 $\tan \frac{x}{2} = \frac{\sin \frac{x}{2}}{\cos \frac{x}{2}} = \frac{2 \sin^2 \frac{x}{2}}{2 \sin \frac{x}{2} \cos \frac{x}{2}} = \frac{1 - \cos x}{\sin x} = \csc x - \cot x,$

所以例 2.13 的不定积分又可以表示为

$$\int \csc x \, dx = \ln |\csc x - \cot x| + C.$$

例 2.14 求 $\int \sec x \, dx$.

解 $\int \sec x \, dx = \int \frac{1}{\cos x} dx = \int \frac{d\left(x + \frac{\pi}{2}\right)}{\sin \left(x + \frac{\pi}{2}\right)} = \ln \left| \tan \left(\frac{x}{2} + \frac{\pi}{4}\right) \right| + C$

$$= \ln \left| \csc \left(x + \frac{\pi}{2}\right) - \cot \left(x + \frac{\pi}{2}\right) \right| + C$$

$$= \ln |\sec x + \tan x| + C.$$

例 2.15 求 $\int \frac{1}{a^2 - x^2} dx, (a > 0)$.

解 $\displaystyle\int \frac{1}{a^2 - x^2}\mathrm{d}x = \int \frac{1}{2a}\left(\frac{1}{a + x} + \frac{1}{a - x}\right)\mathrm{d}x$

$\displaystyle\qquad\qquad = \frac{1}{2a}\left[\int \frac{\mathrm{d}(a + x)}{a + x} - \int \frac{\mathrm{d}(a - x)}{a - x}\right]$

$\displaystyle\qquad\qquad = \frac{1}{2a}[\ln |a + x| - \ln |a - x|] + C$

$\displaystyle\qquad\qquad = \frac{1}{2a}\ln \left|\frac{a + x}{a - x}\right| + C.$

类似地,有

$$\int \frac{1}{x^2 - a^2}\mathrm{d}x = \frac{1}{2a}\ln \left|\frac{x - a}{x + a}\right| + C.$$

5.2.2 第二类换元积分法

第一类换元积分法,利用代换:$u = u(x)$,把积分 $\displaystyle\int f[u(x)] \cdot u'(x)\mathrm{d}x$ 化为 $\displaystyle\int f(u)\mathrm{d}u = F[u(x)] + C$,从而使不定积分 $\displaystyle\int f[u(x)]u'(x)\mathrm{d}x$ 得到解决. 可是,有的不定积分则要用相反的代换来解决.若不定积分 $\displaystyle\int f(x)\mathrm{d}x$ 不易直接计算,当令代换 $x = \varphi(t)$ 之后,$\displaystyle\int f(x)\mathrm{d}x = \int f[\varphi(t)]\varphi'(t)\mathrm{d}t$,而后面一个不定积分对变元 t 容易求出,则称这种换元的方法为第二类换元积分法.

定理 2.2 设 $x = \varphi(t)$ 是单调的,有连续导数的函数,且 $\varphi'(t) \neq 0$,$f[\varphi(t)]\varphi'(t)$ 有原函数 $F(t)$,则有

$$\int f(x)\mathrm{d}x = \int f[\varphi(t)]\varphi'(t)\mathrm{d}t = F[\varphi^{-1}(x)] + C,$$

其中 $\varphi^{-1}(x)$ 是 $x = \varphi(t)$ 的反函数.

证 因为 $x = \varphi(t)$ 是单调的,有连续导数的函数,且 $\varphi'(t) \neq 0$,所以存在可导的反函数 $t = \varphi^{-1}(x)$,故

$$\frac{\mathrm{d}}{\mathrm{d}x}F[\varphi^{-1}(x)] = \frac{\mathrm{d}}{\mathrm{d}t}F(t) \cdot \frac{\mathrm{d}t}{\mathrm{d}x} = f[\varphi(t)]\varphi'(t) \cdot \frac{1}{\varphi'(t)}$$

$$= f[\varphi(t)] = f(x),$$

因此,$F[\varphi^{-1}(x)]$ 是 $f(x)$ 的原函数,于是得

$$\int f(x)\mathrm{d}x = \int f[\varphi(t)]\varphi'(t)\mathrm{d}t = F[\varphi^{-1}(x)] + C. \qquad\qquad 证毕.$$

例 2.16 求 $\displaystyle\int \sqrt{a^2 - x^2}\mathrm{d}x, \quad (a > 0)$.

解 为了去掉被积函数中的根式,可令 $x = a\sin t \left(-\dfrac{\pi}{2} < t < \dfrac{\pi}{2}\right)$,则 $\mathrm{d}x =$

$a\cos t\mathrm{d}t$，$\sqrt{a^2-x^2}=\sqrt{a^2-(a\sin t)^2}=a\cos t$，于是

$$\int\sqrt{a^2-x^2}\mathrm{d}x\xlongequal{x=a\sin t}\int a\cos t\cdot a\cos t\mathrm{d}t$$

$$=a^2\int\cos^2 t\mathrm{d}t=a^2\int\frac{1+\cos 2t}{2}\mathrm{d}t$$

$$=\frac{a^2}{2}\left(t+\frac{\sin 2t}{2}\right)+C.$$

由代换式：$x=a\sin t$，有 $\sin t=\dfrac{x}{a}$，$t=\arcsin\dfrac{x}{a}$，则

$$\cos t=\sqrt{1-\sin^2 t}=\sqrt{1-\left(\frac{x}{a}\right)^2}=\frac{1}{a}\sqrt{a^2-x^2},$$

$$\sin 2t=2\sin t\cos t=2\cdot\frac{x}{a}\cdot\frac{1}{a}\sqrt{a^2-x^2}=\frac{2x}{a^2}\sqrt{a^2-x^2}.$$

因此有

$$\int\sqrt{a^2-x^2}\mathrm{d}x=\frac{a^2}{2}\left(\arcsin\frac{x}{a}+\frac{x}{a^2}\sqrt{a^2-x^2}\right)+C$$

$$=\frac{a^2}{2}\arcsin\frac{x}{a}+\frac{x}{2}\sqrt{a^2-x^2}+C.$$

由代换式 $x=a\sin t$ 求 $\cos t$ 或 t 的其他三角函数的 x 的表达式时，通常采用三角形法．由 $\sin t=\dfrac{x}{a}$，做一个直角三角形，使它的一个锐角为 t，斜边为 a，角 t 的对边为 x（见图 5-2），与角 t 相邻的另一条直角边为 $\sqrt{a^2-x^2}$，故 $\cos t=\dfrac{1}{a}\sqrt{a^2-x^2}$.

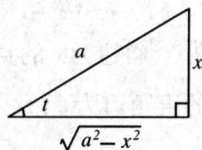

图 5-2

例 2.17 求 $\displaystyle\int\frac{1}{\sqrt{a^2+x^2}}\mathrm{d}x$，$(a>0)$.

解 令 $x=a\tan t$ $\left(-\dfrac{\pi}{2}<t<\dfrac{\pi}{2}\right)$，则 $\mathrm{d}x=a\sec^2 t\mathrm{d}t$，$\sqrt{a^2+x^2}=a\sec t$. 于是

$$\int\frac{1}{\sqrt{a^2+x^2}}\mathrm{d}x\xlongequal{x=a\tan t}\int\frac{a\sec^2 t}{a\sec t}\mathrm{d}t=\int\sec t\mathrm{d}t$$

$$=\ln|\sec t+\tan t|+C_1.$$

为了把 $\sec t$，$\tan t$ 还原为 x 的函数，仍用三角形法．由代换式 $x=a\tan t$，有 $\tan t=\dfrac{x}{a}$，作一个锐角为 t 的直角三角形．角 t 的对边为 x，相邻的直角边为 a，斜

边为 $\sqrt{a^2 + x^2}$，得 $\sec t = \dfrac{1}{a}\sqrt{a^2 + x^2}$（见图 5-3）.

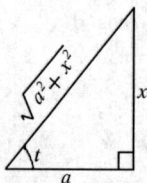

最后得

$$\int \frac{1}{\sqrt{a^2 + x^2}}\mathrm{d}x = \ln\left|\frac{\sqrt{a^2 + x^2}}{a} + \frac{x}{a}\right| + C_1$$

$$= \ln(x + \sqrt{a^2 + x^2}) + C,$$

图 5-3

其中 $C = C_1 - \ln a$ 为任意常数.

例 2.18 求 $\displaystyle\int \frac{1}{\sqrt{x^2 - a^2}}\mathrm{d}x,\ (x > a > 0)$.

解 令 $x = a\sec t$ $\left(0 < t < \dfrac{\pi}{2}\right)$，则

$$\mathrm{d}x = a\sec t \cdot \tan t\,\mathrm{d}t,\ \sqrt{x^2 - a^2} = a\tan t.$$

于是

$$\int \frac{1}{\sqrt{x^2 - a^2}}\mathrm{d}x = \int \frac{a\sec t \cdot \tan t}{a\tan t}\mathrm{d}t = \int \sec t\,\mathrm{d}t$$

$$= \ln|\sec t + \tan t| + C_1$$

用三角形法，由代换 $x = a\sec t$，有 $\sec t = \dfrac{x}{a}$，作一个锐角为 t，斜边为 x 的直角三角形，这个直角三角形的与角 t 相邻的直角边为 a，另一条直角边为 $\sqrt{x^2 - a^2}$（见图 5-4）.

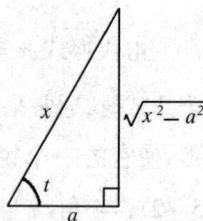

故 $\tan t = \dfrac{\sqrt{x^2 - a^2}}{a}$，最后得

$$\int \frac{1}{\sqrt{x^2 - a^2}}\mathrm{d}x = \ln\left|\frac{x}{a} + \frac{\sqrt{x^2 - a^2}}{a}\right| + C_1$$

$$= \ln\left|x + \sqrt{x^2 - a^2}\right| + C,$$

图 5-4

其中 $C = C_1 - \ln a$ 仍为任意常数.

应当说明，求例 2.17、例 2.18 中的不定积分时，采用双曲代换更为方便，例如当 $a > 0$ 时，

$$\int \frac{1}{\sqrt{x^2 + a^2}}\mathrm{d}x \xrightarrow{x = a\,\mathrm{sh}\,t} \int \frac{a\,\mathrm{ch}\,t}{a\,\mathrm{ch}\,t}\mathrm{d}t = \int \mathrm{d}t = t + C_1$$

$$= \mathrm{arsh}\,\frac{x}{a} + C_1 = \ln(x + \sqrt{x^2 + a^2}) + C$$

其中 $C = C_1 - \ln a$ 为任意常数.

当 $x > a > 0$ 时，

$$\int \frac{1}{\sqrt{x^2 - a^2}} dx \xrightarrow{x = a\operatorname{ch}t} \int \frac{a\operatorname{sh}t}{a\operatorname{sh}t} dt = t + C_1$$

$$= \operatorname{arch} \frac{x}{a} + C_1 = \ln(x + \sqrt{x^2 - a^2}) + C.$$

其中 $C = C_1 - \ln a$ 仍为任意常数.

在上面的换元积分法的例子中,有些积分的结果是今后常会遇到的,它们通常可以当作公式来使用,5.1 节的基本积分表之后,还有下面的 10 个公式:

(1) $\displaystyle\int \tan x \, dx = -\ln |\cos x| + C$;

(2) $\displaystyle\int \cot x \, dx = \ln |\sin x| + C$;

(3) $\displaystyle\int \sec x \, dx = \ln |\sec x + \tan x| + C$;

(4) $\displaystyle\int \csc x \, dx = \ln |\csc x - \cot x| + C$;

(5) $\displaystyle\int \frac{1}{a^2 + x^2} dx = \frac{1}{a} \arctan\left(\frac{x}{a}\right) + C$;

(6) $\displaystyle\int \frac{1}{a^2 - x^2} dx = \frac{1}{2a} \ln\left|\frac{a + x}{a - x}\right| + C$;

(7) $\displaystyle\int \frac{1}{x^2 - a^2} dx = \frac{1}{2a} \ln\left|\frac{x - a}{x + a}\right| + C$;

(8) $\displaystyle\int \frac{1}{\sqrt{a^2 - x^2}} dx = \arcsin \frac{x}{a} + C$;

(9) $\displaystyle\int \frac{1}{\sqrt{x^2 \pm a^2}} dx = \ln |x + \sqrt{x^2 \pm a^2}| + C$;

(10) $\displaystyle\int \sqrt{a^2 - x^2} \, dx = \frac{a^2}{2} \arcsin \frac{x}{a} + \frac{x}{2} \sqrt{a^2 - x^2} + C$.

习题 5-2

1. 求下列不定积分.

(1) $\displaystyle\int x e^{-x^2} dx$;

(2) $\displaystyle\int 2x \sqrt{x^2 + 1} \, dx$;

(3) $\displaystyle\int \frac{x}{\sqrt{1 + x^2}} dx$;

(4) $\displaystyle\int \sin 2x \, dx$;

(5) $\displaystyle\int \frac{1}{x \ln x} dx$;

(6) $\displaystyle\int \frac{1}{1 + e^x} dx$.

2. 求下列不定积分.

(1) $\displaystyle\int \sin^2 x \mathrm{d}x$; (2) $\displaystyle\int \sin^3 x \mathrm{d}x$;

(3) $\displaystyle\int \sin^4 x \mathrm{d}x$; (4) $\displaystyle\int \cos^2 x \sin^4 x \mathrm{d}x$;

(5) $\displaystyle\int \sin^3 x \cos^5 x \mathrm{d}x$; (6) $\displaystyle\int \sin 3x \cos 5x \mathrm{d}x$;

(7) $\displaystyle\int \tan^4 x \mathrm{d}x$; (8) $\displaystyle\int \tan^5 x \mathrm{d}x$.

3. 求下列不定积分.

(1) $\displaystyle\int \frac{\sqrt{x^2-4}}{x}\mathrm{d}x$; (2) $\displaystyle\int \frac{1}{x^2\sqrt{x^2+1}}\mathrm{d}x$;

(3) $\displaystyle\int \frac{1}{\sqrt{1-2x-x^2}}\mathrm{d}x$; (4) $\displaystyle\int \frac{1}{x\sqrt{1-\ln^2 x}}\mathrm{d}x$;

(5) $\displaystyle\int \frac{\cos x}{1+\sin^2 x}\mathrm{d}x$; (6) $\displaystyle\int \frac{\sqrt{\tan x+1}}{\cos^2 x}\mathrm{d}x$.

4. 设 $f'(x)+xf'(-x)=x$, 求 $f(x)$.

5*. 求 $\displaystyle\int \frac{1}{x^4+1}\mathrm{d}x$.

5.3 分部积分法

分部积分法与换元积分法一样,是不定积分中的基本积分方法. 它是与函数乘积的微分法相对应的一种积分方法.

定理 3.1 设 $u(x)$、$v(x)\in \mathrm{C}^1(I)$, 则有

$$\int u(x)\cdot v'(x)\mathrm{d}x = u(x)\cdot v(x) - \int v(x)\cdot u'(x)\mathrm{d}x.$$

或

$$\int u(x)\mathrm{d}v(x) = u(x)v(x) - \int v(x)\mathrm{d}u(x). \tag{3.1}$$

证 由于

$$[u(x)\cdot v(x)]' = u'(x)v(x) + u(x)v'(x),$$

得

$$u(x)\cdot v'(x) = [u(x)\cdot v(x)]' - u'(x)v(x),$$

积分有

$$\int u(x)\cdot v'(x)\mathrm{d}x = u(x)\cdot v(x) - \int v(x)\cdot u'(x)\mathrm{d}x,$$

或

$$\int u(x)\mathrm{d}v(x) = u(x)v(x) - \int v(x)\mathrm{d}u(x). \qquad\qquad 证毕.$$

公式(3.1)常称为分部积分公式.尤其是当式(3.1)中左边的积分 $\int u(x)\mathrm{d}v(x)$ 计算起来有困难,而右边的积分 $\int v(x)\mathrm{d}u(x)$ 比较容易求时,可以用分部积分公式来计算.

例3.1 求 $\int \ln x \mathrm{d}x$.

解 设 $u(x) = \ln x, v(x) = x$,由分部积分公式有

$$\int \ln x \mathrm{d}x = x\ln x - \int x\mathrm{d}(\ln x)$$

$$= x\ln x - \int \mathrm{d}x = x\ln x - x + C.$$

例3.2 求 $\int x\mathrm{e}^x\mathrm{d}x$.

解 若取 $u(x) = x, v(x) = \mathrm{e}^x$.则有

$$\int x\mathrm{e}^x\mathrm{d}x = \int x\mathrm{d}\mathrm{e}^x = x\mathrm{e}^x - \int \mathrm{e}^x\mathrm{d}x$$

$$= x\mathrm{e}^x - \mathrm{e}^x + C.$$

例3.3 求 $\int x\cos x\mathrm{d}x$.

解 设 $u(x) = x, v(x) = \sin x$,则由分部积分公式有

$$\int x\cos x\mathrm{d}x = \int x\mathrm{d}\sin x = x\sin x - \int \sin x\mathrm{d}x$$

$$= x\sin x + \cos x + C.$$

分部积分公式还可以多次使用.

例3.4 求 $\int x^2\sin x\mathrm{d}x$.

解 设 $u(x) = x^2, v(x) = -\cos x$,则

$$\int x^2\sin x\mathrm{d}x = \int x^2\mathrm{d}(-\cos x)$$

$$= x^2(-\cos x) - \int (-\cos x)\mathrm{d}(x^2)$$

$$= -x^2\cos x + 2\int x\cos x\mathrm{d}x$$

$$= -x^2\cos x + 2x\sin x + 2\cos x + C$$

这里,$\int x\cos x\mathrm{d}x$ 用了例3.3的结果(实际上是两次使用了分部积分公式).

一旦对分部积分公式比较熟悉之后,可以不必写出函数 $u(x)$ 和 $v(x)$,而直接从分部积分公式写出结果.

例 3.5 求 $\int e^x \sin x dx$.

解
$$\int e^x \sin x dx = \int e^x d(-\cos x) = -e^x \cos x - \int (-\cos x) de^x$$
$$= -e^x \cos x + \int e^x \cos x dx = -e^x \cos x + \int e^x d(\sin x)$$
$$= -e^x \cos x + e^x \sin x - \int e^x \sin x dx,$$

于是有

$$2\int e^x \sin x dx = e^x \sin x - e^x \cos x + 2C,$$

即

$$\int e^x \sin x dx = \frac{1}{2} e^x (\sin x - \cos x) + C.$$

例 3.6 求 $\int \sec^3 x dx$.

解
$$\int \sec^3 x dx = \int \sec x \cdot \sec^2 x dx$$
$$= \int \sec x d(\tan x) = \sec x \tan x - \int \tan x d(\sec x)$$
$$= \sec x \tan x - \int \sec x \tan^2 x dx$$
$$= \sec x \tan x - \int \sec x (\sec^2 x - 1) dx$$
$$= \sec x \tan x - \int \sec^3 x dx + \int \sec x dx.$$

于是有

$$2\int \sec^3 x dx = \sec x \tan x + \int \sec x dx$$
$$= \sec x \tan x + \ln|\sec x + \tan x| + 2C.$$

即

$$\int \sec^3 x dx = \frac{1}{2}(\sec x \tan x) + \frac{1}{2}\ln|\sec x + \tan x| + C.$$

这里, $\int \sec x dx = \ln|\sec x + \tan x| + C$ 用到了本章例2.14的结果.

一次或多次地应用分部积分公式,对某些积分来说,是十分有效的.在实际演算过程中,函数 $u(x)$、$v(x)$ 的选择较为重要,选择适当,计算起来较为简便;选择不当,往往使积分更加难于解决.经过反复练习,不难总结出下面的规律.对

积分

$$\int x^n e^{ax}dx, \int x^n \sin bx\,dx, \int x^n \cos bx\,dx$$

均可设 $u(x) = x^n$,其余相应的项为 $dv(x)$,而对于积分

$$\int x^n \ln x\,dx, 设\ u(x) = \ln x, dv(x) = x^n dx = d\left(\frac{x^{n+1}}{n+1}\right);$$

$$\int x^n \arcsin x\,dx, 设\ u(x) = \arcsin x, dv(x) = d\left(\frac{x^{n+1}}{n+1}\right);$$

$$\int x^n \arctan x\,dx, 设\ u(x) = \arctan x, dv(x) = d\left(\frac{x^{n+1}}{n+1}\right).$$

在求不定积分时,换元积分法与分部积分法两种基本积分法的交替使用,是会经常遇到的,不要因为用了换元积分法,就忘了分部积分法. 这种情况应当引起我们的注意,即在解题的过程中千万不要只拘泥于一种方法.

例 3.7 求 $\int \sqrt{x^2 - a^2}\,dx (a > 0)$.

解 $\int \sqrt{x^2 - a^2}\,dx \xrightarrow{x = a\sec t} \int a\tan t \cdot a\sec t \cdot \tan t\,dt$

$$= a^2 \int \tan^2 t \sec t\,dt = a^2 \int \tan t\,d(\sec t)$$

$$= a^2 (\tan t \sec t - \int \sec^3 t\,dt)$$

$$= \frac{a^2}{2}(\tan t \sec t - \ln |\sec t + \tan t|) + C_1$$

$$= \frac{x}{2}\sqrt{x^2 - a^2} - \frac{a^2}{2}\ln |x + \sqrt{x^2 - a^2}| + C.$$

上面例子中的最后一个等号,由 t 还原为 x 用到了本章 5.2 节中讲过的三角形法.

类似地,有下面的结果:

$$\int \sqrt{x^2 + a^2}\,dx = \frac{x}{2}\sqrt{x^2 + a^2} + \frac{a^2}{2}\ln(x + \sqrt{x^2 + a^2}) + C.$$

习题 5-3

1. 求下列不定积分.

(1) $\int x\sin 2x\,dx$;　　　(2) $\int x\ln x\,dx$;　　　(3) $\int \arctan x\,dx$;

(4) $\int x^2 e^{-x}\,dx$;　　　(5) $\int x\sin x\,dx$;　　　(6) $\int x^2 2^x\,dx$;

(7) $\int x\sec^2 x\mathrm{d}x$；　　　　(8) $\int \ln(\sin x)\cot x\mathrm{d}x$．

2．选择适当的方法，求下列不定积分．

(1) $\int \sin(\ln x)\mathrm{d}x$；　　(2) $\int \mathrm{e}^{4x}\sqrt{1 + \mathrm{e}^{2x}}\mathrm{d}x$；　　(3) $\int \sin2x\sin x\mathrm{d}x$；

(4) $\int \dfrac{1}{1 + \sin x}\mathrm{d}x$；　　(5) $\int \dfrac{x\cos x}{\sin^3 x}\mathrm{d}x$；　　(6) $\int \dfrac{x}{\sqrt{4 - x^2}}\mathrm{d}x$；

(7) $\int \dfrac{1}{x(x^6 + 4)}\mathrm{d}x$；　　(8) $\int \dfrac{x\arcsin x}{\sqrt{1 - x^2}}\mathrm{d}x$．

3．设 $f(x)$ 的原函数为 $\dfrac{\sin x}{x}$，求 $\int xf'(x)\mathrm{d}x$．

4．若 $f(x)$ 具有一阶连续的导数，求 $\int f'(2x)\mathrm{d}x$．

5．已知 $f'(\mathrm{e}^x) = 1 + x$，求 $f(x)$．

6．已知 $f'(\sin t) = \cos2t + \tan^2 t$，求 $f(x)$，$(0 < x < 1)$．

5.4　几类函数的积分法

5.4.1　有理函数的积分

1．有理函数的分解

有理函数是指由两个多项式的商所表示的函数：

$$R(x) = \frac{P(x)}{Q(x)} = \frac{a_0 x^m + a_1 x^{m-1} + \cdots + a_{m-1}x + a_m}{b_0 x^n + b_1 x^{n-1} + \cdots + b_{n-1}x + b_n}.$$

式中，m、n 为非负整数，a_0、a_1、$\cdots$、a_m 及 b_0、b_1、$\cdots$、b_n 都是常数，并且多项式 $P(x)$ 与 $Q(x)$ 之间没有公因式，并假定 $a_0 \neq 0$，$b_0 \neq 0$．

当 $m \geqslant n$ 时，称 $R(x) = \dfrac{P(x)}{Q(x)}$ 为有理假分式；

当 $m < n$ 时，称 $R(x) = \dfrac{P(x)}{Q(x)}$ 为有理真分式．

由初等代数知道，利用多项式的除法，有理假分式总可以化为一个整式（多项式）与一个真分式之和的形式．例如

$$\frac{x^4 + x^3}{x^2 - 1} = x^2 + x + 1 + \frac{x + 1}{x^2 - 1}.$$

下面就来讨论真分式的分解问题．

通常把形如 $\dfrac{A}{x - a}$、$\dfrac{A}{(x - a)^n}$、$\dfrac{Ax + B}{x^2 + px + q}$、$\dfrac{Ax + B}{(x^2 + px + q)^n}$ 的真分式，称为部分分式．其中 A、B、a、p、q 为实常数，$n > 1$ 为正整数，且 $p^2 - 4q < 0$．

定理 4.1 若 $\dfrac{P(x)}{(x-a)^k Q(x)}$ 为有理真分式,且 $k \geqslant 1$, $Q(a) \neq 0$. $P(x)$ 与 $Q(x)$ 之间无公因子,则

$$\frac{P(x)}{(x-a)^k Q(x)} = \frac{A_1}{(x-a)^k} + \frac{P_1(x)}{(x-a)^{k-1} Q(x)}. \tag{4.1}$$

这里 A_1 为常数, $\dfrac{P_1(x)}{(x-a)^{k-1} Q(x)}$ 仍为有理真分式.

证 取常数 $A_1 = \dfrac{P(a)}{Q(a)}$,知 $P(a) - A_1 Q(a) = 0$,即方程

$$P(x) - A_1 Q(x) = 0 \text{ 有一个根为 } a,\text{于是}$$

$$P(x) - A_1 Q(x) = (x-a) P_1(x) = 0,$$

故

$$\begin{aligned} \frac{P(x)}{(x-a)^k Q(x)} - \frac{A_1}{(x-a)^k} &= \frac{P(x) - A_1 Q(x)}{(x-a)^k Q(x)} \\ &= \frac{(x-a) P_1(x)}{(x-a)^k Q(x)} \\ &= \frac{P_1(x)}{(x-a)^{k-1} Q(x)} \end{aligned}$$

移项后有

$$\frac{P(x)}{(x-a)^k Q(x)} = \frac{A_1}{(x-a)^k} + \frac{P_1(x)}{(x-a)^{k-1} Q(x)}. \qquad \text{证毕.}$$

应当注意,在式(4.1)中,只要 $k - 1 \neq 0$,定理 4.1 的结果就可以重复应用,直到分母不出现 $(x-a)$ 为止. 例如

$$\begin{aligned} \frac{P(x)}{(x-a)^k Q(x)} &= \frac{A_1}{(x-a)^k} + \frac{P_1(x)}{(x-a)^{k-1} Q(x)} \\ &= \frac{A_1}{(x-a)^k} + \frac{A_2}{(x-a)^{k-1}} + \frac{P_2(x)}{(x-a)^{k-2} Q(x)} \\ &= \cdots \\ &= \frac{A_1}{(x-a)^k} + \frac{A_2}{(x-a)^{k-1}} + \cdots + \frac{A_k}{x-a} + \frac{P_k(x)}{Q(x)}. \end{aligned}$$

* **定理 4.2** 若有理真分式 $\dfrac{P(x)}{(x^2 + px + q)^k Q(x)}$ 中 $k \geqslant 1$, $Q(x)$ 与 $P(x)$ 之间无公因子,且 $(x - a - bi)(x - a + bi) = x^2 + px + q$, $(p^2 - 4q < 0)$, $Q(a \pm bi) \neq 0$,则有分解式

$$\frac{P(x)}{(x^2 + px + q)^k Q(x)}$$

$$= \frac{B_1 x + C_1}{(x^2 + px + q)^k} + \frac{P_1(x)}{(x^2 + px + q)^{k-1} Q(x)}. \tag{4.2}$$

这里 $\dfrac{P_1(x)}{(x^2 + px + q)^{k-1} Q(x)}$ 仍为有理真分式, B_1 和 C_1 为常数, i 为虚数单位.

定理 4.2 的证明略去.

只要 $k-1 \neq 0$, 定理 4.2 的结果就可以重复应用. 例如

$$\frac{P(x)}{(x^2 + px + q)^k Q(x)}$$

$$= \frac{B_1 x + C_1}{(x^2 + px + q)^k} + \frac{P_1(x)}{(x^2 + px + q)^{k-1} Q(x)}$$

$$= \frac{B_1 x + C_1}{(x^2 + px + q)^k} + \frac{B_2 x + C_2}{(x^2 + px + q)^{k-1}} +$$

$$\frac{P_2(x)}{(x^2 + px + q)^{k-2} Q(x)}$$

$$= \cdots$$

$$= \frac{B_1 x + C_1}{(x^2 + px + q)^k} + \frac{B_2 x + C_2}{(x^2 + px + q)^{k-1}} + \cdots$$

$$+ \frac{B_k x + C_k}{(x^2 + px + q)} + \frac{P_k(x)}{Q(x)}.$$

由定理 4.1 与定理 4.2 可知, 有理真分式总可以化为下列 4 种部分分式的代数和.

(1) $\dfrac{A}{x-a}$;   (2) $\dfrac{A}{(x-a)^n}$ $(n>1)$;

(3) $\dfrac{Bx+C}{x^2+px+q}$;   (4) $\dfrac{Bx+C}{(x^2+px+q)^n}$ $(n>1)$.

其中, 在(3)与(4)中, $p^2 - 4q < 0$.

例 4.1 把 $\dfrac{x+5}{x^2-2x-3}$ 分解为部分分式之和.

解 由于 $x^2 - 2x - 3 = (x-3)(x+1)$, 由定理 4.1 有

$$\frac{x+5}{x^2-2x-3} = \frac{A}{x-3} + \frac{B}{x+1}.$$

可知

$$x + 5 = A(x+1) + B(x-3) = (A+B)x + (A-3B),$$

即

$$\begin{cases} A + B = 1, \\ A - 3B = 5. \end{cases}$$

故

$$A = 2, B = -1.$$

于是有

$$\frac{x + 5}{x^2 - 2x - 3} = \frac{2}{x - 3} - \frac{1}{x + 1}.$$

例 4.2 把 $\dfrac{2}{x^3 - x}$ 分解为部分分式之和.

解 由于 $x^3 - x = x(x - 1)(x + 1)$,由定理 4.1 有

$$\frac{2}{x^3 - x} = \frac{A}{x} + \frac{B}{x + 1} + \frac{C}{x - 1}.$$

可知

$$\begin{aligned} 2 &= A(x + 1)(x - 1) + Bx(x - 1) + Cx(x + 1) \\ &= (A + B + C)x^2 + (C - B)x - A. \end{aligned}$$

故

$$A = -2, B = 1, C = 1.$$

于是有

$$\frac{2}{x^3 - x} = -\frac{2}{x} + \frac{1}{x + 1} + \frac{1}{x - 1}.$$

例 4.3 把 $\dfrac{2x + 2}{(x - 1)(x^2 + 1)^2}$ 分解为部分分式之和.

解 由定理 4.1 与定理 4.2 可知,

$$\frac{2x + 2}{(x - 1)(x^2 + 1)^2} = \frac{A}{x - 1} + \frac{B_1 x + C_1}{x^2 + 1} + \frac{B_2 x + C_2}{(x^2 + 1)^2}.$$

即

$$\begin{aligned} 2x + 2 &= (A + B_1)x^4 + (C_1 - B_1)x^3 + (2A + B_2 + B_1 - C_1)x^2 \\ &\quad + (C_2 + C_1 - B_2 - B_1)x + A - C_2 - C_1. \end{aligned}$$

得

$$A = 1, B_1 = -1, C_1 = -1, B_2 = -2, C_2 = 0.$$

于是有

$$\frac{2x + 2}{(x - 1)(x^2 + 1)^2} = \frac{1}{x - 1} - \frac{x + 1}{x^2 + 1} - \frac{2x}{(x^2 + 1)^2}.$$

像例 4.1、例 4.2 及例 4.3 那样,确定有理真分式为部分分式之和的办法,叫做待定系数法.类似地,有

$$\frac{3x^4 + x^3 + 4x^2 + 1}{x^5 + 2x^3 + x} = \frac{1}{x} + \frac{2x + 1}{x^2 + 1} - \frac{1}{(x^2 + 1)^2}$$

2. 有理函数的积分

既然有理函数的积分可以转化为多项式及有理真分式的积分,而多项式的积分是大家都会求的.因此,有理函数的积分问题主要是讨论有理真分式的积分.

有理真分式可以分解为部分分式之和,最终就把有理真分式的积分,归结为求下面 4 种类型的部分分式的积分:

(1) $\int \dfrac{A}{x - a} \mathrm{d}x$;

(2) $\int \dfrac{A}{(x - a)^n} \mathrm{d}x, n > 1$;

(3) $\int \dfrac{Bx + C}{x^2 + px + q} \mathrm{d}x, p^2 - 4q < 0$;

(4) $\int \dfrac{Bx + C}{(x^2 + px + q)^n} \mathrm{d}x, p^2 - 4q < 0, n > 1$.

这 4 种类型的积分,均可用基本积分法求出.

(1) $\int \dfrac{A}{x - a} \mathrm{d}x = A\ln | x - a | + C$;

(2) 当 $n > 1$ 时, $\int \dfrac{A}{(x - a)^n} \mathrm{d}x = A \int \dfrac{\mathrm{d}(x - a)}{(x - a)^n} = \dfrac{A}{1 - n}(x - a)^{1 - n} + C$;

(3) 当 $p^2 - 4q < 0$ 时,

$$\int \frac{Bx + C}{x^2 + px + q} \mathrm{d}x = \frac{1}{2} \int \frac{2Bx + Bp + 2C - Bp}{x^2 + px + q} \mathrm{d}x$$

$$= \frac{B}{2} \int \frac{2x + p}{x^2 + px + q} \mathrm{d}x + \frac{2C - Bp}{2} \int \frac{1}{x^2 + px + q} \mathrm{d}x$$

$$= \frac{B}{2} \ln(x^2 + px + q) + \frac{2C - Bp}{2} \cdot \int \frac{1}{\left(x + \frac{p}{2}\right)^2 + \left(\frac{\sqrt{4q - p^2}}{2}\right)^2} \mathrm{d}x$$

$$= \frac{B}{2} \ln(x^2 + px + q) + \frac{2C - Bp}{\sqrt{4q - p^2}} \arctan \frac{2x + p}{\sqrt{4q - p^2}} + C;$$

(4) 当 $p^2 - 4q < 0$,且 $n > 1$ 时,

$$\int \frac{Bx + C}{(x^2 + px + q)^n} \mathrm{d}x = \frac{1}{2} \int \frac{2Bx + Bp + 2C - Bp}{(x^2 + px + q)^n} \mathrm{d}x$$

$$= \frac{B}{2} \int \frac{2x + p}{(x^2 + px + q)^n} \mathrm{d}x + \frac{2C - Bp}{2} \cdot \int \frac{\mathrm{d}x}{(x^2 + px + q)^n}$$

$$= \frac{B}{2(1-n)}(x^2 + px + q)^{1-n} + \frac{2C - Bp}{2}\int \frac{1}{(u^2 + a^2)^n}du,$$

这里，$u = x + \frac{p}{2}$，$a = \frac{\sqrt{4q - p^2}}{2}$.

只要再求出积分 $\int \frac{1}{(u^2 + a^2)^n}du$，有理真分式的积分问题就解决了.

若令 $I_n = \int \frac{1}{(u^2 + a^2)^n}du$　（$n > 1$），则有递推公式

$$I_n = \frac{1}{2a^2(n-1)}\Big[\frac{u}{(u^2 + a^2)^{n-1}} + (2n-3)I_{n-1} \Big]. \tag{4.3}$$

下面，给出递推公式(4.3)的证明.

$$I_n = \frac{1}{a^2}\int \frac{u^2 + a^2 - u^2}{(u^2 + a^2)^n}du = \frac{1}{a^2}I_{n-1} - \frac{1}{a^2}\int \frac{u^2}{(u^2 + a^2)^n}du$$

$$= \frac{1}{a^2}\Big[I_{n-1} - \frac{1}{2(1-n)}\int ud(u^2 + a^2)^{1-n} \Big]$$

$$= \frac{1}{a^2}\Big\{ I_{n-1} - \frac{1}{2(1-n)}\Big[\frac{u}{(u^2 + a^2)^{n-1}} - \int \frac{du}{(u^2 + a^2)^{n-1}} \Big] \Big\}$$

$$= \frac{1}{a^2}\Big\{ \Big[1 + \frac{1}{2(1-n)} \Big] I_{n-1} - \frac{u}{2(1-n)(u^2 + a^2)^{n-1}} \Big\}$$

于是得递推公式(4.3)

$$I_n = \frac{1}{2a^2(n-1)}\Big[\frac{u}{(u^2 + a^2)^{n-1}} + (2n-3)I_{n-1} \Big].$$

在递推公式(4.3)中，要求 $n > 1$，而对 $n = 1$，显然有

$$I_1 = \int \frac{1}{u^2 + a^2}du = \frac{1}{a}\arctan\frac{u}{a} + C.$$

当 $n > 1$ 时，由递推公式(4.3)，有

$$I_2 = \frac{1}{2a^2}\Big[\frac{u}{u^2 + a^2} + I_1 \Big]$$

$$= \frac{1}{2a^2}\Big[\frac{u}{u^2 + a^2} + \frac{1}{a}\arctan\frac{u}{a} \Big] + C.$$

$$I_3 = \frac{1}{4a^2}\Big[\frac{u}{(u^2 + a^2)^2} + 3I_2 \Big]$$

$$= \frac{1}{4a^2}\Big[\frac{u}{(u^2 + a^2)^2} + \frac{3u}{2a^2(u^2 + a^2)} + \frac{3}{2a^3}\arctan\frac{u}{a} \Big] + C.$$

……

有了递推公式(4.3)，无论 n 为任何自然数，积分 $\int \frac{1}{(u^2 + a^2)^n}du$ 总可以计

算出来.到现在为止,第(4)种情况的积分 $\int \dfrac{Bx + C}{(x^2 + px + q)^n}\mathrm{d}x\,(p^2 - 4q < 0, n > 1)$ 已经在有递推公式的条件下解决了,从而有理真分式的积分问题以及有理函数的积分问题也就解决了.

例 4.4　求 $\int \dfrac{2}{x^3 - x}\mathrm{d}x$.

解　由例 4.2 可知

$$\int \frac{2}{x^3 - x}\mathrm{d}x = \int\left(-\frac{2}{x} + \frac{1}{x + 1} + \frac{1}{x - 1}\right)\mathrm{d}x$$

$$= \ln(x + 1) + \ln(x - 1) - 2\ln x + C$$

$$= \ln(x^2 - 1) - 2\ln x + C.$$

例 4.5　求 $\int \dfrac{3x^4 + x^3 + 4x^2 + 1}{x^5 + 2x^3 + x}\mathrm{d}x$.

解　被积函数为有理真分式,其分解式在例 4.3 讲完之后就已经给出,故

$$\int \frac{3x^4 + x^3 + 4x^2 + 1}{x^5 + 2x^3 + x}\mathrm{d}x = \int\left[\frac{1}{x} + \frac{2x + 1}{x^2 + 1} - \frac{1}{(x^2 + 1)^2}\right]\mathrm{d}x$$

$$= \ln|x| + \ln(x^2 + 1) + \arctan x - \frac{1}{2}\left[\frac{x}{x^2 + 1} + \arctan x\right] + C$$

$$= \ln|x(x^2 + 1)| + \frac{1}{2}\arctan x - \frac{x}{2(x^2 + 1)} + C.$$

以上所讲的只是计算有理函数积分的一般办法,但对于某些特殊类型的有理真分式的积分,则不一定要用这种一般的方法.例如,对积分 $\int \dfrac{x^2}{x^3 - 1}\mathrm{d}x$,直接用换元积分法计算就要简捷得多.

$$\int \frac{x^2}{x^3 - 1}\mathrm{d}x = \frac{1}{3}\int\frac{\mathrm{d}(x^3 - 1)}{x^3 - 1} = \frac{1}{3}\ln|x^3 - 1| + C.$$

5.4.2　三角函数有理式的积分

三角函数有理式是指由三角函数及常数经过有限次的四则运算所构成的函数.由于 $\tan x$、$\cot x$、$\sec x$、$\csc x$ 都可以用 $\sin x$ 和 $\cos x$ 的有理式表示,因此,三角函数的有理式都可以化为只含 $\sin x$ 和 $\cos x$ 的有理式.若用记号 $R(\sin x, \cos x)$ 表示只对 $\sin x$、$\cos x$ 及常数进行四则运算所得的有理式,则下面的式子

$$\frac{1}{2\sin x - \cos x + 3},\quad \frac{\tan x + \tan^3 x}{3 + \tan^2 x},\quad \frac{1}{5 + 4\cos 2x}.$$

都可以看作是三角函数的有理式 $R(\sin x, \cos x)$.

1. $\int R(\sin x, \cos x)\mathrm{d}x$

三角函数有理式的积分 $\int R(\sin x, \cos x)\mathrm{d}x$,总可以用代换 $u = \tan\dfrac{x}{2}$,化为有理函数的积分.

因为,当 $u = \tan\dfrac{x}{2}$ 时,$x = 2\arctan u, \mathrm{d}x = \dfrac{2}{1 + u^2}\mathrm{d}u$.

所以

$$\sin x = 2\sin\frac{x}{2}\cos\frac{x}{2} = \frac{2\tan\dfrac{x}{2}}{\sec^2\dfrac{x}{2}} = \frac{2u}{1 + u^2},$$

$$\cos x = \cos^2\frac{x}{2} - \sin^2\frac{x}{2} = \frac{1 - \tan^2\dfrac{x}{2}}{\sec^2\dfrac{x}{2}} = \frac{1 - u^2}{1 + u^2}.$$

于是

$$\int R(\sin x, \cos x)\mathrm{d}x = \int R\left(\frac{2u}{1 + u^2}, \frac{1 - u^2}{1 + u^2}\right)\frac{2}{1 + u^2}\mathrm{d}u.$$

上式的右边已经是关于变量 u 的有理函数的积分,从理论上讲,总是可以积得出来的,最后只需把变量 u 换回 $\tan\dfrac{x}{2}$,就得到所求的结果.

例 4.6 求 $\int\dfrac{1}{\sin x(1 + \cos x)}\mathrm{d}x$.

解 令 $u = \tan\dfrac{x}{2}$,则 $\sin x = \dfrac{2u}{1 + u^2}, \cos x = \dfrac{1 - u^2}{1 + u^2}, \mathrm{d}x = \dfrac{2}{1 + u^2}\mathrm{d}u$.于是

$$\int\frac{1}{\sin x(1 + \cos x)}\mathrm{d}x = \int\frac{1}{\dfrac{2u}{1 + u^2}\cdot\left(1 + \dfrac{1 - u^2}{1 + u^2}\right)}\cdot\frac{2}{1 + u^2}\mathrm{d}u$$

$$= \frac{1}{2}\int\left(u + \frac{1}{u}\right)\mathrm{d}u = \frac{1}{4}u^2 + \frac{1}{2}\ln u + C$$

$$= \frac{1}{4}\tan^2\frac{x}{2} + \frac{1}{2}\ln\left|\tan\frac{x}{2}\right| + C.$$

对三角函数有理式的积分,令代换 $u = \tan\dfrac{x}{2}$,总可以化为有理函数的积分,因此,有人把这种代换称为三角函数有理式积分的"万能代换".对某些三角函数有理式的积分,"万能代换"并不是最简捷的方法,例如,对积分 $\int R(\tan x)\mathrm{d}x$ 就

宜于用代换：$u = \tan x$ 来解.

2. $\int R(\tan x) \mathrm{d}x$

若令代换 $u = \tan x$，则 $x = \arctan u, \mathrm{d}x = \dfrac{1}{1 + u^2} \mathrm{d}u$，于是有

$$\int R(\tan x) \mathrm{d}x = \int R(u) \frac{1}{1 + u^2} \mathrm{d}u.$$

上式右边的积分，被积函数已经是 u 的有理函数了，积分出来之后，把变量 u 换回为 $\tan x$，就得到所求的结果.

例 4.7 求 $\int \dfrac{\tan x + \tan^3 x}{2 + \tan^2 x} \mathrm{d}x$.

解 令 $u = \tan x$，则 $x = \arctan u, \mathrm{d}x = \dfrac{1}{1 + u^2} \mathrm{d}u$，于是

$$\int \frac{\tan x + \tan^3 x}{2 + \tan^2 x} \mathrm{d}x = \int \frac{u(1 + u^2)}{2 + u^2} \cdot \frac{1}{1 + u^2} \mathrm{d}u$$

$$= \int \frac{u}{u^2 + 2} \mathrm{d}u = \frac{1}{2} \ln(u^2 + 2) + C$$

$$= \frac{1}{2} \ln(\tan^2 x + 2) + C.$$

除了 $\int R(\tan x) \mathrm{d}x$ 这种类型的积分之外，当被积函数中仅含 $\sin^2 x, \cos^2 x$（或 $\sin 2x, \cos 2x$）的有理式时，代换 $u = \tan x$ 也可以使用，这时

$$R(\sin^2 x, \cos^2 x) = R\left(\frac{u^2}{1 + u^2}, \frac{1}{1 + u^2}\right),$$

$$R(\sin 2x, \cos 2x) = R\left(\frac{2u}{1 + u^2}, \frac{1 - u^2}{1 + u^2}\right).$$

例 4.8 求 $\int \dfrac{1}{5 + 4\cos 2x} \mathrm{d}x$.

解 令 $u = \tan x$，则 $\cos 2x = \dfrac{1 - u^2}{1 + u^2}, \mathrm{d}x = \dfrac{1}{1 + u^2} \mathrm{d}u$，于是

$$\int \frac{1}{5 + 4\cos 2x} \mathrm{d}x = \int \frac{1}{5 + 4\dfrac{1 - u^2}{1 + u^2}} \cdot \frac{\mathrm{d}u}{1 + u^2}$$

$$= \int \frac{1}{u^2 + 3^2} \mathrm{d}u = \frac{1}{3} \arctan\left(\frac{u}{3}\right) + C$$

$$= \frac{1}{3} \arctan\left(\frac{1}{3} \tan x\right) + C.$$

应当指出的是，三角函数有理式的积分除了上面介绍的办法之外，有时还可

能有更简单的方法. 例如

$$\int \frac{\cos x}{1 + \sin x} \mathrm{d}x = \int \frac{\mathrm{d}(1 + \sin x)}{1 + \sin x} = \ln | 1 + \sin x | + C.$$

*5.4.3 两种无理函数的积分

有的无理函数的积分, 经过适当的代换之后, 可以化为有理函数的积分. 这里, 介绍两种无理函数的积分.

1. $\int R\left(x, \sqrt[n]{\dfrac{ax + b}{cx + h}} \right) \mathrm{d}x$

其中 $n \geqslant 2$ 为自然数, a、b、c、h 为常数, 且 $ac \neq 0$.

作代换: $t = \sqrt[n]{\dfrac{ax + b}{cx + h}}$, 则 $x = \dfrac{ht^n - b}{a - ct^n}$, $\mathrm{d}x = \dfrac{n(ah - bc) t^{n-1}}{(a - ct^n)^2} \mathrm{d}t$.

于是

$$\int R\left(x, \sqrt[n]{\frac{ax + b}{cx + h}} \right) \mathrm{d}x = \int R\left(\frac{ht^n - b}{a - ct^n}, t \right) \cdot \frac{n(ah - bc) t^{n-1}}{(a - ct^n)^2} \mathrm{d}t.$$

上式右边积分中的被积函数, 已是变量 t 的有理函数, 积分出来之后, 再把

变量 t 换回 $\sqrt[n]{\dfrac{ax + b}{cx + h}}$, 就得到所求的结果.

在上面的讨论中, 当然包括了 $c = 0$, $h = 1$ 的情形, 即包括了

$\int R(x, \sqrt[n]{ax + b}) \mathrm{d}x$.

例 4.9 求 $\int \dfrac{1}{x} \sqrt{\dfrac{x + 1}{x}} \mathrm{d}x$.

解 令 $t = \sqrt{\dfrac{x + 1}{x}}$, 则 $x = \dfrac{1}{t^2 - 1}$, $\mathrm{d}x = -\dfrac{2t}{(t^2 - 1)^2} \mathrm{d}t$, 于是

$$\int \frac{1}{x} \sqrt{\frac{x + 1}{x}} \mathrm{d}x = \int (t^2 - 1) \cdot t \cdot \left[-\frac{2t}{(t^2 - 1)^2} \right] \mathrm{d}t$$

$$= -2 \int \frac{t^2}{t^2 - 1} \mathrm{d}t = -2 \int \left(1 + \frac{1}{t^2 - 1} \right) \mathrm{d}t$$

$$= -2t - \ln \left| \frac{t - 1}{t + 1} \right| + C$$

$$= -2 \sqrt{\frac{x + 1}{x}} - \ln \left| x \left(\sqrt{\frac{x + 1}{x}} - 1 \right)^2 \right| + C.$$

例 4.10 求 $\int \dfrac{x + 1}{(3x + 1)^{\frac{2}{3}}} \mathrm{d}x$.

解 令 $t = \sqrt[3]{3x+1}$，则 $x = \dfrac{1}{3}(t^3 - 1)$，$\mathrm{d}x = t^2 \mathrm{d}t$，于是

$$\int \frac{x+1}{(3x+1)^{\frac{2}{3}}} \mathrm{d}x = \int \frac{1}{t^2}\left(\frac{t^3-1}{3} + 1\right) t^2 \mathrm{d}t$$

$$= \frac{1}{3}\int (t^3 + 2)\mathrm{d}t = \frac{1}{3}\left(\frac{1}{4}t^4 + 2t\right) + C$$

$$= \frac{1}{12}(3x+1)^{\frac{4}{3}} + \frac{2}{3}(3x+1)^{\frac{1}{3}} + C.$$

2. $\displaystyle\int R(x, \sqrt{ax^2 + bx + c})\,\mathrm{d}x$

这类积分的计算，通常都是先对根号内的二次三项式进行配方后，通过代换化为三角函数有理式的积分. 下面举例说明.

例 4.11 求 $\displaystyle\int \frac{x}{\sqrt{12x - 4x^2}}\,\mathrm{d}x$.

解 先对根号内的二次式配方，再令代换有

$$\int \frac{x}{\sqrt{12x - 4x^2}}\,\mathrm{d}x = \int \frac{x}{\sqrt{4\left[\left(\frac{3}{2}\right)^2 - \left(x - \frac{3}{2}\right)^2\right]}}\,\mathrm{d}\left(x - \frac{3}{2}\right)$$

$$\xrightarrow{t = x - \frac{3}{2}} \frac{1}{2}\int \frac{t + \frac{3}{2}}{\sqrt{\left(\frac{3}{2}\right)^2 - t^2}}\,\mathrm{d}t$$

$$= \frac{1}{2}\int \frac{t}{\sqrt{\left(\frac{3}{2}\right)^2 - t^2}}\,\mathrm{d}t + \frac{3}{4}\int \frac{1}{\sqrt{\left(\frac{3}{2}\right)^2 - t^2}}\,\mathrm{d}t$$

$$= -\frac{1}{2}\sqrt{\frac{9}{4} - t^2} + \frac{3}{4}\arcsin\frac{t}{\frac{3}{2}} + C$$

$$= -\frac{1}{2}\sqrt{3x - x^2} + \frac{3}{4}\arcsin\frac{2x - 3}{3} + C.$$

例 4.12 求 $\displaystyle\int \frac{1}{1 + \sqrt{x^2 + 2x + 2}}\,\mathrm{d}x$.

解

$$\int \frac{1}{1 + \sqrt{x^2 + 2x + 2}}\,\mathrm{d}x = \int \frac{\mathrm{d}(x+1)}{1 + \sqrt{(x+1)^2 + 1}}$$

$$\xrightarrow{x + 1 = \tan t} \int \frac{(\sec^2 t)\,\mathrm{d}t}{1 + \sec t} = \int \frac{1}{\cos^2 t + \cos t}\,\mathrm{d}t$$

$$= \int \left(\frac{1}{\cos t} - \frac{1}{1 + \cos t}\right)\mathrm{d}t = \int \sec t\,\mathrm{d}t - \frac{1}{2}\int \sec^2 \frac{t}{2}\,\mathrm{d}t$$

$$= \ln |\sec t + \tan t| - \tan \frac{t}{2} + C$$

$$= \ln \left| x + 1 + \sqrt{x^2 + 2x + 2} \right| - \frac{\sqrt{x^2 + 2x + 2} - 1}{x + 1} + C.$$

对于某些含有二次根式的不定积分,还可以用"倒数代换"来解.

例 4.13 求 $\displaystyle\int \frac{1}{x\sqrt{3x^2 - 2x - 1}} dx, (x > 1)$.

解 令倒数代换:$x = \dfrac{1}{t}$,则 $dx = -\dfrac{1}{t^2}dt$,于是

$$\int \frac{1}{x\sqrt{3x^2 - 2x - 1}} dx \xlongequal{x = \frac{1}{t}} \int \frac{1}{\frac{1}{t}\sqrt{\frac{3}{t^2} - \frac{2}{t} - 1}} \left(-\frac{1}{t^2}\right) dt$$

$$= -\int \frac{1}{\sqrt{3 - 2t - t^2}} dt$$

$$= -\int \frac{1}{\sqrt{2^2 - (t + 1)^2}} d(t + 1)$$

$$= -\arcsin \frac{t + 1}{2} + C = -\arcsin \frac{x + 1}{2x} + C.$$

一般地说,"倒数代换"适用于下面两种类型的积分:

$$\int \frac{1}{x\sqrt{ax^2 + bx + c}} dx, \int \frac{1}{x^2\sqrt{ax^2 + bx + c}} dx.$$

*5.4.4 关于不定积分的说明

关于不定积分,还有一点需要说明.对初等函数来说,由于它在定义区间内都是连续的,因此,初等函数的原函数一定存在.应当指出的是:有相当多的初等函数的原函数,却不能用初等函数表示.

当初等函数的原函数不是初等函数(或原函数不能用初等函数表示)时,称这类初等函数 $f(x)$ 的不定积分 $\displaystyle\int f(x)dx$ "积不出来".所谓"积不出来"不是说这类初等函数 $f(x)$ 没有原函数,或者原函数不存在,而是说这类初等函数 $f(x)$ 的原函数不是初等函数,这样的例子是很多的,如

$$\int \frac{\sin x}{x} dx, \int \frac{\cos x}{x} dx, \int \frac{1}{\ln x} dx,$$

$$\int e^{-x^2} dx, \int \sin x^2 dx, \int \cos x^2 dx,$$

$$\int \frac{1}{\sqrt{1 + x^3}} dx, \int \frac{1}{\sqrt{1 - k^2\sin^2 x}} dx \quad (0 < k < 1), \cdots$$

这些积分,看起来很简单,实际上它们都是"积不出来"的.

习题 5-4

1. 计算下列不定积分.

(1) $\int \dfrac{3x+4}{x^2+6x+5}\mathrm{d}x$;

(2) $\int \dfrac{4x-2}{x^3-x^2-2x}\mathrm{d}x$;

(3) $\int \dfrac{2x+2}{(x-1)(x^2+2)^2}\mathrm{d}x$.

2. 求下列不定积分.

(1) $\int \dfrac{1}{2+\sin x}\mathrm{d}x$;

(2) $\int \dfrac{1}{\sin x+\tan x}\mathrm{d}x$;

(3) $\int \dfrac{1}{1+\sin x+\cos x}\mathrm{d}x$;

(4) $\int \dfrac{1+\sin x}{1+\cos x}\mathrm{d}x$;

(5) $\int \dfrac{1}{1+3\cos^2 x}\mathrm{d}x$;

(6) $\int \dfrac{\sin x}{1+\sin x}\mathrm{d}x$.

3. 选取适当的方法,计算下列不定积分.

(1) $\int \dfrac{x^2}{x^6+1}\mathrm{d}x$;

(2) $\int \dfrac{x+1}{x^2+2x+5}\mathrm{d}x$;

(3) $\int \dfrac{1+\tan x}{\sin 2x}\mathrm{d}x$;

(4) $\int \dfrac{1}{x^4+x^2}\mathrm{d}x$;

(5) $\int \dfrac{\sqrt[3]{x}}{x(\sqrt{x}+\sqrt[3]{x})}\mathrm{d}x$;

(6) $\int \dfrac{\sqrt{x-1}}{x}\mathrm{d}x$.

4. 求下列不定积分.

(1) $\int \dfrac{1+\sin x}{1-\sin x}\mathrm{d}x$;

(2) $\int \dfrac{1-\cos x}{1+\cos x}\mathrm{d}x$;

(3) $\int \dfrac{1}{x^4\sqrt{1+x^2}}\mathrm{d}x$;

(4) $\int \dfrac{\mathrm{e}^{2x}}{\sqrt[4]{1+\mathrm{e}^x}}\mathrm{d}x$.

第5章 基 本 要 求

1. 知道不定积分与原函数的概念,了解不定积分的基本性质,记熟基本积分表.

2. 掌握不定积分的基本方法:换元积分法与分部积分法.

3. 理解本章中的主要内容(包括例题),能独立完成本章中的习题.

复习题 5

1. 填空题.

(1) $\displaystyle\int \frac{1}{\sin^2 x \cos^2 x}\mathrm{d}x = $ _____.

(2) $\displaystyle\int \frac{1}{\sqrt{(1-x^2)^3}}\mathrm{d}x = $ _____.

(3) $\displaystyle\int x^2 \cos x\,\mathrm{d}x = $ _____.

(4) $\displaystyle\int \frac{\sqrt{1+x^2}+\sqrt{1-x^2}}{\sqrt{1-x^4}}\mathrm{d}x = $ _____.

(5) 已知 $\dfrac{\cos x}{x}$ 是连续函数 $f(x)$ 的一个原函数,则 $\displaystyle\int f(x)\frac{\cos x}{x}\mathrm{d}x = $ _____.

2. 选择题.

(1) 满足条件 $f'(x) = \left(\sin\dfrac{x}{2}+\cos\dfrac{x}{2}\right)^2$, 且 $f\left(\dfrac{\pi}{2}\right) = \pi$ 的函数 $f(x)$ 是

(A) $x + \cos x - \dfrac{\pi}{2}$; (B) $x + \cos x + \dfrac{\pi}{2}$;

(C) $x - \cos x + \dfrac{\pi}{2}$; (D) $x - \cos x - \dfrac{\pi}{2}$.

答( )

(2) $\displaystyle\int \mathrm{e}^x \cos x\,\mathrm{d}x = $

(A) $\dfrac{1}{2}\mathrm{e}^x(\sin x - \cos x) + C$; (B) $\dfrac{1}{2}\mathrm{e}^x(\sin x + \cos x) + C$;

(C) $\dfrac{1}{2}\mathrm{e}^x(\cos x - \sin x) + C$; (D) $\mathrm{e}^x \sin x + C$.

答( )

(3) 设 $I_n = \displaystyle\int \cos^n x\,\mathrm{d}x$, $x \in \mathbf{N}^+$, 则有递推公式

(A) $\dfrac{1}{n}\sin x + \dfrac{n-1}{n}I_{n-1}$; (B) $\dfrac{1}{n}\cos^{n-1}x + \dfrac{n-1}{n}I_{n-1}$;

(C) $\dfrac{1}{n}\sin x\cos^{n-1}x - \dfrac{n-1}{n}I_{n-2}$; (D) $\dfrac{1}{n}\sin x\cos^{n-1}x + \dfrac{n-1}{n}I_{n-2}$.

答( )

(4) 设 e^x 是 $f(x)$ 的一个原函数,则 $\displaystyle\int x f(x)\mathrm{d}x = $

(A) $\mathrm{e}^x(x-1) + C$; (B) $\mathrm{e}^x(1-x) + C$;

(C) $\mathrm{e}^x(x+1) + C$; (D) $-\mathrm{e}^x(1+x) + C$.

答( )

(5) $\int \dfrac{\sqrt{4+x}}{x}\,\mathrm{d}x =$

(A) $2\sqrt{4+x} - 2\ln\left|\dfrac{\sqrt{4+x}-2}{\sqrt{4+x}+2}\right| + C$;

(B) $2\sqrt{4+x} + 2\ln\left|\dfrac{\sqrt{4+x}-2}{\sqrt{4+x}+2}\right| + C$;

(C) $2\sqrt{4+x} + 2\ln\left|\dfrac{\sqrt{x-2}}{\sqrt{x+2}}\right| + C$;

(D) $2\sqrt{4+x} - 2\ln\left|\dfrac{\sqrt{x-2}}{\sqrt{x+2}}\right| + C$

答(　　)

3. 解下列各题.

(1) $\int (2x+3)^{1002}\,\mathrm{d}x$;　　　　(2) $\int \dfrac{\sqrt{3-4x}}{x}\,\mathrm{d}x$;

(3) $\int \dfrac{1}{(x^2+1)^2}\,\mathrm{d}x$;　　　　(4) $\int \dfrac{x\mathrm{e}^x}{(1+x)^2}\,\mathrm{d}x$;

(5) $\int \dfrac{x^2}{\sqrt{1+x^2}}\,\mathrm{d}x$.

4. 求下列各题的解.

(1) $\int \dfrac{1}{(x+1)^2(x^2+1)}\,\mathrm{d}x$;　　　(2) $\int x\sqrt[3]{2+x}\,\mathrm{d}x$;

(3) $\int \dfrac{x^5}{(2x^2+3)^3}\,\mathrm{d}x$;

(4) 已知 $f(x)$ 有连续的一阶导数,且 $f'(\cos x + 2) = \sin^2 x + \tan^2 x$,求 $f(x)$.

(5) 若 $I_n = \int (\ln x)^n\,\mathrm{d}x$, $n \in \mathbf{N}^+$,推导出 I_n 的递推公式,并求 I_2.

5. 试解下列各题.

(1) $\int \dfrac{1-\ln x}{(x-\ln x)^2}\,\mathrm{d}x$;　　　　(2) $\int \dfrac{1}{x^2(1-x^4)}\,\mathrm{d}x$.

第6章 定 积 分

6.1 定积分的概念

6.1.1 定积分问题的引例

1. 曲边梯形的面积

在平面直角坐标系 xOy 中,通常把由三条直线:$x=a$,$x=b$,$y=0$(即 Ox 轴)及一条曲线 $y=f(x)$ ($a \leqslant x \leqslant b$)所围成的图形称为曲边梯形.把 Ox 轴上的线段 ab 称为曲边梯形的底边,曲线段 $\overset{\frown}{AB}$ 称为曲边梯形的曲边,如图 6-1 所示(在图 6-1 中,$f(x) \geqslant 0$).

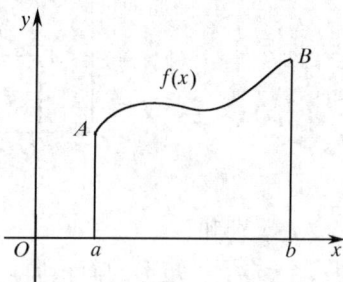

现在,我们来求曲边梯形 $AabBA$ 的面积 S.由于曲边梯形 $AabBA$ 的高 $f(x)$ 在区间$[a,b]$上是连续变化的,在任意的 $x \in [a,b]$时,当 x 变化不大时,$f(x)$的变化也不大.

图 6-1

当用一组垂直于 Ox 轴的直线,把曲边梯形分成若干个窄条的小曲边梯形时,在这些小曲边梯形内,高度的差别不大,可以用某一点处的高度去近似代替小曲边梯形内各点处的高度,从而可以用一个小矩形的面积,近似地代替小曲边梯形的面积.只要曲边梯形分割得足够细,且所有小曲边梯形的底部的宽度越小,这时,小矩形的面积与相应的小曲边梯形的面积就越接近.于是,所有的小矩形面积之和,就越来越逼近原来的大曲边梯形的面积.通过求极限,最终得到曲边梯形的面积.现在把方法详述于下.

(1)分割

把区间$[a,b]$任意地分割为 n 个子区间,其分点为

$$a = x_0 < x_1 < x_2 < \cdots < x_{n-1} < x_n = b.$$

每一个子区间$[x_{i-1},x_i]$的长度记为 $\Delta x_i = x_i - x_{i-1}$,$(i=1,2,\cdots,n)$.

过各分点,分别作垂直于 Ox 轴的直线,把原来的大曲边梯形分成了 n 个小曲边梯形.分别把这些小曲边梯形的面积记为 $\Delta S_i (i=1,2,\cdots,n)$,则

$$S = \Delta S_1 + \Delta S_2 + \cdots + \Delta S_{n-1} + \Delta S_n = \sum_{i=1}^{n} \Delta S_i.$$

这里,记号$\sum$称为和号(或连加号,读作"西格马"),和号下面的$i = 1$及上面的n,表示下标i从1开始,一直连加到下标等于n.

(2) 以常代变

在每一个小曲边梯形中,用底边长为Δx_i,底边上任意一点$\xi_i \in [x_{i-1}, x_i]$处的高$f(\xi_i)$为高的小矩形面积$f(\xi_i)\Delta x_i$近似代替相应的小曲边梯形的面积ΔS_i(图6-2),即

$$\Delta S_i \approx f(\xi_i)\Delta x_i \quad (i = 1, 2, \cdots, n).$$

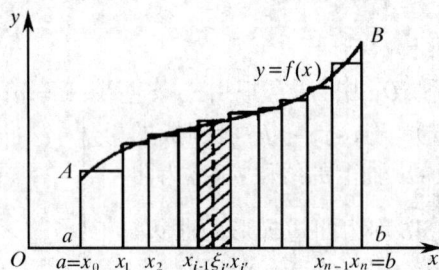

图6-2

(3) 求和

把n个小矩形的面积加起来,就得到所求的曲边梯形的面积S的近似值

$$S \approx f(\xi_1)\Delta x_1 + f(\xi_2)\Delta x_2 + \cdots + f(\xi_n)\Delta x_n$$

$$= \sum_{i=1}^{n} f(\xi_i)\Delta x_i.$$

(4)求极限

一般地说,无论n多么大,各子区间的宽度Δx_i多么小,和式$\sum_{i=1}^{n} f(\xi_i)\Delta x_i$仍然不等于曲边梯形的面积$S$,它只是$n$个小矩形组成的台阶形的面积.

显然,把区间$[a, b]$分得越细,每个小区间的长度越小,台阶形的面积$\sum_{i=1}^{n} f(\xi_i)\Delta x_i$就越接近于曲边梯形的面积.

为了求出S的精确值,令$\max_{1 \leq i \leq n} \Delta x_i = \lambda$,如果无论对区间$[a, b]$采取何种分法,也不论点$\xi_i \in [x_{i-1}, x_i]$如何取法,只要分割无限地变细,当$\lambda \to 0$时,和式$\sum_{i=1}^{n} f(\xi_i)\Delta x_i$存在惟一的极限,则这个极限值就是曲边梯形的面积$S$,即

$$S = \lim_{\lambda \to 0} \sum_{i=1}^{n} f(\xi_i)\Delta x_i.$$

2.变速直线运动的路程 s

设物体作直线运动,速度为 $v = v(t)$.求从时刻 $t = a$ 到 $t = b$ 时,物体所走过的路程 s.

如果速度 v 不变,物体作匀速直线运动,路程 s 等于速度乘以所用的时间

$$s = v(b - a).$$

现在考虑物体作变速直线运动,其速度 v 随时间 t 而改变,即 $v = v(t)(a \leqslant t \leqslant b)$ 是 t 的连续函数,要求物体在 $t \in [a, b]$ 上所走过的路程 s.解决这个问题的办法,与上面求曲边梯形面积的方法相似.

(1) 分割

把区间 $[a, b]$ 任意地分割为 n 个子区间,其分点为

$$a = t_0 < t_1 < t_2 < \cdots < t_{n-1} < t_n = b.$$

每一个子区间 $[t_{i-1}, t_i]$ 的长度记为 $\Delta t_i = t_i - t_{i-1}, (i = 1, 2, \cdots, n)$.

物体在 $t \in [a, b]$ 上所走过的路程 s,等于它在各子区间 $[t_{i-1}, t_i]$ 上所走过的路程 Δs_i 之和.即

$$s = \sum_{i=1}^{n} \Delta s_i.$$

(2) 以常代变

在一小段的时间间隔 $[t_{i-1}, t_i]$ 上,以任意的一点 $\xi_i \in [t_{i-1}, t_i]$ 处的速度 $v(\xi_i)$ 近似地代替这一小段时间上各点处的速度,得到物体在 $t \in [t_{i-1}, t_i]$ 上路程 Δs_i 的近似值

$$\Delta s_i \approx v(\xi_i)\Delta t_i \quad (i = 1, 2, \cdots, n).$$

(3) 求和

把上面的 n 个 $\Delta s_i \quad (i = 1, 2, \cdots, n)$ 的近似值加起来,就得到路程 s 的近似值

$$s \approx v(\xi_1)\Delta t_1 + v(\xi_2)\Delta t_2 + \cdots + v(\xi_{n-1})\Delta t_{n-1} + v(\xi_n)\Delta t_n$$

$$= \sum_{i=1}^{n} v(\xi_i)\Delta t_i.$$

(4) 求极限

很明显,分割越细,误差就越小.把区间 $[a, b]$ 无限地细分下去,如果无论对 $[a, b]$ 采取何种分法,也不论 ξ_i 在 $[t_{i-1}, t_i]$ 上如何取法,记 $\max_{1 \leqslant i \leqslant n} \Delta t_i = \lambda$,当 $\lambda \to 0$ 时,和式 $\sum_{i=1}^{n} v(\xi_i)\Delta t_i$ 存在惟一的极限,则这个极限值就是 $t \in [a, b]$ 上路程 s 的精确值,即

$$s = \lim_{\lambda \to 0} \sum_{i=1}^{n} v(\xi_i)\Delta t_i.$$

6.1.2　定积分的定义

前面讨论的两个实例,一个是属于几何学,另一个是属于物理学.尽管它们各自的具体内容不同,解决问题的方法却相同.反映到数学上都是求一个整体量的和式极限.类似这样的实例还不少,我们撇开它们的具体意义,抽象出它们的数学结构,就得到了定积分的定义.

定义 1.1　设函数 $f(x)$ 在 $[a,b]$ 上有定义,任取分点

$$a = x_0 < x_1 < x_2 < \cdots < x_{i-1} < x_i < \cdots < x_{n-1} < x_n = b,$$

把区间 $[a,b]$ 分为 n 个子区间 $[x_{i-1},x_i]$　$(i=1,2,\cdots,n)$,记 $\Delta x_i = x_i - x_{i-1}$.在每一个子区间 $[x_{i-1},x_i]$ 上任取一点 ξ_i,作乘积 $f(\xi_i)\cdot\Delta x_i$ 及和式

$$\sum_{i=1}^{n} f(\xi_i)\Delta x_i.$$

记 $\lambda = \max_{1\leqslant i\leqslant n}\Delta x_i$,如果无论对区间 $[a,b]$ 采取何种分法,也不论 ξ_i 在 $[x_{i-1},x_i]$ 中如何取法,只要 $\lambda\to 0$ 时,和式 $\sum_{i=1}^{n} f(\xi_i)\Delta x_i$ 总有确定的极限值

$$I = \lim_{\lambda\to 0}\sum_{i=1}^{n} f(\xi_i)\Delta x_i,$$

则称 I 为函数 $f(x)$ 在区间 $[a,b]$ 上的定积分,记为

$$I = \lim_{\lambda\to 0}\sum_{i=1}^{n} f(\xi_i)\Delta x_i = \int_a^b f(x)\mathrm{d}x,$$

其中,$f(x)$ 称为被积函数,$f(x)\mathrm{d}x$ 称为被积式,x 称为积分变量,a 称为积分下限,b 称为积分上限,$[a,b]$ 称为积分区间.

定积分 $\int_a^b f(x)\mathrm{d}x$ 表示了和式 $\sum_{i=1}^{n} f(\xi_i)\Delta x_i$ 当 $\lambda\to 0$ 时的极限.由定义 1.1 可知,它是一个确定的数值.这个数值与被积函数 $f(x)$ 及积分区间 $[a,b]$ 有关.如果既不改变被积函数 f,又不改变积分区间 $[a,b]$,只把积分变量 x 改为 t 或者 u,这时和式极限的值 I,也不会改变,即

$$\int_a^b f(x)\mathrm{d}x = \int_a^b f(t)\mathrm{d}t = \int_a^b f(u)\mathrm{d}u.$$

这就是定积分与积分变量的选取无关的性质(当然,定积分的值与被积函数和积分区间有关).

如果定积分 $\int_a^b f(x)\mathrm{d}x$ 存在,则称函数 $f(x)$ 在 $[a,b]$ 上可积.由定积分的定义可知:一个在 $[a,b]$ 上可积的函数 $f(x)$,必定是 $[a,b]$ 上的有界函数,即函数有界是函数可积的必要条件.

至于函数 $f(x)$ 在 $[a,b]$ 上满足什么条件时一定可积,我们不作进一步的讨论,只给出下面的存在定理.

定理 1.1 (定积分的存在定理)若 $f(x) \in \mathrm{C}[a,b]$,则定积分 $\displaystyle\int_a^b f(x)\mathrm{d}x$ 存在.

定理 1.1 告诉我们闭区间 $[a,b]$ 上的连续函数 $f(x)$ 是 $[a,b]$ 上的可积函数.根据定义 1.1,显然有

$$\int_a^b 0\mathrm{d}x = 0; \quad \int_a^b 1\mathrm{d}x = b - a.$$

在前面 6.1.1 中的两个引例,曲边梯形的面积用定积分则表示为 $S = \displaystyle\int_a^b f(x)\mathrm{d}x$,变速直线运动的路程则表示为 $s = \displaystyle\int_a^b v(t)\mathrm{d}t$.

6.1.3 定积分的几何意义

定积分的几何意义,可以用曲边梯形的面积来说明.

当 $f(x) \geqslant 0$ 时,定积分 $\displaystyle\int_a^b f(x)\mathrm{d}x$ 的值,在几何上代表了由曲线 $y = f(x)$,直线 $x = a, x = b$ 与 Ox 轴所围成的曲边梯形 $ACDBA$ 的面积 S,见图 6-3,即

$$\int_a^b f(x)\mathrm{d}x = S.$$

当 $f(x) \leqslant 0$ 时,由曲线 $y = f(x)$,直线 $x = a, x = b$ 与 Ox 轴所围成的曲边梯形 $ACDBA$ 位于 Ox 轴的下方(见图 6-4).此时定积分 $\displaystyle\int_a^b f(x)\mathrm{d}x$ 是个负数,其绝对值等于图 6-4 中曲边梯形的面积,即

$$\int_a^b f(x)\mathrm{d}x = -S.$$

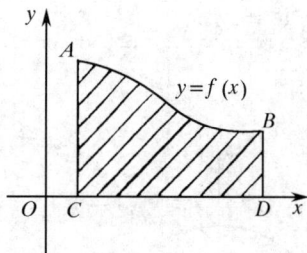

图 6-3

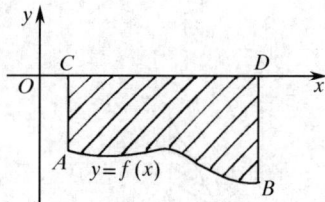

图 6-4

当 $f(x)$ 在区间 $[a,b]$ 上有时为正,有时为负时,则曲线 $y = f(x)$ 有时在 Ox 轴上方,有时在 Ox 轴下方,这时定积分 $\displaystyle\int_a^b f(x)\mathrm{d}x$ 在几何上表示介于 Ox 轴、曲线

$y = f(x)$ 及直线 $x = a$，$x = b$ 之间的位于 Ox 轴上方的各部分面积之和减去位于 Ox 轴下方的各部分面积之和，例如在图 $6-5$ 中，就有

$$\int_a^b f(x)\mathrm{d}x = (S_1 + S_3 + S_5) - (S_2 + S_4).$$

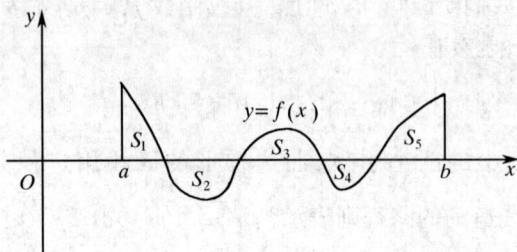

图 $6-5$

例 1.1 由定积分的几何意义，确定下列定积分的值．

(1) $\int_0^1 2x\mathrm{d}x$；　(2) $\int_0^1 \sqrt{1-x^2}\mathrm{d}x$．

解 由图 $6-6$ 和图 $6-7$ 可知

(1) $\int_0^1 2x\mathrm{d}x$ 的几何意义代表了图 $6-6$ 中阴影部分所示的直角三角形的面积，两条直角边长分别为 1 与 2，故定积分

$$\int_0^1 2x\mathrm{d}x = \frac{1}{2} \cdot 1 \cdot 2 = 1.$$

(2) $\int_0^1 \sqrt{1-x^2}\mathrm{d}x$ 的几何意义代表了图 $6-7$ 中阴影部分所示的半径为 1 的四分之一圆的面积，故

$$\int_0^1 \sqrt{1-x^2}\mathrm{d}x = \frac{1}{4} \cdot \pi \cdot 1^2 = \frac{\pi}{4}.$$

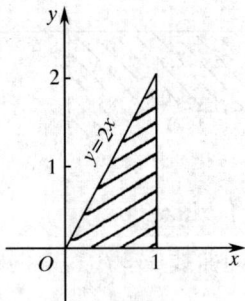

图 $6-6$

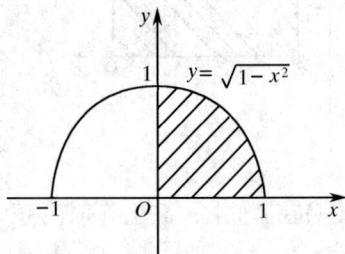

图 $6-7$

习题 6-1

1. 利用定积分的几何意义计算下列定积分的值.

(1) $\int_{-\pi}^{\pi} \sin x \, dx$; (2) $\int_{a}^{b} x \, dx$ $(0 < a < b)$;

(3) $\int_{0}^{a} \sqrt{a^2 - x^2} \, dx$ $(a > 0)$.

2. 将下面(a)、(b)两图中面积的大小分别用定积分表示.

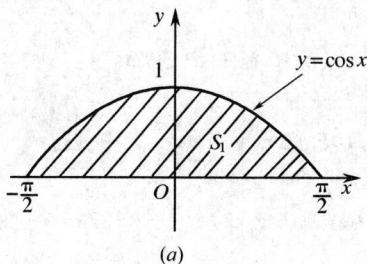

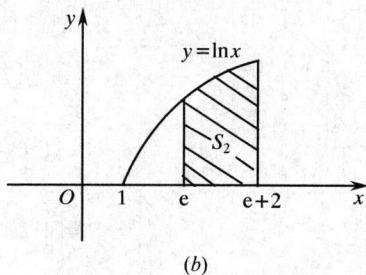

(a) (b)

3. 将下列和式极限表示成定积分.

(1) $\lim_{n \to \infty} \left(\dfrac{1}{n^2} + \dfrac{2}{n^2} + \cdots + \dfrac{n}{n^2} \right)$;

(2) $\lim_{n \to \infty} \left(\dfrac{1}{n+1} + \dfrac{1}{n+2} + \cdots + \dfrac{1}{n+n} \right)$;

(3) $\lim_{n \to \infty} \left(\dfrac{n}{n^2 + 1^2} + \dfrac{n}{n^2 + 2^2} + \cdots + \dfrac{n}{n^2 + n^2} \right)$;

(4) $\lim_{n \to \infty} \left(\dfrac{1}{\sqrt{n^2 + 1^2}} + \dfrac{1}{\sqrt{n^2 + 2^2}} + \cdots + \dfrac{1}{\sqrt{n^2 + n^2}} \right)$;

(5) $\lim_{n \to \infty} \dfrac{1}{n} \left(\sin \dfrac{\pi}{n} + \sin \dfrac{2\pi}{n} + \cdots + \sin \dfrac{n\pi}{n} \right)$.

6.2 定积分的性质

为了计算方便,由定积分的定义,我们可以得到下面的结果:

$$\text{当} \, a \neq b \, \text{时}, \int_{a}^{b} f(x) \, dx = -\int_{b}^{a} f(x) \, dx;$$

$$\text{当} \, a = b \, \text{时}, \int_{a}^{a} f(x) \, dx = 0.$$

6.2.1 定积分的性质

性质 1 若函数 $f(x)$、$g(x)$ 在区间 $[a,b]$ 上可积,则函数 $f(x) \pm g(x)$ 在 $[a,b]$ 上也可积,且有

$$\int_a^b [f(x) \pm g(x)] dx = \int_a^b f(x) dx \pm \int_a^b g(x) dx.$$

证 由定积分的定义有

$$\int_a^b [f(x) \pm g(x)] dx = \lim_{\lambda \to 0} \sum_{i=1}^n [f(\xi_i) \pm g(\xi_i)] \Delta x_i$$

$$= \lim_{\lambda \to 0} \sum_{i=1}^n [f(\xi_i) \Delta x_i \pm g(\xi_i) \Delta x_i]$$

$$= \lim_{\lambda \to 0} \sum_{i=1}^n f(\xi_i) \Delta x_i \pm \lim_{\lambda \to 0} \sum_{i=1}^n g(\xi_i) \Delta x_i$$

$$= \int_a^b f(x) dx \pm \int_a^b g(x) dx. \qquad \text{证毕.}$$

性质 2 若函数 $f(x)$ 在 $[a,b]$ 上可积,k 为常数,则函数 $kf(x)$ 在 $[a,b]$ 上也可积,且有

$$\int_a^b kf(x) dx = k \int_a^b f(x) dx.$$

证 由定积分的定义,有

$$\int_a^b kf(x) dx = \lim_{\lambda \to 0} \sum_{i=1}^n kf(\xi_i) \Delta x_i = k \lim_{\lambda \to 0} \sum_{i=1}^n f(\xi_i) \Delta x_i$$

$$= k \int_a^b f(x) dx. \qquad \text{证毕.}$$

由性质 1 与性质 2,不难得出下面的推论 1:

推论 1 若 $f(x)$、$g(x)$ 在 $[a,b]$ 上可积,k、h 为常数,则 $[kf(x) \pm hg(x)]$ 在 $[a,b]$ 上也可积,且有

$$\int_a^b [kf(x) \pm hg(x)] dx = k \int_a^b f(x) dx \pm h \int_a^b g(x) dx.$$

性质 3 设 $f(x)$ 在 $[\alpha, \beta]$ 上可积,常数 a、b、$c \in [\alpha, \beta]$,则无论 a、b、c 相对位置如何,均有

$$\int_a^b f(x) dx = \int_a^c f(x) dx + \int_c^b f(x) dx.$$

证 我们仅证 $a < c < b$ 的情形. 这时, 点 c 把 $[a,b]$ 分成了 $[a,c]$ 与 $[c,b]$ 两个区间. 由于 $f(x)$ 在 $[\alpha,\beta]$ 可积, 故在 $[a,b]$ 上也可积. 把 c 取为一个分点, 若用记号 $\sum\limits_{[a,b]}, \sum\limits_{[a,c]}', \sum\limits_{[c,b]}''$ 分别表示在相应的区间上分割求和, 有

$$\sum\limits_{[a,b]}f(\xi_i)\Delta x_i = \sum\limits_{[a,c]}'f(\xi_i)\Delta x_i + \sum\limits_{[c,b]}''f(\xi_i)\Delta x_i.$$

令 $\lambda = \max\{\Delta x_i\} \to 0$, 取极限有

$$\int_a^b f(x)\mathrm{d}x = \int_a^c f(x)\mathrm{d}x + \int_c^b f(x)\mathrm{d}x.$$

对于 a、b、c 的其他位置情况, 请读者自证.

性质 4 若函数 $f(x)$ 和 $g(x)$ 在 $[a,b]$ $(b>a)$ 上可积, 且有 $f(x) \leqslant g(x)$, 则

$$\int_a^b f(x)\mathrm{d}x \leqslant \int_a^b g(x)\mathrm{d}x.$$

证 对于区间 $[a,b]$ 的任意分割, 由于 $f(x) \leqslant g(x)$, 有 $f(\xi_i) \leqslant g(\xi_i)$ $(i = 1,2,\cdots,n)$.

即

$$\sum\limits_{i=1}^n f(\xi_i)\Delta x_i \leqslant \sum\limits_{i=1}^n g(\xi_i)\Delta x_i.$$

令 $\lambda = \max\{\Delta x_i\} \to 0$, 取极限得

$$\int_a^b f(x)\mathrm{d}x \leqslant \int_a^b g(x)\mathrm{d}x \quad (a < b).$$

在性质 4 中, 若 $a > b$ 时, 不等号要反向.

推论 2 若 $f(x) \geqslant 0$ 是 $[a,b]$ 上的可积函数, 则

当 $a < b$ 时, $\int_a^b f(x)\mathrm{d}x \geqslant 0$;

当 $a > b$ 时, $\int_a^b f(x)\mathrm{d}x \leqslant 0$.

推论 3 若 $f(x) \leqslant 0$ 是 $[a,b]$ 上的可积函数, 则

当 $a < b$ 时, $\int_a^b f(x)\mathrm{d}x \leqslant 0$;

当 $a > b$ 时, $\int_a^b f(x)\mathrm{d}x \geqslant 0$.

性质 5 若 $f(x)$ 在 $[a,b]$ $(a<b)$ 上可积, 可知 $|f(x)|$ 在 $[a,b]$ 上也可积, 并且有

$$\left| \int_a^b f(x)\mathrm{d}x \right| \leqslant \int_a^b |f(x)|\,\mathrm{d}x.$$

证 由绝对值的性质知

$$-|f(x)| \leqslant f(x) \leqslant |f(x)| \quad (a \leqslant x \leqslant b).$$

由性质 4,有

$$-\int_a^b |f(x)|\,\mathrm{d}x \leqslant \int_a^b f(x)\mathrm{d}x \leqslant \int_a^b |f(x)|\,\mathrm{d}x,$$

即

$$\left| \int_a^b f(x)\mathrm{d}x \right| \leqslant \int_a^b |f(x)|\,\mathrm{d}x \quad (a < b).$$

性质 6 设可积函数 $f(x)$ 在 $[a,b]$ $(a < b)$ 上的最大值为 M,最小值为 m,则

$$m(b-a) \leqslant \int_a^b f(x)\mathrm{d}x \leqslant M(b-a).$$

证 因为 $m \leqslant f(x) \leqslant M, x \in [a,b]$,所以

$$\int_a^b m\mathrm{d}x \leqslant \int_a^b f(x)\mathrm{d}x \leqslant \int_a^b M\mathrm{d}x,$$

$$m\int_a^b \mathrm{d}x \leqslant \int_a^b f(x)\mathrm{d}x \leqslant M\int_a^b \mathrm{d}x,$$

故有

$$m(b-a) \leqslant \int_a^b f(x)\mathrm{d}x \leqslant M(b-a).$$

性质 7 改变可积函数在有限个点处的函数值,不影响定积分的值(证明从略).

6.2.2 定积分的中值定理

定理 2.1 若 $f(x) \in C[a,b]$,则至少存在一点 $\xi \in [a,b]$,使下面的等式成立:

$$\int_a^b f(x)\mathrm{d}x = f(\xi)(b-a), \xi \in [a,b].$$

证 因为 $f(x) \in C[a,b]$,所以 $f(x)$ 在闭区间 $[a,b]$ 上有最大值 M 与最小值 m,由性质 6 知

$$m(b-a) \leqslant \int_a^b f(x)\mathrm{d}x \leqslant M(b-a),$$

从而有

$$m \leqslant \frac{1}{b-a}\int_a^b f(x)\mathrm{d}x \leqslant M,$$

即 $\dfrac{1}{b-a}\displaystyle\int_a^b f(x)\mathrm{d}x$ 是介于函数 $f(x)$ 的最大值与最小值之间的值,由连续函数的介值定理可知,至少存在一点 $\xi(a \leqslant \xi \leqslant b)$ 使得

$$f(\xi) = \frac{1}{b-a}\int_a^b f(x)\mathrm{d}x$$

即

$$\int_a^b f(x)\mathrm{d}x = f(\xi)(b-a), a \leqslant \xi \leqslant b, \qquad\qquad 证毕.$$

定积分中值定理有如下的几何解释:在区间 $[a,b]$ 上至少存在一点 ξ,使得以区间 $[a,b]$ 为底,$f(x)$ 为曲边的曲边梯形的面积等于同一底边而高为 $f(\xi)$ 的一个矩形的面积(图 6-8).

应当说明的是,在积分中值定理中,给出的点 ξ 是在闭区间 $[a,b]$ 上取得的.更进一步的讨论可以断定:点 ξ 的值可以在开区间 (a,b) 内取得.也就是说,积分中值定理可以作如下叙述.

若 $f(x) \in C[a,b]$,则至少存在一点 $\xi \in (a,b)$,使下面的等式成立:

$$\int_a^b f(x)\mathrm{d}x = f(\xi)(b-a), \xi \in (a,b).$$

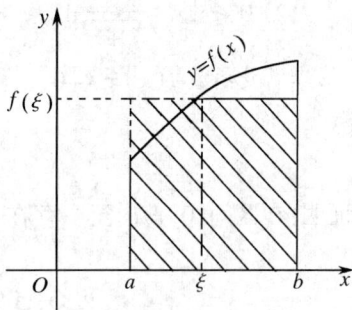

图 6-8

证明从略.(对这个结论有兴趣的读者,可参考祝肇栋教授等编写的《高等数学》上册 P356,天津大学出版社,1987 年 10 月第 1 版.)

在定理 2.1 中,连续函数 $f(x)$ 在 $[a,b]$ 上的平均值 $\bar{f}(x)$ 即是 $f(\xi)$,因此定理 2.1 又叫连续函数的平均值定理.

习题　6-2

1. 不计算定积分的值,比较下列各对定积分的大小.

(1) $\displaystyle\int_0^1 x^2\mathrm{d}x$ 与 $\displaystyle\int_0^1 x^3\mathrm{d}x$;　　(2) $\displaystyle\int_1^2 x^2\mathrm{d}x$ 与 $\displaystyle\int_1^2 x^3\mathrm{d}x$;

(3) $\int_1^2 \ln x \, \mathrm{d}x$ 与 $\int_1^2 \ln^2 x \, \mathrm{d}x$;   (4) $\int_3^4 \ln x \, \mathrm{d}x$ 与 $\int_3^4 \ln^2 x \, \mathrm{d}x$;

(5) $\int_0^{-2} \mathrm{e}^x \, \mathrm{d}x$ 与 $\int_0^{-2} x \, \mathrm{d}x$.

2. 利用估值定理估计下列定积分的值.

(1) $I = \int_{\frac{1}{\sqrt{3}}}^{\sqrt{3}} x \arctan x \, \mathrm{d}x$;   (2) $I = \int_0^{2\pi} \dfrac{\mathrm{d}x}{10 + 3\cos x}$.

3. 利用定积分中值定理证明下列不等式.

(1) $\dfrac{\pi}{2} \leqslant \int_0^{\frac{\pi}{2}} \dfrac{1}{\sqrt{1 - \dfrac{1}{2}\sin^2 x}} \mathrm{d}x \leqslant \dfrac{\sqrt{2}}{2}\pi$;

(2) $0 \leqslant \int_0^1 \dfrac{x^9}{\sqrt{1 + x}} \mathrm{d}x \leqslant \dfrac{1}{\sqrt{2}}$.

4. 设函数 $f(x) \in C[0,1], f(x) \in D(0,1)$, 且

$$3\int_{\frac{2}{3}}^1 f(x) \, \mathrm{d}x = f(0),$$

证明:在区间 $(0,1)$ 内至少存在一点 x_0, 使 $f'(x_0) = 0$.

6.3 牛顿 – 莱布尼茨
(Newton-Leibniz)公式

定积分是一种和式的极限,表面上看它与不定积分是完全不同的两个概念. 本节介绍的牛顿 – 莱布尼茨公式,把定积分与原函数联系起来,揭示了定积分与不定积分之间的密切的内在联系,从而使定积分的计算问题得到解决.

6.3.1 变上限的定积分

若 $f(x) \in C[a,b]$,则定积分 $\int_a^b f(x) \, \mathrm{d}x$ 是一个固定的值. 如果让积分上限在 $[a,b]$ 上变动,即任取 $x \in [a,b]$ 为积分上限,于是 $\int_a^x f(x)\mathrm{d}x$ 就形成了变上限的定积分. 根据定积分与积分变量的选取无关的性质,为了避免混淆,把积分变量 x 改为 t,则有

$$\int_a^x f(x)\mathrm{d}x = \int_a^x f(t)\mathrm{d}t, \quad x \in [a,b].$$

显然,当积分上限 x 在 $[a,b]$ 上变动时,对每一个 x, $\int_a^x f(t)\mathrm{d}t$ 就有一个对应的数值.因此变上限的定积分 $\int_a^x f(t)\mathrm{d}t$ 是积分上限 x 的函数,我们记为 $\Phi(x)$,则有

$$\Phi(x) = \int_a^x f(t)\mathrm{d}t, x \in [a,b].$$

定理 3.1 设 $f(x) \in C[a,b]$,则

$$\Phi(x) = \int_a^x f(t)\mathrm{d}t, x \in [a,b].$$

对上限 x 的导数存在,且有

$$\Phi'(x) = \frac{\mathrm{d}}{\mathrm{d}x}\left(\int_a^x f(t)\mathrm{d}t\right) = f(x), x \in [a,b].$$

证 当 x 有增量 $\Delta x(x + \Delta x \in [a,b])$,函数 $\Phi(x)$ 在 $x + \Delta x$ 处的值为

$$\Phi(x + \Delta x) = \int_a^{x+\Delta x} f(t)\mathrm{d}t.$$

则函数 $\Phi(x)$ 的增量 $\Delta\Phi$ 可表示为(见图 6-9)

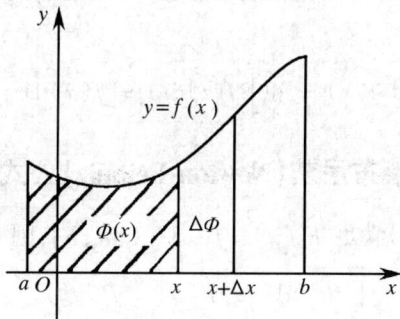

图 6-9

$$\begin{aligned}
\Delta\Phi &= \Phi(x + \Delta x) - \Phi(x) = \int_a^{x+\Delta x} f(t)\mathrm{d}t - \int_a^x f(t)\mathrm{d}t \\
&= \int_a^x f(t)\mathrm{d}t + \int_x^{x+\Delta x} f(t)\mathrm{d}t - \int_a^x f(t)\mathrm{d}t \\
&= \int_x^{x+\Delta x} f(t)\mathrm{d}t \\
&= f(\xi)\Delta x \quad (\xi \text{ 介于 } x \text{ 与 } x + \Delta x \text{ 之间}),
\end{aligned}$$

故

$$\frac{\Delta\Phi}{\Delta x} = f(\xi).$$

取极限(当 $\Delta x \rightarrow 0$ 时, $\xi \rightarrow x$),

$$\lim_{\Delta x \to 0}\frac{\Delta \Phi}{\Delta x} = \lim_{\Delta x \to 0}f(\xi) = f(x),$$

即

$$\Phi'(x) = \frac{\mathrm{d}}{\mathrm{d}x}(\int_a^x f(t)\mathrm{d}t) = f(x), x \in [a,b]. \qquad \text{证毕}.$$

定理 3.1 表明,如果 $f(x) \in C[a,b]$,则

$$\Phi(x) = \int_a^x f(t)\mathrm{d}t$$

就是 $f(x)$ 的一个原函数.

在 5.1 节中,曾经给出了原函数的存在定理,当时并未给出证明.定理 3.1 实际上是给出了原函数存在性的证明,并且指出连续函数 $f(x)$ 存在一个原函数 $\int_a^x f(t)\mathrm{d}t$.因此又有

$$\int f(x)\mathrm{d}x = \int_a^x f(t)\mathrm{d}t + C.$$

这个等式表明, $f(x)$ 的不定积分,或者一个原函数都可以用变上限的定积分来表示.并且

$$\mathrm{d}\Phi(x) = \mathrm{d}(\int_a^x f(t)\mathrm{d}t) = f(x)\mathrm{d}x.$$

6.3.2 牛顿 – 莱布尼茨(Newton-Leibniz)公式

定理 3.2 设 $F(x)$ 满足 $F'(x) = f(x) \in C[a,b]$,则

$$\int_a^b f(x)\mathrm{d}x = F(b) - F(a).$$

证 由定理 3.1 知 $\Phi(x) = \int_a^x f(t)\mathrm{d}t, x \in [a,b]$ 是 $f(x)$ 的一个原函数, 必有

$$F(x) - \Phi(x) = C,$$

即

$$F(x) = \Phi(x) + C.$$

于是

$$\begin{aligned}
F(b) - F(a) &= \Phi(b) - \Phi(a) \\
&= \int_a^b f(t)\mathrm{d}t - \int_a^a f(t)\mathrm{d}t \\
&= \int_a^b f(t)\mathrm{d}t = \int_a^b f(x)\mathrm{d}x,
\end{aligned}$$

故有

$$\int_a^b f(x)\mathrm{d}x = F(b) - F(a). \qquad\qquad \text{证毕.}$$

定理 3.2 给出的公式: $\int_a^b f(x)\mathrm{d}x = F(b) - F(a)$ 称为牛顿 – 莱布尼茨公式. 它是积分学中的基本公式. 利用它, 连续函数的定积分的计算, 就转化为求某一个原函数的增量.

牛顿 – 莱布尼茨公式, 又简称为牛 – 莱公式. 原函数 $F(x)$ 在 $[a,b]$ 上的增量; $F(b) - F(a)$, 通常可以记为 $F(x)\big|_a^b$. 这样, 牛 – 莱公式又可以写成:

$$\int_a^b f(x)\mathrm{d}x = F(x)\bigg|_a^b.$$

例 3.1 计算 $\int_0^1 x^2\mathrm{d}x$.

解 $\int_0^1 x^2\mathrm{d}x = \dfrac{1}{3}x^3\bigg|_0^1 = \dfrac{1}{3}.$

例 3.2 计算 $\int_{-1}^{\sqrt{3}} \dfrac{1}{1+x^2}\mathrm{d}x$.

解 $\int_{-1}^{\sqrt{3}} \dfrac{1}{1+x^2}\mathrm{d}x = \arctan x\bigg|_{-1}^{\sqrt{3}} = \dfrac{\pi}{3} - \left(-\dfrac{\pi}{4}\right) = \dfrac{7}{12}\pi.$

例 3.3 计算 $\int_0^\pi \sqrt{1+\cos 2x}\,\mathrm{d}x$.

解 $\int_0^\pi \sqrt{1+\cos 2x}\,\mathrm{d}x = \int_0^\pi \sqrt{2}\,|\cos x|\,\mathrm{d}x$

$$= \sqrt{2}\left[\int_0^{\frac{\pi}{2}} \cos x\,\mathrm{d}x + \int_{\frac{\pi}{2}}^\pi (-\cos x)\,\mathrm{d}x\right]$$

$$= \sqrt{2}\left[\sin x\big|_0^{\frac{\pi}{2}} - \sin x\big|_{\frac{\pi}{2}}^\pi\right] = 2\sqrt{2}.$$

例 3.4 设 $f(x) = \begin{cases} 2x+1, & x \leqslant 1, \\ x^2, & x > 1. \end{cases}$ 求 $\int_0^2 f(x)\mathrm{d}x$.

解 $\int_0^2 f(x)\mathrm{d}x = \int_0^1 (2x+1)\mathrm{d}x + \int_1^2 x^2\mathrm{d}x$

$$= (x^2 + x)\bigg|_0^1 + \dfrac{1}{3}x^3\bigg|_1^2 = 2 + \dfrac{7}{3} = \dfrac{13}{3}.$$

例 3.5 求 $\dfrac{\mathrm{d}}{\mathrm{d}x}\left(\int_x^1 \dfrac{t}{1+\cos t}\mathrm{d}t\right)$.

解
$$\frac{\mathrm{d}}{\mathrm{d}x}\left(\int_x^1 \frac{t}{1+\cos t}\mathrm{d}t\right) = \frac{\mathrm{d}}{\mathrm{d}x}\left(-\int_1^x \frac{t}{1+\cos t}\mathrm{d}t\right)$$

$$= -\frac{x}{1+\cos x}.$$

例 3.6 设 $f(x)\in C(I)$，且 $u(x)$、$v(x)$ 皆可微分，证明

$$\frac{\mathrm{d}}{\mathrm{d}x}\left(\int_{u(x)}^{v(x)} f(t)\mathrm{d}t\right) = v'(x)f[v(x)] - u'(x)f[u(x)].$$

证 因为

$$\int_{u(x)}^{v(x)} f(t)\mathrm{d}t = \int_{u(x)}^a f(t)\mathrm{d}t + \int_a^{v(x)} f(t)\mathrm{d}t$$

$$= \int_a^{v(x)} f(t)\mathrm{d}t - \int_a^{u(x)} f(t)\mathrm{d}t,$$

所以

$$\frac{\mathrm{d}}{\mathrm{d}x}\left(\int_{u(x)}^{v(x)} f(t)\mathrm{d}t\right) = \frac{\mathrm{d}}{\mathrm{d}x}\left[\int_a^{v(x)} f(t)\mathrm{d}t - \int_a^{u(x)} f(t)\mathrm{d}t\right]$$

$$= \left(\frac{\mathrm{d}}{\mathrm{d}v}\int_a^v f(t)\mathrm{d}t\right)\frac{\mathrm{d}v(x)}{\mathrm{d}x} - \left(\frac{\mathrm{d}}{\mathrm{d}u}\int_a^u f(t)\mathrm{d}t\right)\frac{\mathrm{d}u(x)}{\mathrm{d}x}$$

$$= v'(x)f[v(x)] - u'(x)f[u(x)].$$

习题 6-3

1. 计算下列定积分.

(1) $\displaystyle\int_0^{\frac{\pi}{2}} \sin x\,\mathrm{d}x$；

(2) $\displaystyle\int_1^4 \sqrt{x}\,\mathrm{d}x$；

(3) $\displaystyle\int_{-\frac{1}{2}}^{\frac{1}{2}} \frac{\mathrm{d}x}{\sqrt{1-x^2}}$；

(4) $\displaystyle\int_4^9 \sqrt{x}(1+\sqrt{x})\,\mathrm{d}x$；

(5) $\displaystyle\int_1^e \frac{1+\sqrt{x}}{x}\,\mathrm{d}x$；

(6) $\displaystyle\int_0^{\frac{\pi}{4}} \frac{1+\sin^2 x}{\cos^2 x}\,\mathrm{d}x$；

(7) $\displaystyle\int_1^2 (3x-1)\,\mathrm{d}x$；

(8) $\displaystyle\int_0^4 (2-\sqrt{x})^2\,\mathrm{d}x$；

2. 计算下列定积分.

(1) $\displaystyle\int_{\frac{\pi}{4}}^{\frac{5\pi}{6}} \csc^2 x\,\mathrm{d}x$；

(2) $\displaystyle\int_0^{\frac{\pi}{4}} \tan^2 x\,\mathrm{d}x$；

$(3) \int_{-\frac{\pi}{2}}^{\frac{\pi}{2}} \sqrt{1 - \cos 2x}\, dx;$ $(4) \int_0^2 | 1 - x |\, dx;$

$(5) \int_{-1}^1 (1 - | x |)\, dx;$ $(6) \int_1^5 (| 2 - x | + | \sin x |)\, dx;$

$^* (7) \int_0^{2\pi} | \sin x - \cos x |\, dx.$

3. 求下列极限.

$(1) \lim_{x \to 0} \dfrac{\int_0^x \sin t^2 dt}{x^3};$ $(2) \lim_{x \to 0} \dfrac{\int_0^{x^2} \sqrt{1 + t^2}\, dt}{x^2};$

$(3) \lim_{x \to 0} \dfrac{\int_{\cos^2 x}^1 \sqrt{1 + t^2}\, dt}{x^2};$ $(4) \lim_{x \to 0} \dfrac{\int_{\sin x}^{x^2} e^{-t^2} dt}{x}.$

4. 求下列函数的导数.

$(1)\ f(x) = \int_0^{2x} \cos t\, dt;$ $(2)\ f(x) = \int_1^{e^{2x}} \dfrac{\sin t}{t}\, dt;$

$(3)\ f(x) = x^2 \int_0^{2x} \cos t^2 dt;$ $(4)\ f(x) = \int_{x^2}^{\sin x} e^{2t} dt.$

5. 设 $\int_0^y e^t dt + \int_0^x \cos t\, dt = 0, x \in [0, \pi]$,求 $\dfrac{dy}{dx}$ 及 $\dfrac{dx}{dy}$.

6. 设 $\begin{cases} x = \int_1^t u \ln u\, du, \\ y = \int_t^1 u^2 \ln u\, du. \end{cases}$ 求 $\dfrac{dy}{dx}$ 和 $\dfrac{d^2 y}{dx^2}$.

6.4   定积分的计算

牛顿-莱布尼茨公式给出了计算连续函数定积分的方法.在这一节中,我们将介绍换元积分法和分部积分法这两种基本的积分法,以扩大计算定积分的范围.

6.4.1   定积分的换元公式

定理 4.1   设 $f(x) \in C[a, b], x = \varphi(t) \in C^1[\alpha, \beta]$,当 $t \in [\alpha, \beta]$ 时,$x \in [a, b]$,且 $\varphi(\alpha) = a, \varphi(\beta) = b$,则有

$$\int_a^b f(x)\, dx = \int_\alpha^\beta f[\varphi(t)] \varphi'(t)\, dt. \qquad (4.1)$$

证 设 $F(x)$ 是 $f(x)$ 的原函数,知 $F[\varphi(t)]$ 是 $f[\varphi(t)]\varphi'(t)$ 的原函数.由牛 – 莱公式,有

$$\int_a^b f(x)\mathrm{d}x = F(x)\Big|_a^b = F(b) - F(a),$$

及

$$\begin{aligned}
\int_\alpha^\beta f[\varphi(t)]\varphi'(t)\mathrm{d}t &= F[\varphi(t)]\Big|_\alpha^\beta\\
&= F[\varphi(\beta)] - F[\varphi(\alpha)]\\
&= F(b) - F(a).
\end{aligned}$$

故

$$\int_a^b f(x)\mathrm{d}x = \int_\alpha^\beta f[\varphi(t)]\varphi'(t)\mathrm{d}t. \qquad\qquad 证毕.$$

定理 4.1 中的式(4.1),就是定积分的换元公式.在应用这个公式计算定积分时,令代换 $x = \varphi(t)$,把原来的定积分 $\int_a^b f(x)\mathrm{d}x$ 换成了关于新变量 t 的定积分 $\int_\alpha^\beta f[\varphi(t)]\varphi'(t)\mathrm{d}t$,其积分限相应地由 $[a,b]$ 变为 $[\alpha,\beta]$.并且,求出了 $f[\varphi(t)]\varphi'(t)$ 的原函数 $F[\varphi(t)]$ 之后,直接代入新变量 t 的上、下限相减就行了,而不必像不定积分那样,再把变量 t 还原为变量 x.

不仅如此,在定积分中,我们也不再区分第一类换元积分和第二类换元积分,只要换元代换是单值代换即可.

例 4.1 计算 $\int_0^{\frac{\pi}{2}} \cos^5 x \sin x \mathrm{d}x$.

解 令 $u = \cos x$,则 $\mathrm{d}u = -\sin x \mathrm{d}x$.当 $x = 0$ 时,$u = 1$;当 $x = \dfrac{\pi}{2}$ 时,$u = 0$.于是

$$\int_0^{\frac{\pi}{2}} \cos^5 x \sin x \mathrm{d}x \xlongequal{u=\cos x} \int_1^0 u^5(-1)\mathrm{d}u = \int_0^1 u^5 \mathrm{d}u = \frac{1}{6}.$$

应当指出的是,在例 4.1 中,如果不明显地标明变量 u,定积分的上、下限可以不改变,这样例 4.1 就可以用下面的方法来解:

$$\int_0^{\frac{\pi}{2}} \cos^5 x \sin x \mathrm{d}x = -\int_0^{\frac{\pi}{2}} \cos^5 x \mathrm{d}(\cos x) = -\frac{1}{6}\cos^6 x \Big|_0^{\frac{\pi}{2}} = \frac{1}{6}.$$

例 4.2 计算 $\int_1^9 \dfrac{\mathrm{d}x}{1 + \sqrt{x}}$.

解 令 $u = \sqrt{x}$,则 $x = u^2, \mathrm{d}x = 2u\mathrm{d}u$.当 $x = 1$ 时,$u = 1$;当 $x = 9$ 时,$u = 3$.于是

$$\int_1^9 \frac{\mathrm{d}x}{1+\sqrt{x}} \xlongequal{u=\sqrt{x}} \int_1^3 \frac{2u\,\mathrm{d}u}{1+u} = 2\int_1^3 \left(1 - \frac{1}{u+1}\right)\mathrm{d}u$$

$$= 2\left[u \Big|_1^3 - \ln(u+1) \Big|_1^3\right] = 4 - 2\ln 2.$$

一旦熟悉了定积分的换元公式之后，积分区间由$[a,b]$换为$[\alpha,\beta]$的过程就可以省略.

例 4.3　计算$\displaystyle\int_0^a \frac{\mathrm{d}x}{(a^2+x^2)^{\frac{3}{2}}}, (a>0).$

解　设$x = a\tan t$ $\left(0 \leqslant t \leqslant \dfrac{\pi}{4}\right)$,有$\mathrm{d}x = a\sec^2 t\,\mathrm{d}t.$ 则

$$\int_0^a \frac{\mathrm{d}x}{(a^2+x^2)^{\frac{3}{2}}} \xlongequal{x=a\tan t} \int_0^{\frac{\pi}{4}} \frac{a\sec^2 t\,\mathrm{d}t}{(a^2+a^2\tan^2 t)^{\frac{3}{2}}} = \frac{1}{a^2}\int_0^{\frac{\pi}{4}} \cos t\,\mathrm{d}t$$

$$= \frac{1}{a^2}\sin t \Big|_0^{\frac{\pi}{4}} = \frac{\sqrt{2}}{2a^2}.$$

例 4.4　设$f(x) \in \mathrm{C}[-a,a], (a>0).$证明:

(1)若$f(x)$为奇函数,则$\displaystyle\int_{-a}^a f(x)\mathrm{d}x = 0;$

(2) 若$f(x)$为偶函数,则$\displaystyle\int_{-a}^a f(x)\mathrm{d}x = 2\int_0^a f(x)\mathrm{d}x.$

证　(1)若$f(x)$为奇函数,则有$f(-x) + f(x) = 0.$于是

$$\int_{-a}^a f(x)\mathrm{d}x = \int_{-a}^0 f(x)\mathrm{d}x + \int_0^a f(x)\mathrm{d}x.$$

而

$$\int_{-a}^0 f(x)\mathrm{d}x \xlongequal{x=-t} -\int_a^0 f(-t)\mathrm{d}t = \int_0^a f(-t)\mathrm{d}t$$

$$= \int_0^a f(-x)\mathrm{d}x,$$

故有

$$\int_{-a}^a f(x)\mathrm{d}x = \int_0^a f(-x)\mathrm{d}x + \int_0^a f(x)\mathrm{d}x$$

$$= \int_0^a [f(-x) + f(x)]\mathrm{d}x = 0.$$

(2)若$f(x)$为偶函数,则$f(-x) + f(x) = 2f(x),$于是

$$\int_{-a}^a f(x)\mathrm{d}x = \int_{-a}^0 f(x)\mathrm{d}x + \int_0^a f(x)\mathrm{d}x,$$

而

$$\int_{-a}^0 f(x)\mathrm{d}x \xrightarrow{x=-t} -\int_a^0 f(-t)\mathrm{d}t = \int_0^a f(-t)\mathrm{d}t$$

$$= \int_0^a f(-x)\mathrm{d}x.$$

故有

$$\int_{-a}^a f(x)\mathrm{d}x = \int_{-a}^0 f(x)\mathrm{d}x + \int_0^a f(x)\mathrm{d}x$$

$$= \int_0^a f(-x)\mathrm{d}x + \int_0^a f(x)\mathrm{d}x$$

$$= \int_0^a [f(-x)+f(x)]\mathrm{d}x = 2\int_0^a f(x)\mathrm{d}x.$$

例 4.4 表明,在计算对称区间上的奇、偶函数的定积分时,有的可以立刻得到结果,有的可以简化计算.

例 4.5 计算 $\int_{-1}^1 \dfrac{2+\sin x}{1+x^2}\mathrm{d}x$.

解 因为 $\dfrac{2}{1+x^2}$ 为偶函数,$\dfrac{\sin x}{1+x^2}$ 为奇函数,所以

$$\int_{-1}^1 \frac{2+\sin x}{1+x^2}\mathrm{d}x = \int_{-1}^1 \frac{2}{1+x^2}\mathrm{d}x + \int_{-1}^1 \frac{\sin x}{1+x^2}\mathrm{d}x$$

$$= 2\int_0^1 \frac{2}{1+x^2}\mathrm{d}x = 4\arctan x \Big|_0^1 = \pi.$$

例 4.6 设 $f(x)\in C[0,1]$,证明:

$$\int_0^\pi x f(\sin x)\mathrm{d}x = \frac{\pi}{2}\int_0^\pi f(\sin x)\mathrm{d}x.$$

并利用此结果计算 $\int_0^\pi \dfrac{x\sin x}{1+\cos^2 x}\mathrm{d}x$.

证 令代换 $x=\pi-t$,则有

$$\int_0^\pi x f(\sin x)\mathrm{d}x \xrightarrow{x=\pi-t} \int_\pi^0 (\pi-t)f[\sin(\pi-t)]\mathrm{d}(\pi-t)$$

$$= -\int_\pi^0 (\pi-t)f(\sin t)\mathrm{d}t = \int_0^\pi (\pi-t)f(\sin t)\mathrm{d}t$$

$$= \int_0^\pi \pi f(\sin t)\mathrm{d}t - \int_0^\pi t f(\sin t)\mathrm{d}t$$

$$= \pi\int_0^\pi f(\sin x)\mathrm{d}x - \int_0^\pi x f(\sin x)\mathrm{d}x,$$

故

$$2\int_0^\pi xf(\sin x)\mathrm{d}x = \pi\int_0^\pi f(\sin x)\mathrm{d}x,$$

即

$$\int_0^\pi xf(\sin x)\mathrm{d}x = \frac{\pi}{2}\int_0^\pi f(\sin x)\mathrm{d}x.$$

对定积分 $\int_0^\pi \dfrac{x\sin x}{1+\cos^2 x}\mathrm{d}x$，应用上面的公式，这里 $f(\sin x) = \dfrac{\sin x}{1+\cos^2 x} = \dfrac{\sin x}{2-\sin^2 x}$，故有

$$\int_0^\pi \frac{x\sin x}{1+\cos^2 x}\mathrm{d}x = \frac{\pi}{2}\int_0^\pi \frac{\sin x}{1+\cos^2 x}\mathrm{d}x = -\frac{\pi}{2}\int_0^\pi \frac{\mathrm{d}(\cos x)}{1+\cos^2 x}$$

$$= -\frac{\pi}{2}\Big[\arctan(\cos x)\Big]\Big|_0^\pi$$

$$= -\frac{\pi}{2}\Big[-\frac{\pi}{4} - \Big(\frac{\pi}{4}\Big)\Big] = \frac{\pi^2}{4}.$$

例 4.7　证明

(1) $\displaystyle\int_0^{\frac{\pi}{2}}\sin^n x\mathrm{d}x = \int_0^{\frac{\pi}{2}}\cos^n x\mathrm{d}x$　$(n\in\mathbf{N}^+)$；

(2) $\displaystyle\int_0^\pi \sin^n x\mathrm{d}x = 2\int_0^{\frac{\pi}{2}}\sin^n x\mathrm{d}x$　$(n\in\mathbf{N}^+)$.

证　(1) 令代换 $x = \dfrac{\pi}{2} - t$，则有

$$\int_0^{\frac{\pi}{2}}\cos^n x\mathrm{d}x \xlongequal{x = \frac{\pi}{2} - t} -\int_{\frac{\pi}{2}}^0 \cos^n\Big(\frac{\pi}{2} - t\Big)\mathrm{d}t$$

$$= \int_0^{\frac{\pi}{2}}\cos^n\Big(\frac{\pi}{2} - t\Big)\mathrm{d}t$$

$$= \int_0^{\frac{\pi}{2}}\sin^n t\mathrm{d}t = \int_0^{\frac{\pi}{2}}\sin^n x\mathrm{d}x.$$

(2) $\displaystyle\int_0^\pi \sin^n x\mathrm{d}x = \int_0^{\frac{\pi}{2}}\sin^n x\mathrm{d}x + \int_{\frac{\pi}{2}}^\pi \sin^n x\mathrm{d}x,$

而

$$\int_{\frac{\pi}{2}}^\pi \sin^n x\mathrm{d}x \xlongequal{x = \pi - t} -\int_{\frac{\pi}{2}}^0 \sin^n(\pi - t)\mathrm{d}t = \int_0^{\frac{\pi}{2}}\sin^n(\pi - t)\mathrm{d}t$$

$$= \int_0^{\frac{\pi}{2}} \sin^n t \mathrm{d}t = \int_0^{\frac{\pi}{2}} \sin^n x \mathrm{d}x.$$

故

$$\int_0^\pi \sin^n x \mathrm{d}x = \int_0^{\frac{\pi}{2}} \sin^n x \mathrm{d}x + \int_{\frac{\pi}{2}}^\pi \sin^n x \mathrm{d}x$$

$$= \int_0^{\frac{\pi}{2}} \sin^n x \mathrm{d}x + \int_0^{\frac{\pi}{2}} \sin^n x \mathrm{d}x = 2\int_0^{\frac{\pi}{2}} \sin^n x \mathrm{d}x.$$

6.4.2　定积分的分部积分公式

定理 4.2　设 $u(x)$、$v(x) \in \mathrm{C}^1[a, b]$,则有

$$\int_a^b u(x)\mathrm{d}v(x) = \left[u(x)v(x) \right]\Big|_a^b - \int_a^b v(x)\mathrm{d}u(x). \tag{4.2}$$

证　因为

$$\mathrm{d}[u(x)v(x)] = v(x)\mathrm{d}u(x) + u(x)\mathrm{d}v(x),$$

所以,

$$u(x)\mathrm{d}v(x) = \mathrm{d}[u(x)v(x)] - v(x)\mathrm{d}u(x).$$

对上式两边在 $[a, b]$ 上积分,有

$$\int_a^b u(x)\mathrm{d}v(x) = \int_a^b \mathrm{d}[u(x)v(x)] - \int_a^b v(x)\mathrm{d}u(x)$$

$$= \left[u(x)v(x) \right]\Big|_a^b - \int_a^b v(x)\mathrm{d}u(x). \qquad 证毕.$$

公式(4.2)称为定积分的分部积分公式.

例 4.8　计算 $\int_0^{\frac{\pi}{2}} x\cos x \mathrm{d}x$.

解　$\int_0^{\frac{\pi}{2}} x\cos x \mathrm{d}x = \int_0^{\frac{\pi}{2}} x\mathrm{d}\sin x = x\sin x\Big|_0^{\frac{\pi}{2}} - \int_0^{\frac{\pi}{2}} \sin x \mathrm{d}x$

$$= \frac{\pi}{2} + \cos x\Big|_0^{\frac{\pi}{2}} = \frac{\pi}{2} - 1.$$

例 4.9　计算 $\int_0^{\frac{\pi}{2}} \sin^n x \mathrm{d}x$　$(x \in \mathbf{N}^+)$.

解　当 $n = 1$ 时,有

$$\int_0^{\frac{\pi}{2}} \sin x \mathrm{d}x = (-\cos x)\Big|_0^{\frac{\pi}{2}} = -(0 - 1) = 1.$$

当 $n > 1$ 时, 令 $I_n = \int_0^{\frac{\pi}{2}} \sin^n x \mathrm{d}x$, 则

$$I_n = \int_0^{\frac{\pi}{2}} \sin^n x \mathrm{d}x = \int_0^{\frac{\pi}{2}} \sin^{n-1} x \cdot \sin x \mathrm{d}x$$

$$= \int_0^{\frac{\pi}{2}} \sin^{n-1} x \mathrm{d}(-\cos x)$$

$$= (-\cos x \sin^{n-1} x) \Big|_0^{\frac{\pi}{2}} + \int_0^{\frac{\pi}{2}} \cos x \mathrm{d}(\sin^{n-1} x)$$

$$= (n-1) \int_0^{\frac{\pi}{2}} \sin^{n-2} x \cos^2 x \mathrm{d}x$$

$$= (n-1) \int_0^{\frac{\pi}{2}} \sin^{n-2} x (1 - \sin^2 x) \mathrm{d}x$$

$$= (n-1) I_{n-2} - (n-1) I_n.$$

即

$$I_n = \frac{n-1}{n} I_{n-2}.$$

这就是 I_n 的递推公式.

当 n 为奇数时,

$$\int_0^{\frac{\pi}{2}} \sin^n x \mathrm{d}x = \frac{n-1}{n} \int_0^{\frac{\pi}{2}} \sin^{n-2} x \mathrm{d}x = \frac{n-1}{n} I_{n-2}$$

$$= \frac{n-1}{n} \cdot \frac{n-3}{n-2} \cdot I_{n-4} = \cdots$$

$$= \frac{n-1}{n} \cdot \frac{n-3}{n-2} \cdots \frac{2}{3} \cdot I_1$$

$$= \frac{(n-1)(n-3)(n-5)\cdots 2}{n(n-2)(n-4)\cdots 3 \cdot 1}$$

$$= \frac{(n-1)!!}{n!!};$$

当 n 为偶数时,

$$\int_0^{\frac{\pi}{2}} \sin^n x \mathrm{d}x = \frac{n-1}{n} I_{n-2} = \frac{n-1}{n} \cdot \frac{n-3}{n-2} \cdot I_{n-4} = \cdots$$

$$= \frac{n-1}{n} \cdot \frac{n-3}{n-2} \cdots \frac{3}{4} \cdot \frac{1}{2} \cdot \int_0^{\frac{\pi}{2}} \mathrm{d}x$$

$$= \frac{(n-1)(n-3)\cdots 3 \cdot 1}{n(n-2)\cdots 4 \cdot 2} \cdot \frac{\pi}{2}$$

$$= \frac{(n-1)!!}{n!!} \cdot \frac{\pi}{2}.$$

综上所述,有如下的结果:

$$\int_0^{\frac{\pi}{2}} \sin^n x \mathrm{d}x = \begin{cases} \dfrac{(n-1)!!}{n!!} & (n \in \mathbf{N}^+, \text{为奇数}), \\[3mm] \dfrac{(n-1)!!}{n!!} \cdot \dfrac{\pi}{2} & (n \in \mathbf{N}^+, \text{为偶数}). \end{cases}$$

I_n 的几个常用的结果为

$$I_0 = \int_0^{\frac{\pi}{2}} \mathrm{d}x = \frac{\pi}{2};$$

$$I_1 = \int_0^{\frac{\pi}{2}} \sin x \mathrm{d}x = 1;$$

$$I_2 = \int_0^{\frac{\pi}{2}} \sin^2 x \mathrm{d}x = \frac{1}{2} \cdot \frac{\pi}{2} = \frac{\pi}{4};$$

$$I_3 = \int_0^{\frac{\pi}{2}} \sin^3 x \mathrm{d}x = \frac{2}{3};$$

$$I_4 = \int_0^{\frac{\pi}{2}} \sin^4 x \mathrm{d}x = \frac{3}{4} \cdot \frac{1}{2} \cdot \frac{\pi}{2} = \frac{3}{16}\pi.$$

...

*6.4.3   定积分的近似计算

无论定积分 $\int_a^b f(x)\mathrm{d}x$ 在实际问题中的意义如何,当 $f(x) \geq 0$ 时,在数值上它都等于由曲线 $y = f(x)$,直线 $x = a, x = b$ 与 Ox 轴所围成的曲边梯形的面积.因此,定积分的近似计算,实际上是曲边梯形面积的近似计算.为此,在对区间 $[a,b]$ 进行分割的时候,采用等分的方法.具体如下:

用 $n+1$ 个分点,把 $[a,b]$ 分为 n 个长度相同的小区间,其分点为:

$$a = x_0 < x_1 < x_2 < \cdots < x_{n-1} < x_n = b.$$

每一个小区间的长度为

$$x_i - x_{i-1} = \Delta x = \frac{b-a}{n}, (i = 1, 2, \cdots, n).$$

过各分点 x_i,作垂直于 Ox 轴的直线,把曲边梯形分成了 n 个小曲边梯形.

1. 矩形法

如果以小区间的左端点的函数值 $y_{i-1} = f(x_{i-1})$ $(i = 1, 2, \cdots, n)$ 为高,以 $\Delta x = \dfrac{b-a}{n}$ 为底的小矩形的面积,去代替相应的小曲边梯形的面积,就得到矩形

法的左端点公式:

$$\int_a^b f(x)\mathrm{d}x \approx y_0\Delta x + y_1\Delta x + \cdots + y_{n-1}\Delta x$$

$$= \Delta x(y_0 + y_1 + \cdots + y_{n-1})$$

$$= \frac{b-a}{n}\sum_{i=0}^{n-1} y_i. \tag{4.3}$$

把左端点的函数值 $y_{i-1} = f(x_{i-1})$,改为右端点的函数值 $y_i = f(x_i)$($i = 1$, $2,\cdots,n$),就得到矩形法的右端点公式:

$$\int_a^b f(x)\mathrm{d}x \approx y_1\Delta x + y_2\Delta x + \cdots + y_{n-1}\Delta x + y_n\Delta x$$

$$= \Delta x(y_1 + y_2 + \cdots + y_{n-1} + y_n)$$

$$= \frac{b-a}{n}\sum_{i=1}^{n} y_i. \tag{4.4}$$

2. 梯形法

对矩形法略加改进,就得到了梯形法,即把每一个小曲边梯形的面积,用高为 $\Delta x = \dfrac{b-a}{n}$,上、下底分别为 $f(x_{i-1})$ 和 $f(x_i)$ 的梯形的面积去代替,就得到了梯形法的公式:

$$\int_a^b f(x)\mathrm{d}x \approx \frac{1}{2}(y_0 + y_1)\Delta x + \frac{1}{2}(y_1 + y_2)\Delta x + \cdots$$

$$+ \frac{1}{2}(y_{n-1} + y_n)\Delta x$$

$$= \Delta x\left[\frac{y_0 + y_n}{2} + (y_1 + y_2 + \cdots + y_{n-1})\right]$$

$$= \Delta x\left(\frac{y_0 + y_n}{2} + \sum_{i=1}^{n-1} y_i\right)$$

$$= \frac{b-a}{2n}\left[(y_0 + y_n) + 2\sum_{i=1}^{n-1} y_i\right]. \tag{4.5}$$

3. 抛物线法

抛物线法也叫辛普生(Simpson)法.它要求把区间 $[a,b]$ 分为偶数等分,并且有公式

$$\int_a^b f(x)\mathrm{d}x \approx \frac{b-a}{3n}[(y_0 + y_n) + 4(y_1 + y_3 + \cdots + y_{n-1}) +$$

$$2(y_2 + y_4 + \cdots + y_{n-2})]. \tag{4.6}$$

例 4.10 试用矩形法、梯形法及抛物线法,取 $n = 4$,计算 $\displaystyle\int_0^1 \frac{1}{1 + x^2}\mathrm{d}x$ 的近似

值.

解 把区间$[0,1]$等分为 4 等分,并列出表格。

x_i	0	0.25	0.5	0.75	1
y_i	1	0.9412	0.8	0.64	0.5

(1) 矩形法

左端点公式为

$$\int_0^1 \frac{dx}{1+x^2} \approx \frac{1}{4}(y_0 + y_1 + y_2 + y_3)$$

$$= \frac{1}{4}(1 + 0.9412 + 0.8 + 0.64)$$

$$= \frac{1}{4} \times 3.3812$$

$$= 0.8453.$$

而右端点公式为

$$\int_0^1 \frac{dx}{1+x^2} \approx \frac{1}{4}(y_1 + y_2 + y_3 + y_4)$$

$$= \frac{1}{4}(0.9412 + 0.8 + 0.64 + 0.5)$$

$$= \frac{1}{4} \times 2.8812$$

$$= 0.7203.$$

在这里,我们看到了矩形法左右端点的公式差别就不小.

(2) 梯形法

$$\int_0^1 \frac{dx}{1+x^2} \approx \frac{1}{8}[(y_0 + y_4) + 2(y_1 + y_2 + y_3)]$$

$$= \frac{1}{8}[1.5 + 2(2.3812)]$$

$$= \frac{1}{8} \times 6.2624$$

$$= 0.7828.$$

(3) 抛物线法

$$\int_0^1 \frac{dx}{1+x^2} \approx \frac{1}{12}[(y_0 + y_4) + 4(y_1 + y_3) + 2y_2]$$

$$= \frac{1}{12}[1.5 + 4(1.5812) + 1.6]$$

$$= \frac{1}{12} \times 9.4248$$

$$= 0.7854.$$

我们再来看一下所求定积分的精确值：

$$\int_0^1 \frac{\mathrm{d}x}{1 + x^2} = \arctan x \Big|_0^1 = \frac{\pi}{4}$$

$$= 0.785398\cdots.$$

由此可以看出,梯形法比矩形法的精确度要高,而抛物线法则更胜过梯形法一筹.在例 4.10 中,抛物线法的结果小数点后面的四位数字几乎都正确.

习题 6－4

1. 计算下列定积分.

(1) $\displaystyle\int_{-1}^1 x^3 e^{-x^2} \mathrm{d}x$;

(2) $\displaystyle\int_{-\frac{\pi}{2}}^{\frac{\pi}{2}} \sin^{2k-1} x \mathrm{d}x$;

(3) $\displaystyle\int_{-\frac{\pi}{2}}^{\frac{\pi}{2}} (\cos x - \sin^4 x)\sin x \mathrm{d}x$;

(4) $\displaystyle\int_{-1}^1 \frac{3 + \sin x}{\sqrt{4 - x^2}} \mathrm{d}x$.

2. 计算下列定积分.

(1) $\displaystyle\int_0^{\frac{\pi}{2}} \cos^5 x \cdot \sin 2x \mathrm{d}x$;

(2) $\displaystyle\int_1^e \frac{1 + \ln x}{x} \mathrm{d}x$;

(3) $\displaystyle\int_0^{\frac{\pi}{2}} \frac{\sin x}{3 + \sin^2 x} \mathrm{d}x$;

(4) $\displaystyle\int_{-2}^1 \frac{\mathrm{d}x}{(11 + 5x)^2}$;

(5) $\displaystyle\int_{-2}^0 \frac{\mathrm{d}x}{x^2 + 2x + 2}$;

(6) $\displaystyle\int_{\frac{1}{\pi}}^{\frac{2}{\pi}} \frac{\sin \frac{1}{x}}{x^2} \mathrm{d}x$;

(7) $\displaystyle\int_{-1}^0 \frac{x}{\sqrt{1 + x}} \mathrm{d}x$;

(8) $\displaystyle\int_0^{\frac{\pi}{4}} \frac{\cos x \mathrm{d}x}{1 + \sin^2 x}$.

3. 计算下列定积分.

(1) $\displaystyle\int_0^4 \frac{\sqrt{x} \mathrm{d}x}{1 + x\sqrt{x}}$;

(2) $\displaystyle\int_1^{16} \frac{\mathrm{d}x}{\sqrt{x} + \sqrt[4]{x}}$;

(3) $\displaystyle\int_0^{\ln 2} \sqrt{e^x - 1} \mathrm{d}x$;

(4) $\displaystyle\int_0^1 \sqrt{(1 - x^2)^3} \mathrm{d}x$;

(5) $\displaystyle\int_0^2 x^4 \sqrt{4 - x^2} \mathrm{d}x$;

(6) $\displaystyle\int_0^\pi x \sin^7 x \mathrm{d}x$;

(7) $\displaystyle\int_0^\pi \sqrt{\sin x - \sin^3 x} \mathrm{d}x$.

4. 计算下列定积分.

(1) $\displaystyle\int_{\frac{\pi}{4}}^{\frac{\pi}{2}} \frac{x}{\sin^2 x} \mathrm{d}x$; (2) $\displaystyle\int_0^1 \arctan x \, \mathrm{d}x$;

(3) $\displaystyle\int_0^1 \ln(1 + x^2) \mathrm{d}x$; (4) $\displaystyle\int_1^4 \mathrm{e}^{\sqrt{x}} \mathrm{d}x$;

(5) $\displaystyle\int_0^1 x^2 \mathrm{e}^{2x} \mathrm{d}x$; (6) $\displaystyle\int_0^{\frac{\pi}{2}} x \sin^2 \frac{x}{2} \mathrm{d}x$;

(7) $\displaystyle\int_0^{\frac{\pi}{2}} x(1 - \sin x) \mathrm{d}x$; (8) $\displaystyle\int_{\frac{1}{e}}^{e} |\ln x| \, \mathrm{d}x$.

5. 证明：$\displaystyle\int_0^1 x^m (1 - x)^n \mathrm{d}x = \int_0^1 x^n (1 - x)^m \mathrm{d}x$.

6. 已知 $f(0) = 1, f(2) = 3, f'(2) = 5$，计算 $\displaystyle\int_0^1 x f''(2x) \mathrm{d}x$.

6.5 广义积分初步与 Γ 函数

前面在讨论定积分的概念时，总是假定积分区间是有限的，被积函数必须是连续的或有界的(间断点的个数是有限的). 在实际问题中，会遇到积分区间是无穷区间及被积函数为无界函数的积分，这就需要对定积分的概念加以推广，这种推广后的积分叫做广义积分，而前面讲过的定积分就称为常义积分.

6.5.1 积分区间为无穷的广义积分

定义 5.1 设 $f(x) \in C[a, +\infty)$，对任意的 $b > a$，若极限

$$\lim_{b \to +\infty} \int_a^b f(x) \mathrm{d}x \tag{5.1}$$

存在，则称此极限为函数 $f(x)$ 在无穷区间 $[a, +\infty)$ 上的广义积分，记为 $\displaystyle\int_a^{+\infty} f(x)\mathrm{d}x$，即

$$\int_a^{+\infty} f(x) \mathrm{d}x = \lim_{b \to +\infty} \int_a^b f(x) \mathrm{d}x.$$

当定义 5.1 中(5.1)式的极限存在时，称广义积分 $\displaystyle\int_a^{+\infty} f(x)\mathrm{d}x$ 存在或收敛，若(5.1)式的极限不存在，则称广义积分 $\displaystyle\int_a^{+\infty} f(x)\mathrm{d}x$ 不存在或发散.

类似地，还可以定义广义积分 $\displaystyle\int_{-\infty}^b f(x)\mathrm{d}x$ 为

$$\int_{-\infty}^{b} f(x)\mathrm{d}x = \lim_{a \to -\infty} \int_{a}^{b} f(x)\mathrm{d}x \,(b > a). \tag{5.2}$$

广义积分 $\int_{-\infty}^{+\infty} f(x)\mathrm{d}x$ 的含义是：对任意的常数 c，若 $\int_{-\infty}^{c} f(x)\mathrm{d}x$ 与 $\int_{c}^{+\infty} f(x)\mathrm{d}x$ 都存在时，则定义

$$\int_{-\infty}^{+\infty} f(x)\mathrm{d}x = \int_{-\infty}^{c} f(x)\mathrm{d}x + \int_{c}^{+\infty} f(x)\mathrm{d}x$$

$$= \lim_{a \to -\infty} \int_{a}^{c} f(x)\mathrm{d}x + \lim_{b \to +\infty} \int_{c}^{b} f(x)\mathrm{d}x. \tag{5.3}$$

不难证明，这样定义的广义积分 $\int_{-\infty}^{+\infty} f(x)\mathrm{d}x$ 的值是不依赖于点 c 的选取的. 应当指出，广义积分 $\int_{-\infty}^{+\infty} f(x)\mathrm{d}x$ 存在或收敛，是要求两个广义积分 $\int_{-\infty}^{c} f(x)\mathrm{d}x$、$\int_{c}^{+\infty} f(x)\mathrm{d}x$ 同时收敛. 如果这两个广义积分发散，或者其中有一个广义积分发散，则 $\int_{-\infty}^{+\infty} f(x)\mathrm{d}x$ 必定发散.

为了方便计算，常选取点 c 为零，即

$$\int_{-\infty}^{+\infty} f(x)\mathrm{d}x = \int_{-\infty}^{0} f(x)\mathrm{d}x + \int_{0}^{+\infty} f(x)\mathrm{d}x.$$

例 5.1 求 $\int_{0}^{+\infty} \dfrac{1}{1+x^2}\mathrm{d}x$.

解 $\int_{0}^{+\infty} \dfrac{1}{1+x^2}\mathrm{d}x = \lim_{b \to +\infty} \int_{0}^{b} \dfrac{1}{1+x^2}\mathrm{d}x = \lim_{b \to +\infty} (\arctan x) \Big|_{0}^{b} = \dfrac{\pi}{2}$.

广义积分 $\int_{0}^{+\infty} \dfrac{1}{1+x^2}\mathrm{d}x$ 的几何意义是：位于曲线 $y = \dfrac{1}{1+x^2}$ 的下方，Ox 轴之上，Oy 轴的右方，并向右延伸至无穷远处的平面图形的面积，如图 6 - 10 所示.

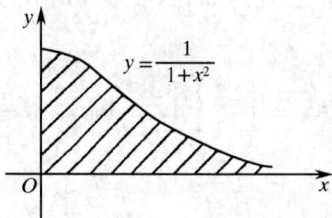

图 6 - 10

设 $F(x)$ 是连续函数 $f(x)$ 的一个原函数，按照牛顿 – 莱布尼茨公式，有

$$\int_a^b f(x)\mathrm{d}x = F(b) - F(a).$$

若 $\lim\limits_{b \to +\infty} F(b)$ 存在,并记此极限为 $F(+\infty)$,则有

$$\int_a^{+\infty} f(x)\mathrm{d}x = F(+\infty) - F(a).$$

同理,若 $\lim\limits_{a \to -\infty} F(a)$ 存在,并记此极限为 $F(-\infty)$,则有

$$\int_{-\infty}^b f(x)\mathrm{d}x = F(b) - F(-\infty).$$

类似地,有

$$\int_{-\infty}^{+\infty} f(x)\mathrm{d}x = F(+\infty) - F(-\infty).$$

例 5.2 计算 $\displaystyle\int_{-\infty}^{+\infty} \frac{\mathrm{d}x}{x^2 + 2x + 2}$.

解
$$\int_0^{+\infty} \frac{\mathrm{d}x}{x^2 + 2x + 2} = \int_0^{+\infty} \frac{\mathrm{d}(x+1)}{1 + (x+1)^2} = \arctan(x+1)\Big|_0^{+\infty}$$
$$= \frac{\pi}{2} - \frac{\pi}{4} = \frac{\pi}{4}.$$
$$\int_{-\infty}^0 \frac{\mathrm{d}x}{x^2 + 2x + 2} = \int_{-\infty}^0 \frac{\mathrm{d}(x+1)}{1 + (x+1)^2} = \arctan(x+1)\Big|_{-\infty}^0$$
$$= \frac{\pi}{4} - \left(-\frac{\pi}{2}\right) = \frac{3}{4}\pi.$$

故

$$\int_{-\infty}^{+\infty} \frac{\mathrm{d}x}{x^2 + 2x + 2} = \int_{-\infty}^0 \frac{\mathrm{d}x}{x^2 + 2x + 2} + \int_0^{+\infty} \frac{\mathrm{d}x}{x^2 + 2x + 2}$$
$$= \frac{3\pi}{4} + \frac{\pi}{4} = \pi.$$

例 5.3 验证广义积分 $\displaystyle\int_1^{+\infty} \frac{1}{x^p}\mathrm{d}x$,当 $p > 1$ 时收敛;当 $p \leqslant 1$ 时发散.

解 当 $p = 1$ 时,

$$\int_1^{+\infty} \frac{1}{x^p}\mathrm{d}x = \int_1^{+\infty} \frac{1}{x}\mathrm{d}x = \ln x\Big|_1^{+\infty} = +\infty.$$

当 $p \neq 1$ 时,

$$\int_1^{+\infty} \frac{1}{x^p}\mathrm{d}x = \left(\frac{x^{1-p}}{1-p}\right)\Big|_1^{+\infty} = \begin{cases} +\infty, & \text{当 } p < 1 \text{ 时}, \\ \dfrac{1}{p-1}, & \text{当 } p > 1 \text{ 时}. \end{cases}$$

因此

$$\int_1^{+\infty} \frac{1}{x^p} dx = \begin{cases} \dfrac{1}{p-1}, & \text{当 } p > 1 \text{ 时,} \\ \text{发散,} & \text{当 } p \leqslant 1 \text{ 时.} \end{cases}$$

例 5.4 自地面垂直向上发射质量为 m 的火箭,问火箭初速度 v_0 多大时,火箭可以飞离地球(即计算物体的第二宇宙速度).

解 设地球的半径为 R,质量为 M,则火箭离开地面距离为 x 时,它受到地球的引力为:

$$f(x) = \frac{kMm}{(R+x)^2},$$

由于 $x = 0$ 时, $f = mg$,而 $kM = R^2 g$,有

$$f(x) = \frac{R^2 mg}{(R+x)^2}.$$

于是火箭由地面达到高度为 h 时,所做的功 W_h 为

$$W_h = \int_0^h f(x) dx = \int_0^h \frac{R^2 mg}{(R+x)^2} dx$$

$$= R^2 mg \left(\frac{1}{R} - \frac{1}{R+h} \right).$$

火箭要飞离地球,即 $h \to +\infty$ 时,所做的功 W 为

$$W = \int_0^{+\infty} f(x) dx = Rmg.$$

必须有
$$\frac{1}{2} mv_0^2 \geqslant W = Rmg,$$

即
$$v_0 \geqslant \sqrt{2Rg}.$$

取 $g = 980 \text{cm/s}^2$, $R = 6.37 \times 10^8 \text{cm}$,故

$$v_0 \geqslant \sqrt{2 \times 6.37 \times 10^8 \times 980} = 11.2 \times 10^5 \text{cm/s}.$$

例 5.5 判定 $\displaystyle\int_{-\infty}^{+\infty} \frac{x}{1+x^2} dx$ 的敛散性.

解 $\displaystyle\int_{-\infty}^{+\infty} \frac{x}{1+x^2} dx = \int_{-\infty}^0 \frac{x}{1+x^2} dx + \int_0^{+\infty} \frac{x}{1+x^2} dx$,由于

$$\int_0^{+\infty} \frac{x}{1+x^2} dx = \frac{1}{2} \ln(1+x^2) \Big|_0^{+\infty} = +\infty.$$

故

$$\int_{-\infty}^{+\infty} \frac{x}{1+x^2} dx \text{ 发散.}$$

注意 $\displaystyle\int_{-\infty}^{+\infty} \frac{x}{1+x^2} dx \neq \lim_{b \to +\infty} \int_{-b}^b \frac{x}{1+x^2} dx$,因为后者的极限是存在的(其值

为零). 一般地, 如果极限 $\lim\limits_{b\to+\infty}\int_{-b}^{b}f(x)\mathrm{d}x$ 存在, 便称为广义积分 $\int_{-\infty}^{+\infty}f(x)\mathrm{d}x$ 的柯西主值, 并记为:

$$P\cdot V\int_{-\infty}^{+\infty}f(x)\mathrm{d}x = \lim_{b\to+\infty}\int_{-b}^{b}f(x)\mathrm{d}x.$$

当广义积分收敛时, 其柯西主值当然存在, 且与 $\int_{-\infty}^{+\infty}f(x)\mathrm{d}x$ 的值相等, 但广义积分的柯西主值存在时, 原来的广义积分却未必收敛, 例 5.5 就属于这种情况.

*6.5.2 无界函数的广义积分

定义 5.2 设函数 $f(x)\in C(a,b]$, 而在点 a 的右邻域内无界, 则对任意的 $\varepsilon>0$, $f(x)$ 在 $[a+\varepsilon,b]$ 上可积, 若极限

$$\lim_{\varepsilon\to 0^+}\int_{a+\varepsilon}^{b}f(x)\mathrm{d}x \tag{5.4}$$

存在, 则称此极限为函数 $f(x)$ 在 $(a,b]$ 上的广义积分, 记为 $\int_{a}^{b}f(x)\mathrm{d}x$, 即

$$\int_{a}^{b}f(x)\mathrm{d}x = \lim_{\varepsilon\to 0^+}\int_{a+\varepsilon}^{b}f(x)\mathrm{d}x.$$

这时, 称广义积分 $\int_{a}^{b}f(x)\mathrm{d}x$ 存在或收敛. 若式(5.4)中的极限不存在, 则称广义积分 $\int_{a}^{b}f(x)\mathrm{d}x$ 发散.

同样地, 如果 $f(x)\in C[a,b)$, 且在点 b 的左邻域内无界, 则对任意的 $\eta>0$, $f(x)$ 在区间 $[a,b-\eta]$ 上可积, 若极限

$$\lim_{\eta\to 0^+}\int_{a}^{b-\eta}f(x)\mathrm{d}x \tag{5.5}$$

存在, 则称广义积分 $\int_{a}^{b}f(x)\mathrm{d}x$ 收敛, 且有

$$\int_{a}^{b}f(x)\mathrm{d}x = \lim_{\eta\to 0^+}\int_{a}^{b-\eta}f(x)\mathrm{d}x.$$

若式(5.5)的极限不存在, 则称广义积分 $\int_{a}^{b}f(x)\mathrm{d}x$ 发散.

设 $f(x)$ 在 $[a,b]$ 上除点 $c(a<c<b)$ 外连续, 在点 c 的邻域内无界(允许 $f(x)$ 在点 c 处无定义). 如果广义积分

$$\int_{a}^{c}f(x)\mathrm{d}x, \int_{c}^{b}f(x)\mathrm{d}x$$

都收敛,则称广义积分 $\int_a^b f(x)\mathrm{d}x$ 收敛,且有

$$\int_a^b f(x)\mathrm{d}x = \int_a^c f(x)\mathrm{d}x + \int_c^b f(x)\mathrm{d}x$$

$$= \lim_{\eta \to 0^+} \int_a^{c-\eta} f(x)\mathrm{d}x + \lim_{\varepsilon \to 0^+} \int_{c+\varepsilon}^b f(x)\mathrm{d}x. \tag{5.6}$$

例 5.6 求 $\int_0^a \dfrac{1}{\sqrt{a^2 - x^2}}\mathrm{d}x,(a > 0)$.

解 $\int_0^a \dfrac{1}{\sqrt{a^2 - x^2}}\mathrm{d}x = \lim\limits_{\eta \to 0^+} \int_0^{a-\eta} \dfrac{1}{\sqrt{a^2 - x^2}}\mathrm{d}x$

$$= \lim_{\eta \to 0^+} \left(\arcsin \frac{x}{a}\right)\Big|_0^{a-\eta} = \frac{\pi}{2}.$$

广义积分 $\int_0^a \dfrac{1}{\sqrt{a^2 - x^2}}\mathrm{d}x$ 的几何意义是十分明显的,它表示在曲线 $y = $

$\dfrac{1}{\sqrt{a^2 - x^2}}$ 的下方,Ox 轴之上,在直线 $x = 0$ 与 $x = a$ 之间的平面图形的面积,如

图 6 – 11 所示.

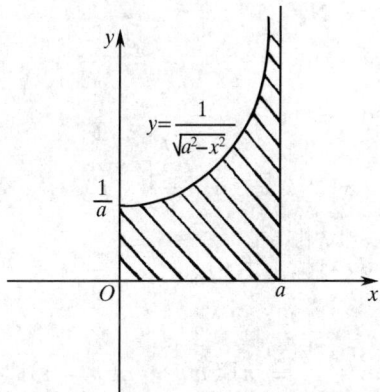

图 6 – 11

无界函数的广义积分,又称为瑕积分,瑕积分与常义积分不同.在计算定积分的时候,应当先审查一下被积函数 $f(x)$ 在积分区间 $[a,b]$ 上是否有无穷型间断点,以免出现错误.

例如 $\int_{-1}^1 \dfrac{1}{x^2}\mathrm{d}x$ 是一个广义积分,$f(x) = \dfrac{1}{x^2}$ 在 $x = 0$ 处有无穷型间断点,而

$\int_0^1 \dfrac{1}{x^2}\mathrm{d}x$ 及 $\int_{-1}^0 \dfrac{1}{x^2}\mathrm{d}x$ 都发散,故知 $\int_{-1}^1 \dfrac{1}{x^2}\mathrm{d}x$ 发散.如果不审查被积函数,误把

$f(x) = \dfrac{1}{x^2}$ 当作 $[-1,1]$ 上的连续函数,直接用牛顿 – 莱布尼茨公式,就会得到下面的错误结果:

$$\int_{-1}^{1} \frac{1}{x^2} dx = \left(-\frac{1}{x} \right) \Big|_{-1}^{1} = -2.$$

6.5.3 Γ函数

广义积分

$$\int_0^{+\infty} x^{p-1} e^{-x} dx \quad (p > 0)$$

是一个与 p 有关的收敛的积分,我们记为 $\Gamma(p)$,并称为 Γ 函数,即

$$\Gamma(p) = \int_0^{+\infty} x^{p-1} e^{-x} dx, (p > 0).$$

Γ 函数有下面一些基本性质.

(1) $\Gamma(1) = 1$;

(2) $\Gamma(p+1) = p\Gamma(p), p > 0$;

(3) $\Gamma(n+1) = n!, n \in \mathbf{N}.$

证 由 Γ 函数的定义,有

(1) $\Gamma(1) = \displaystyle\int_0^{+\infty} e^{-x} dx = 1$;

(2) $\Gamma(p+1) = \displaystyle\int_0^{+\infty} x^{(p+1)-1} e^{-x} dx = \int_0^{+\infty} x^p d(-e^{-x})$

$$= -x^p e^{-x} \Big|_0^{+\infty} + p \int_0^{+\infty} x^{p-1} e^{-x} dx = p\Gamma(p);$$

(3) 若 $n \in \mathbf{N}^+$,有

$$\Gamma(n+1) = n\Gamma(n) = n(n-1)\Gamma(n-1)$$
$$= n(n-1)(n-2)\cdots 2 \cdot 1\Gamma(1)$$
$$= n!.$$ 证毕.

另外,在 $\Gamma(p) = \displaystyle\int_0^{+\infty} x^{p-1} e^{-x} dx$ 中,令 $x = t^2 (t > 0)$,则有

$$\Gamma(p) = \int_0^{+\infty} x^{p-1} e^{-x} dx \xrightarrow{x = t^2} \int_0^{+\infty} 2t^{2p-2} e^{-t^2} \cdot t dt$$

$$= 2\int_0^{+\infty} t^{2p-1} e^{-t^2} dt = 2\int_0^{+\infty} x^{2p-1} e^{-x^2} dx.$$

这就是 Γ 函数的另一种表示形式.

例 5.7 已知 $\int_0^{+\infty} e^{-x^2} dx = \dfrac{\sqrt{\pi}}{2}$, 求 $\Gamma\left(\dfrac{1}{2}\right), \Gamma\left(\dfrac{7}{2}\right)$.

解 $\Gamma\left(\dfrac{1}{2}\right) = 2\int_0^{+\infty} e^{-x^2} dx = 2 \cdot \dfrac{\sqrt{\pi}}{2} = \sqrt{\pi}$,

$$\Gamma\left(\frac{7}{2}\right) = \Gamma\left(\frac{5}{2} + 1\right) = \frac{5}{2}\Gamma\left(\frac{5}{2}\right) = \frac{5}{2}\Gamma\left(\frac{3}{2} + 1\right)$$

$$= \frac{5}{2} \cdot \frac{3}{2}\Gamma\left(\frac{3}{2}\right) = \frac{5}{2} \cdot \frac{3}{2} \cdot \frac{1}{2}\Gamma\left(\frac{1}{2}\right) = \frac{15}{8}\sqrt{\pi}.$$

习题 6 – 5

1. 计算下列广义积分.

(1) $\displaystyle\int_0^{+\infty} \frac{dx}{x^2 + 4}$;

(2) $\displaystyle\int_0^{+\infty} \frac{dx}{(x + 1)\sqrt{x}}$;

(3) $\displaystyle\int_1^{+\infty} \frac{dx}{x(x + 1)}$;

(4) $\displaystyle\int_0^{+\infty} \frac{\arctan x}{1 + x^2} dx$;

(5) $\displaystyle\int_e^{+\infty} \frac{dx}{x\ln^2 x}$;

(6) $\displaystyle\int_0^{+\infty} x e^{-2x} dx$.

2. 计算下列广义积分.

(1) $\displaystyle\int_0^1 \frac{dx}{\sqrt[3]{x^2}}$;

(2) $\displaystyle\int_0^1 \frac{dx}{\sqrt{1 - x^2}}$;

(3) $\displaystyle\int_0^1 \frac{x\,dx}{\sqrt{1 - x^2}}$;

(4) $\displaystyle\int_0^1 \ln x\,dx$.

3. 判断下列广义积分的敛散性,若收敛,计算其积分值.

(1) $\displaystyle\int_{-\infty}^{+\infty} \frac{dx}{1 + x^2}$;

(2) $\displaystyle\int_0^2 \frac{dx}{(1 - x)^2}$;

(3) $\displaystyle\int_0^2 \frac{dx}{x^2 - 5x + 4}$;

(4) $\displaystyle\int_1^{+\infty} \frac{\ln\sqrt{x}}{x} dx$.

6.6 定积分在几何上的应用

定积分的应用十分广泛,本节仅介绍定积分在几何上的应用:求平面图形的面积;求旋转体的体积;求平面曲线的弧长;求旋转体的侧面积.

一个能用定积分表示的量 I,它应当具备什么样的性质呢? 首先 I 应当是一个与变量 x 的变化区间 $[a,b]$ 相联系的一个整体量.其次当区间 $[a,b]$ 分割成若干个子区间之后,量 I 相应地分成了若干个部分量 ΔI 之和.即量 I 对于区间 $[a,b]$ 具有可加性.

下面,我们来讨论如何用定积分来表示所求的量 I.

若 $I = \int_a^b f(x)\mathrm{d}x$,可知 $I(x) = \int_a^x f(t)\mathrm{d}t$ 就是 $f(x)$ 的一个原函数.从而有 $\mathrm{d}I(x) = f(x)\mathrm{d}x$.即 $f(x)\mathrm{d}x$ 是增量 ΔI 的线性主部,而增量 ΔI 就是所求量 I 的部分量.

因此,用定积分表示所求量 I 的常用方法是:

(1)在 $[a,b]$ 上任取子区间 $[x,x+\mathrm{d}x]$,子区间上对应的 I 的部分量为 ΔI.求出 ΔI 的线性主部 $\mathrm{d}I = f(x)\mathrm{d}x$.

(2)以 $f(x)\mathrm{d}x$ 为被积式,在 $[a,b]$ 上作定积分,则有

$$I = \int_a^b f(x)\mathrm{d}x.$$

这种方法通常称为"元素法"或"微元法".

6.6.1 平面图形的面积

1. 直角坐标系下的计算方法

由连续曲线 $y = f(x)$ $(f(x) \geqslant 0)$,直线 $x = a, x = b$ $(a < b)$ 及 Ox 轴围成的曲边梯形的面积(见图 6 – 12)为

$$S = \int_a^b f(x)\mathrm{d}x.$$

如果曲线 $y = f(x)$ 位于曲线 $y = g(x)$ 的上方,则由 $y = f(x)$、$y = g(x)$ 及 $x = a, x = b$ 所围的平面图形的面积(见图 6 – 13)为

$$S = \int_a^b [f(x) - g(x)]\mathrm{d}x.$$

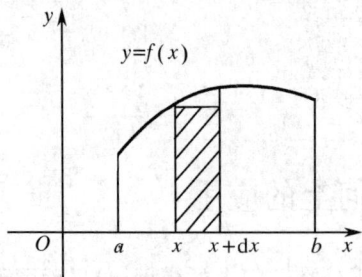

图 6 – 12

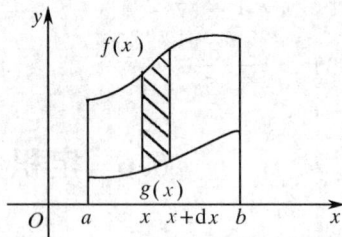

图 6 – 13

类似地,由连续曲线 $x = \varphi(y)$ $(\varphi(y) > 0)$,$x = 0, y = c$ 及 $y = d$ 所围的曲边梯形的面积(见图 6 – 14)为

$$S = \int_c^d \varphi(y) \mathrm{d}y.$$

而由曲线 $x = \varphi(y), x = \psi(y)$ $(\varphi(y) \geqslant \psi(y))$，及直线 $y = c, y = d$ 所围成的平面图形的面积(图 6 − 15)为

$$S = \int_c^d [\varphi(y) - \psi(y)] \mathrm{d}y.$$

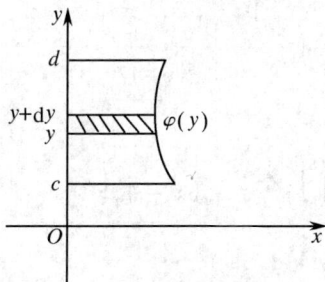

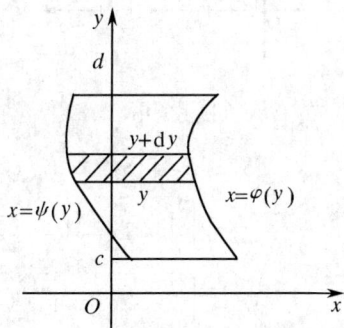

图 6 − 14   图 6 − 15

例 6.1 计算由曲线 $y = x^2$ 及 $y^2 = x$ 所围的平面图形的面积.

解 求出 $y = x^2$ 与 $y^2 = x$ 的交点坐标：$O(0,0), A(1,1)$(见图 6 − 16)，于是有

$$S = \int_0^1 (\sqrt{x} - x^2) \mathrm{d}x = \left(\frac{2}{3} x^{\frac{3}{2}} - \frac{1}{3} x^3 \right) \Big|_0^1 = \frac{1}{3}.$$

例 6.2 计算曲线 $y^2 = 2x$ 与直线 $y = x - 4$ 所围成图形的面积.

解 抛物线 $y^2 = 2x$ 与直线 $y = x - 4$ 围成的图形如图 6 − 17 所示，通过解方程组

$$\begin{cases} y^2 = 2x, \\ y = x - 4, \end{cases}$$

求出交点坐标为 $A(2, -2), B(8,4)$.

(1) 选 x 为积分变量，它的积分区间为 $[0,8]$. 因为该图形的曲线不能用同一个解析式子表示，$x = 2$ 左边部分图形的上曲线方程为 $y = \sqrt{2x}$，下曲线方程为 $y = -\sqrt{2x}$，$x = 2$ 右边部分图形的上曲线方程为 $y = \sqrt{2x}$，下曲线方程为 $y = x - 4$. 所以用直线 $x = 2$ 将此平面图形分为两部分，$x = 2$ 左边部分图形的面积记为 S_1，$x = 2$ 右边部分图形的面积记为 S_2，则所求图形的面积

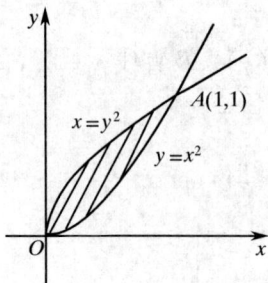

图 6 – 16

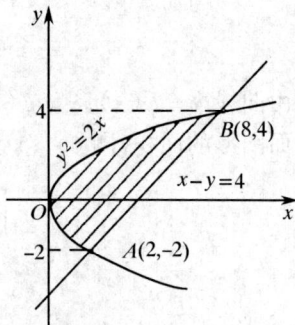

图 6 – 17

$$S = S_1 + S_2$$

$$= \int_0^2 [\sqrt{2x} - (-\sqrt{2x})] \mathrm{d}x + \int_2^8 [\sqrt{2x} - (x - 4)] \mathrm{d}x$$

$$= \int_0^2 2\sqrt{2x}\,\mathrm{d}x + \int_2^8 (\sqrt{2x} - x + 4)\mathrm{d}x$$

$$= \frac{4}{3}\sqrt{2}x^{\frac{3}{2}} \Big|_0^2 + \left(\frac{2}{3}\sqrt{2}x^{\frac{3}{2}} - \frac{1}{2}x^2 + 4x \right) \Big|_2^8 = 18.$$

(2) 选取 y 为积分变量,它的积分区间为 $[-2,4]$,此平面图形的右曲线方程为 $x = y + 4$,左曲线方程为 $x = \frac{1}{2}y^2$,利用上面推出的公式得到所求图形的面积为

$$S = \int_{-2}^4 \left[(y + 4) - \frac{1}{2}y^2 \right] \mathrm{d}y$$

$$= \left(\frac{1}{2}y^2 + 4y - \frac{1}{6}y^3 \right) \Big|_{-2}^4 = 18.$$

由此例可以看出,积分变量选得适当,就可以使计算简便.

若曲边梯形的曲边由参量方程

$$\begin{cases} x = \varphi(t), \\ y = \psi(t), \end{cases} \alpha \leqslant t \leqslant \beta$$

给出,据定积分的换元公式,作代换 $x = \varphi(t)$,并假定当 t 从 α 到 β 变化时,x 相应地从 a 变到 b,则曲边梯形的面积 S 为

$$S = \int_a^b y\mathrm{d}x = \int_\alpha^\beta \psi(t) \cdot \varphi'(t)\mathrm{d}t.$$

当然这里假定 $y \geqslant 0$.

例 6.3 计算摆线

$$\begin{cases} x = a(t - \sin t), \\ y = a(1 - \cos t), \end{cases} 0 \leqslant t \leqslant 2\pi$$

的一拱与 Ox 轴所围成平面图形的面积(图 6 – 18).

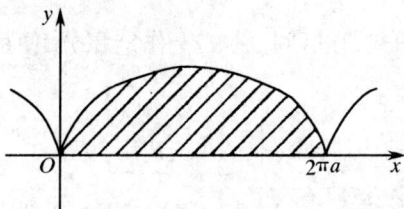

图 6 – 18

解 摆线的方程为参量方程,应用定积分的换元法,令 $x = a(t - \sin t)$,则

$$y = a(1 - \cos t), \mathrm{d}x = a(1 - \cos t)\mathrm{d}t.$$

当 x 由 0 变到 $2\pi a$ 时,t 由 0 变到 2π,所以平面图形的面积

$$S = \int_0^{2\pi a} y \mathrm{d}x = \int_0^{2\pi} a(1 - \cos t) \cdot a(1 - \cos t)\mathrm{d}t$$

$$= a^2 \int_0^{2\pi} (1 - \cos t)^2 \mathrm{d}t$$

$$= a^2 \int_0^{2\pi} (1 - 2\cos t + \cos^2 t)\mathrm{d}t$$

$$= a^2 \int_0^{2\pi} \left(\frac{3}{2} - 2\cos t + \frac{1}{2}\cos 2t \right) \mathrm{d}t$$

$$= a^2 \left(\frac{3}{2} t - 2\sin t + \frac{1}{4}\sin 2t \right) \Big|_0^{2\pi} = 3\pi a^2.$$

2. 极坐标系下的计算方法

有些平面图形的边界曲线的方程,在极坐标系下表示比较方便,因此,我们要研究平面图形的面积在极坐标系下的计算方法.

在直角坐标系中,曲边梯形为基本图形.而在极坐标系中,基本图形为曲边扇形.

在极坐标系中,由两条极径 $\theta = \alpha, \theta = \beta (\alpha < \beta)$ 及曲线 $\rho = \rho(\theta)$(假定 $\rho(\theta) \geqslant 0$)所围成的平面图形 $OABO$ 称为曲边扇形(图 6 – 19).下面我们利用定积分计算曲边扇形的面积 S.

取 θ 为积分变量,它的积分区间为 $[\alpha, \beta]$,在区间 $[\alpha, \beta]$ 上任取小区间

$[\theta, \theta + \mathrm{d}\theta]$，用半径为 $\rho = \rho(\theta)$，中心角为 $\mathrm{d}\theta$ 的圆扇形面积近似代替小区间 $[\theta,$
$\theta + \mathrm{d}\theta]$ 上对应的小曲边扇形的面积，按圆扇形的面积计算出小曲边扇形面积的
近似值

$$\mathrm{d}S = \frac{1}{2}[\rho(\theta)]^2 \mathrm{d}\theta,$$

以 $\frac{1}{2}[\rho(\theta)]^2 \mathrm{d}\theta$ 为被积式，在区间 $[\alpha, \beta]$ 上作定积分，便可得到曲边扇形的面积
公式为

$$S = \int_\alpha^\beta \frac{1}{2}[\rho(\theta)]^2 \mathrm{d}\theta.$$

例 6.4　计算心形线 $\rho = a(1 + \cos\theta)$　$(a > 0)$ 所围成图形的面积 S（图
$6 - 20$）.

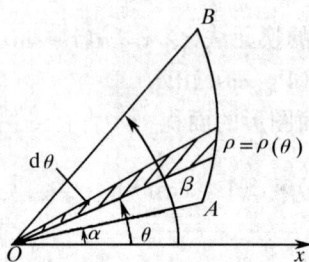

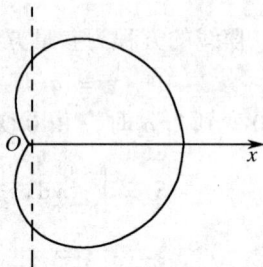

图 $6 - 19$　　　　　　　　　　　　图 $6 - 20$

解　因为所求心形线的图形对称于极轴，所以设位于极轴上半部图形的面
积为 S_1，则

$$\begin{aligned}
S &= 2S_1 = 2 \cdot \frac{1}{2}\int_0^\pi [\rho(\theta)]^2 \mathrm{d}\theta \\
&= \int_0^\pi a^2(1 + \cos\theta)^2 \mathrm{d}\theta \\
&= a^2 \int_0^\pi (1 + 2\cos\theta + \cos^2\theta) \mathrm{d}\theta \\
&= a^2 \int_0^\pi \left(\frac{3}{2} + 2\cos\theta + \frac{1}{2}\cos 2\theta \right) \mathrm{d}\theta = \frac{3}{2}\pi a^2.
\end{aligned}$$

例 6.5　计算由双纽线 $\rho^2 = 2a^2\cos 2\theta\,(a > 0)$ 与圆 $\rho = a$ 所围成图形阴影部
分的面积 S（图 $6 - 21$）.

解　由于图形的对称性，所求图形的面积 S 等于第一象限内阴影部分面积
S_1 的 4 倍. 通过解方程组

$$\begin{cases} \rho = a, \\ \rho^2 = 2a^2\cos 2\theta, \end{cases}$$

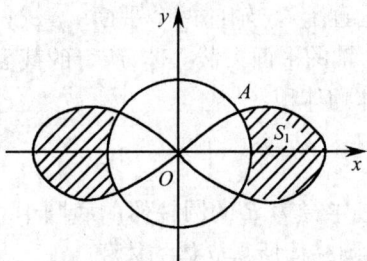

图 6 – 21

求出交点坐标 $A\left(a, \dfrac{\pi}{6}\right)$，所求图形的面积

$$S = 4S_1 = 4\int_0^{\frac{\pi}{6}} \frac{1}{2}(2a^2\cos2\theta - a^2)\mathrm{d}\theta$$

$$= 2a^2\int_0^{\frac{\pi}{6}}(2\cos2\theta - 1)\mathrm{d}\theta$$

$$= 2a^2(\sin2\theta - \theta)\Big|_0^{\frac{\pi}{6}} = \left(\sqrt{3} - \frac{\pi}{3}\right)a^2.$$

6.6.2　立体的体积

1. 平行截面面积为已知的立体体积

当一个立体被垂直于坐标轴的平面所截,其截面的面积可以用已知的连续函数来表示时,此立体的体积 V 可以用定积分来计算.

设有一个由曲面和垂直于 Ox 轴的两个平面 $x = a$, $x = b\,(a < b)$,围成的立体(图 6 – 22),若已知过点 x 且垂直于 Ox 轴的平面截立体所得的截面面积为 $A(x)$ $(a \leqslant x \leqslant b)$,用"微元法",取 x 为积分变量,在立体中的一个微小的区间 $[x, x + \mathrm{d}x]$ 上,立体的体积 $\Delta V \approx \mathrm{d}V = A(x)\mathrm{d}x$,在 $[a, b]$ 上积分,就得到立体的

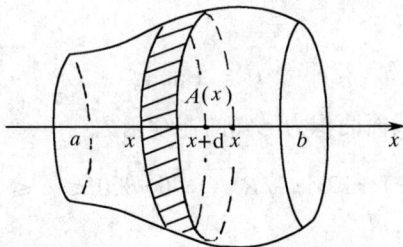

图 6 – 22

体积公式:

$$V = \int_a^b A(x)\mathrm{d}x.$$

类似地,由曲面和垂直于 Oy 轴的两个平面 $y = c, y = d(c < d)$ 围成的立体,若用过点 y 且垂直于 Oy 轴的平面去截立体,所得的截面面积为已知的连续函数 $B(y), c \leq y \leq d$,则此立体的体积

$$V = \int_c^d B(y) \, dy.$$

例 6.6 一平面经过半径为 R 的圆柱体的底圆中心,并与底面构成的二面角为 α,计算这个平面截圆柱体所得立体的体积.

解 取这平面与圆柱体的底面的交线为 Oy 轴,底面上过圆心且垂直于 Oy 轴的直线为 Ox 轴(见图 6 – 23).底圆的方程为

$$x^2 + y^2 = R^2,$$

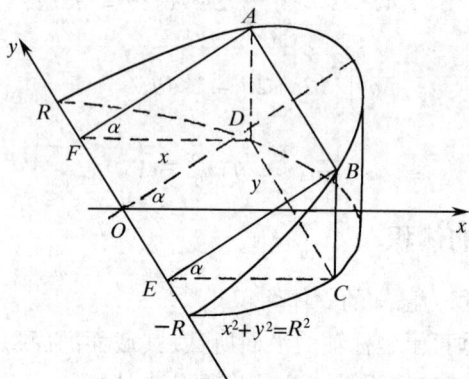

图 6 – 23

立体上过点 A 且垂直于 Ox 轴的截面是一个矩形,矩形的底为

$$DC = 2\sqrt{R^2 - x^2},$$

矩形的高为

$$AD = x \tan\alpha,$$

因此,垂直于 Ox 轴的截面面积为已知的连续函数

$$A(x) = 2x \cdot \sqrt{R^2 - x^2} \tan\alpha, 0 \leq x \leq R,$$

从而所求立体的体积为

$$V = \int_0^R A(x) \, dx$$

$$= \int_0^R 2x \cdot \sqrt{R^2 - x^2} \cdot \tan\alpha \, dx$$

$$= - \tan\alpha \int_0^R \sqrt{R^2 - x^2} \, \mathrm{d}(R^2 - x^2)$$

$$= \frac{2}{3} \tan\alpha \cdot R^3.$$

立体过点 B 且垂直于 Oy 轴的截面是一个直角三角形,它的两条直角边

$$EC = \sqrt{R^2 - y^2}, \qquad BC = \sqrt{R^2 - y^2} \cdot \tan\alpha,$$

因此,垂直于 Oy 轴的截面面积为已知的连续函数

$$B(y) = \frac{1}{2}(R^2 - y^2) \cdot \tan\alpha, \quad -R \leqslant y \leqslant R,$$

从而,所求立体的体积

$$V = \int_{-R}^{R} B(y) \, \mathrm{d}y = \frac{1}{2} \tan\alpha \int_{-R}^{R} (R^2 - y^2) \, \mathrm{d}y$$

$$= \frac{2}{3} R^3 \cdot \tan\alpha.$$

2. 旋转体的体积

一个平面图形绕着此平面上的一条直线旋转而成的立体,叫做旋转体,这一条直线称为旋转轴.

考虑由连续曲线 $y = f(x)$,直线 $x = a, x = b$ 及 Ox 轴所围成的曲边梯形,绕 Ox 轴旋转而成的旋转体(见图 6-24). 显然,此旋转体的任何一个垂直于 Ox 轴的截面都是圆,且在任意一点 x 处的截面的面积为:

$$A(x) = \pi [f(x)]^2$$

由平行截面面积为已知的立体体积的公式,不难得出旋转体的体积公式:

$$V_x = \int_a^b \pi [f(x)]^2 \, \mathrm{d}x.$$

类似地,由连续曲线 $x = \varphi(y)$,直线 $y = c, y = d (c < d)$ 及 Oy 轴所围成的曲边梯形,绕 Oy 轴旋转而成的旋转体的体积为

$$V_y = \int_c^d \pi [\varphi(y)]^2 \, \mathrm{d}y.$$

例 6.7 求半径为 R 的球的体积 V.

解 如图 6-25 所示,球体可以看作上半圆周与 Ox 轴围成的平面图形绕 Ox 轴旋转而成,因为上半圆周的方程为 $y = \sqrt{R^2 - x^2}$ $(-R \leqslant x \leqslant R)$,所以球体的体积为

$$V_x = \int_{-R}^{R} \pi (\sqrt{R^2 - x^2})^2 \, \mathrm{d}x = 2 \int_0^R \pi (R^2 - x^2) \, \mathrm{d}x$$

$$= 2\pi \left(R^2 x - \frac{1}{3} x^3 \right) \Big|_0^R = \frac{4}{3} \pi R^3$$

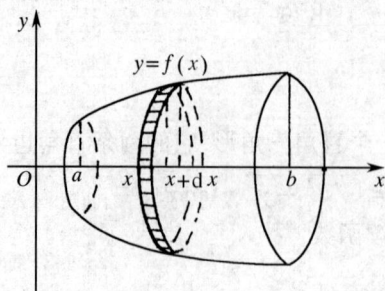

图 6 – 24

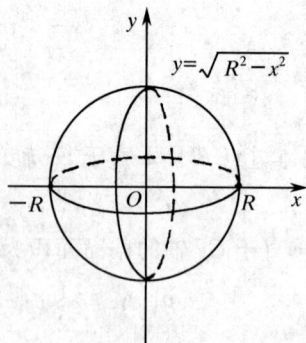

图 6 – 25

例 6.8 计算由椭圆 $\dfrac{x^2}{a^2} + \dfrac{y^2}{b^2} = 1$ 所围成的图形分别绕 Ox 轴、Oy 轴旋转所成的旋转体的体积 V_x、V_y.

解 椭圆 $\dfrac{x^2}{a^2} + \dfrac{y^2}{b^2} = 1$ 绕 Ox 轴旋转,可以看成上半椭圆 $y = \dfrac{b}{a}\sqrt{a^2 - x^2}$ $(-a \leqslant x \leqslant a)$ 与 Ox 轴围成的平面图形绕 Ox 轴旋转而成的旋转体(见图6 – 26).

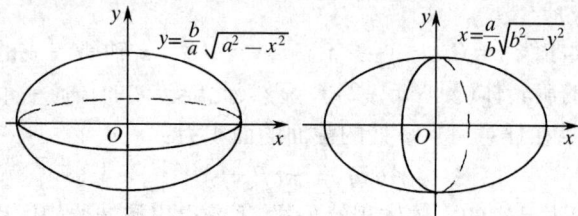

图 6 – 26

$$V_x = \pi \int_{-a}^{a} \left(\frac{b}{a}\sqrt{a^2 - x^2} \right)^2 \mathrm{d}x$$

$$= \pi \frac{b^2}{a^2} \int_{-a}^{a} (a^2 - x^2)\mathrm{d}x = \frac{4}{3}\pi ab^2.$$

同理,

$$V_y = \pi \int_{-b}^{b} \left(\frac{a}{b}\sqrt{b^2 - y^2} \right)^2 \mathrm{d}y$$

$$= \pi \frac{a^2}{b^2} \int_{-b}^{b} (b^2 - y^2)\mathrm{d}y = \frac{4}{3}\pi a^2 b.$$

例 6.9 求圆 $x^2 + (y - b)^2 = R^2$ $(b > R > 0)$,绕 Ox 轴旋转所成的环体的体积 V(见图 6 – 27).

解 环体的体积是由曲边梯形 $EACBFE$ 绕 Ox 轴旋转所成的立体,与由曲边梯形 $EADBFE$ 绕 Ox 轴旋转所成的立体的体积之差.因为曲线 $\overset{\frown}{ACB}$ 的方程为 $y = b + \sqrt{R^2 - x^2}$,曲线 $\overset{\frown}{ADB}$ 的方程为 $y = b - \sqrt{R^2 - x^2}$.故所求的环体的体积为

$$V = \int_{-R}^{R} \pi(b + \sqrt{R^2 - x^2})^2 dx - \int_{-R}^{R} \pi(b - \sqrt{R^2 - x^2})^2 dx$$

$$= 4\pi b \int_{-R}^{R} \sqrt{R^2 - x^2} dx = 4\pi b \cdot \frac{1}{2}\pi R^2 = 2\pi^2 b R^2$$

*3. 柱壳法

我们进一步讨论由连续曲线 $y = f(x)$,直线 $x = a$,$x = b$ 及 Ox 轴所围成的曲边梯形(见图 6 – 28)绕 Oy 轴旋转而形成的旋转体的体积公式.

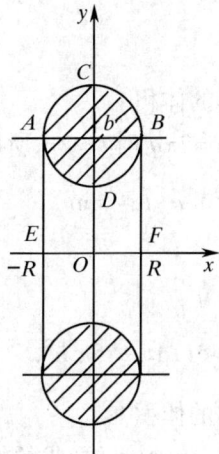

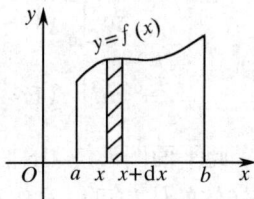

图 6 – 27   图 6 – 28

选取 x 为积分变量,它的积分区间为 $[a, b]$,在区间 $[a, b]$ 上任取小区间 $[x, x + dx]$,小区间 $[x, x + dx]$ 上对应的小曲边梯形的底为 dx,高近似等于 $f(x)$.让这一小条绕 Oy 轴旋转就形成了一个薄柱壳.这一薄柱壳的内表面积为 $2\pi x f(x)$,将它剖开并把它展平,就得到一块近似于厚度为 dx,面积为 $2\pi x f(x)$ 的矩形薄板,它的体积

$$2\pi x f(x) dx$$

就是薄柱壳体积的近似值,即

$$dV = 2\pi x f(x) dx,$$

所求旋转体的体积为

$$V = 2\pi \int_{a}^{b} x f(x) dx.$$

此方法也称为"柱壳法".

例 6.10 计算由摆线 $x = a(t - \sin t)$, $y = a(1 - \cos t)(0 \leqslant t \leqslant 2\pi)$ 的一拱,与 $y = 0$ 所围成的平面图形分别绕 Ox 轴、Oy 轴旋转而成的旋转体的体积 V_x, V_y.

解 摆线的一拱与 Ox 轴所围成的平面图形如图 6-29 所示.

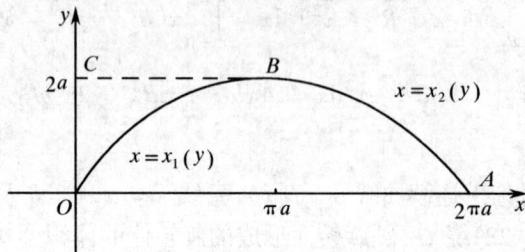

图 6-29

(1) 求此平面图形绕 Ox 轴旋转而成的旋转体的体积 V_x.

摆线的方程为参量方程,且当 $x = 0$ 时 $t = 0$, $x = 2\pi a$ 时 $t = 2\pi$,所以

$$V_x = \int_0^{2\pi a} \pi y^2 \mathrm{d}x = \pi \int_0^{2\pi} a^2 (1 - \cos t)^2 \mathrm{d}[a(t - \sin t)]$$

$$= \pi a^3 \int_0^{2\pi} (1 - \cos t)^3 \mathrm{d}t$$

$$= \pi a^3 \int_0^{2\pi} (1 - 3\cos t + 3\cos^2 t - \cos^3 t) \mathrm{d}t = 5\pi^2 a^3.$$

(2) 求此平面图形绕 Oy 轴旋转而成的旋转体的体积 V_y.

此旋转体的体积可以看作平面图形 $OABCO$ 绕 Oy 轴旋转形成的旋转体的体积与平面图形 $OBCO$ 绕 Oy 轴旋转所形成的旋转体体积之差.

摆线的方程是参量方程,对于曲线 $x = x_1(y)$,当 y 由 0 变到 $2a$ 时,t 由 0 变到 π;对于曲线 $x = x_2(y)$,当 y 由 0 变到 $2a$ 时,t 由 2π 变到 π.所以

$$V_y = \int_0^{2a} \pi x_2^2(y) \mathrm{d}y - \int_0^{2a} \pi x_1^2(y) \mathrm{d}y$$

$$= \int_{2\pi}^{\pi} \pi a^2 (t - \sin t)^2 a \sin t \mathrm{d}t - \int_0^{\pi} \pi a^2 (t - \sin t)^2 a \sin t \mathrm{d}t$$

$$= -\pi a^3 \int_0^{2\pi} (t - \sin t)^2 \sin t \mathrm{d}t$$

$$= -\pi a^3 \int_0^{2\pi} (t^2 \sin t - 2t \sin^2 t + \sin^3 t) \mathrm{d}t$$

$$= -\pi a^3 \left[\int_0^{2\pi} t^2 \sin t \mathrm{d}t - \int_0^{2\pi} t(1 - \cos 2t) \mathrm{d}t + \int_0^{2\pi} \sin^3 t \mathrm{d}t \right]$$

$$= \pi a^3 \Big[\int_0^{2\pi} t^2 \mathrm{d}\cos t + \int_0^{2\pi} t \mathrm{d}t - \frac{1}{2} \int_0^{2\pi} t \mathrm{d}\sin 2t$$

$$+ \int_0^{2\pi} (1 - \cos^2 t) \mathrm{d}\cos t \Big] = 6\pi^3 a^3.$$

例 6.11 计算曲线 $y = \sin x, 0 \leqslant x \leqslant \pi$，与 Ox 轴所围成的平面图形绕 Oy 轴旋转而成的旋转体的体积(见图 6 - 30).

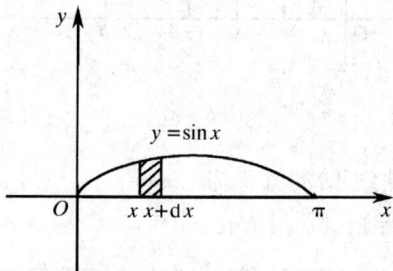

图 6 - 30

解 选取 x 为积分变量，它的积分区间为 $[0, \pi]$，在区间 $[0, \pi]$ 上任取小区间 $[x, x + \mathrm{d}x]$，利用"柱壳法"求得此旋转体的体积为

$$V_y = \int_0^\pi 2\pi x \cdot \sin x \mathrm{d}x = -2\pi \int_0^\pi x \mathrm{d}\cos x$$

$$= -2\pi \Big[x\cos x \Big|_0^\pi - \int_0^\pi \cos x \mathrm{d}x \Big]$$

$$= 2\pi \Big[\pi + \sin x \Big|_0^\pi \Big] = 2\pi^2.$$

6.6.3 平面曲线的弧长

设连续曲线 $\overset{\frown}{AB}$ 的方程为 $y = f(x)(a \leqslant x \leqslant b)$，其中 $f(x)$ 在 $[a, b]$ 上具有一阶连续的导数.求曲线 $\overset{\frown}{AB}$ 的弧长 s(见图 6 - 31).

在直角坐标系下，对于曲线:$y = f(x)(a \leqslant x \leqslant b)$，在 $[a, b]$ 的任意一个子区间 $[x, x + \mathrm{d}x]$ 上，曲线弧 $\overset{\frown}{AB}$ 的小弧段的弧长 Δs 的近似值 $\mathrm{d}s$ 为:

$$\mathrm{d}s = \sqrt{(\mathrm{d}x)^2 + (\mathrm{d}y)^2} = \sqrt{1 + y'^2} \mathrm{d}x,$$

由此得曲线 $\overset{\frown}{AB}$ 的弧长 s 为

$$s = \int_a^b \sqrt{1 + y'^2} \mathrm{d}x.$$

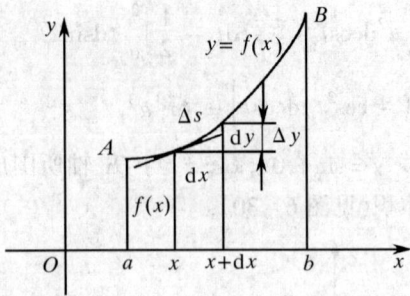

图 6 – 31

类似地,如果连续曲线 $\overset{\frown}{AB}$ 的方程为 $x = \varphi(y)$，$c \leqslant y \leqslant d$，其中 $\varphi(y)$ 在区间 $[c, d]$ 上具有一阶连续导数,则弧微分

$$\mathrm{d}s = \sqrt{(\mathrm{d}x)^2 + (\mathrm{d}y)^2} = \sqrt{1 + [\varphi'(y)]^2}\,\mathrm{d}y.$$

曲线弧 $\overset{\frown}{AB}$ 的弧长

$$s = \int_c^d \sqrt{1 + [\varphi'(y)]^2}\,\mathrm{d}y.$$

如果连续曲线 $\overset{\frown}{AB}$ 的方程为

$$\begin{cases} x = \varphi(t), \\ y = \psi(t), \end{cases} (\alpha \leqslant t \leqslant \beta).$$

其中 $\varphi(t)$，$\psi(t)$ 在区间 $[\alpha, \beta]$ 上具有连续的一阶导数,则弧微分

$$\mathrm{d}s = \sqrt{(\mathrm{d}x)^2 + (\mathrm{d}y)^2} = \sqrt{[\varphi'(t)]^2 + [\psi'(t)]^2}\,\mathrm{d}t,$$

由此得到曲线弧 $\overset{\frown}{AB}$ 的弧长

$$s = \int_\alpha^\beta \sqrt{[\varphi'(t)]^2 + [\psi'(t)]^2}\,\mathrm{d}t.$$

如果连续曲线 $\overset{\frown}{AB}$ 的方程由极坐标 $\rho = \rho(\theta)$，$\alpha \leqslant \theta \leqslant \beta$ 给出,其中 $\rho(\theta)$ 具有连续的一阶导数,由公式

$$\begin{cases} x = \rho(\theta)\cos\theta, \\ y = \rho(\theta)\sin\theta, \end{cases}$$

可以得出弧微分

$$\mathrm{d}s = \sqrt{(\mathrm{d}x)^2 + (\mathrm{d}y)^2} = \sqrt{[\rho'(\theta)]^2 + [\rho(\theta)]^2}\,\mathrm{d}\theta,$$

于是曲线弧 $\overset{\frown}{AB}$ 的弧长

$$s = \int_\alpha^\beta \sqrt{[\rho'(\theta)]^2 + [\rho(\theta)]^2}\, d\theta.$$

例 6.12 计算曲线 $y = \dfrac{1}{3}x^{\frac{3}{2}}$ 上相应于 x 从 0 变到 12 的一段弧的长度.

解 弧微分 $ds = \sqrt{1 + [y'(x)]^2}\, dx = \sqrt{1 + \dfrac{1}{4}x}\, dx$,

所求曲线的弧长

$$s = \int_0^{12} \sqrt{1 + \frac{1}{4}x}\, dx = 4\int_0^{12}\left(1 + \frac{1}{4}x\right)^{\frac{1}{2}} d\left(1 + \frac{1}{4}x\right)$$

$$= 4\left[\frac{2}{3}\left(1 + \frac{1}{4}x\right)^{\frac{3}{2}}\right]\Bigg|_0^{12} = \frac{56}{3}.$$

例 6.13 求 $y = \ln\sec x$ 在 $x \in \left[0, \dfrac{\pi}{4}\right]$ 上的弧长 s.

解 因为 $ds = \sqrt{1 + y'^2}\, dx = \sqrt{1 + \tan^2 x}\, dx = \sec x\, dx$,所以

$$s = \int_0^{\frac{\pi}{4}} ds = \int_0^{\frac{\pi}{4}} \sec x\, dx = \ln\left|\sec x + \tan x\right|\Bigg|_0^{\frac{\pi}{4}}$$

$$= \ln(1 + \sqrt{2}).$$

例 6.14 计算星形线

$$\begin{cases} x = a\cos^3 t, \\ y = a\sin^3 t, \end{cases} (a > 0)$$

的全长(见图 6-32).

解 由于对称性,星形线全长等于第一象限部分弧长的 4 倍.弧微分,有

$$ds = \sqrt{[x'(t)]^2 + [y'(t)]^2}\, dt$$

$$= \sqrt{(-3a\cos^2 t\sin t)^2 + (3a\sin^2 t\cos t)^2}\, dt$$

$$= 3a\sqrt{\cos^4 t\sin^2 t + \sin^4 t\cos^2 t}\, dt$$

$$= 3a\sin t\cos t\, dt.$$

星形线的全长为

$$s = 4\int_0^{\frac{\pi}{2}} 3a\sin t\cos t\, dt = 12a\int_0^{\frac{\pi}{2}} \sin t\, d(\sin t)$$

$$= 12a\left(\frac{1}{2}\sin^2 t\right)\Bigg|_0^{\frac{\pi}{2}} = 6a.$$

例 6.15 计算心形线 $\rho = a(1 + \cos\theta), (a > 0)$ 的全长(见图 6-33).

解 由于对称性,心形线的全长等于极轴上面部分弧长的 2 倍.弧微分,有

$$ds = \sqrt{[\rho'(\theta)]^2 + [\rho(\theta)]^2}d\theta$$

$$= \sqrt{a^2\sin^2\theta + a^2(1 + \cos\theta)^2}d\theta$$

$$= a\sqrt{2 + 2\cos\theta}d\theta = 2a\cos\frac{\theta}{2}d\theta.$$

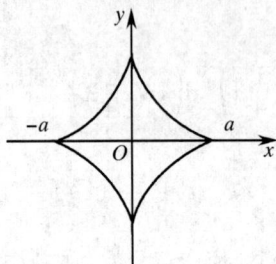

图 6 – 32

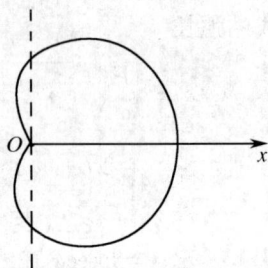

图 6 – 33

从而心形线的全长为

$$s = 2\int_0^\pi 2a\cos\frac{\theta}{2}d\theta = 8a\int_0^\pi \cos\frac{\theta}{2}d\left(\frac{\theta}{2}\right)$$

$$= 8a\sin\frac{\theta}{2}\Big|_0^\pi = 8a.$$

6.6.4 旋转体的侧面积

考虑一个旋转体,如图 6 – 34 所示.它的侧面是由区间 $a \le x \le b$ 所对应的连续曲线: $y = f(x)$ $(f(x) \ge 0)$ 绕 Ox 轴旋转而成的曲面,求此旋转曲面的侧面积 S.

取 x 为积分变量,积分区间为 $[a, b]$,考虑位于 $[a, b]$ 上的任意一个子区间 $[x, x + dx]$ 上的小窄带状侧面的面积 ΔS.由于此小窄带状侧面是由 $f(x)$ 的一小段弧 Δs 旋转而成的,故小窄带状侧面的面积 ΔS 可以近似看成长为 $2\pi y$,宽为

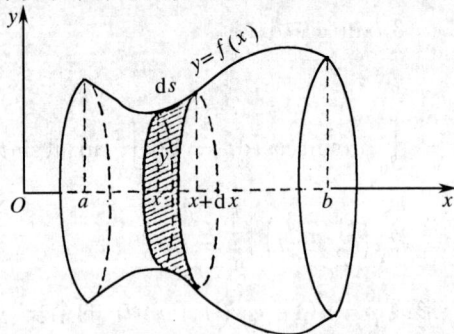

图 6 – 34

ds 的矩形面积,即 $\triangle S$ 的近似值 dS 为

$$\mathrm{d}S = 2\pi y \mathrm{d}s = 2\pi f(x) \sqrt{1 + f'^2(x)} \mathrm{d}x,$$

故

$$S = \int_a^b 2\pi f(x) \sqrt{1 + f'^2(x)} \mathrm{d}x.$$

这就是旋转体的侧面积 S 的计算公式.

类似地,区间 $[c,d]$ 上对应的连续曲线 $x = \varphi(y)$ $(\varphi(y) \geqslant 0)$ 绕 Oy 轴旋转形成的旋转曲面的面积为

$$S = \int_c^d 2\pi \varphi(y) \sqrt{1 + \varphi'^2(y)} \mathrm{d}y.$$

例 6.16 探照灯的反光镜由一条抛物线 $y^2 = 2px (p > 0, 0 \leqslant x \leqslant a)$,绕 Ox 轴旋转而成,求反光镜的面积 S(图 6 – 35).

解 探照灯的表面积实际上是由曲线 $y = \sqrt{2px}$ $(0 \leqslant x \leqslant a)$,绕 Ox 轴旋转而生成的旋转曲面的面积,所以

$$S = \int_0^a 2\pi \sqrt{2px} \cdot \sqrt{1 + \left(\sqrt{\frac{p}{2x}}\right)^2} \mathrm{d}x$$

$$= 2\pi \sqrt{p} \int_0^a \sqrt{2x + p} \mathrm{d}x$$

$$= \pi \sqrt{p} \int_0^a \sqrt{2x + p} \mathrm{d}(2x + p)$$

$$= \pi \sqrt{p} \cdot \frac{2}{3}(2x + p)^{\frac{3}{2}} \Big|_0^a$$

$$= \frac{2\pi p^2}{3} \left[\left(\frac{2a}{p} + 1\right)^{\frac{3}{2}} - 1\right].$$

例 6.17 计算由圆 $x^2 + (y - b)^2 = R^2$ $(b > R > 0)$,绕 Ox 轴旋转而成的环体的侧面积(见图 6 – 36).

解 此环体的侧面积可以看成上半圆绕 Ox 轴旋转所生成旋转体的侧面积与下半圆绕 Ox 轴旋转所生成旋转体的侧面积之和.上半圆的方程为

$$y = b + \sqrt{R^2 - x^2} \qquad (-R \leqslant x \leqslant R),$$

从而

$$y' = \frac{-x}{\sqrt{R^2 - x^2}}, \quad \sqrt{1 + y'^2(x)} = \frac{R}{\sqrt{R^2 - x^2}};$$

下半圆的方程为

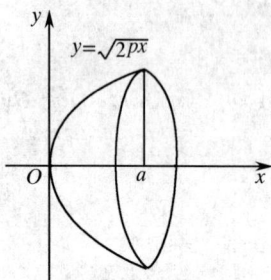

图 6 – 35

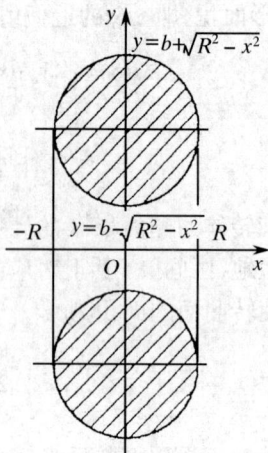

图 6 – 36

$$y = b - \sqrt{R^2 - x^2} \quad (-R \leqslant x \leqslant R),$$

从而

$$y' = \frac{x}{\sqrt{R^2 - x^2}}, \sqrt{1 + y'^2(x)} = \frac{R}{\sqrt{R^2 - x^2}}.$$

所求环体的侧面积为

$$S = \int_{-R}^{R} 2\pi(b + \sqrt{R^2 - x^2}) \cdot \frac{R}{\sqrt{R^2 - x^2}} \mathrm{d}x$$

$$+ \int_{-R}^{R} 2\pi(b - \sqrt{R^2 - x^2}) \cdot \frac{R}{\sqrt{R^2 - x^2}} \mathrm{d}x$$

$$= 8\pi Rb \int_{0}^{R} \frac{\mathrm{d}x}{\sqrt{R^2 - x^2}} = 8\pi Rb \cdot \arcsin\frac{x}{R} \bigg|_{0}^{R}$$

$$= 4\pi^2 Rb.$$

习题 6 – 6

1. 计算由曲线 $y = \sin x$ 在 $x \in [0, 2\pi]$ 的一段与 Ox 轴所围成的平面图形的面积 S.

2. 计算由曲线 $y = \ln x$ 和直线 $y = \ln a$、$y = \ln b$、$x = 0 (b > a > 0)$ 所围成的平面图形的面积 S.

3. 计算由曲线 $y = x^2$ 和直线 $y = 2x + 3$ 所围成的平面图形的面积 S.

4. 计算由曲线 $y = e^x$、$y = e^{-x}$ 和直线 $x = 1$ 所围成的平面图形的面积 S.

5. 计算由曲线 $y^2 = 3x$ 与 $y^2 = 4 - x$ 所围成的平面图形的面积 S.

6. 计算由曲线 $y = x^2$，$y = \dfrac{1}{2}x^2$ 与直线 $y = 2x$ 围成的平面图形的面积 S.

7. 计算由星形线 $x = a\cos^3 t$、$y = a\sin^3 t$ $(a > 0)$ 围成的平面图形的面积 S.

8. 计算由心形线 $\rho = 2a(1 + \cos\theta)$ $(a > 0)$，围成的平面图形的面积 S.

9. 计算由曲线 $y = x^3$ 及直线 $x = 2$、$y = 0$ 围成的平面图形分别绕 Ox 轴、Oy 轴旋转而形成的旋转体的体积 V_x 与 V_y.

10. 计算由曲线 $y = x^2$ 与 $y = 2 - x^2$ 围成的平面图形绕 Ox 轴旋转而形成的旋转体的体积 V.

11. 计算由曲线 $y = \sin x$ $(0 \leqslant x \leqslant \pi)$ 与 Ox 轴围成的平面图形分别绕 Ox 轴、Oy 轴旋转而形成的旋转体的体积 V_x 与 V_y.

12. 计算由曲线 $y = \ln x$ 及直线 $y = 0$、$x = 2$ 围成的平面图形绕 Oy 轴旋转而形成的旋转体的体积 V.

13. 计算由星形线 $x = a\cos^3 t$、$y = a\sin^3 t$ $(a > 0, 0 \leqslant t \leqslant 2\pi)$ 围成的平面图形绕 Ox 轴旋转而形成的旋转体的体积 V.

14. 计算悬链线 $y = \dfrac{1}{2}(e^x + e^{-x})$ 在 $x = -1$ 到 $x = 1$ 之间的一段弧长 s.

15. 计算摆线 $x = a(t - \sin t)$，$y = a(1 - \cos t)$ $(0 \leqslant t \leqslant 2\pi)$ 的一拱的长度 s（其中 $a > 0$）.

16. 计算曲线 $x = \arctan t$，$y = \dfrac{1}{2}\ln(1 + t^2)$ 自 $t = 0$ 到 $t = 1$ 的一段弧长 s.

17. 计算心形线 $\rho = 1 + \cos\theta$ 的全长 s.

18. 计算星形线 $x = a\cos^3 t$，$y = a\sin^3 t (0 \leqslant t \leqslant 2\pi)$ 绕 Ox 轴旋转而形成的旋转曲面的面积 S（其中 $a > 0$）.

19. 计算摆线 $x = a(t - \sin t)$，$y = a(1 - \cos t)$ $(a > 0)$ 的一拱绕 Ox 轴旋转而形成的旋转曲面的面积 S，其中 $0 \leqslant t \leqslant 2\pi$.

6.7　定积分在物理及经济上的应用

定积分在物理上有十分广泛的应用，本节仅介绍应用定积分解决变力做功、质量等方面的问题.

6.7.1　变力做功

设有力 $y = F(x)$，其方向与 Ox 轴平行. 一物体在此力作用下沿着 Ox 轴由

点 $x = a$ 移动到点 $x = b(a < b)$,求变力 $F(x)$ 所做的功 W(图 6 − 37).

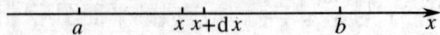

$$\begin{array}{ccccc} & a & x\ x+\mathrm{d}x & b & x \end{array}$$

图 6 − 37

我们知道,当力 F 是常力时,力 F 所做的功等于 F 乘以物体移动的路程,即

$$W = F(b − a).$$

如果 F 为变力,则 $F = F(x)$ 是一个随 x 的变化而变化的函数,我们可以利用定积分的方法计算变力 $F(x)$ 所做的功.

选取 x 为积分变量,积分区间为 $[a, b]$,在区间 $[a, b]$ 上任取小区间 $[x, x + \mathrm{d}x]$,在小区间 $[x, x + \mathrm{d}x]$ 上 $F(x)$ 变化不大,可以近似看成不变,用点 x 处的力 $F(x)$ 近似代替小区间 $[x, x + \mathrm{d}x]$ 上任一点处所受的力,从而小区间 $[x, x + \mathrm{d}x]$ 上变力 $F(x)$ 做的功 ΔW 近似等于

$$\mathrm{d}W = F(x)\mathrm{d}x.$$

以 $F(x)\mathrm{d}x$ 为被积式,在区间 $[a, b]$ 上作定积分,便可得到物体在变力 $F(x)$ 作用下沿 Ox 轴由点 $x = a$ 移动到 $x = b$ 变力所做的功

$$W = \int_a^b F(x)\mathrm{d}x.$$

例 7.1 一个弹簧原长为 $0.1\mathrm{m}$,有一个力 $P(x)$ 把它拉长了 $0.06\mathrm{m}$(图 6 − 38),求变力 $P(x)$ 所做的功.

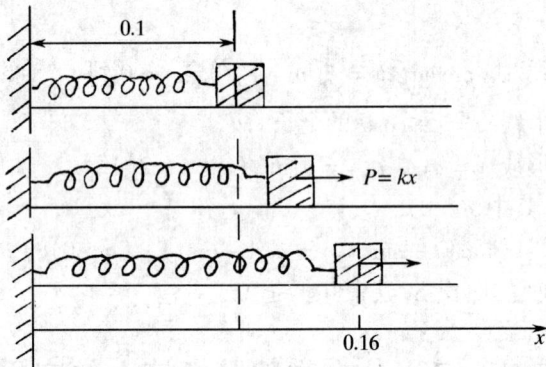

图 6 − 38

解 由物理学知道,弹簧的拉力 $P(x)$ 与弹簧伸长量 x 成正比,即

$$P(x) = kx(k > 0,\text{为比例常数}).$$

选取 x 为积分变量,积分区间为 $[0, 0.06]$,于是弹簧拉力所做的功为

$$W = \int_0^{0.06} P(x)\mathrm{d}x = \int_0^{0.06} kx\mathrm{d}x$$

$$= \frac{1}{2}kx^2 \Big|_0^{0.06} = 0.0018k(\text{J}).$$

如果把坐标原点选在弹簧的固定端,则弹簧的伸长量为

$$s = x - 0.1,$$

弹簧的拉力为

$$P(x) = k(x - 0.1) \quad (k > 0, \text{为比例常数}).$$

选取 x 为积分变量,积分区间为 $[0.1, 0.16]$,则弹簧拉力所作的功为

$$W = \int_{0.1}^{0.16} k(x - 0.1)\mathrm{d}x$$

$$= \frac{1}{2}k(x - 0.1)^2 \Big|_{0.1}^{0.16} = 0.0018k(\text{J}).$$

例 7.2 一半球形水池,直径为 6m,水面距池口 1m,问将水池中的水抽尽要做多少功?

解 如图 6 - 39 建立坐标系,则半球截面的边界曲线的方程为

$$y = \pm\sqrt{9 - x^2},$$

抽水做功与所抽液体的重量 p 及所抽液体上升的高度 h 有关,即

$$W = p \cdot h$$

图 6 - 39

选取 x 为积分变量,积分区间为 $[1, 3]$,在区间 $[1, 3]$ 上任取小区间 $[x, x + \mathrm{d}x]$,则小区间 $[x, x + \mathrm{d}x]$ 上对应的一薄层水的高度为 $\mathrm{d}x$. 水的密度为 1000kg/m^3,因此,如果 x 的单位是 m,这薄层水的重量的近似值为

$$1000g\pi y^2\mathrm{d}x = 9800\pi(9 - x^2)\mathrm{d}x.$$

把这一薄层水抽到池外所做功的近似值为

$$\mathrm{d}W = 9800\pi x(9 - x^2)\mathrm{d}x.$$

将水池内的水抽尽所做的功为

$$W = \int_1^3 9800\pi x(9 - x^2)\mathrm{d}x$$

$$= 9800\pi\left(\frac{9}{2}x^2 - \frac{1}{4}x^4\right)\Big|_1^3 = 156800\pi(\text{J}).$$

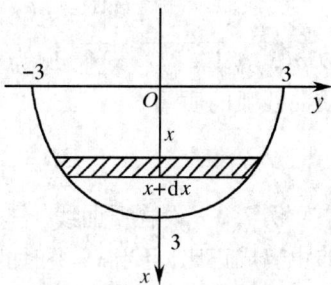

6.7.2 质量

设有一连续变化的物质曲线

$$y = f(x), a \leqslant x \leqslant b,$$

它的线密度为 $\rho = \rho(x)$,求此物质曲线的质量 M(图 6–40).

解 我们知道,当线密度 ρ 为常数时,物质曲线的质量 M 等于线密度 ρ 乘以物质曲线的长度 s. 现在,线密度是 x 的函数,可采用定积分的方法计算物质曲线的质量.

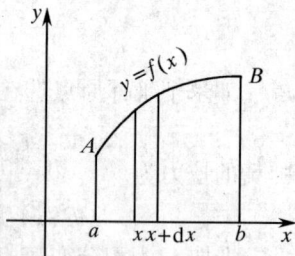

选取 x 为积分变量,积分区间为 $[a,b]$,在区间 $[a,b]$ 上任取小区间 $[x,x+dx]$,小区间 $[x,x+dx]$ 上对应的小曲线段的弧长 Δs 可以用弧微分 ds 近似代替,于是小区间 $[x,x+dx]$ 上对应的物质曲线的质量近似等于

$$dM = \rho(x)ds = \rho(x)\sqrt{1+[f'(x)]^2}dx,$$

以 $\rho(x)\sqrt{1+[f'(x)]^2}dx$ 为被积式在区间 $[a,b]$ 上作定积分,便可得到所求物质曲线弧的质量

$$M = \int_a^b \rho(x)\sqrt{1+[f'(x)]^2}dx.$$

图 6–40

例7.3 设物质曲线 $y=x^2,1\le x\le 2$,上任一点处的线密度与该点到 Oy 轴的距离成正比,且当 $x=1$ 时的线密度为 3,求此物质曲线的质量(图 6–41).

解 选 x 为积分变量,积分区间为 $[1,2]$,由题设知物质曲线的线密度

$$\rho(x) = kx(k \text{ 为比例常数})$$

由 $x=1$ 时 $\rho=3$ 可以得出 $k=3$,即

$$\rho(x) = 3x.$$

在区间 $[1,2]$ 上任取小区间 $[x,x+dx]$,小区间上对应的物质曲线的质量近似等于

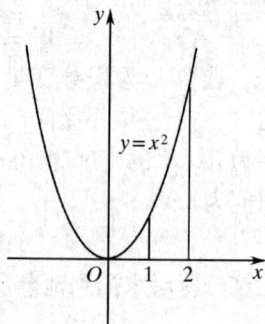

$$dM = 3x\sqrt{1+(2x)^2}dx,$$

从而,所求物质曲线的质量为

$$M = \int_1^2 3x\sqrt{1+4x^2}dx = \frac{3}{8}\int_1^2 (1+4x^2)^{\frac{1}{2}}d(1+4x^2)$$

$$= \frac{1}{4}(1+4x^2)^{\frac{3}{2}}\Big|_1^2 = \frac{1}{4}(17\sqrt{17}-5\sqrt{5}).$$

图 6–41

6.7.3 连续函数的平均值

在实际问题中,对于在一定范围内变化的物理量,常用平均值来描述它们的大小,如果已知某一量的几个值 $y_1,y_2,\cdots,y_n$,它们的算术平均值为

$$\bar{y} = \frac{y_1 + y_2 + \cdots + y_n}{n} = \frac{1}{n}\sum_{i=1}^{n} y_i.$$

如果 y 是定义在区间$[a,b]$上的一个连续函数,即

$$y = f(x),$$

如何计算 $f(x)$ 在区间$[a,b]$上所取得的一切值的平均值呢? 下面将讨论如何利用定积分计算连续函数 $f(x)$ 在区间$[a,b]$上的平均值.

先把区间$[a,b]$分为 n 等分,设分点为

$$a = x_0 < x_1 < x_2 < \cdots < x_n = b,$$

每个子区间的长度为

$$\Delta x = \frac{1}{n}(b - a).$$

设这些分点处 $f(x)$ 的函数值依次为 $y_0, y_1, \cdots, y_n$,可以用 $y_1, y_2, \cdots, y_n$ 的平均值

$$\frac{1}{n}(y_1 + y_2 + \cdots + y_n)$$

来近似表达连续函数 $f(x)$ 在区间$[a,b]$上所取得一切值的平均值. 当 n 愈大时,即每个子区间的长度 Δx 相应地取得愈小时,上述平均值就愈接近于 $f(x)$ 在区间$[a,b]$上的平均值,当 $n \to \infty$ 时,极限值

$$\lim_{n \to +\infty} \frac{y_1 + y_2 + \cdots + y_n}{n}$$

就称为连续函数 $f(x)$ 在区间$[a,b]$上的平均值,即

$$\begin{aligned}
\bar{y} &= \lim_{n \to +\infty} \frac{y_1 + y_2 + \cdots + y_n}{n} \\
&= \lim_{n \to +\infty} \frac{f(x_1) + f(x_2) + \cdots + f(x_n)}{b - a} \cdot \frac{b - a}{n} \\
&= \lim_{n \to +\infty} \frac{f(x_1) + f(x_2) + \cdots + f(x_n)}{b - a} \cdot \Delta x \\
&= \frac{1}{b - a} \lim_{\Delta x \to 0} \sum_{i=1}^{n} f(x_i) \cdot \Delta x = \frac{1}{b - a} \int_a^b f(x) \mathrm{d}x.
\end{aligned}$$

这就是说,连续函数 $f(x)$ 在区间$[a,b]$上的平均值 $\bar{y}$ 等于函数 $f(x)$ 在区间$[a,b]$上的定积分除以区间$[a,b]$的长度 $b - a$. 定积分中值定理中的 $f(\xi)$ 就是函数 $f(x)$ 在区间$[a,b]$上的平均值.

例7.4 计算从 0 秒到 T 秒这段时间内自由落体的平均速度.

解 自由落体的速度为

$$v = gt,$$

从 0 秒到 T 秒这段时间内自由落体的平均速度

$$\bar{v} = \frac{1}{T}\int_0^T gt\,\mathrm{d}t = \frac{1}{T} \cdot \frac{1}{2}gt^2 \Big|_0^T = \frac{1}{2}gT.$$

例 7.5 在等温过程中,求理想气体的容积由 v_0 膨胀到 v_1 时,压强 p 的平均值.

解 对于理想气体

$$pv = RT$$

在等温过程中,T 为常量,即压强 p 为容积 v 的函数

$$p = RT \cdot \frac{1}{v},$$

从而所求压强的平均值

$$\bar{p} = \frac{1}{v_1 - v_0} \int_{v_0}^{v_1} RT \cdot \frac{1}{v} \mathrm{d}v$$

$$= \frac{RT}{v_1 - v_0} \ln v \Big|_{v_0}^{v_1} = \frac{RT}{v_1 - v_0} \ln\left(\frac{v_1}{v_0}\right).$$

例 7.6 设纯电阻电路中的正弦交流电的电流 $i = I_m \sin\omega t$,其中常数 I_m 为电流的最大值,ω 为角频率.计算电流 i 在半周期区间 $\left[0, \frac{\pi}{\omega}\right]$ 上的平均值.

解 电流 i 在半周期区间 $\left[0, \frac{\pi}{\omega}\right]$ 上的平均值为

$$\bar{i} = \frac{\omega}{\pi} \int_0^{\frac{\pi}{\omega}} I_m \sin\omega t \mathrm{d}t = \frac{1}{\pi} \int_0^{\frac{\pi}{\omega}} I_m \sin\omega t \mathrm{d}(\omega t)$$

$$= \frac{1}{\pi} I_m (-\cos\omega t) \Big|_0^{\frac{\pi}{\omega}} = \frac{2}{\pi} I_m.$$

6.7.4 定积分在经济上的应用举例

例 7.7 设某公司的一种产品,在时刻 x(小时)时产量的变化率为 $f(x) = 100 + x - \frac{3}{5}x^2$(箱/小时),求从 $x = 2$ 到 $x = 8$ 这 6 个小时的产量.

解 设这 6 个小时的产量为 S(箱),则

$$S = \int_2^8 f(x)\mathrm{d}x = \int_2^8 \left(100 + x - \frac{3}{5}x^2\right)\mathrm{d}x$$

$$= 600 + \frac{1}{2}x^2 \Big|_2^8 - \frac{1}{5}x^3 \Big|_2^8 = 600 + 30 - 100.8$$

$$= 529.2 \approx 529 \quad (\text{箱})$$

例 7.8 某种商品日生产量为 x 件时固定成本为 0.01 万元,边际成本为 $C'(x) = 4 - 0.01x$(万元/件),求成本函数 $C(x)$.

解 因为固定成本是与产品的产量无关的,所以

$$C(x) = \int_0^x C'(x) \, dx + 0.01 = \int_0^x (4 - 0.01x) \, dx + 0.01$$

$$= 4x - 0.005x^2 + 0.01 \quad (\text{万元})$$

例 7.9 某公司的收益率为 $R'(x) = 13 - 2\sqrt{x}$（百万元/年），而边际成本为 $C'(x) = 1 + 2\sqrt{x}$，问公司的最佳运转年份是多少？所获得的总利润为多少？

解 当 $C'(x) = R'(x)$ 时，是公司的最佳运转时间，即

$$13 - 2\sqrt{x} = 1 + 2\sqrt{x}, \quad 知 \ x = 9 \quad (\text{年})$$

而 9 年的总利润为

$$\int_0^9 [R'(x) - C'(x)] \, dx = \int_0^9 [(13 - 2\sqrt{x}) - (1 + 2\sqrt{x})] \, dx$$

$$= \int_0^9 (12 - 4\sqrt{x}) \, dx = 108 - 4 \cdot \frac{2}{3} x^{\frac{3}{2}} \Big|_0^9$$

$$= 108 - 72 = 36 \quad (\text{百万})$$

例 7.10 某公司生产某种产品 x 件时，边际收益函数为 $R'(x) = 100 + 2x$（元/件），求生产 x 件时的收益函数 $R(x)$ 及平均收益 $\overline{R}(x)$.

解 $R(x) = \int_0^x R'(x) \, dx = \int_0^x (100 + 2x) \, dx = 100x + x^2 \quad (\text{元})$

而平均收益为

$$\overline{R}(x) = \frac{R(x)}{x} = 100 + x \quad (\text{元／件})$$

习题 6 – 7

1. 一质点运动的速度 $v = 0.1t^3$（m/s），试求运动开始到 $t = 10$s 的时间内，质点所经过的路程 s.

2. 设有盛满水的正圆锥形水池，深 15m，圆锥口直径为 20m，现将池中的水全部抽出，问需要做多少功？

3. 设物质曲线 $y = \ln x$ 上每一点处的线密度等于该点横坐标的平方，求物质曲线在 $x = a$ 到 $x = b$ 之间的一段的质量（$1 < a < b$）.

4. 有一半径为 a 的圆周金属丝，其上每一点的线密度等于该点到直径的距离的平方，求金属丝的质量.

5. 求下列函数在指定区间上的平均值.

(1) $y = x, x \in [0, 1]$；

(2) $y = x^2, x \in [0, 1]$；

(3) $y = x\cos x, x \in [0, 2\pi]$；

(4) $y = \sin x \cdot \sin\left(x + \dfrac{\pi}{3}\right), x \in [0, 2\pi]$.

6. 某种产品的边际成本函数为 $C'(x) = 125e^{0.5x}$,且固定成本为 150,求总成本函数.

7. 生产一种产品 x 件的边际收益函数 $R'(x) = \dfrac{ab}{(x+b)^2} - c$ (元/件). 求:

(1) 生产 x 件产品的总收入 $R(x)$;

(2) 该产品的需求函数 $P(x)$(平均价格是产量的函数).

8. 某种产品的边际成本函数为 $C'(x) = x^2 - 4x + 6$,固定成本为 10,求:

(1) 总成本函数 $C(x)$;

(2) 当产品从 2 个单位增至 4 个单位时,总成本的增量.

9. 某产品的边际成本为 $C'(x) = 2 + x$,固定成本 $C = 100$,边际收益为 $R' = 120 - x$(万元/件),求:

(1) 总成本函数 $C(x)$;

(2) 收益函数 $R(x)$;

(3) 生产多少件时,总利润最大?

第 6 章 基 本 要 求

1. 理解定积分的概念、几何意义及基本性质. 会用定积分的定义求某些极限,会用定积分的几何意义求某些定积分的值.

2. 知道定积分的中值定理,熟悉变上、下限定积分的求导公式,会用牛顿－莱布尼茨公式计算简单的定积分.

3. 掌握定积分的基本积分法:换元积分法与分部积分法.

4. 会计算积分区间为无穷的广义积分,可以用定积分求出一些简单的几何量(面积、旋转体的体积、平面曲线的弧长)与经济量.

5. 理解本章中的基本内容(包括例题),能独立完成本章中的习题.

复习题 6

1. 填空题.

(1) 设 $f(u)$ 为连续函数,b 为常数,则 $\dfrac{\mathrm{d}}{\mathrm{d}x}\left(\displaystyle\int_0^b f(x+t)\mathrm{d}t\right) = $ _____.

(2) 若 $\displaystyle\int_0^x f(t)\mathrm{d}t = x\sin x$,则 $f(x) = $ _____.

(3) $\displaystyle\int_{-\frac{1}{2}}^{\frac{1}{2}} \ln\left(\frac{1-x}{1+x}\right)\arcsin\sqrt{1-x^2}\,dx =$ _____.

(4) 定积分 $I_n = \displaystyle\int_0^1 (1-x^2)^n \, dx, n \in \mathbf{N}^+$ 的值为 $I_n =$ _____.

(5) 定积分 $\displaystyle\int_1^{\sqrt{3}} \frac{dx}{x^2 \sqrt{1+x^2}} =$ _____.

2. 选择题.

(1) 设 $F(x) = \dfrac{x^2}{x-a}\displaystyle\int_a^x f(t)\,dt$，其中 $f(x)$ 为连续函数，则 $\lim\limits_{x \to a} F(x)$ 等于

(A) a；　　(B) 0；　　(C) $a^2 f(a)$；　　(D) $f(a)$.

答(　　)

(2) 若 $f(x)$ 为连续函数，$f(x) = \displaystyle\int_0^{2x} f\left(\frac{t}{2}\right)dt + \ln 2$，则 $f(x)$ 等于

(A) $e^x \ln 2$；　　(B) $e^{2x} \ln 2$；　　(C) $e^x + \ln 2$；　　(D) $e^{2x} + \ln 2$.

答(　　)

(3) 定积分 $\displaystyle\int_1^e \frac{\ln x}{\sqrt{x}}\,dx$ 的值为

(A) $2\sqrt{e} - 4$；　　(B) $2\sqrt{e} + 4$；　　(C) $2(2+\sqrt{e})$；　　(D) $2(2-\sqrt{e})$.

答(　　)

(4) 定积分 $\displaystyle\int_0^a \frac{dx}{x + \sqrt{a^2 - x^2}}\ (a > 0)$ 的值为

(A) $\dfrac{\pi}{4}$；　　(B) $\dfrac{\pi}{3}$；　　(C) $\dfrac{\pi}{2}$；　　(D) π.

答(　　)

(5) 由曲线 $y = \ln x$ 与 $y = e + 1 - x$ 及 $y = 0$ 所围的平面图形的面积 S 为

(A) $e + 1$；　　(B) $\dfrac{3}{2}$；　　(C) 1；　　(D) $\dfrac{5}{2}$.

答(　　)

3. 解下列各题.

(1) $\displaystyle\int_0^{\frac{\pi}{2}} \frac{1}{1 + \tan^n x}\,dx$；

(2) $\displaystyle\int_a^b |2x - a - b|\,dx,\ (b > a > 0)$；

(3) $\displaystyle\int_0^2 \sqrt{x^3 - 2x^2 + x}\,dx$；

(4) $\displaystyle\int_0^{\frac{\pi}{2}} \sqrt{1 - \sin 2x}\,dx$；

(5) $\int_{-\frac{\pi}{4}}^{\frac{\pi}{4}} \dfrac{\sin^2 x}{1 + e^{-x}} dx$.

4. 求下列各题的解.

(1) $\int_0^1 \dfrac{\ln(1 + x)}{1 + x^2} dx$;

(2) $\int_0^1 \dfrac{\ln(1 + x)}{(2 - x)^2} dx$;

(3) $\int_{-\frac{\pi}{3}}^{\frac{\pi}{3}} \dfrac{x \sin x}{\cos^2 x} dx$;

(4) 求由曲线 $y = \dfrac{1}{2} x^2$ 与 $x^2 + y^2 = 8$ 所围的图形中, $y \geqslant \dfrac{1}{2} x^2$ 部分的面积 S.

(5) 求函数 $F(x) = \int_0^x \dfrac{3t + 1}{t^2 - t + 1} dt$ 在 $x \in [0,1]$ 上的最大值及最小值.

5. 试解下列各题.

(1) 求自然数 n, 使 $n \int_0^1 x f''(2x) dx = \int_0^2 t f''(t) dt$.

(2) 设 $f(x) \in D[\dfrac{1}{2}, 2]$, 且满足 $\int_1^2 \dfrac{f(x)}{x^2} dx = 4 f(\dfrac{1}{2})$. 证明: 至少存在一点 $\xi \in (\dfrac{1}{2}, 2)$ 使 $\xi f'(\xi) - 2 f(\xi) = 0$.

第7章 向量代数与空间解析几何

在平面解析几何中,通过平面直角坐标系把平面上的点与有序数组、平面上的曲线与方程建立了一一对应的关系.本章将按照类似的方法,讨论空间中的曲面与方程的对应关系,即用代数的方法研究空间图形问题.

另外,空间解析几何还可以为学习高等数学下册中多元函数微分学的内容提供直观的几何解释.

由于在自然科学和工程技术中向量代数有着广泛的应用,本章还将介绍向量代数的有关基础知识,并以向量为工具,研究有关的空间图形的问题.

7.1 空间直角坐标系

7.1.1 空间直角坐标系

为建立空间图形与方程的联系,需要建立空间点与有序数组之间的联系.这种联系常是通过空间直角坐标系来实现.

空间直角坐标系规定如下:

过空间的一个定点 O,作三条互相垂直的数轴,它们都以点 O 为原点,且一般具有相同的长度单位.这三条数轴分别称为 Ox 轴(横轴)、Oy 轴(纵轴)、Oz 轴(竖轴),统称为坐标轴.它们的正向构成右手系(见图 7-1,而空间直角坐标系的示意图请参见图 7-2(a)).于是这样的三条坐标轴就构成了空间直角坐标系,点 O 称为坐标原点.

三条坐标轴中的任意两条轴所确定的平面称为坐标面,并分别称为 xOy 面、yOz 面、zOx 面.三个坐标面把空间分成 8 个部分.每一部分称为一个卦限.含有 Ox 轴、Oy 轴与 Oz 轴正半轴的那个卦限称为第一卦限.其他第二卦限、第三卦限、第四卦限在 xOy 面的上方,且按逆时针方向确定,第五卦限至第八卦限在 xOy 面的下方.第五卦限在

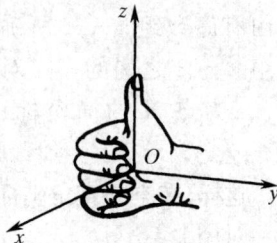

图 7-1

第一卦限下方,第五至第八卦限也按逆时针方向确定.这 8 个卦限分别用罗马数字 Ⅰ、Ⅱ、Ⅲ、Ⅳ、Ⅴ、Ⅵ、Ⅶ、Ⅷ表示(见图 7 – 2(b)).

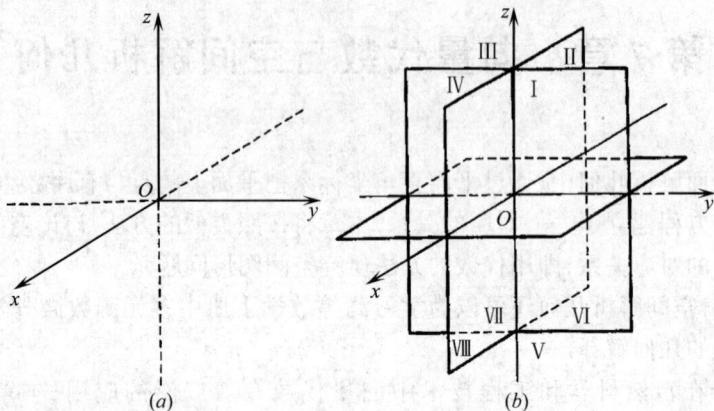

图 7 – 2

取定空间直角坐标系后,就可以建立空间点与有序数组之间的对应关系.

设 M 为空间中的一个点,过点 M 作三个平面分别垂直于 Ox 轴、Oy 轴和 Oz 轴.它们与 Ox 轴、Oy 轴、Oz 轴的交点依次为 P、Q、R(见图 7 – 3).这三点在 Ox 轴、Oy 轴、Oz 轴的坐标依次为 x、y、z.于是,空间中的一个点 M,就惟一地确定了一个有序数组 x、y、z.反过来,若已知一个有序数组 x、y、z,可依次在 Ox 轴、Oy 轴、Oz 轴上分别取坐标为 x、y、z 的对应点 P、Q、R,然后,过 P、Q、R 分别作垂直于 Ox 轴、Oy 轴、Oz 轴的平面.这三个平面的交点 M 便

图 7 – 3

是由有序数组 x、y、z 所确定的惟一的点 M.这样,就建立了空间点 M 和有序数组 x、y、z 之间的一一对应关系.这组数 x、y、z 称为点 M 的坐标.并依次称 x、y、z 为点 M 的横坐标、纵坐标、竖坐标.坐标为 x、y、z 的点 M 通常记为 $M(x,y,z)$.

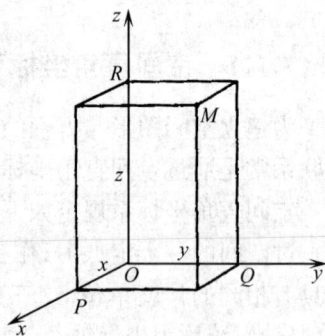

这样,在空间直角坐标系下,就建立了空间点 M 与有序数组 (x,y,z) 之间的一一对应关系.

空间中的点在空间直角坐标系内的不同卦限,其坐标的正负号亦不同,下面由表格给出各卦限中的点坐标的正负号.

卦　限	I	II	III	IV
坐标的正负号	$(+,+,+)$	$(-,+,+)$	$(-,-,+)$	$(+,-,+)$
卦　限	V	VI	VII	VIII
坐标的正负号	$(+,+,-)$	$(-,+,-)$	$(-,-,-)$	$(+,-,-)$

由此,可给出两个点关于坐标面、坐标轴、原点对称的含义.

两个点 M、Q 称为关于 xOy 面对称,即连接两点的线段 MQ 与 xOy 面垂直,且被其平分.若点 M 的坐标为 (x,y,z),则点 M 关于 xOy 面对称的点 Q 的坐标为 $Q(x,y,-z)$(见图 7-4).同样,点 $M(x,y,z)$ 关于 yOz 面对称的点 Q_1 的坐标为 $Q_1(-x,y,z)$;点 $M(x,y,z)$ 关于 zOx 面对称的点 Q_2 的坐标为 $Q_2(x,-y,z)$.

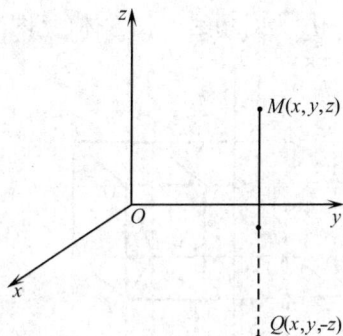

图 7-4

两个点 M、Q_3 称为关于 Oz 轴对称.即连接两点的线段 MQ_3 与 Oz 轴垂直相交,且被 Oz 轴所平分.容易看出,若点 M 坐标为 $M(x,y,z)$,则点 M 关于 Oz 轴对称的点 Q_3 的坐标为 $Q_3(-x,-y,z)$(见图 7-5).同样,点 $M(x,y,z)$ 对称于 Ox 轴的点 Q_4 的坐标为 $Q_4(x,-y,-z)$;点 $M(x,y,z)$ 对称于 Oy 轴的点 Q_5 的坐标为 $Q_5(-x,y,-z)$.

两个点 M、Q_6 称为对称于原点 O,即连接两点 MQ_6 的线段通过点 O,且被点 O 所平分.点 $M(x,y,z)$ 关于点 O 对称的点 Q_6 的坐标为 $Q_6(-x,-y,-z)$ (见图 7-6).

特别是在坐标面上和坐标轴上的点,其坐标各有一定的特征.如果点 M 在 yOz 面上,则有 $x=0$;同样,在 zOx 面上的点,有 $y=0$;在 xOy 上的点,有 $z=0$.如果点 M 在 Ox 轴上,则 $y=z=0$;同样,在 Oy 轴上的点,有 $x=z=0$,在 Oz 轴上的点,有 $x=y=0$.如果 M 点在原点,则有 $x=y=z=0$.

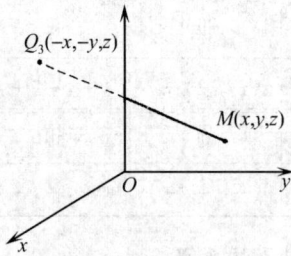

图 7-5

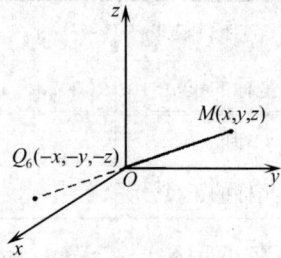

图 7-6

7.1.2 空间中两点间的距离

设空间中两个定点 $M_1(x_1,y_1,z_1)$、$M_2(x_2,y_2,z_2)$，如何用两点的坐标来表达它们间的距离 d. 可以过点 M_1、M_2 各作三个分别垂直于三条坐标轴的平面. 这 6 个平面围成一个以 M_1M_2 为对角线的长方体(见图 7-7).

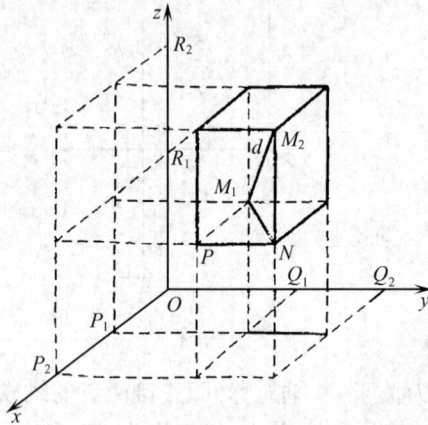

图 7-7

由于 $\triangle M_1NM_2$ 是直角三角形(其中 $\angle M_1NM_2$ 为直角). 有

$$d^2 = |M_1M_2|^2 = |M_1N|^2 + |NM_2|^2$$
$$= |M_1P|^2 + |PN|^2 + |NM_2|^2,$$

因为

$$|M_1P| = |P_1P_2| = |x_2 - x_1|,$$
$$|PN| = |Q_1Q_2| = |y_2 - y_1|,$$
$$|NM_2| = |R_1R_2| = |z_2 - z_1|.$$

所以

$$d = |M_1M_2| = \sqrt{(x_2 - x_1)^2 + (y_2 - y_1)^2 + (z_2 - z_1)^2}.$$

这就是空间两点的距离公式.

特别地,点 $M(x,y,z)$ 到原点 $O(0,0,0)$ 的距离为

$$d = |OM| = \sqrt{x^2 + y^2 + z^2}.$$

例1.1 验证以 $O(0,0,0)$、$A(1,-2,2)$、$B(3,-1,0)$ 三点为顶点的 $\triangle OAB$ 为等腰三角形.

解 因为

$$|OA| = \sqrt{1^2 + (-2)^2 + 2^2} = 3,$$

$$|OB| = \sqrt{3^2 + (-1)^2 + 0} = \sqrt{10},$$

$$|AB| = \sqrt{(3-1)^2 + (-1+2)^2 + (0-2)^2} = 3.$$

所以 $|OA| = |AB|$,故 $\triangle OAB$ 为等腰三角形.

例1.2 过点 $M_0(-2,3,2)$ 作一条直线平行于 Oy 轴,求此直线上与原点距离为3的点的坐标.

解 因过点 $M_0(-2,3,2)$ 而平行 Oy 轴的直线上所有点的 x 坐标皆为 -2,z 坐标皆为 2,仅 y 坐标不同. 故可设所求点 M 的坐标为 $M(-2,y,2)$,由题意,有

$$|OM| = \sqrt{(-2)^2 + y^2 + 2^2} = 3,$$

解得
$$y = \pm 1.$$

故所求点坐标为 $M_1(-2,-1,2)$ 和 $M_2(-2,1,2)$.

习题 7-1

1. 在空间直角坐标系中,指出下列各点所在的卦限. $A(1,2,3)$、$B(1,-2,3)$、$C(1,2,-3)$、$D(-1,-2,3)$.

2. 写出点 $M(x,y,z)$ 关于 xOy、yOz、xOz 坐标面对称点的坐标.

3. 在点 $M(x,y,z)$ 的三个坐标 x,y,z 中,若有一个为零,则点 M 的位置在哪个坐标平面上? 若有两个坐标为零,则点 M 的位置又在哪个坐标轴上?

4. 求点 $M(4,-3,5)$ 与坐标原点 $O(0,0,0)$ 及各坐标轴的距离.

5. 在 Oz 轴上,求与点 $A(-4,1,7)$ 和点 $B(3,5,-2)$ 等距离的点.

6. 边长为2的立方体的一个面与 xOy 平面重合,其重合面上的对角线的交点在坐标原点处,且4个顶点均位于坐标轴 Ox 轴及 Oy 轴上,求此立方体各个顶点的坐标.

7. 求以点 $A(4,1,9)$、$B(10,-1,6)$、$C(2,4,3)$ 三点为顶点的 $\triangle ABC$ 的周长.

8. 在 yOz 坐标面上求与三个已知点 $A(3,1,2)$、$B(4,-2,-2)$、$C(0,5,1)$ 等距离的点.

7.2 向量代数

7.2.1 向量的概念

在自然科学和工程技术中,经常会遇到一种量,它们既有大小、又有方向.例如在物理学中的力、位移、速度与加速度等.这一类既有大小,又有方向的量称为向量,也称为矢量.

在数学上,常用有向线段来表示向量,有向线段的长度表示向量的大小,有向线段的方向表示向量的方向.

以点 M_1 为起点,点 M_2 为终点的有向线段表示的向量记为 $\overrightarrow{M_1M_2}$. 向量有时候也可以用一个粗写体的字母(通常在印刷出版物中使用)或一个上方加有箭头的字母表示,如 a、b、c 及 i、j、k 或 $\vec{a}$、$\vec{b}$、$\vec{c}$ 及 $\vec{i}$、$\vec{j}$、$\vec{k}$ 等(见图 7-8).

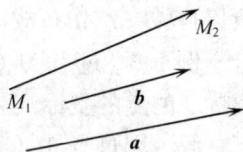

图 7-8

向量的大小称为向量的模,向量 a(或 $\vec{a}$)、$\overrightarrow{M_1M_2}$ 的模则记为 $|a|$(或 $|\vec{a}|$)、$|\overrightarrow{M_1M_2}|$.

模为 1 的向量称为单位向量.向量 a 的单位向量记为 a^0(或 $\vec{a}^0$);模为零的向量称为零向量.零向量的方向可以是任意的,通常零向量的记法为 $\mathbf{0}$ 或 $\vec{0}$.

概括地说,向量的两个要素是模和方向.在实际问题中,我们研究的向量通常称为自由向量,自由向量具有在空间中平行移动而不改变大小和方向的性质.

定义 2.1 若两个向量 a 与 b 的模相等,并且方向也相同,则称向量 a 与 b 相等,记为 $a = b$.

定义 2.2 若两个向量 a 与 b 的模相等,并且方向相反,则称向量 b 为向量 a 的负向量(或逆向量);记为 $a = -b$.

应当指出,负向量是相互的,当 b 是 a 的负向量时,a 也是 b 的负向量.

7.2.2 向量的运算

1. 向量的加法

设两个非零且不平行的向量 a 与 b,它们的加法定义如下.

定义 2.3 以一个定点 O 为起点,作向量 a 与 b,并以这两个向量为邻边作平行四边形,从起点 O 到这个平行四边形的对角顶点 C 所决定的向量 $\overrightarrow{OC}$,称为

向量 $\boldsymbol{a}$、$\boldsymbol{b}$ 的和,记为 $\boldsymbol{a}+\boldsymbol{b}$(见图 7-9),即

$$\overrightarrow{OC} = \boldsymbol{a} + \boldsymbol{b}$$

对于两个向量 $\boldsymbol{a}$ 与 $\boldsymbol{b}$ 的加法还有三角形法,这个方法的步骤是:先作向量 $\boldsymbol{a}$,再以向量 $\boldsymbol{a}$ 的终点作为向量 $\boldsymbol{b}$ 的起点,作向量 $\boldsymbol{b}$,则从 $\boldsymbol{a}$ 的起点到 $\boldsymbol{b}$ 的终点所决定的向量,就是向量 $\boldsymbol{a}$ 与 $\boldsymbol{b}$ 的和 $\boldsymbol{a}+\boldsymbol{b}$(见图 7-10),即

$$\overrightarrow{OC} = \boldsymbol{a} + \boldsymbol{b}$$

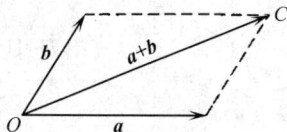 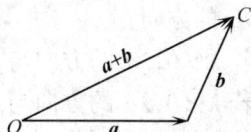

图 7-9   图 7-10

三角形法对于多个向量求和时较为方便.用前一个向量的终点作后一个向量的起点,依次下去直到最后一个向量.然后由第一个向量的起点与最后一个向量的终点所决定的向量,即为这多个向量的和向量.

应当注意的是如果两个向量 $\boldsymbol{a}$ 与 $\boldsymbol{b}$ 是平行的,或者是位于同一条直线上,那么由三角形法可知它们的和是这样一个向量:当 $\boldsymbol{a}$、$\boldsymbol{b}$ 是同方向时,和向量的方向与 $\boldsymbol{a}$ 与 $\boldsymbol{b}$ 的方向相同,和向量的模,等于 $|\boldsymbol{a}|$ 与 $|\boldsymbol{b}|$ 的和;当 $\boldsymbol{a}$ 与 $\boldsymbol{b}$ 方向相反时,和向量的方向与模较大的向量方向相同,和向量的模等于两向量的模之差.特殊,则有

$$\boldsymbol{a} + (-\boldsymbol{a}) = \vec{0}$$

向量的加法满足以下的运算规律:

(1)交换律 $\boldsymbol{a} + \boldsymbol{b} = \boldsymbol{b} + \boldsymbol{a}$;

(2)结合律 $(\boldsymbol{a} + \boldsymbol{b}) + \boldsymbol{c} = \boldsymbol{a} + (\boldsymbol{b} + \boldsymbol{c}) = \boldsymbol{a} + \boldsymbol{b} + \boldsymbol{c}$.

当 $|\boldsymbol{a}| \cdot |\boldsymbol{b}| \neq 0$ 时,有

$$|\boldsymbol{a} + \boldsymbol{b}| \leqslant |\boldsymbol{a}| + |\boldsymbol{b}|,$$

上面不等式中的等号,当且仅当 $\boldsymbol{a}$,$\boldsymbol{b}$ 方向相同时成立.也就是说,当 $\boldsymbol{a}$ 与 $\boldsymbol{b}$ 不平行时,有

$$|\boldsymbol{a} + \boldsymbol{b}| < |\boldsymbol{a}| + |\boldsymbol{b}|.$$

由向量加法的三角形法可知,上面这个不等式实际上是反映了三角形两边之和大于第三边这样一个事实.

2. 向量的减法

向量的减法是利用负向量来定义的.

定义 2.4   向量 $\boldsymbol{a}$ 与 $\boldsymbol{b}$ 的差规定为 $\boldsymbol{a}$ 与 $\boldsymbol{b}$ 的负向量之和.即

$$\boldsymbol{a} - \boldsymbol{b} = \boldsymbol{a} + (-\boldsymbol{b}).$$

向量 a 与 b 的差, 也叫 a 与 b 的减法(见图 7-11).

3. 向量与数的乘法

定义 2.5 设 λ 是一个实数. a 是非零向量, 它们的乘积 λa 定义如下.

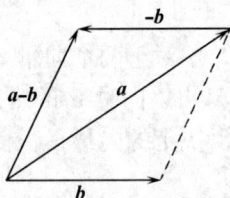

图 7-11

(1) λa 是一个向量.

(2) $|\lambda a| = |\lambda||a|$, 即 λa 的模是 a 的模的 $|\lambda|$ 倍.

(3) λa 的方向:

若 $\lambda > 0$, λa 的方向与 a 相同;

若 $\lambda < 0$, λa 的方向与 a 相反;

若 $\lambda = 0$, λa 是零向量.

特别是当 $\lambda = 0, 1, -1$ 时, 有 $0a = 0$, $\quad 1a = a$, $\quad (-1)a = -a$, 即分别得到零向量、向量本身和负向量.

向量与数量的乘积满足以下运算律(设 λ, μ 为实数):

(1) 结合律 $\quad \lambda(\mu a) = (\lambda\mu)a$;

(2) 分配律 $\quad (\lambda + \mu)a = \lambda a + \mu a$;

(3) 分配律 $\quad \lambda(a + b) = \lambda a + \lambda b$.

运算律(1)、(2)是明显的. 仅给出(3)的证明.

证 (3)

若 $\lambda = 0$, 两端都是零向量, 故结论成立.

若 $\lambda > 0$. 当平行四边形的两邻边各变为 λ 倍时, 所得的平行四边形与原平行四边形相似. 因此, 所得到的平行四边形的对角线与原平行四边形的对角线方向重合, 且是它的 λ 倍 (见图7-12). 故

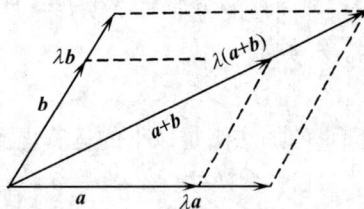

图 7-12

$$\lambda(a + b) = \lambda a + \lambda b.$$

若 $\lambda < 0$, 先作以 $|\lambda|a$、$|\lambda|b$ 为邻边的平行四边形, 然后将所得到的平行四边形绕 O 点旋转 $180°$, 得到新的平行四边形的两邻边 λa、λb, 而对角线为 $\lambda(a + b)$ 见图(7-13). 从而,

$$\lambda(a + b) = \lambda a + \lambda b. \qquad\qquad 证毕.$$

由向量与数量乘积定义, 可以推出如下结论: 设 a、b 为非零向量, 则 a 与 b 平行的充分必要条件是:

$$b = \lambda a(\lambda \text{ 常数}) \tag{2.1}$$

若 $a \neq 0$, 则 $\dfrac{1}{|a|}a$ 是与 a 同方向的单位向量, 记作 a^0. 即

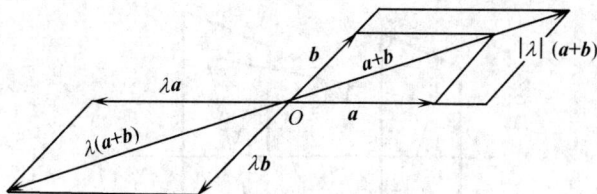

图 7 – 13

$$a^0 = \frac{a}{|a|}, (\text{或 } a = |a| \ a^0).$$

7.2.3 向量的坐标表达式

1. 向量在轴上的投影

为了沟通数与向量的联系,需借助于向量在坐标轴上的投影来实现.

设向量 $\overrightarrow{AB}$ 与轴 l 的正向夹角为 $\varphi(0 \le \varphi \le \pi)$. 过 $\overrightarrow{AB}$ 的起点 A,终点 B 分别作轴 l 的垂直平面,这两个垂直平面与 l 轴的交点为 A_1、B_1. 分别称为点 A 和点 B 在轴 l 上的投影(图 7 – 14). 轴 l 上的有向线段 $\overrightarrow{A_1B_1}$ 的值 A_1B_1,称为向量 $\overrightarrow{AB}$ 在轴 l 上的投影,记为 $\text{P}_{\text{rj}l}\overrightarrow{AB} = A_1B_1$. 轴 l 上有向线段 $\overrightarrow{AB}$ 的值 A_1B_1 是这样一个数:这个数的绝对值等于 $\overrightarrow{AB}$ 的长度;这个数的符号由 $\overrightarrow{A_1B_1}$ 的方向决定:当 $\overrightarrow{A_1B_1}$ 与 l 同向时 $A_1B_1 > 0$,当 $\overrightarrow{A_1B_1}$ 与 l 反向时,$A_1B_1 < 0$. 当点 A 与点 B 重合时,$A_1B_1 = 0$.

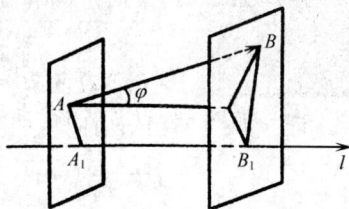

图 7 – 14

如果在轴 l 上选定原点及单位长度,并以 x_1、x_2 分别表示 A_1、B_1 在数轴 l 上的坐标,则容易验证 $\overrightarrow{AB}$ 在数轴 l 上的投影使下式成立:

$$\text{P}_{\text{rj}l}\overrightarrow{AB} = x_2 - x_1. \tag{2.2}$$

关于向量的投影,还有以下两个定理.

定理 2.1 向量 $\overrightarrow{AB}$ 在轴 l 上的投影,等于向量的模乘以轴与向量的夹角 φ 的余弦,即

$$\text{P}_{\text{rj}l}\overrightarrow{AB} = |\overrightarrow{AB}| \cos\varphi.$$

证 如图 7 – 15,过向量 $\overrightarrow{AB}$ 的起点 A 引射线 l_1,使 $l_1 // l$ 且 l_1 与 l 同向,则轴 l 与 $\overrightarrow{AB}$ 的夹角等于轴 l_1 与 $\overrightarrow{AB}$ 的夹角 φ,且有

$$\text{P}_{\text{rj}l}\overrightarrow{AB} = \text{P}_{\text{rj}l_1}\overrightarrow{AB}.$$

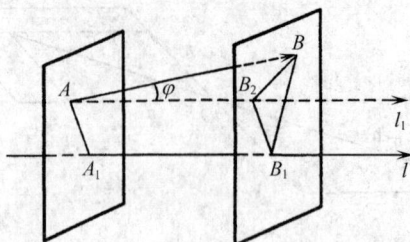

图 7 – 15

又 $$\mathrm{P}_{\mathrm{rj}l_1}\overrightarrow{AB} = AB_2 = |\overrightarrow{AB}|\cos\varphi,$$

所以 $$\mathrm{P}_{\mathrm{rj}l}\overrightarrow{AB} = |\overrightarrow{AB}|\cos\varphi.$$ 证毕.

由定理 2.1 可以看出,$\overrightarrow{AB}$ 在轴 l 上的投影 A_1B_1 与 $\overrightarrow{AB}$ 与 l 的夹角 φ 有关. 当 φ 为锐角时,投影 $A_1B_1 > 0$;当 φ 为钝角时,投影 $A_1B_1 < 0$;当 φ 为直角时,投影 A_1B_1 为零.

推论 1 相等的向量在同一轴上的投影相等.

定理 2.2 两个向量的和在轴上的投影等于两个向量在该轴上投影的和. 即

$$\mathrm{P}_{\mathrm{rj}l}(\boldsymbol{a}_1 + \boldsymbol{a}_2) = \mathrm{P}_{\mathrm{rj}l}\boldsymbol{a}_1 + \mathrm{P}_{\mathrm{rj}l}\boldsymbol{a}_2.$$

证 如图 7 – 16,由向量加法的三角形法,设 $\boldsymbol{a}_1 = \overrightarrow{AB}$,$\boldsymbol{a}_2 = \overrightarrow{BC}$,则

$$\boldsymbol{a}_1 + \boldsymbol{a}_2 = \overrightarrow{AB} + \overrightarrow{BC} = \overrightarrow{AC}$$

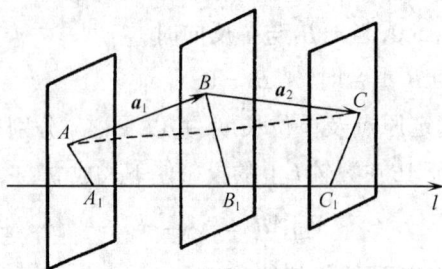

图 7 – 16

设点 A、B、C 在轴 l 上的投影为 A_1、B_1、C_1,在轴上选定原点及单位长度,并设 A_1、B_1、C_1 的坐标分别为 x_1、x_2、x_3 则由(2.2)式有

$$\mathrm{P}_{\mathrm{rj}l}(\boldsymbol{a}_1 + \boldsymbol{a}_2) = \mathrm{P}_{\mathrm{rj}l}\overrightarrow{AC} = x_3 - x_1 = (x_3 - x_2) + (x_2 - x_1)$$

$$= \mathrm{P}_{\mathrm{rj}l}\overrightarrow{BC} + \mathrm{P}_{\mathrm{rj}l}\overrightarrow{AB} = \mathrm{P}_{\mathrm{rj}l}\boldsymbol{a}_2 + \mathrm{P}_{\mathrm{rj}l}\boldsymbol{a}_1 = \mathrm{P}_{\mathrm{rj}l}\boldsymbol{a}_1 + \mathrm{P}_{\mathrm{rj}l}\boldsymbol{a}_2.$$

即 $$\mathrm{P}_{\mathrm{rj}l}(\boldsymbol{a}_1 + \boldsymbol{a}_2) = \mathrm{P}_{\mathrm{rj}l}\boldsymbol{a}_1 + \mathrm{P}_{\mathrm{rj}l}\boldsymbol{a}_2.$$ 证毕.

推论2 由定理 2.2 可以推广到有限个向量,即

$$\mathrm{P}_{\mathrm{rj}l}(\boldsymbol{a}_1 + \boldsymbol{a}_2 + \cdots + \boldsymbol{a}_n) = \mathrm{P}_{\mathrm{rj}l}\boldsymbol{a}_1 + \mathrm{P}_{\mathrm{rj}l}\boldsymbol{a}_2 + \cdots + \mathrm{P}_{\mathrm{rj}l}\boldsymbol{a}_n.$$

2. 向量的坐标表示法

为了使向量的运算代数化,下面引入向量的坐标表示法.

在空间直角坐标系中,各取 Ox 轴、Oy 轴和 Oz 轴正方向的单位向量 $\boldsymbol{i}$、$\boldsymbol{j}$、$\boldsymbol{k}$,这三个向量称为空间直角坐标系中的三个基本单位向量(图 7 - 17).

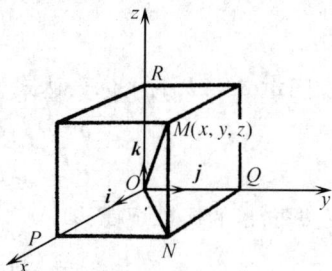

图 7 - 17

设 $\boldsymbol{a}$ 是以坐标原点 $O(0,0,0)$ 为起点,终点为 $M(x,y,z)$ 的向量 $\overrightarrow{OM}$,则

$$\overrightarrow{OM} = \overrightarrow{ON} + \overrightarrow{NM} = \overrightarrow{OP} + \overrightarrow{PN} + \overrightarrow{NM}$$
$$= \overrightarrow{OP} + \overrightarrow{OQ} + \overrightarrow{OR} = x\boldsymbol{i} + y\boldsymbol{j} + z\boldsymbol{k},$$

(这是因为点 P、Q、R 的坐标为 $P(x,0,0)$,$Q(0,y,0)$,$R(0,0,z)$ 的缘故.)

即

$$\boldsymbol{a} = \overrightarrow{OM} = x\boldsymbol{i} + y\boldsymbol{j} + z\boldsymbol{k}.$$

这就是向量 $\overrightarrow{OM}$ 的坐标表达式.而有序数组 x、y、z 称为向量 $\overrightarrow{OM}$ 的坐标,记为 (x, y, z),即

$$\overrightarrow{OM} = (x,y,z) = x\boldsymbol{i} + y\boldsymbol{j} + z\boldsymbol{k}$$

若向量 $\overrightarrow{M_1M_2}$ 的起点为点 $M_1(x_1,y_1,z_1)$,终点为点 $M_2(x_2,y_2,z_2)$,根据向量的代数运算规律,可以得到向量 $\overrightarrow{M_1M_2}$ 的表达式,由图 7 - 18 可知

$$\overrightarrow{OM_1} = x_1\boldsymbol{i} + y_1\boldsymbol{j} + z_1\boldsymbol{k},$$
$$\overrightarrow{OM_2} = x_2\boldsymbol{i} + y_2\boldsymbol{j} + z_2\boldsymbol{k}.$$

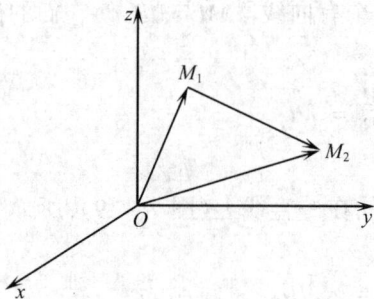

图 7 - 18

故
$$\overrightarrow{M_1M_2} = \overrightarrow{OM_2} - \overrightarrow{OM_1} = (x_2, y_2, z_2) - (x_1, y_1, z_1)$$
$$= (x_2 - x_1)\boldsymbol{i} + (y_2 - y_1)\boldsymbol{j} + (z_2 - z_1)\boldsymbol{k}$$
$$= (x_2 - x_1, y_2 - y_1, z_2 - z_1).$$

设向量 $\boldsymbol{a}$ 与 $\boldsymbol{b}$ 的坐标表达式为
$$\boldsymbol{a} = x_1\boldsymbol{i} + y_1\boldsymbol{j} + z_1\boldsymbol{k} = (x_1, y_1, z_1),$$
$$\boldsymbol{b} = x_2\boldsymbol{i} + y_2\boldsymbol{j} + z_2\boldsymbol{k} = (x_2, y_2, z_2).$$

根据向量的运算规律,有
$$\boldsymbol{a} + \boldsymbol{b} = (x_1 + x_2)\boldsymbol{i} + (y_1 + y_2)\boldsymbol{j} + (z_1 + z_2)\boldsymbol{k}$$
$$= (x_1 + x_2, y_1 + y_2, z_1 + z_2),$$
$$\boldsymbol{a} - \boldsymbol{b} = (x_1 - x_2)\boldsymbol{i} + (y_1 - y_2)\boldsymbol{j} + (z_1 - z_2)\boldsymbol{k}$$
$$= (x_1 - x_2, y_1 - y_2, z_1 - z_2),$$
$$\lambda\boldsymbol{a} = \lambda x_1\boldsymbol{i} + \lambda y_1\boldsymbol{j} + \lambda z_1\boldsymbol{k} = (\lambda x_1, \lambda y_1, \lambda z_1).$$

例 2.1 已知 $\boldsymbol{a} = (1, -1, 2), \boldsymbol{b} = (3, 1, -1)$,求 $2\boldsymbol{a} + \boldsymbol{b}$.

解 因为 $2\boldsymbol{a} = 2(1, -1, 2) = (2, -2, 4),$

所以 $\qquad 2\boldsymbol{a} + \boldsymbol{b} = (2, -2, 4) + (3, 1, -1) = (5, -1, 3).$

例 2.2 设 $\boldsymbol{a} = (1, -1, 0), \boldsymbol{b} = (-2, 3, 1), \boldsymbol{c} = (2, -6, -4).$ 验证:
$$3\boldsymbol{a} + 2\boldsymbol{b} \; /\!/ \; \boldsymbol{c}.$$

解 $3\boldsymbol{a} + 2\boldsymbol{b} = 3(1, -1, 0) + 2(-2, 3, 1) = (-1, 3, 2) = -\dfrac{1}{2}\boldsymbol{c}.$

由向量的数量积给出的两个非零矢量 $\boldsymbol{a} /\!/ \boldsymbol{b}$ 的充分必要条件是 $\boldsymbol{b} = \lambda\boldsymbol{a}$,即 (2.1)式故知

$$\qquad\qquad 3\boldsymbol{a} + 2\boldsymbol{b} \; /\!/ \; \boldsymbol{c}.$$

例 2.3 设 $A(x_1, y_1, z_1)$ 和 $B(x_2, y_2, z_2)$ 为两个已知点,而在 AB 直线上的点 M 分有向线段 $\overrightarrow{AB}$ 为两个有向线段 $\overrightarrow{AM}$ 与 $\overrightarrow{MB}$,使它们的值之比等于某个常数 λ $(\lambda \neq -1)$,即

$$\frac{AM}{MB} = \lambda,$$

求分点 M 的坐标.

解 因为 $\overrightarrow{AM}$ 与 $\overrightarrow{MB}$ 同在一直线上(图 7 – 19),所以依题意有

$$\overrightarrow{AM} = \lambda \overrightarrow{MB}.$$

而 $\qquad \overrightarrow{AM} = \overrightarrow{OM} - \overrightarrow{OA}, \overrightarrow{MB} = \overrightarrow{OB} - \overrightarrow{OM},$

因此 $\qquad \overrightarrow{OM} - \overrightarrow{OA} = \lambda(\overrightarrow{OB} - \overrightarrow{OM}).$

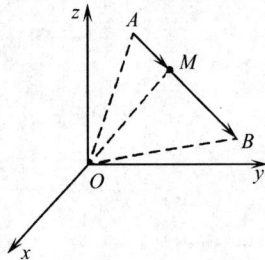

图 7 – 19

从而
$$\overrightarrow{OM} = \frac{1}{1+\lambda}(\overrightarrow{OA} + \lambda\,\overrightarrow{OB}),$$

即
$$(x,y,z) = \frac{1}{1+\lambda}[(x_1,y_1,z_1) + \lambda(x_2,y_2,z_2)]$$
$$= \frac{1}{1+\lambda}(x_1 + \lambda x_2, y_1 + \lambda y_2, z_1 + \lambda z_2).$$

由此即得点 M 的坐标为

$$x = \frac{x_1 + \lambda x_2}{1+\lambda}, y = \frac{y_1 + \lambda y_2}{1+\lambda}, z = \frac{z_1 + \lambda z_2}{1+\lambda}.$$

点 M 叫做有向线段 $\overrightarrow{AB}$ 的定比分点.

当 $\lambda = 1$ 时,点 M 是有向线段 $\overrightarrow{AB}$ 的中点,其坐标为

$$x = \frac{x_1 + x_2}{2}, y = \frac{y_1 + y_2}{2}, z = \frac{z_1 + z_2}{2}.$$

3. 向量的模与方向余弦

设 $\boldsymbol{a} = x\boldsymbol{i} + y\boldsymbol{j} + z\boldsymbol{k}$,

则
$$|\boldsymbol{a}| = \sqrt{x^2 + y^2 + z^2}. \tag{2.3}$$

即向量 $\boldsymbol{a}$ 的模等于其坐标的平方和再开平方.

如果 $\boldsymbol{a}$ 与 Ox 轴、Oy 轴、Oz 轴正向的夹角分别为 α, β, γ. 则称 $\alpha(0 \leqslant \alpha \leqslant \pi)$, $\beta(0 \leqslant \beta \leqslant \pi)$, $\gamma(0 \leqslant \gamma \leqslant \pi)$ 为向量 $\boldsymbol{a}$ 的方向角. 显然有

$$\begin{cases} x = |\boldsymbol{a}|\cos\alpha, \\ y = |\boldsymbol{a}|\cos\beta, \\ z = |\boldsymbol{a}|\cos\gamma. \end{cases}$$

即

$$\begin{cases} \cos\alpha = \dfrac{x}{|\boldsymbol{a}|} = \dfrac{x}{\sqrt{x^2 + y^2 + z^2}}, \\[2mm] \cos\beta = \dfrac{y}{|\boldsymbol{a}|} = \dfrac{y}{\sqrt{x^2 + y^2 + z^2}}, \\[2mm] \cos\gamma = \dfrac{z}{|\boldsymbol{a}|} = \dfrac{z}{\sqrt{x^2 + y^2 + z^2}}. \end{cases} \tag{2.4}$$

常称 $\cos\alpha$、$\cos\beta$、$\cos\gamma$ 为向量 $\boldsymbol{a}$ 的方向余弦,由上面方向余弦的表达式中可以看出,对于非零向量 $\boldsymbol{a}$,总有

$$\cos^2\alpha + \cos^2\beta + \cos^2\gamma = 1.$$

通常还把与方向余弦成比例的一组数 m, n, p 称为该向量的方向数. 显然对向量 $\boldsymbol{a}$ 而言,方向余弦 $\cos\alpha$、$\cos\beta$、$\cos\gamma$ 本身也是 $\boldsymbol{a}$ 的一组方向数,另一方面,对于向量 $\boldsymbol{a}$ 的单位向量 $\boldsymbol{a}^0$ 可以用方向余弦表示为

$$a^0 = \frac{a}{|a|} = (\cos\alpha, \cos\beta, \cos\gamma), \tag{2.5}$$

也就是说,向量的方向余弦正好是单位向量的坐标.

例2.4 求向量 $a = (4, 0, -3)$ 的模、方向余弦及 a 的单位向量 a^0 的坐标.

解 a 的模由(2.3)式可知:$|a| = \sqrt{4^2 + 0^2 + (-3)^2} = 5$.

a 的方向余弦由(2.4)式可知:$\cos\alpha = \dfrac{4}{5}$, $\cos\beta = \dfrac{0}{5} = 0, \cos\gamma = -\dfrac{3}{5}$.

a 的单位向量由(2.5)式可知:$a^0 = \dfrac{a}{|a|} = \left(\dfrac{4}{5}, 0, -\dfrac{3}{5}\right)$.

例2.5 设点 $M_1(4, 1, 0)$, $M_2(0, 1, 3)$ 为两个已知点. 求向量 $\overrightarrow{M_1M_2}$ 的模 $|\overrightarrow{M_1M_2}|$,方向余弦及 $\overrightarrow{M_1M_2^0}$.

解 因为 $\overrightarrow{M_1M_2} = \overrightarrow{OM_2} - \overrightarrow{OM_1} = (0, 1, 3) - (4, 1, 0) = (-4, 0, 3)$

由于 $\overrightarrow{M_1M_2}$ 就是例2.4中向量 a 的负向量,所以由(2.3)~(2.5)式有:

$$|\overrightarrow{M_1M_2}| = \sqrt{(-4)^2 + 0^2 + 3^2} = 5;$$

$$\cos\alpha = -\frac{4}{5}, \quad \cos\beta = 0, \cos\gamma = \frac{3}{5};$$

$$\overrightarrow{M_1M_2^0} = \left(-\frac{4}{5}, 0, \frac{3}{5}\right).$$

7.2.4 二阶与三阶行列式

1. 二阶行列式

将已知的 2^2 个数排成一个正方形表

$$\begin{vmatrix} a_{11} & a_{12} \\ a_{21} & a_{22} \end{vmatrix},$$

并定义如下的运算:

$$\begin{vmatrix} a_{11} & a_{12} \\ a_{21} & a_{22} \end{vmatrix} = a_{11}a_{22} - a_{12}a_{21}.$$

则称正方形表 $\begin{vmatrix} a_{11} & a_{12} \\ a_{21} & a_{22} \end{vmatrix}$ 为二阶行列式.其中数 a_{11}、a_{12}、a_{21}、a_{22} 称为二阶行列式的元素.在二阶行列式 $\begin{vmatrix} a_{11} & a_{12} \\ a_{21} & a_{22} \end{vmatrix}$ 中,横排的元素构成行,竖排的元素组成列.

于是二阶行列式中,有二行与二列.以二阶行列式 $\begin{vmatrix} a_{11} & a_{12} \\ a_{21} & a_{22} \end{vmatrix}$ 为例,第一行元素

为 a_{11}, a_{12}，第二行元素为 a_{21}, a_{22}；第一列的元素为 a_{11}, a_{21}，第二列的元素为 a_{12}, a_{22}. 为了表示某一个元素 a_{ij} 在二阶行列式中的位置，我们约定该元素的第一个下标 i 和第二个下标 j 分别表示该元素的行数与列数. 例如元素 a_{21} 则表示它在二阶行列式中是第二行第一列的元素.

例 2.6　计算二阶行列式 $\begin{vmatrix} 2 & 3 \\ 1 & -2 \end{vmatrix}$.

解　$\begin{vmatrix} 2 & 3 \\ 1 & -2 \end{vmatrix} = 2 \times (-2) - 3 \times 1 = -7.$

在二阶行列式中，如果有两行(或两列)的元素成比例，则该二阶行列式的值为零.

2. 三阶行列式

将已知的 3^2 个数排成一个正方形表

$$\begin{vmatrix} a_{11} & a_{12} & a_{13} \\ a_{21} & a_{22} & a_{23} \\ a_{31} & a_{32} & a_{33} \end{vmatrix},$$

并定义如下的运算

$$\begin{vmatrix} a_{11} & a_{12} & a_{13} \\ a_{21} & a_{22} & a_{23} \\ a_{31} & a_{32} & a_{33} \end{vmatrix} = a_{11}a_{22}a_{33} + a_{21}a_{32}a_{13} + a_{31}a_{12}a_{23}$$

$$- a_{13}a_{22}a_{31} - a_{21}a_{12}a_{33} - a_{11}a_{32}a_{23}. \tag{2.6}$$

则称此正方形表为三阶行列式.

由于三阶行列式的元素、行、列等概念与二阶行列式类似，这里就不再重复，为了便于掌握三阶行列式的计算，我们还可以把三阶行列式写成三个二阶行列式的和的形式，即

$$\begin{vmatrix} a_{11} & a_{12} & a_{13} \\ a_{21} & a_{22} & a_{23} \\ a_{31} & a_{32} & a_{33} \end{vmatrix} = a_{11} \times \begin{vmatrix} a_{22} & a_{23} \\ a_{32} & a_{33} \end{vmatrix} - a_{12} \times \begin{vmatrix} a_{21} & a_{23} \\ a_{31} & a_{33} \end{vmatrix} + a_{13} \times \begin{vmatrix} a_{21} & a_{22} \\ a_{31} & a_{32} \end{vmatrix}.$$

三阶行列式的这个结果与(2.6)式的结果是相同的，这就是三阶行列式按它的第一行的元素用二阶行列式表示的式子，显然它要比(2.6)式易于记忆.

为了便于同学们记忆三阶行列式的计算公式，我们介绍主对角线元素乘积减去副对角线元素乘积的方法(其中实线表示主对角线元素，虚线表示副对角线元素).

$$\begin{matrix} a_{11} & a_{12} & a_{13} \\ a_{21} & a_{22} & a_{23} \\ a_{31} & a_{32} & a_{33} \\ a_{11} & a_{12} & a_{13} \\ a_{21} & a_{22} & a_{23} \end{matrix}$$

$$= a_{11}a_{22}a_{33} + a_{21}a_{32}a_{13} + a_{31}a_{12}a_{23}$$

$$- a_{13}a_{22}a_{31} - a_{23}a_{32}a_{11} - a_{33}a_{12}a_{21}$$

例 2.7　计算 $\begin{vmatrix} 2 & 1 & 2 \\ -4 & 3 & 1 \\ 2 & 3 & 5 \end{vmatrix}$.

解　按第一行展开,则有

$$\begin{vmatrix} 2 & 1 & 2 \\ -4 & 3 & 1 \\ 2 & 3 & 5 \end{vmatrix} = 2 \times \begin{vmatrix} 3 & 1 \\ 3 & 5 \end{vmatrix} - \begin{vmatrix} -4 & 1 \\ 2 & 5 \end{vmatrix} + 2 \times \begin{vmatrix} -4 & 3 \\ 2 & 3 \end{vmatrix}$$

$$= 2 \times (15 - 3) - (-20 - 2) + 2 \times (-12 - 6)$$

$$= 24 + 22 - 36 = 10.$$

同学们可以验证,本例如果用主对角线元素乘积减去副对角线元素乘积的方法,得到的结果是相同的.

7.2.5　数量积、向量积与 * 混合积

1. 向量的数量积

(1) 向量数量积的概念

由物理学可以知道,若质点 M 受外力 f 作用,沿直线方向运动,移动的位移为 s,则这个力 f 对质点 M 所作的功 W 为

$$W = |f| |s| \cos(\widehat{f, s}).$$

依据上面的运算,可以引入向量的数量积的定义.

定义 2.6　两个向量 a、b 的模与它们夹角余弦的乘积称为向量 a 与 b 的数量积(又称为点积或内积),记为 $a \cdot b$,即

$$a \cdot b = |a| |b| \cos(\widehat{a, b}).$$

由定义 2.6 知,两个向量的数量积是一个数量.由本节的定理 2.1 可知,$|b| \cos(\widehat{a, b})$ 是向量 b 在向量 a 上的投影,而 $|a| \cos(\widehat{a, b})$ 是向量 a 在向量 b 上的投

影,故有

$$a \cdot b = |a||b|\cos(\widehat{a,b}) = |a|\,\mathrm{P_{rj}}_a b = |b|\,\mathrm{P_{rj}}_b a.$$

(2) 向量数量积的运算规律

① 交换律 $a \cdot b = b \cdot a,$

② 分配律 $(a + b) \cdot c = a \cdot c + b \cdot c,$

③ 结合律 $(\lambda a) \cdot b = a \cdot (\lambda b) = \lambda(a \cdot b),(\lambda$ 为常数$).$

(3) 两个向量的数量积的坐标表达式

设 $a = (x_1, y_1, z_1), b = (x_2, y_2, z_2),$ 则有

$$\begin{aligned}
a \cdot b &= (x_1 i + y_1 j + z_1 k) \cdot (x_2 i + y_2 j + z_2 k) \\
&= x_1 x_2 i \cdot i + x_1 y_2 i \cdot j + x_1 z_2 i \cdot k \\
&\quad + y_1 x_2 j \cdot i + y_1 y_2 j \cdot j + y_1 z_2 j \cdot k \\
&\quad + z_1 x_2 k \cdot i + z_1 y_2 k \cdot j + z_1 z_2 k \cdot k.
\end{aligned}$$

由于 i、j、k 是相互垂直的基本单位向量,且有

$$i \cdot j = 0, \quad j \cdot i = 0, \quad i \cdot k = 0, \quad k \cdot i = 0,$$
$$k \cdot j = 0, \quad j \cdot k = 0, \quad i \cdot i = j \cdot j = k \cdot k = 1.$$

故有

$$a \cdot b = x_1 x_2 + y_1 y_2 + z_1 z_2. \tag{2.7}$$

上面的表达式(2.7)说明,两个向量的数量积不仅是一个数量,而且它的值等于两个向量的对应坐标的乘积之和.

(4) 两个向量的夹角

由两个非零向量的数量积的定义 2.6 可知,当 $a = (x_1, y_1, z_1), b = (x_2, y_2, z_2)$时,它们之间的夹角的余弦 $\cos(\widehat{a,b})$满足

$$\cos(\widehat{a,b}) = \frac{a \cdot b}{|a||b|} = \frac{x_1 x_2 + y_1 y_2 + z_1 z_2}{\sqrt{x_1^2 + y_1^2 + z_1^2}\sqrt{x_2^2 + y_2^2 + z_2^2}} \tag{2.8}$$

从上面的这个等式可以看出,两个非零向量 a 与 b 垂直的充分必要条件是

$$a \cdot b = 0 \text{ 或 } x_1 x_2 + y_1 y_2 + z_1 z_2 = 0.$$

特殊,当 $a = b$ 时,有

$$a \cdot b = x_1^2 + y_1^2 + z_1^2 = |a||a|\cos(\widehat{a,a}) = |a|^2.$$

习惯上,$a \cdot a$ 可以记为 $a^2.$

例 2.8 验证$(a - b) \cdot (a + b) = a^2 - b^2.$

解 $(a - b) \cdot (a + b) = a \cdot a + a \cdot b - b \cdot a - b \cdot b$
$$= a^2 + a \cdot b - a \cdot b - b^2 = a^2 - b^2.$$

例 2.9 已知三点 $A(2,2,-4)$，$B(1,4,-6)$，$C(1,1,0)$，求 $\angle ABC$.

解 $\overrightarrow{BA}=(1,-2,2)$，$\overrightarrow{BC}=(0,-3,6)$ 故

$$\cos(\widehat{\overrightarrow{BA},\overrightarrow{BC}})=\frac{\overrightarrow{BA}\cdot\overrightarrow{BC}}{|\overrightarrow{BA}||\overrightarrow{BC}|}=\frac{0+6+12}{\sqrt{1^2+4+4}\sqrt{9+36}}=\frac{18}{3\cdot3\sqrt5}=\frac{2}{\sqrt5}$$

故
$$\angle ABC=\arccos\frac{2}{\sqrt5}.$$

2. 向量的向量积

(1) 向量的向量积的概念

设点 O 为一个杠杆 L 的支点，力 $\boldsymbol{f}$ 作用于杠杆的点 P 处，且 $\boldsymbol{f}$ 与 $\overrightarrow{OP}$ 的夹角为 θ(见图 7-20).由力学中的规定，力 $\boldsymbol{f}$ 对支点 O 的力矩是一个向量 $\boldsymbol{M}$，其模为

$$|\boldsymbol{M}|=|\boldsymbol{f}||\overrightarrow{OQ}|=|\boldsymbol{f}||\overrightarrow{OP}|\sin\theta.$$

而向量 $\boldsymbol{M}$ 的方向为垂直于 $\overrightarrow{OP}$ 与 $\boldsymbol{f}$ 所确定的平面，且 $\overrightarrow{OP}$、$\boldsymbol{f}$ 与 $\boldsymbol{M}$ 构成右手系，这就看出，力矩向量 $\boldsymbol{M}$ 的模完全由向量 $\boldsymbol{f}$ 与 $\overrightarrow{OP}$ 决定.于是，得出两向量的向量积的定义.

定义 2.7 由两个非零向量 $\boldsymbol{a}$ 与 $\boldsymbol{b}$ 按下列条件确定一个向量 $\boldsymbol{c}$：

① $\boldsymbol{c}$ 的模为 $|\boldsymbol{c}|=|\boldsymbol{a}||\boldsymbol{b}|\sin(\widehat{\boldsymbol{a},\boldsymbol{b}})$；

② $\boldsymbol{c}$ 的方向为 $\boldsymbol{c}\perp\boldsymbol{a}$，$\boldsymbol{c}\perp\boldsymbol{b}$，且 $\boldsymbol{a}$、$\boldsymbol{b}$、$\boldsymbol{c}$ 三向量构成右手系(见图 7-21).

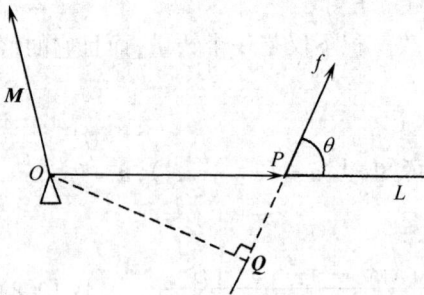

图 7-20

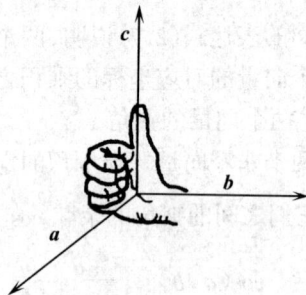

图 7-21

则称向量 $\boldsymbol{c}$ 为向量 $\boldsymbol{a}$、$\boldsymbol{b}$ 的向量积(又称为叉积、外积).记为

$$\boldsymbol{c}=\boldsymbol{a}\times\boldsymbol{b}.$$

显然两个向量的向量积是一个向量，并且它不满足于交换律.

(2) 向量积的运算规律

① $\boldsymbol{a}\times\boldsymbol{b}=-(\boldsymbol{b}\times\boldsymbol{a})$；

② 分配律 $(\boldsymbol{a}+\boldsymbol{b})\times\boldsymbol{c}=\boldsymbol{a}\times\boldsymbol{c}+\boldsymbol{b}\times\boldsymbol{c}$；

③ 结合律 $(\lambda\boldsymbol{a})\times\boldsymbol{b}=\boldsymbol{a}\times(\lambda\boldsymbol{b})=\lambda(\boldsymbol{a}\times\boldsymbol{b})$，($\lambda$ 为常数).

（3）向量积的坐标表达式

设 $a = (x_1, y_1, z_1)$, $b = (x_2, y_2, z_2)$.

则
$$a \times b = (x_1 i + y_1 j + z_1 k) \times (x_2 i + y_2 j + z_2 k)$$
$$= x_1 x_2 (i \times i) + x_1 y_2 (i \times j) + x_1 z_2 (i \times k)$$
$$+ y_1 x_2 (j \times i) + y_1 y_2 (j \times j) + y_1 z_2 (j \times k)$$
$$+ z_1 x_2 (k \times i) + z_1 y_2 (k \times j) + z_1 z_2 (k \times k).$$

由于 i, j, k 是相互垂直的基本单位向量，依据向量积运算律有下列关系

$$i \times i = j \times j = k \times k = 0, i \times j = k, j \times k = i, k \times i = j,$$
$$j \times i = -k, k \times j = -i, i \times k = -j.$$

可得
$$a \times b = (y_1 z_2 - y_2 z_1) i + (z_1 x_2 - z_2 x_1) j + (x_1 y_2 - x_2 y_1) k$$
$$= \begin{vmatrix} y_1 & z_1 \\ y_2 & z_2 \end{vmatrix} i - \begin{vmatrix} x_1 & z_1 \\ x_2 & z_2 \end{vmatrix} j + \begin{vmatrix} x_1 & y_1 \\ x_2 & y_2 \end{vmatrix} k$$
$$= \begin{vmatrix} i & j & k \\ x_1 & y_1 & z_1 \\ x_2 & y_2 & z_2 \end{vmatrix} \quad (2.9)$$

这就是向量 a、b 向量积的坐标表达式.

（4）两向量平行的条件

设 a, b 为非零向量，则 $a /\!/ b$ 的充分必要条件是 $a \times b = 0$

实际上，设 $a = (x_1, y_1, z_1)$, $b = (x_2, y_2, z_2)$ 则由

$$a \times b = \begin{vmatrix} i & j & k \\ x_1 & y_1 & z_1 \\ x_2 & y_2 & z_2 \end{vmatrix} = 0,$$

有
$$y_1 z_2 - y_2 z_1 = 0, z_1 x_2 - x_1 z_2 = 0, x_1 y_2 - x_2 y_1 = 0.$$

即当 x_2、y_2、z_2 均不为零时，有

$$\frac{x_1}{x_2} = \frac{y_1}{y_2} = \frac{z_1}{z_2}.$$

而当 x_2, y_2, z_2 中有一个为零时，例如 $x_2 = 0$，则应理解为 $x_1 = 0$，而 y_2, z_2 不为零.

因此，$a /\!/ b$ 的充分必要条件也可以写为

$$\frac{x_1}{x_2} = \frac{y_1}{y_2} = \frac{z_1}{z_2}.$$

例 2.10 设 $a = (2, 1, -1)$, $b = (1, -1, 2)$，求与 a、b 都垂直的单位向量 c.

解 由于 $c \perp a, c \perp b$. 可知 c 与 $a \times b$ 平行. 而

$$a \times b = \begin{vmatrix} i & j & k \\ 2 & 1 & -1 \\ 1 & -1 & 2 \end{vmatrix} = i - 5j - 3k.$$

因为 $c /\!/ a \times b$. 所以有两个单位向量均为所求:

$$c = \pm \frac{a \times b}{|a \times b|} = \pm \frac{1}{\sqrt{35}}(i - 5j - 3k).$$

例 2.11 已知 $A(1,2,3)$、$B(3,4,5)$ 和 $C(2,4,7)$ 为空间中的三个定点. 求 $\triangle ABC$ 的面积.

解 根据向量积的定义, 可知 $\triangle ABC$ 的面积 S 为

$$S = \frac{1}{2} |\overrightarrow{AB} \times \overrightarrow{AC}| = \frac{1}{2} |(2,2,2) \times (1,2,4)|$$

$$= \frac{1}{2} |4i - 6j + 2k| = \frac{1}{2} \sqrt{4^2 + (-6)^2 + 2^2} = \sqrt{14}.$$

*3. 三向量的混合积

(1) 混合积的概念

定义 2.8 设有三个非零向量 a、b、c. 则称数量:

$$(a \times b) \cdot c$$

为向量 a、b、c 的混合积, 并简记为 $[abc]$.

(2) 混合积的坐标表达式

设 $a = (x_1, y_1, z_1)$, $b = (x_2, y_2, z_2)$, $c = (x_3, y_3, z_3)$. 因为

$$a \times b = \begin{vmatrix} i & j & k \\ x_1 & y_1 & z_1 \\ x_2 & y_2 & z_2 \end{vmatrix} = \begin{vmatrix} y_1 & z_1 \\ y_2 & z_2 \end{vmatrix} i - \begin{vmatrix} x_1 & z_1 \\ x_2 & z_2 \end{vmatrix} j + \begin{vmatrix} x_1 & y_1 \\ x_2 & y_2 \end{vmatrix} k,$$

所以

$$(a \times b) \cdot c = \begin{vmatrix} y_1 & z_1 \\ y_2 & z_2 \end{vmatrix} x_3 - \begin{vmatrix} x_1 & z_1 \\ x_2 & z_2 \end{vmatrix} y_3 + \begin{vmatrix} x_1 & y_1 \\ x_2 & y_2 \end{vmatrix} z_3$$

$$= \begin{vmatrix} x_3 & y_3 & z_3 \\ x_1 & y_1 & z_1 \\ x_2 & y_2 & z_2 \end{vmatrix} = \begin{vmatrix} x_1 & y_1 & z_1 \\ x_2 & y_2 & z_2 \\ x_3 & y_3 & z_3 \end{vmatrix}.$$

(3) 混合积的几何意义

由于 $\boldsymbol{a} \times \boldsymbol{b}$ 是一个与 $\boldsymbol{a}$、$\boldsymbol{b}$ 都垂直的向量,而它的模等于以 $\boldsymbol{a}$、$\boldsymbol{b}$ 为邻边的平行四边形的面积:

$$S = |\boldsymbol{a} \times \boldsymbol{b}|.$$

而混合积 $(\boldsymbol{a} \times \boldsymbol{b}) \cdot \boldsymbol{c}$ 则等于向量 $\boldsymbol{a} \times \boldsymbol{b}$ 及 $\boldsymbol{c}$ 的模与此两向量夹角 θ 的余弦的乘积,即

$$(\boldsymbol{a} \times \boldsymbol{b}) \cdot \boldsymbol{c} = |\boldsymbol{a} \times \boldsymbol{b}||\boldsymbol{c}|\cos\theta.$$

从图 7-22 可知,三向量 $\boldsymbol{a}$、$\boldsymbol{b}$、$\boldsymbol{c}$ 的混合积 $(\boldsymbol{a} \times \boldsymbol{b}) \cdot \boldsymbol{c}$ 的绝对值等于以向量 $\boldsymbol{a}$、$\boldsymbol{b}$、$\boldsymbol{c}$ 为棱所构成的平行六面体的体积 V,即

$$V = |\boldsymbol{a} \times \boldsymbol{b}||\boldsymbol{c}|\cos\theta$$
$$= |(\boldsymbol{a} \times \boldsymbol{b}) \cdot \boldsymbol{c}|.$$

由三向量混合积的几何意义可以推出:以非零向量 $\boldsymbol{a}$、$\boldsymbol{b}$、$\boldsymbol{c}$ 为棱的平行六面体的体积为零的充分必要

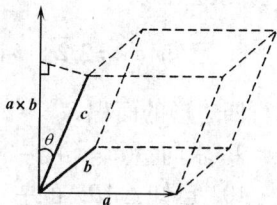

图 7-22

条件是 $(\boldsymbol{a} \times \boldsymbol{b}) \cdot \boldsymbol{c} = 0$. 而 $(\boldsymbol{a} \times \boldsymbol{b}) \cdot \boldsymbol{c} = 0$ 也是三向量 $\boldsymbol{a}$, $\boldsymbol{b}$, $\boldsymbol{c}$ 共面的充分必要条件.

例 2.12 推导空间中的 4 个定点 $A(x_1, y_1, z_1)$、$B(x_2, y_2, z_2)$、$C(x_3, y_3, z_3)$ 及 $D(x_4, y_4, z_4)$ 共面的条件.

解 点 A、B、C、D 共面,它等价于三个向量 $\overrightarrow{AB}$、$\overrightarrow{AC}$、$\overrightarrow{AD}$ 共面,即

$$\overrightarrow{AB} = (x_2 - x_1, y_2 - y_1, z_2 - z_1),$$
$$\overrightarrow{AC} = (x_3 - x_1, y_3 - y_1, z_3 - z_1),$$
$$\overrightarrow{AD} = (x_4 - x_1, y_4 - y_1, z_4 - z_1).$$

根据三向量共面的充分必要条件是混合积为零,有

$$(\overrightarrow{AB} \times \overrightarrow{AC}) \cdot \overrightarrow{AD} = \begin{vmatrix} x_2 - x_1 & y_2 - y_1 & z_2 - z_1 \\ x_3 - x_1 & y_3 - y_1 & z_3 - z_1 \\ x_4 - x_1 & y_4 - y_1 & z_4 - z_1 \end{vmatrix} = 0.$$

习题 7-2

1. 已知点 $A(0,1,2)$ 和点 $B(1,-1,0)$,写出向量 $\overrightarrow{AB}$ 及 $-3\overrightarrow{AB}$ 的坐标表达式.

2. 一个向量的终点为 $B(2,-1,7)$,起点为 A,且向量 $\overrightarrow{AB}$ 在 Ox 轴、Oy 轴、Oz 轴上的投影分别为 $4,-4,7$. 求点 A 的坐标.

3. 已知向量 $\boldsymbol{a} = (1,1,1)$,求 $|\boldsymbol{a}|$,并用单位向量 $\boldsymbol{a}^0$ 表示 $\boldsymbol{a}$.

4. 有两个力:$\overrightarrow{F_1} = (3,2,-1)$,$\overrightarrow{F_2} = (1,-1,2)$同时作用于一点,求合力$\overrightarrow{F}$的大小和方向余弦.

5. 已知$|a| = 3$,$|b| = 4$,$(\widehat{a,b}) = \dfrac{2\pi}{3}$,求$a \cdot b$、$a \cdot a$和$(3a - 2b) \cdot (a + 2b)$.

6. 已知$|a| = 10$,$|b| = 2$,$a \cdot b = 12$,求$|a \times b|$.

7. 已知三点$A(-1,2,3)$,$B(1,1,1)$和$C(0,0,5)$,验证$\triangle ABC$是直角三角形,并求$\angle ABC$.

8. 已知$|a| = 2\sqrt{2}$,$|b| = 3$,$(\widehat{a,b}) = \dfrac{\pi}{4}$,求以$A = 5a + 2b$,$B = a - 3b$为邻的平行四边形的面积$S$.

9. 求向量$a = (4,-3,4)$在向量$b = (2,2,1)$上的投影$P_{rjb}a$.

10. 已知$\triangle ABC$的三个顶点为$A(0,1,2)$,$B(-1,2,2)$,$C(1,-1,4)$,求$\triangle ABC$的面积S.

11. 给定4点:$A(1,-2,3)$,$B(4,-4,-3)$,$C(2,4,3)$,$D(8,6,6)$求向量$\overrightarrow{AB}$在向量$\overrightarrow{CD}$上的投影$P_{rjCD}\overrightarrow{AB}$.

12. 设$a = (6,3,-2)$,若$b // a$,且$|b| = 14$,求b.

13. 证明:向量$[(b \cdot c)a - (a \cdot c)b] \perp c$.

14. 证明:点$A(2,-1,-2)$,$B(1,2,1)$,$C(2,3,0)$和点$D(5,0,-6)$在同一平面上.

7.3 平面的方程

7.3.1 曲面方程的概念

在平面解析几何中,把平面的曲线看成点在平面上运动的几何轨迹. 在建立了平面直角坐标系之后,确立了平面曲线与二元方程之间的对应关系. 在空间解析几何中,任何曲面也可以看成点在空间中运动的几何轨迹. 在建立了空间直角坐标系之后,由于动点M可以用坐标(x,y,z)来表示,因此也确立了空间曲面与三元方程之间的对应关系.

定义 3.1 如果空间曲面Σ与三元方程

$$F(x,y,z) = 0 \tag{3.1}$$

有如下的关系:

(1) 曲面Σ上的任意一点$M(x,y,z)$的坐标都满足方程(3.1);

(2) 不在曲面Σ上的点$N(x_1,y_1,z_1)$的坐标都不满足于方程(3.1).

则称三元方程(3.1)为曲面Σ的方程. 而曲面Σ就称为三元方程(3.1)的

图形,见图 7 – 23.

下面举例建立 2 个常见的曲面方程.

例 3.1 设空间中的两个定点为 $A(-1,0,4)$, $B(1,2,-1)$. 求与 A、B 两点等距离的点的轨迹.

解 所求的点的轨迹就是线段 AB 的垂直平分面的方程. 设在所求的点的集合中, 任意的动点 M 的坐标为 $M(x,y,z)$. 则由 $|MA| = |MB|$, 有

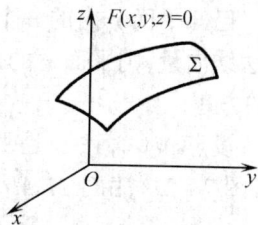

图 7 – 23

$$\sqrt{(x+1)^2 + y^2 + (z-4)^2} = \sqrt{(x-1)^2 + (y-2)^2 + (z+1)^2},$$

两边平方, 化简得

$$4x + 4y - 10z + 11 = 0. \tag{3.2}$$

方程 (3.2) 就是所求的与 A、B 两点等距离的点的轨迹, 它是 A、B 两点决定的线段 AB 的垂直平分面的方程. 由 (3.2) 式可知, 所求的平面的方程是一个三元一次方程.

例 3.2 建立球心在点 $M_0(x_0, y_0, z_0)$, 半径为 $R(R > 0)$ 的球面的方程.

解 这实际上是求与一个定点 $M_0(x_0, y_0, z_0)$ 距离等于 R 的点的轨迹. 设动点 $M(x,y,z)$ 是球面上的任意一点, 则有 $|M_0M| = R$, 即

$$\sqrt{(x-x_0)^2 + (y-y_0)^2 + (z-z_0)^2} = R,$$

两边平方后, 有

$$(x-x_0)^2 + (y-y_0)^2 + (z-z_0)^2 = R^2. \tag{3.3}$$

方程 (3.3) 就是所求的球心在点 $M_0(x_0, y_0, z_0)$, 半径为 R 的球面的方程. 显然, 球面的方程 (3.3) 是一个三元二次方程.

如果球心在原点 $O(0,0,0)$, 这时球面的方程就是

$$x^2 + y^2 + z^2 = R^2, \tag{3.4}$$

由上面的 2 个例子可以看出, 曲面作为点的几何轨迹, 它可以用曲面上点的流动坐标的方程来表示. 反过来, 三元方程 $F(x,y,z) = 0$ 通常表示了一张曲面 Σ. 因此, 在空间解析几何中, 关于曲面的研究, 有下面两个基本问题.

(1) 已知曲面 Σ 作为点的几何轨迹, 建立曲面 Σ 的方程.

(2) 已知点的坐标满足的方程 $F(x,y,z) = 0$, 研究这个方程表示的曲面 Σ 的图形.

7.3.2 平面的点法式方程

定义 3.2 设 π 为一个平面, 任意的一个垂直于平面 π 的非零向量 $\boldsymbol{n}$, 称为平面 π 的法线向量, 简称为法向量.

已知平面 π 内的一个定点 $M_0(x_0, y_0, z_0)$,固定向量 $\boldsymbol{n} = (A, B, C)$ 为平面 π 的法线向量,则平面 π 的位置由点 M_0 和 $\boldsymbol{n}$ 完全确定. 下面我们来建立这个平面 π 的方程.

设点 $M(x, y, z)$ 是平面 π 上的任意的一个动点(图 7-24),由于 $\overrightarrow{M_0M} \perp \boldsymbol{n}$,得

$$\boldsymbol{n} \cdot \overrightarrow{M_0M} = 0,$$

因为 $\boldsymbol{n} = (A, B, C)$,$\overrightarrow{M_0M} = (x - x_0, y - y_0, z - z_0)$,所以有

$$A(x - x_0) + B(y - y_0) + C(z - z_0) = 0. \tag{3.5}$$

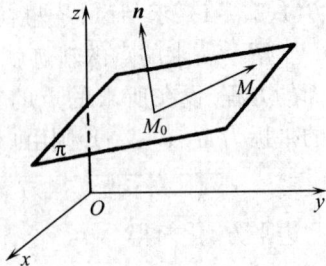

图 7-24

方程(3.5)就是动点 $M(x, y, z)$ 在平面 π 上的充分必要条件,即平面 π 上的点的坐标都满足方程(3.5),反之满足方程(3.5)的 x,y, z 所对应的点必在平面 π 上. 故方程(3.5)就是所求的平面 π 的方程,它通常称为平面的点法式方程. 这里,又一次知道了平面方程是三元一次方程.

例 3.3 求过点 $M_0(1, 2, 3)$ 且垂直于向量 $\boldsymbol{n} = (2, 1, 3)$ 的平面方程.

解 向量 $\boldsymbol{n} = (2, 1, 3)$ 可以看作所求平面的法线向量. 由平面的点法式方程(3.5)有

$$2(x - 1) + (y - 2) + 3(z - 3) = 0,$$

即

$$2x + y + 3z - 13 = 0,$$

为所求的平面方程.

例 3.4 求过空间中的 3 个定点 $M_1(2, 0, -1)$,$M_2(-1, -1, 1)$,$M_3(-3, -2, 1)$ 的平面方程.

解 由于点 M_1, M_2, M_3 均在所求的平面上,故有 $\overrightarrow{M_1M_2} = (-3, -1, 2)$,$\overrightarrow{M_1M_3} = (-5, -2, 2)$. 设 $\boldsymbol{n}$ 为所求平面的法线向量,由于 $\overrightarrow{M_1M_2}$ 与 $\overrightarrow{M_1M_3}$ 不平行,故可取

$$\boldsymbol{n} = \overrightarrow{M_1M_2} \times \overrightarrow{M_1M_3} = (-3, -1, 2) \times (-5, -2, 2) = (2, -4, 1).$$

根据平面的点法式方程(3.5),可取点 M_1 为点 M_0,得

$$2(x - 2) - 4(y - 0) + (z + 1) = 0,$$

即

$$2x - 4y + z - 3 = 0,$$

为所求的平面方程.

例 3.5 一个平面过点 $M_0(2, 4, -1)$ 且通过 Oz 轴,求此平面的方程.

解 设所求平面的法线向量为 $\boldsymbol{n}$,因为 $\boldsymbol{n} \perp \boldsymbol{k}$,$\boldsymbol{n} \perp \overrightarrow{OM_0}$,所以可取平面的法线向量为

$$n = k \times \overrightarrow{OM_0} = (0,0,1) \times (2,4,-1) = -4i + 2j.$$

由平面的点法式方程(3.5),有

$$-4(x-2) + 2(y-4) = 0,$$

即

$$2x - y = 0,$$

就是所求的平面的方程.

7.3.3 平面的一般式方程

1. 平面的一般式方程

将平面的点法式方程(3.5):

$$A(x-x_0) + B(y-y_0) + C(z-z_0) = 0,$$

化简,则有

$$Ax + By + Cz + D = 0.$$

其中 $D = -Ax_0 - By_0 - Cz_0$. 从上面的方程中可以看出,任意一个平面的方程都是三元一次方程. 反之,则需要证明:任意一个三元一次方程

$$Ax + By + Cz + D = 0,$$

(A, B, C 不同时为零)的图形都是平面.

定理 3.1 任意一个三元一次方程

$$Ax + By + Cz + D = 0, \tag{3.6}$$

(A, B, C 不同时为零)的图形都是平面.

证 任取满足三元一次方程(3.6):

$$Ax + By + Cz + D = 0,$$

的一组解 (x_0, y_0, z_0),则有

$$Ax_0 + By_0 + Cz_0 + D = 0, \tag{3.7}$$

将(3.6)式与(3.7)式相减,有

$$A(x-x_0) + B(y-y_0) + C(z-z_0) = 0 \tag{3.8}$$

方程(3.8)就是平面的点法式方程,即平面通过点 $M_0(x_0, y_0, z_0)$ 且以向量 $n = (A, B, C)$ 为法线向量的平面方程.

由于方程(3.8)与方程(3.6)是同解方程,把由方程(3.6)

$$Ax + By + Cz + D = 0$$

表示的方程称为平面的一般式方程. 证毕.

2. 平面的一般式方程所对应的平面的位置

在平面的一般式方程(3.6):$Ax + By + Cz + D = 0$ 中,

当 $D = 0$ 时,方程(3.6)成为 $Ax + By + Cz = 0$,它表示一张过坐标原点 $O(0,0,0)$ 且以 $\boldsymbol{n} = (A,B,C)$ 为法线向量的平面;

当 $A = 0$ 时,方程(3.6)成为 $By + Cz + D = 0$,它表示平面的法线向量为 $\boldsymbol{n} = (0,B,C)$ 且 $\boldsymbol{n}$ 与 Ox 轴垂直.故此时平面与 Ox 轴平行.

同理,当 $B = 0$,或 $C = 0$ 时,平面分别与 Oy 轴或 Oz 轴平行.

当 $A = B = 0$ 时,方程(3.6)成为 $Cz + D = 0$,它表示平面的法线向量为 $\boldsymbol{n} = (0,0,C)$,且 $\boldsymbol{n} /\!/ \boldsymbol{k}$(即 $\boldsymbol{n}$ 与 Oz 轴平行),故平面与 xOy 坐标面平行.

类似地可得,当 $B = C = 0$ 时,方程(3.6)成为 $Ax + D = 0$,它表示平面的法线向量为 $\boldsymbol{n} = (A,0,0)$,且 $\boldsymbol{n} /\!/ \boldsymbol{i}$(即 $\boldsymbol{n}$ 与 Ox 轴平行),故平面与 yOz 坐标面平行.

当 $A = C = 0$ 时,方程(3.6)成为 $By + D = 0$,它表示平面的法线向量 $\boldsymbol{n} = (0,B,0)$,且 $\boldsymbol{n} /\!/ \boldsymbol{j}$(即 $\boldsymbol{n}$ 与 Oy 轴平行),故平面与 xOz 坐标面平行.

另外,当 $A = D = 0$ 时,方程(3.6)成为 $By + Cz = 0$,这时平面的法线向量 $\boldsymbol{n} = (0,B,C)$ 且 $\boldsymbol{n} \perp \boldsymbol{i}$($\boldsymbol{n}$ 与 Ox 轴垂直),由于平面过原点,故平面为过 Ox 轴的平面;

类似地,当 $B = D = 0$ 时,方程(3.6)成为 $Ax + Cz = 0$,平面为过 Oy 轴的平面;

当 $C = D = 0$ 时,方程(3.6)为 $Ax + By = 0$,平面为过 Oz 轴的平面.

例 3.6 平面 π 通过 Oy 轴,且垂直于已知平面 $x + 2y + 3z = 0$.求平面 π 的方程.

解 因为平面 π 通过 Oy 轴,所以在平面的一般式方程中有 $B = D = 0$,故可设所求的平面 π 的方程为

$$Ax + Cz = 0,$$

又因为所求的平面 π 与已知的平面 $x + 2y + 3z = 0$ 垂直,它们的法线向量也垂直,有

$$A + 3C = 0, \quad A = -3C.$$

代入所设的方程中,得

$$-3Cx + Cz = 0.$$

即

$$3x - z = 0,$$

为所求的方程.

7.3.4 平面的截距式方程

设平面 π 与 Ox 轴、Oy 轴和 Oz 轴分别交于点 $P(a,0,0)$,$Q(0,b,0)$ 及 $R(0,0,c)$ 3 点,求平面 π 的方程,(这里 a,b,c 均不为零)如图 7-25 所示.

当把点 $P(a,0,0)$、$Q(0,b,0)$ 和 $R(0,0,c)$ 的坐标代入平面 π 的一般式方程

$$Ax + By + Cz + D = 0,$$

就有 $\qquad Aa + D = 0$，即 $A = -\dfrac{D}{a}$；$Bb + D = 0$，即 $B = -\dfrac{D}{b}$；

$$Cc + D = 0，即\ C = -\frac{D}{c}.$$

于是有 $\qquad -\dfrac{D}{a}x - \dfrac{D}{b}y - \dfrac{D}{c}z + D = 0,$

即 $$\frac{x}{a} + \frac{y}{b} + \frac{z}{c} = 1. \tag{3.9}$$

方程(3.9)就称为平面 π 的截距式方程，而 a，b，c 则依次称为平面 π 在 Ox 轴、Oy 轴和 Oz 轴上的截距. 截距即可以为正，也可以为负.

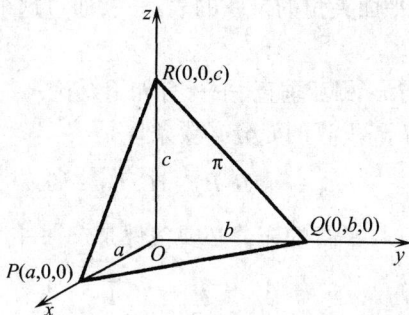

图 7 – 25

例 3.7 写出平面 $3x + y - 2z - 6 = 0$ 的截距式方程.

解 方法 1 令 $y = z = 0$，有 $x = 2$，即所给的平面在 Ox 轴上的截距 $a = 2$.

同理，令 $x = z = 0$，有 $y = 6$，即 $b = 6$. 令 $x = y = 0$，有 $z = -3$，即 $c = -3$. 从而得到所给平面的截距式方程：

$$\frac{x}{2} + \frac{y}{6} - \frac{z}{3} = 1.$$

方法 2 把所给的平面方程变为 $3x + y - 2z = 6$，方程两边除以 6，有

$$\frac{x}{2} + \frac{y}{6} - \frac{z}{3} = 1.$$

这就是所给平面的截距式方程.

7.3.5 两平面的夹角

设两平面的方程为

$$\pi_1:\quad A_1 x + B_1 y + C_1 z + D_1 = 0,$$

$$\pi_2:\quad A_2 x + B_2 y + C_2 z + D_2 = 0.$$

　　规定两平面法线向量间的夹角 θ(通常是指锐角)为这两平面的夹角(见图 7-26).

　　由于平面 π_1 与 π_2 的法线向量为

$$n_1 = (A_1, B_1, C_1),$$

$$n_2 = (A_2, B_2, C_2).$$

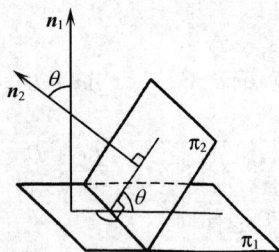

图 7-26

由两向量数量积的定义,并注意到夹角 θ 为锐角,可得

$$\cos\theta = \frac{|\,n_1 \cdot n_2\,|}{|\,n_1\,|\,|\,n_2\,|} = \frac{|\,A_1A_2 + B_1B_2 + C_1C_2\,|}{\sqrt{A_1^2 + B_1^2 + C_1^2}\sqrt{A_2^2 + B_2^2 + C_2^2}}. \tag{3.10}$$

公式(3.10)就称为两平面夹角的余弦的表达式,通过这个公式,不难求出两平面的夹角 θ.

　　关于两平面 π_1 与 π_2 相互垂直、平行有如下结论.

　　(1) 两平面 π_1 与 π_2 垂直的充分必要条件是

$$A_1A_2 + B_1B_2 + C_1C_2 = 0.$$

　　(2) 两平面 π_1 与 π_2 平行的充分必要条件是

$$\frac{A_1}{A_2} = \frac{B_1}{B_2} = \frac{C_1}{C_2}.$$

　　例 3.8　求平面 $x + y - 4z + 2 = 0$ 与 $x - 2y + 2z = 0$ 的夹角.

　　解　取两平面的法线向量为

$$n_1 = (1, 1, -4), n_2 = (1, -2, 2).$$

设两平面夹角为 θ,由公式(3.10)得

$$\cos\theta = \frac{|\,n_1 \cdot n_2\,|}{|\,n_1\,|\,|\,n_2\,|} = \frac{|\,1 - 2 - 8\,|}{\sqrt{18}\sqrt{9}} = \frac{1}{\sqrt{2}},$$

故　　　　　　　$$\theta = \arccos\frac{1}{\sqrt{2}} = \frac{\pi}{4},$$

可知两平面的夹角为 $\dfrac{\pi}{4}$.

　　例 3.9　设点 $M_0(x_0, y_0, z_0)$ 是平面 $\pi: Ax + By + Cz + D = 0$ 外的一点,求点 M_0 到平面 π 的距离 d(见图 7-27).

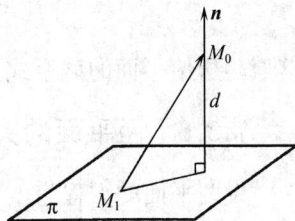

图 7-27

　　解　在平面 π 上任取一点 $M_1(x_1, y_1, z_1)$,并作 π

的法线向量 $\boldsymbol{n}$. 由图 7 - 27, 考虑到 $\overrightarrow{M_1M_0}$ 与 $\boldsymbol{n}$ 夹角可能为钝角. 可知点 M_0 到平面 π 的距离为

$$d = | \mathrm{Prj}_{\boldsymbol{n}} \overrightarrow{M_1M_0} | = | \overrightarrow{M_1M_0} \cdot \boldsymbol{n}^0 | .$$

其中 $\boldsymbol{n}^0$ 为 $\boldsymbol{n}$ 的单位向量, 而 $\overrightarrow{M_1M_0} = (x_0 - x_1, y_0 - y_1, z_0 - z_1)$, 因为

$$\boldsymbol{n}^0 = \left(\frac{A}{\sqrt{A^2 + B^2 + C^2}}, \frac{B}{\sqrt{A^2 + B^2 + C^2}}, \frac{C}{\sqrt{A^2 + B^2 + C^2}} \right).$$

所以

$$\overrightarrow{M_1M_0} \cdot \boldsymbol{n}^0 = \frac{1}{\sqrt{A^2 + B^2 + C^2}} [A(x_0 - x_1) + B(y_0 - y_1) + C(z_0 - z_1)].$$

由于

$$Ax_1 + By_1 + Cz_1 + D = 0,$$

有

$$\overrightarrow{M_1M_0} \cdot \boldsymbol{n}^0 = \frac{Ax_0 + By_0 + Cz_0 + D}{\sqrt{A^2 + B^2 + C^2}} .$$

取绝对值得

$$d = \frac{| Ax_0 + By_0 + Cz_0 + D |}{\sqrt{A^2 + B^2 + C^2}} . \tag{3.11}$$

公式 (3.11) 称为点 $M_0(x_0, y_0, z_0)$ 到平面 $Ax + By + Cz + D = 0$ 的距离公式. 显然, 当点 M_0 在平面 π 上时, $d = 0$, 当点 M_0 不在平面 π 上时 $d > 0$.

例 3.10 求点 $M_0(1, 0, 1)$ 到平面 $\pi: x + y + 2z + 5 = 0$ 的距离 d.

解 由于 $x_0 = 1, y_0 = 0, z_0 = 1$ 且 $A = 1, B = 1, C = 2, D = 5$. 由公式 (3.11) 知

$$d = \frac{| Ax_0 + By_0 + Cz_0 + D |}{\sqrt{A^2 + B^2 + C^2}} = \frac{| 1 + 0 + 2 + 5 |}{\sqrt{1^2 + 1^2 + 2^2}} = \frac{8}{\sqrt{6}} = \frac{4\sqrt{6}}{3} .$$

习题 7 - 3

1. 设点 $M_0(1, -2, 3)$ 为原点 $O(0, 0, 0)$ 到平面 π 的垂足, 求平面 π 的方程.

2. 一平面 π 过点 $M_0(1, 1, 1)$ 且平行于已知平面 $2x - y + z - 1 = 0$, 求平面 π 的方程.

3. 一平面过点 $M_0(-3, 1, 2)$, 且通过 Oz 轴, 求此平面的方程.

4. 求过 Ox 轴且垂直于已知平面 $5x + 4y - 2z + 3 = 0$ 的平面方程.

5. 一平面过点 $A(1, 1, 8), B(2, -5, 0), C(4, 7, 1)$, 求此平面的方程.

6. 一平面过原点 $O(0, 0, 0)$ 和点 $M(1, 2, 3)$ 且垂直于 xOy 平面, 求此平面的方程.

7. 一平面过点 $M_0(1, -2, 1)$ 且垂直于两个已知的平面：$x - 2y + z - 3 = 0$，$x + y - z + 2 = 0$，求此平面的方程.

8. 已知 $\triangle ABC$ 的顶点为 $A(2, 1, 5)$、$B(0, 4, -1)$ 和 $C(3, 4, -7)$. 求通过点 $M_0(2, -6, 3)$ 且平行于 $\triangle ABC$ 所在平面的平面的方程.

9. 将平面的一般式方程：$2x - y + 3z - 12 = 0$，化为截距式方程.

10. 一平面 π 过点 $M_0(2, 1, -1)$，在 Ox 轴和 Oy 轴上的截距分别为 2 和 1，求平面 π 的方程.

11. 一平面过 Oz 轴且与平面 $2x + y - \sqrt{5}z - 7 = 0$ 成 $\dfrac{\pi}{3}$ 的角，求此平面的方程.

12. 求平面 $2x - y + z - 7 = 0$ 与平面 $x + y + 2z - 11 = 0$ 之间的夹角 θ.

13. 求两平行平面 $3x + 6y - 2z - 7 = 0$、$3x + 6y - 2z + 14 = 0$ 间的距离 d.

14. 指出下列各平面的位置.

(1) $x = 0$;   (2) $y + z = 1$;

(3) $x - 2z = 0$;   (4) $6x + 5y - z = 0$.

7.4 空间的直线方程

7.4.1 空间曲线方程的概念

设空间中的两个曲面 Σ_1、Σ_2 的方程分别为

$$F(x, y, z) = 0, G(x, y, z) = 0.$$

则它们的交线 L 的方程可以由方程组

$$\begin{cases} F(x, y, z) = 0, \\ G(x, y, z) = 0 \end{cases} \tag{4.1}$$

给出. 由于 L 上的任意一点 M 的坐标，应当同时满足两个曲面的方程. 如果点 M_1 不在曲线 L 上，那么点 M_1 不能同时在两个曲面上，故点 M_1 不满足方程组 (4.1). 所以空间曲线 L 的方程可以用方程组 (4.1) 来表示，这样的表示法，通常称为空间曲线 L 的一般方程 (图 7-28). 例如，球面 $x^2 + y^2 + z^2 = R^2$ 与平面 $z = h(0 < h < R)$ 相交的曲线方程为

$$\begin{cases} x^2 + y^2 + z^2 = R^2, \\ z = h. \end{cases}$$

它表示了在 $z = h$ 的平面上，以点 $(0, 0, h)$ 为圆心，以 $r = \sqrt{R^2 - h^2}$ 为半径的一个圆周 (图 7-29).

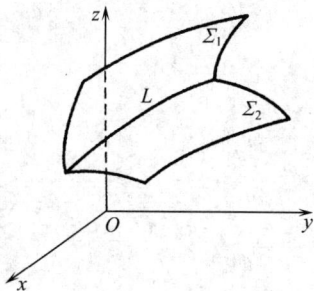

图 7 - 28

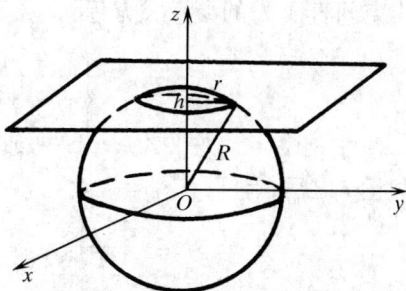

图 7 - 29

7.4.2　空间直线的参量式方程

设空间中的一个定点为 $M_0(x_0,y_0,z_0)$，则过点 M_0 的直线有无穷多条. 如果再加上一个条件，即直线 L 过点 M_0 且与已知的非零向量 $s=(l,m,n)$ 平行，则直线 L 就被惟一确定了，L 的参量式方程可以写成

$$\begin{cases} x = x_0 + lt, \\ y = y_0 + mt, \\ z = z_0 + nt. \end{cases} \tag{4.2}$$

这里 t 为参量. 下面，来推导方程(4.2).

在图 7 - 30 中，设直线 L 上的动点坐标为 $M(x,y,z)$，则由 $\overrightarrow{M_0M} /\!/ s$，有 $\overrightarrow{M_0M} = ts$ 于是

$$\overrightarrow{OM} = \overrightarrow{OM_0} + \overrightarrow{M_0M} = r_0 + ts,$$

即

$$r = r_0 + ts,$$

有

$$(x,y,z) = (x_0,y_0,z_0) + t(l,m,n)$$
$$= (x_0 + lt, y_0 + mt, z_0 + nt).$$

从而推导了直线 L 的参量式方程(4.2)：

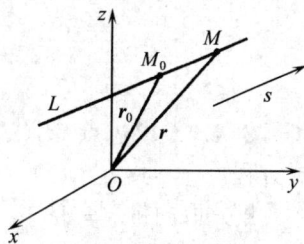

图 7 - 30

$$\begin{cases} x = x_0 + lt, \\ y = y_0 + mt, \\ z = z_0 + nt. \end{cases}$$

7.4.3　空间直线的对称式方程

前面推导了空间直线 L 过定点 $M_0(x_0,y_0,z_0)$ 且与非零向量 $s=(l,m,n)$ 平行的直线的参量式方程，下面以参量式方程为基础再推出直线 L 的对称式方程.

由空间直线 L 的参量式方程

$$\begin{cases} x = x_0 + lt, \\ y = y_0 + mt, \\ z = z_0 + nt. \end{cases}$$

解出参量 t 之后,有

$$t = \frac{x - x_0}{l} = \frac{y - y_0}{m} = \frac{z - z_0}{n}.$$

这就得到了直线 L 的对称式方程:

$$\frac{x - x_0}{l} = \frac{y - y_0}{m} = \frac{z - z_0}{n}. \tag{4.3}$$

直线的对称式方程(4.3)又叫做直线的标准式方程或点向式方程.它与(4.2)式一样,是直线 L 过点 $M_0(x_0, y_0, z_0)$ 且与已知向量 $s = (l, m, n)$ 平行的直线方程.

例 4.1 求过点 $M_0(2, 1, 5)$ 且与向量 $s = (1, 2, -3)$ 平行的直线 L 的对称式方程及参量式方程.

解 已知点 $M_0(2, 1, 5)$, $s = (1, 2, -3)$,由(4.3)式,可知直线 L 的对称式方程为

$$\frac{x - 2}{1} = \frac{y - 1}{2} = \frac{z - 5}{-3}.$$

令上面的方程组的比值为 t,分别解出 x, y, z 就得到直线 L 的参量式方程:

$$\begin{cases} x = 2 + t, \\ y = 1 + 2t, \\ z = 5 - 3t. \end{cases}$$

例 4.2 求过点 $M_1(x_1, y_1, z_1)$ 及 $M_2(x_2, y_2, z_2)$ 两点的空间直线 L 的对称式方程.

解 取向量 $s = \overrightarrow{M_1M_2} = (x_2 - x_1, y_2 - y_1, z_2 - z_1)$,而直线 L 过点 $M_1(x_1, y_1, z_1)$.由直线 L 的对称式方程(4.3)有

$$\frac{x - x_1}{x_2 - x_1} = \frac{y - y_1}{y_2 - y_1} = \frac{z - z_1}{z_2 - z_1}.$$

7.4.4 空间直线的一般式方程

空间直线 L 可以看作是两个平面 π_1 与 π_2 的交线(图 7-31).如果平面 π_1 的方程为 $A_1x + B_1y + C_1z + D_1 = 0$,平面 π_2 的方程为 $A_2x + B_2y + C_2z + D_2 = 0$.那么方程组

$$\begin{cases} A_1x + B_1y + C_1z + D_1 = 0, \\ A_2x + B_2y + C_2z + D_2 = 0. \end{cases} \tag{4.4}$$

就称为空间直线 L 的一般式方程,或称为面交式方程.

例 4.3 将空间直线 L 的一般式方程

$$\begin{cases} x + y + z + 1 = 0, \\ 2x + 3y - z + 4 = 0. \end{cases}$$

化为对称式方程及参量式方程.

解 先求直线 L 上的一点 $M_0(x_0, y_0, z_0)$,可设 $x_0 = 1$,代入直线 L 的一般方程

$$\begin{cases} y_0 + z_0 = -2, \\ 3y_0 - z_0 = -6. \end{cases}$$

可解得 $y_0 = -2, z_0 = 0$,知直线 L 上的定点为 $M_0(1, -2, 0)$.

再求直线 L 的方向向量 s. 由于两平面交线与两平面的法线向量 $n_1 = (1, 1, 1), n_2 = (2, 3, -1)$ 都垂直,所以可取

$$s = n_1 \times n_2 = \begin{vmatrix} i & j & k \\ 1 & 1 & 1 \\ 2 & 3 & -1 \end{vmatrix} = -4i + 3j + k.$$

因此,所求直线 L 的对称式方程为

$$\frac{x-1}{-4} = \frac{y+2}{3} = \frac{z}{1}.$$

令

$$\frac{x-1}{-4} = \frac{y+2}{3} = \frac{z}{1} = t,$$

解出 x, y, z 就得到直线 L 的参量式方程:

$$\begin{cases} x = 1 - 4t, \\ y = -2 + 3t, \\ z = t. \end{cases}$$

例 4.4 设直线 L 过点 $M_0(1, 2, -3)$ 且与向量 $s = (2, 0, -1)$ 平行,求直线 L 的对称式方程和一般式方程:

解 由直线的对称式方程式(4.3),有 L 的对称式方程:

$$\frac{x-1}{2} = \frac{y-2}{0} = \frac{z+3}{-1},$$

这里,向量 s 的 y 坐标为零,出现在分母的位置上,它不代表零可以作除数,而只是一种方便的写法. 这时,L 的方程应当理解为两个平面:

$$y - 2 = 0 \quad \text{与} \quad \frac{x-1}{2} = \frac{z+3}{-1}$$

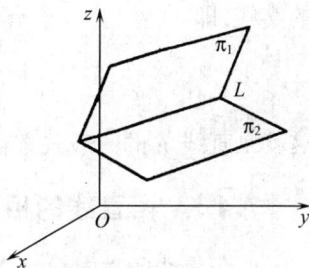

图 7 - 31

的交线,即

$$\begin{cases} y - 2 = 0, \\ x + 2z + 5 = 0. \end{cases}$$

这就是直线 L 的一般式方程.

7.4.5 两直线的相互位置

两条直线的方向向量之间的夹角 φ(通常指锐角)称为两条直线之间的夹角.

设两条直线的对称式方程为

$$L_1 : \frac{x - x_1}{l_1} = \frac{y - y_1}{m_1} = \frac{z - z_1}{n_1},$$

$$L_2 : \frac{x - x_2}{l_2} = \frac{y - y_2}{m_2} = \frac{z - z_2}{n_2}.$$

由于它们的方向向量为

$$s_1 = (l_1, m_1, n_1), s_2 = (l_2, m_2, n_2).$$

由两向量夹角的余弦公式,可得直线 L_1 与 L_2 夹角 φ 的余弦:

$$\cos\varphi = \frac{\mid l_1 l_2 + m_1 m_2 + n_1 n_2 \mid}{\sqrt{l_1^2 + m_1^2 + n_1^2}\sqrt{l_2^2 + m_2^2 + n_2^2}}, \tag{4.5}$$

并且由两向量垂直、平行的条件,立即可推得下面的结论:

(1) 两条直线 $L_1 \perp L_2$ 的充分必要条件为

$$l_1 l_2 + m_1 m_2 + n_1 n_2 = 0;$$

(2) 两条直线 $L_1 /\!/ L_2$ 的充分必要条件为

$$\frac{l_1}{l_2} = \frac{m_1}{m_2} = \frac{n_1}{n_2}.$$

例 4.5 求直线 $L_1 : \frac{x-1}{1} = \frac{y-2}{0} = \frac{z-3}{-1}$ 与 $L_2 : \frac{x+1}{-1} = \frac{y+2}{-1} = \frac{z+3}{0}$ 的夹角 φ.

解 L_1 与 L_2 的方向向量分别为

$$s_1 = (1, 0, -1), s_2 = (-1, -1, 0),$$

故由(4.5)式知

$$\cos\varphi = \frac{\mid 1 \times (-1) + 0 \times (-1) + (-1) \times 0 \mid}{\sqrt{1^2 + 0^2 + (-1)^2}\sqrt{(-1)^2 + (-1)^2 + 0^2}} = \frac{1}{2},$$

知 $\qquad \varphi = \dfrac{\pi}{3}.$

即直线 L_1 与 L_2 的夹角为 $\dfrac{\pi}{3}.$

7.4.6 直线与平面的夹角

直线 L 和它在平面 π 上投影直线 L_1 的夹角 φ(通常规定 $0 \leqslant \varphi \leqslant \dfrac{\pi}{2}$)称为直线 L 与平面 π 的夹角(见图 $7-32$).

设直线 L 的对称式方程为 $\dfrac{x-x_0}{l} = \dfrac{y-y_0}{m} = \dfrac{z-z_0}{n}$,而平面 π 的一般式方程为 $Ax + By + Cz + D = 0$.由于直线 L 的方向向量 $\boldsymbol{s} = (l, m, n)$,与平面 π 的法线向量 $\boldsymbol{n} = (A, B, C)$ 的夹角为 $\dfrac{\pi}{2} - \varphi$ 或 $\dfrac{\pi}{2} + \varphi$.于是有

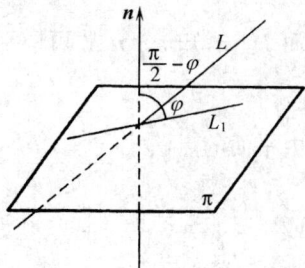

图 7-32

$$\sin\varphi = \cos\left(\dfrac{\pi}{2} - \varphi\right) = \left| \cos\left(\dfrac{\pi}{2} + \varphi\right) \right|$$

$$= \dfrac{|\boldsymbol{s} \cdot \boldsymbol{n}|}{|\boldsymbol{s}| \cdot |\boldsymbol{n}|} = \dfrac{|Al + Bm + Cn|}{\sqrt{A^2 + B^2 + C^2}\sqrt{l^2 + m^2 + n^2}}.$$

由两向量相互垂直与平行的条件,可以推出下面的结论:

(1) 直线 L 与平面 π 垂直的充分必要条件为

$$\dfrac{A}{l} = \dfrac{B}{m} = \dfrac{C}{n};$$

(2) 直线 L 与平面 π 平行的充分必要条件为

$$Al + Bm + Cn = 0.$$

例 4.6 求过点 $M_0(1,2,3)$ 且与平面 $\pi: 2x + y - z + 1 = 0$ 垂直的直线 L 的方程.

解 由于所求的直线 $L \perp \pi$,故 L 的方向向量可取 π 的法线向量 $\boldsymbol{s} = \boldsymbol{n} = (2,1,-1)$.又直线 L 过点 $M_0(1,2,3)$.由直线的对称式方程,得

$$\dfrac{x-1}{2} = \dfrac{y-2}{1} = \dfrac{z-3}{-1}.$$

例 4.7 若平面 π 过点 $M_0(-1,0,1)$,且垂直于直线 L:

$$\begin{cases} x - 4z = 3, \\ 2x - y - 5z = 1. \end{cases}$$

求平面 π 的方程.

解 由于直线 L 的方向向量 s 为

$$s = \begin{vmatrix} i & j & k \\ 1 & 0 & -4 \\ 2 & -1 & -5 \end{vmatrix} = -4i - 3j - k.$$

而 $L \perp \pi$,知 $s /\!/ n$ 故可取平面 π 的法线向量 n 为 $-s$,即

$$n = (4,3,1),$$

由平面的点法式方程,得

$$4(x + 1) + 3y + (z - 1) = 0,$$

或 $4x + 3y + z + 3 = 0$ 为所求平面 π 的方程.

*7.4.7 平面束的方程

通常把通过定直线 L 的所有平面的集合,叫做平面束.利用平面束的方程来解题,有时会比较方便.下面我们来建立平面束的方程.

设定直线 L 的方程,由方程组

$$\begin{cases} A_1x + B_1y + C_1z + D_1 = 0, & (4.6) \\ A_2x + B_2y + C_2z + D_2 = 0. & (4.7) \end{cases}$$

所确定.其中已知的系数 A_1、B_1、C_1 与 A_2、B_2、C_2 不成比例.

建立三元一次方程

$$A_1x + B_1y + C_1z + D_1 + \lambda(A_2x + B_2y + C_2z + D_2) = 0, \quad (4.8)$$

其中 λ 为任意实数.因为 A_1, B_1, C_1 与 A_2, B_2, C_2 不成比例,所以对任何一个 λ 值,方程(4.8)的系数: $A_1 + \lambda A_2$、$B_1 + \lambda B_2$、$C_1 + \lambda C_2$ 不全为零,从而方程(4.8)表示一个平面.

任取直线 L 上的一点 $M(x,y,z)$,则点 M 的坐标必定满足方程(4.6)和方程(4.7),从而满足方程(4.8).因此,方程(4.8)表示通过直线 L 的平面.当 λ 取不同值时,方程(4.8)表示了过直线 L 的一束平面.

反之,任取一个过直线 L 的平面(除去(4.6)式所表示的平面)

$$A_3x + B_3y + C_3z + D_3 = 0, \quad (4.9)$$

证明它必能写成(4.8)式的形式.

因为平面(4.9)可以由直线 L 和 L 外一点 $M_0(x_0, y_0, z_0)$ 确定,将 M_0 的坐标

代入(4.8)式,得

$$A_1 x_0 + B_1 y_0 + C_1 z_0 + D_1 + \lambda(A_2 x_0 + B_2 y_0 + C_2 z_0 + D_2) = 0.$$

因为(4.8)式不是(4.7)式所表示的平面,所以

$$A_2 x_0 + B_2 y_0 + C_2 z_0 + D_2 \neq 0,$$

这样, $$\lambda = -\frac{A_1 x_0 + B_1 y_0 + C_1 z_0 + D_1}{A_2 x_0 + B_2 y_0 + C_2 z_0 + D_2}.$$

将这个 λ 值代入方程(4.7),得到方程

$$A_1 x + B_1 y + C_1 z + D_1 -$$

$$\frac{A_1 x_0 + B_1 y_0 + C_1 z_0 + D_1}{A_2 x_0 + B_2 y_0 + C_2 z_0 + D_2}(A_2 x + B_2 y + C_2 z + D_2) = 0. \tag{4.10}$$

方程(4.10)是形如方程(4.8)的一个方程,而且(4.10)式表示的平面过直线 L 和点 M_0.因此,(4.10)式所表示的平面就是(4.9)式所表示的平面.

方程(4.8)称为通过直线 L 的平面束方程.

例 4.8 求通过直线 $L:\begin{cases} x + y - z = 0, \\ x - y + z - 1 = 0 \end{cases}$ 和点 $M_0(1,1,-1)$ 的平面方程.

解 过 L 的平面束为

$$x + y - z + \lambda(x - y + z - 1) = 0, \tag{4.11}$$

代入点 $M_0(1,1,-1)$,得

$$3 - 2\lambda = 0,即 \lambda = \frac{3}{2}.$$

再代入(4.11)式,得

$$x + y - z + \frac{3}{2}(x - y + z - 1) = 0,$$

即得所求平面为

$$5x - y + z - 3 = 0.$$

例 4.9 在由平面 $2x + y - 3z + 2 = 0$ 和平面 $5x + 5y - 4z + 3 = 0$ 所决定的平面束内,求两个互相垂直的平面,其中一个平面经过点 $(4,-3,1)$.

解 平面束为

$$2x + y - 3z + 2 + \lambda(5x + 5y - 4z + 3) = 0,$$

即 $$(2 + 5\lambda)x + (1 + 5\lambda)y - (3 + 4\lambda)z + (2 + 3\lambda) = 0. \tag{4.12}$$

因为一个平面过点 $(4,-3,1)$,将此点坐标代入(4.12)式,得 $\lambda = -1$.所以平面 π_1 的方程为

$$3x + 4y - z + 1 = 0.$$

而平面 π_2 与 π_1 垂直且 π_2 也具有(4.12)式的形式,故这两个平面的法向量

矢量互相垂直,即

$$3(2 + 5\lambda) + 4(1 + 5\lambda) + (-1)(-3 - 4\lambda) = 0,$$

解得

$$\lambda = -\frac{1}{3}.$$

代入式(4.12),知平面 π_2 的方程是

$$x - 2y - 5z + 3 = 0.$$

习题 7-4

1. 写出过原点 $O(0,0,0)$ 且垂直于平面 $3x - y + 2 = 0$ 的直线 L 的方程.

2. 一条直线 L 的两个已知点 $A(3, -2, -1)$,$B(5,4,5)$.求直线 L 的方程.

3. 一条直线过点 $M_0(1,2,3)$,且垂直于平面 $4x + y + z + 5 = 0$,求此直线的方程.

4. 一条直线过点 $M_0(4, -1,3)$ 且平行于已知的直线:$\dfrac{x-3}{2} = \dfrac{y}{1} = \dfrac{z-1}{5}$,求此直线的方程.

5. 一条直线过点 $M_0(0,2,4)$,且与两平面 $x + 2z = 1$、$y - 3z = 1$ 平行,求此直线的方程.

6. 试求平面 $4x - y + 2z - 4 = 0$ 与三个坐标平面相交的交线方程.

7. 把直线 $\begin{cases} x - y + z + 5 = 0, \\ 3x - 8y + 4z + 36 = 0. \end{cases}$ 化为对称式方程及参量式方程.

8. 一条直线 L 过点 $M_0(3, -1,2)$,并与两条直线 $\begin{cases} x = 2z - 1, \\ y = z + 3. \end{cases}$ 及 $\dfrac{x}{2} = \dfrac{y}{3} = \dfrac{z}{4}$ 都垂直,求直线 L 的方程.

9. 一条直线 L 过点 $A(1,2,3)$ 且垂直于直线 $\dfrac{x}{1} = \dfrac{y}{1} = \dfrac{z}{1}$,并与 Oz 轴相交,求直线 L 的方程.

10. 求两条直线

$$L_1: \begin{cases} x + 2y + z - 1 = 0, \\ x - 2y + z + 1 = 0. \end{cases} \quad 与 \quad L_2: \begin{cases} x - y - z - 1 = 0, \\ x - y + 2z + 1 = 0. \end{cases} \quad 的夹角 \theta.$$

11. 直线 L 过点 $B(1,2,3)$ 且平行于向量 $\boldsymbol{a} = (6,6,7)$,求点 $A(3,4,2)$ 到直线 L 的距离 d.

12. 验证:直线 L 外的一个定点 $M_0(x_0, y_0, z_0)$ 到直线 L 的距离 $d = \dfrac{|\overrightarrow{M_0 M_1} \times \boldsymbol{s}|}{|\boldsymbol{s}|}$.其中 M_1 是 L 上的一个定点,$\boldsymbol{s}$ 为 L 的方向向量.

7.5 常见的二次曲面

在空间解析几何中,常把三元一次方程所表示的曲面,称为一次曲面.它实际上就是平面,而称三元二次方程所表示的曲面,为二次曲面.下面仅介绍几类常见的二次曲面.

7.5.1 柱面

对于柱面,先介绍一个具体的柱面,然后再引入柱面的定义及柱面方程的特征.

例 5.1 考查方程 $x^2 + y^2 = R^2$ 所表示的曲面.

解 方程 $x^2 + y^2 = R^2$ 在 xOy 平面上表示圆心在坐标原点,半径为 R 的圆周.

然而在空间直角坐标系中,由于方程 $x^2 + y^2 = R^2$ 不含坐标 z,说明了该方程所表示的曲面上的点的坐标与坐标 z 无关,只要曲面上的点的坐标 x、y 满足方程 $x^2 + y^2 = R^2$,那么任意的点 $M(x, y, z)$ 就必在曲面上.这就说明:凡是通过 xOy 坐标面上圆周:$x^2 + y^2 = R^2$,且平行于 Oz 轴的直线 L,都在这个曲面上.因此,这个曲面是由平行于 Oz 轴的直线 L,沿 xOy 平面上的圆周:$x^2 + y^2 = R^2$ 平行移动而形成的.这个曲面就称为圆柱面.其中 xOy 平面上的圆周:$x^2 + y^2 = R^2$ 称为柱面的准线,平行于 Oz 轴的直线 L 则称为圆柱面的母线(见图7 – 33).

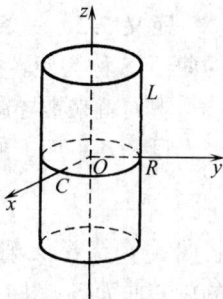

图 7 – 33

定义 5.1 平行于定直线 l 并沿曲线 C 移动的直线 L 所形成的曲面 Σ,称为柱面.

其中曲线 C 称为柱面 Σ 的准线,动直线 L 称为柱面 Σ 的母线.定直线 l 习惯上称为柱面的主轴,由例 5.1 可知,不含变量 z 的方程:$x^2 + y^2 = R^2$,在空间直角坐标系中表示了圆柱面.这个圆柱面的母线 L 平行于 Oz 轴,它的准线 C 是 xOy 平面上的圆周:$x^2 + y^2 = R^2$.柱面名称的确定习惯上依准线的名称而定.

一般地,只含 x, y 而缺变量 z 的方程:$F(x, y) = 0$,在空间直角坐标系中表示了以 xOy 平面上的曲线 $C: F(x, y) = 0$ 为准线,母线 L 平行于 Oz 轴的柱面(见图 7 – 34).

类似地,方程 $G(x, z) = 0$,表示了以 xOz 平面上的曲线 $G(x, z) = 0$ 为准线,母线平行于 Oy 轴的柱面;方程 $H(y, z) = 0$ 表示了以 yOz 平面上的曲线 $H(y, z) = 0$ 为准线,母线平行于 Ox 轴的柱面.例如:方程 $y^2 = 2x$ 表示了母线平

行于 Oz 轴,以 xOy 平面上的抛物线 $y^2 = 2x$ 为准线的抛物柱面(图 7 – 35).

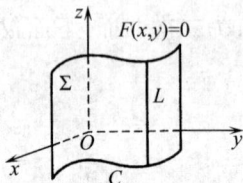

图 7 – 34

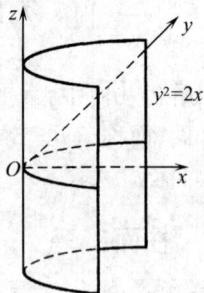

图 7 – 35

7.5.2 旋转曲面与锥面

定义 5.2 一条平面曲线 C 绕着同一平面上的定直线 l 旋转一周,所形成的曲面 Σ 称为旋转曲面.而定直线 l 称为旋转曲面的轴.

下面就来推导旋转曲面的方程.

设 yOz 平面上的已知曲线 C:

$$F(y, z) = 0, \tag{5.1}$$

将曲线 C 绕着 Oz 轴旋转一周,就得到了一个以 Oz 轴为轴的旋转曲面 Σ(图 7 – 36).

如果点 $M_1(0, y_1, z_1)$ 为曲线 C 上的一点,那么必有

$$F(y_1, z_1) = 0. \tag{5.2}$$

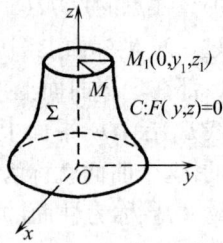

图 7 – 36

当曲线 C 绕 Oz 轴旋转时,点 M_1 也绕 Oz 轴转到了点 $M(x, y, z)$,这时有 $z = z_1$,即 z 保持不变,且点 M 到 Oz 轴的距离 d 可以表示为

$$d = \sqrt{x^2 + y^2} = |y_1|.$$

有

$$y_1 = \pm\sqrt{x^2 + y^2},$$

将 $z_1 = z$,$y_1 = \pm\sqrt{x^2 + y^2}$ 代入(5.2)式,就有

$$F(\pm\sqrt{x^2 + y^2}, z) = 0, \tag{5.3}$$

方程(5.3)就是所求的旋转曲面 Σ 的方程.

从方程(5.3)可以看出:yOz 平面上的曲线 $C: F(y, z) = 0$,绕着 Oz 轴旋转一周所成的旋转曲面的方程为:$F(\pm\sqrt{x^2 + y^2}, z) = 0$.这也就是说,将曲线 C 的方程中的 y 坐标换成 $\pm\sqrt{x^2 + y^2}$,而 z 坐标保持不变就得到所求的旋转曲面方程.

同理，yOz 平面上的曲线 $C:F(y,z)=0$ 绕 Oy 轴旋转一周所成的旋转曲面方程为

$$F(y, \pm\sqrt{x^2+z^2}) = 0.$$

这就是说，在曲线的方程中，将 y 保持不变，把 z 换成 $\pm\sqrt{x^2+z^2}$ 就行了.

例 5.2 求抛物线 $\begin{cases} y^2 = 2pz, \\ x = 0. \end{cases}$ 绕 Oz 轴旋转一周所成的旋转曲面 Σ 的方程.

解 将 yOz 平面上的曲线 $y^2 = 2pz$ 中的 z 保持不变，而把 y 用 $\pm\sqrt{x^2+y^2}$ 代替则有旋转曲面的方程：

$$x^2 + y^2 = 2pz.$$

这个旋转曲面 Σ 是由抛物线旋转而成的，故称为旋转抛物面.

例 5.3 直线 L 绕另一条与 L 相交成定角 α 的定直线 l 旋转一周，所成的旋转曲面称为圆锥面. l 与 L 的交点，称为圆锥面的顶点，l 与 L 的夹角 α $\left(0 < \alpha < \dfrac{\pi}{2}\right)$，称为圆锥面的半顶角.试建立顶点在坐标原点 $O(0,0,0)$ 旋转轴为 Oz 轴、半顶角为 α 的圆锥面方程（图 7-37）.

解 在 yOz 坐标面上，直线 L 的方程为

$$z = y\cot\alpha,$$

因为 Oz 轴是旋转轴，所以圆锥面的方程为

$$z = \pm\sqrt{x^2+y^2}\cot\alpha,$$

即 $$z^2 = (x^2+y^2)\cot^2\alpha.$$

由于 $\cot^2\alpha > 0$，令 $\cot^2\alpha = a^2(a>0)$，有

$$z^2 = a^2(x^2+y^2).$$

这就是所求的圆锥面的方程.

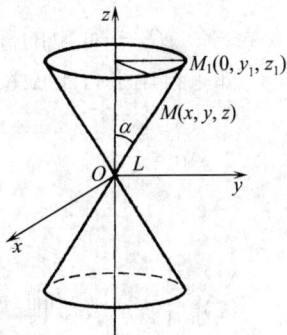

图 7-37

7.5.3 椭球面的方程与截痕

定义 5.3 三元二次方程：

$$\frac{x^2}{a^2} + \frac{y^2}{b^2} + \frac{z^2}{c^2} = 1 \quad (a>0, b>0, c>0). \tag{5.4}$$

表示的曲面 Σ，称为椭球面，其中 a、b、c 分别称为椭球面的长半轴、短半轴和立半轴.

下面,用坐标平面或与坐标平面平行的平面与椭球面相截的方法,考查其交线(即截痕)的形状,即用"平行截割法"来了解椭球面的全貌.

由方程(5.4)可知,

$$\frac{x^2}{a^2} \leqslant 1, \frac{y^2}{b^2} \leqslant 1, \frac{z^2}{c^2} \leqslant 1.$$

即

$$|x| \leqslant |a|, |y| \leqslant |b|, |z| \leqslant |c|.$$

这说明,椭球面包含在由六个平面:$x = \pm a, y = \pm b, z = \pm c$ 所围成的长方体之内.

为了知道椭球面的形状,用"平行截割法".首先用坐标平面 $z = 0$ 去截椭球面,截出的曲线方程为:

$$\begin{cases} \dfrac{x^2}{a^2} + \dfrac{y^2}{b^2} = 1, \\ z = 0. \end{cases}$$

这是一个 xOy 平面上的椭圆周.

如果再用平行于 xOy 面的平面 $z = h(-\infty < h < \infty)$ 来截割椭球面,则有

$$\begin{cases} \dfrac{x^2}{a^2} + \dfrac{y^2}{b^2} = 1 - \dfrac{h^2}{c^2}, \\ z = h. \end{cases}$$

(1) 当 $h^2 < c^2$,即 $-c < h < c$ 时,其截痕为 $z = h$ 平面上的一个椭圆;

(2) 当 $h^2 = c^2$,即 $h = \pm c$ 时,其截痕为一个点 $M_0(0, 0, c)$ 或 $M_1(0, 0, -c)$;

(3) 当 $h^2 > c^2$ 时,平面 $z = h$ 与椭球面无截痕.

综上所述可知,当用 xOy 平面或与 xOy 平面平行的平面去截椭球面,当 $h^2 < c^2$ 时截痕为椭圆,并且当 h 从 0 变到 c 时,该截痕(椭圆)逐渐变小;当 $h^2 = c^2$ 时,截痕变为一个点;当 $h^2 > c^2$ 时,椭球面与平面 $z = h$ 无截痕.

对于用平面 $x = h_1$ 及 $y = h_2$ 去截椭球面,可以得到(与 $z = h$ 的平面去截椭球面)类似的截痕.

椭球面方程(5.4)的形状如图 7-38 所示.

特别,在椭球面方程(5.4)中,若 $a = b = c \neq 0$,则方程(5.4)成为

$$\frac{x^2 + y^2 + z^2}{a^2} = 1,$$

即

$$x^2 + y^2 + z^2 = a^2.$$

它就变成了以坐标原点 $O(0, 0, 0)$ 为球心,以 $a(a > 0)$ 为半径的球面.

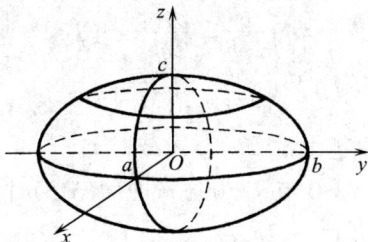

图 7 – 38

而当 a,b,c 中有两个相等时,椭球面成为旋转椭球面. 如 $a = b \neq c,(a \cdot b \cdot c \neq 0)$,

则
$$\frac{x^2 + y^2}{a^2} + \frac{z^2}{c^2} = 1.$$

它是由 yOz 平面上的椭圆: $\begin{cases} \dfrac{y^2}{a^2} + \dfrac{z^2}{c^2} = 1, \\ x = 0. \end{cases}$ 绕 Oz 轴旋转一周所得的旋转椭球面.

当然它也可以是 xOy 平面上的椭圆: $\begin{cases} \dfrac{x^2}{a^2} + \dfrac{z^2}{c^2} = 1, \\ y = 0. \end{cases}$ 绕 Oz 轴旋转而成的旋转椭球面:

$$\frac{x^2 + y^2}{a^2} + \frac{z^2}{c^2} = 1.$$

7.5.4 抛物面

1. 椭圆抛物面

定义 5.4 三元二次方程:

$$\frac{x^2}{2p} + \frac{y^2}{2q} = z, (p 、 q 同号) \tag{5.5}$$

所表示的曲面 Σ,称为椭圆抛物面.

仍用"平行截割法"来讨论方程(5.5)的图形.

(1) 设 $p > 0, q > 0$

用 xOy 坐标平面(即 $z = 0$)去截椭圆抛物面(5.5),所得的截痕为一个点 $O(0,0,0)$.若用平面 $z = h$ 去截椭圆抛物面,则有:

① 当 $h < 0$ 时,$z = h$ 与椭圆抛物面无交点,故当 $z < 0$ 时,没有曲面的图形(曲面的位置在 $z \geqslant 0$ 的范围内);

② 当 $h > 0$ 时,$z = h$ 与椭圆抛物面的截痕为中心在 Oz 轴上的一个椭圆

$$\begin{cases} \dfrac{x^2}{2ph} + \dfrac{y^2}{2qh} = 1, \\ z = h. \end{cases}$$

并且当 h 越大时,椭圆也越大.

当分别用坐标平面 $x = 0$ 与 $y = 0$ 去截曲面(5.5)时,相应地可以得到抛物线

$$\begin{cases} y^2 = 2qz, \\ x = 0, \end{cases} \quad \text{与} \quad \begin{cases} x^2 = 2pz, \\ y = 0. \end{cases}$$

它们都是开口方向朝向 Oz 轴的正方向,顶点在坐标原点的抛物线.

综合上面分析,可以知道椭圆抛物面(5.5)当($p > 0, q > 0$)时的形状(如图 7 – 39 所示).

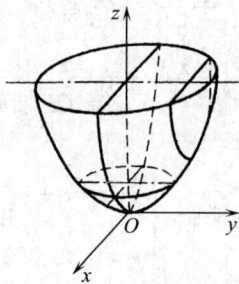

图 7 – 39

特殊情况当 $p = q$ 时,椭圆抛物面(5.5)变成

$$x^2 + y^2 = 2pz.$$

它就是常见的旋转抛物面.

(2) 设 $p < 0, q < 0$

椭圆抛物面(5.5)的图形位于 xOy 平面的下方.按照上面对 $p > 0, q > 0$ 时的讨论,可以得到相应的结论,读者可以自己去讨论.

2. 双曲抛物面

定义 5.5 三元二次方程

$$-\frac{x^2}{2p} + \frac{y^2}{2q} = z, (p, q \text{ 同号}) \tag{5.6}$$

所表示的曲面 Σ 称为双曲抛物面,或鞍面.

当 $p > 0, q > 0$ 时,读者可以讨论出由 $z = h$ 与双曲抛物面的截痕.

双曲抛物面的图形由图 7 – 40 所示.

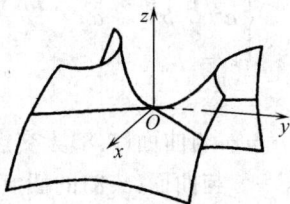

图 7 – 40

7.5.5 双曲面

1. 单叶双曲面

定义 5.6 由方程

$$\frac{x^2}{a^2} + \frac{y^2}{b^2} - \frac{z^2}{c^2} = 1, (a > 0, b > 0, c > 0) \tag{5.7}$$

所表示的曲面,称为单叶双曲面.

仍用与 xOy 平面平行的平面 $z = h$ 来截割这个曲面(5.7),截出的曲线是椭圆:

$$\begin{cases} \dfrac{x^2}{a^2} + \dfrac{y^2}{b^2} = 1 + \dfrac{h^2}{c^2}, \\ z = h. \end{cases}$$

可以看出,当 $|h|$ 越大,椭圆也越大. 为了更清楚地观察曲面(5.7)的形状,还可以用 $x = 0, y = 0$ 分别与曲面(5.7)相截,其相应的截痕为两组双曲线:

$$\begin{cases} \dfrac{y^2}{b^2} - \dfrac{z^2}{c^2} = 1, \\ x = 0, \end{cases} \qquad \begin{cases} \dfrac{x^2}{a^2} - \dfrac{z^2}{c^2} = 1, \\ y = 0. \end{cases}$$

它们的实轴分别在 Oy 轴及 Ox 轴上.

单叶双曲面(5.7)的图形如图 7 – 41 所示.

2. 双叶双曲面

定义 5.7 由方程

$$\frac{x^2}{a^2} + \frac{y^2}{b^2} - \frac{z^2}{c^2} = -1, (a > 0, b > 0, c > 0) \tag{5.8}$$

表示的曲面称为双叶双曲面.

如果仍用 $z = h$ 的平面去截双叶双曲面(5.8). 则其截痕为

$$\begin{cases} \dfrac{x^2}{a^2} + \dfrac{y^2}{b^2} = \dfrac{h^2}{c^2} - 1, \\ z = h. \end{cases}$$

可以看出:

当 $-c < h < c$ 时, 平面 $z = h$ 与曲面(5.8)无交点;

当 $h = \pm c$ 时, 平面 $z = \pm c$ 与曲面(5.8)的截痕为点$(0,0,c)$或$(0,0,-c)$;

当$|h| > c$ 时, 平面 $z = h$ 与曲面(5.8)的截痕为椭圆, 当$|h|$越大, 椭圆也越大.

为了更清楚地观察双叶双曲面(5.8)的形状, 再分别用 $x = 0, y = 0$ 去截曲面(5.8), 则其截痕分别为双曲线:

$$\begin{cases} \dfrac{z^2}{c^2} - \dfrac{y^2}{b^2} = 1, \\ x = 0. \end{cases} \qquad \begin{cases} \dfrac{z^2}{c^2} - \dfrac{x^2}{a^2} = 1, \\ y = 0. \end{cases}$$

综合上面的分析可知, 双叶双曲面的图形如图 7 - 42 所示.

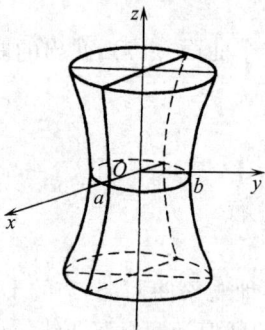 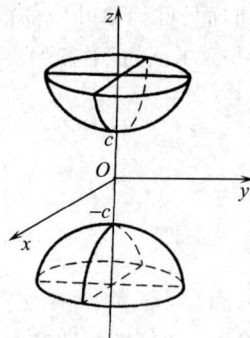

图 7 - 41   图 7 - 42

例 5.4 指出由曲面 $z = \sqrt{3 - x^2 - y^2}$ 与 $z = \dfrac{1}{2}(x^2 + y^2)$ 所围成的立体图形.

解 曲面 $z = \sqrt{3 - x^2 - y^2}$ 是以原点 $O(0,0,0)$ 为球心, 以$\sqrt{3}$ 为半径的一张上半球面. 而曲面 $z = \dfrac{1}{2}(x^2 + y^2)$, 则是以 Oz 轴为旋转轴的旋转抛物面.

由于两张曲面均在 xOy 平面的上方, 它们所围出的立体, 也在 xOy 平面的上方.

考虑到半球面上的点 $M_2(0,0,\sqrt{3})$ 及旋转抛物面上的点 $M_1(0,0,0)$. 可知曲面 $z = \sqrt{3 - x^2 - y^2}$ 位于曲面 $z = \dfrac{1}{2}(x^2 + y^2)$ 的上方. 且两曲面的交线为

$$\begin{cases} \sqrt{3 - x^2 - y^2} = \dfrac{1}{2}(x^2 + y^2), \\ z = 1. \end{cases}$$

即
$$\begin{cases} x^2 + y^2 = 2, \\ z = 1. \end{cases}$$

它是在 $z = 1$ 的平面上的一个中心在 Oz 轴上的点 $(0,0,1)$、半径为 $\sqrt{2}$ 的圆周. 而两个曲面所围的立体图形如图 7 – 43 所示.

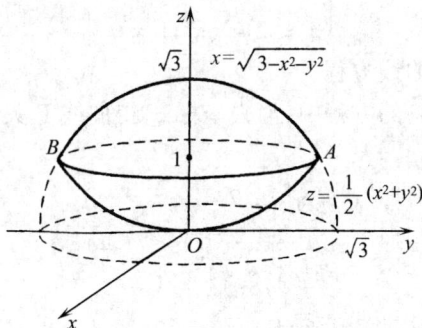

图 7 – 43

7.5.6　空间曲线在坐标面上的投影

设空间曲线 C 的一般方程为

$$\begin{cases} F(x,y,z) = 0, \\ G(x,y,z) = 0. \end{cases} \tag{5.9}$$

下面讨论曲线 C 在坐标面上的投影曲线的方程.

首先,需要了解两个概念。以空间曲线 C 为准线,母线平行于 Oz 轴的柱面叫曲线 C 关于 xOy 平面的投影柱面;此投影柱面与 xOy 平面的交线叫曲线 C 在 xOy 平面上的投影曲线,或简称投影.

在方程组(5.9)中消去 z,就得到一个不含变量 z 的方程

$$H(x,y) = 0. \tag{5.10}$$

这就是曲线 C 关于 xOy 平面的投影柱面.

实际上,由于方程(5.10)是方程组(5.9)消去 z 的结果,因此,当 x,y,z 满足方程组(5.9)时,前两个变量 x,y 必定满足方程(5.10),这说明曲线 C 上所有的点都在由方程(5.10)所表示的曲面上;又知方程(5.10)表示一个母线平行于 Oz 轴的柱面,因此,方程(5.10)就是曲线 C 关于 xOy 平面的投影柱面方程.

由此,可得曲线 C 在 xOy 平面上的投影曲线为

$$\begin{cases} H(x,y) = 0, \\ z = 0. \end{cases}$$

同理,若求曲线 C 在 yOz 平面(或 zOx 平面)上的投影曲线,只要消去方程组 (5.9)中的 x(或 y),将所得二元方程与相应的坐标面 $x = 0$(或 $y = 0$)联立,就得到曲线 C 在坐标面 yOz(或 zOx)上的投影曲线方程.

例 5.5 求空间曲线 Γ

$$\begin{cases} z = x^2 + y^2, \\ z = 2 - (x^2 + y^2). \end{cases}$$

在 xOy 平面上的投影曲线方程.

解 从空间曲线 Γ 的方程中,消去坐标 z,得曲线 Γ 关于 xOy 面的投影柱面方程

$$x^2 + y^2 = 2 - (x^2 + y^2),$$

即

$$x^2 + y^2 = 1.$$

故 Γ 在 xOy 面上的投影曲线方程为

$$\begin{cases} x^2 + y^2 = 1, \\ z = 0. \end{cases}$$

习题 7 – 5

1. 写出下列曲面方程的名称,并说明曲面的位置特征.

(1) $x^2 + y^2 = 4$; (2) $9x^2 + 4y^2 = 36$;

(3) $4y^2 - 3z^2 = 12$; (4) $x^2 = 4y$.

2. 写出下列旋转曲面的名称及方程.

(1) 曲线:$\begin{cases} 4x^2 + 9y^2 = 36, \\ z = 0. \end{cases}$ 绕 Ox 轴旋转一周所成的曲面;

(2) 曲线:$\begin{cases} 4x^2 - 9y^2 = 36, \\ z = 0. \end{cases}$ 绕 Ox 轴旋转一周所成的曲面;

(3) 曲线:$\begin{cases} 4x^2 - 9y^2 = 36, \\ z = 0. \end{cases}$ 绕 Oy 轴旋转一周所成的曲面;

(4) 曲线:$\begin{cases} z^2 = 5x, \\ y = 0. \end{cases}$ 绕 Ox 轴旋转一周所成的曲面.

3. 指出下列方程表示的曲面.

(1) $9x^2 + 4y^2 - 36z = 108$;

(2) $(x-1)^2 - y^2 - z^2 = 0$.

(3) $x^2 + z^2 - y = 0$.

4. 指出方程 $\begin{cases} y^2 + z^2 - 2x = 0, \\ z = 3. \end{cases}$ 表示的曲线,并求此曲线在 xOy 平面上的投影曲线方程.

5. 求两曲面 $z = \sqrt{4 - x^2 - y^2}$, $z = \sqrt{x^2 + y^2}$ 的交线在 xOy 平面上的投影曲线.

6. 求圆柱面 $y^2 + z^2 = 2z$ 与圆锥面 $y^2 + z^2 = x^2$ 的交线在 zOx 面上的投影曲线.

第 7 章　基 本 要 求

1. 理解空间直角坐标系的概念,会求空间中两点之间的距离.

2. 掌握向量的概念及其坐标表示法. 会用向量的坐标表示两个向量的和、差、数量积及向量积.

3. 知道两向量之间的夹角公式,及两向量之间的平行、垂直的条件.

4. 可以用向量的坐标表示向量的模、方向余弦及单位向量.

5. 熟悉平面及直线的方程,知道平面与平面、直线与平面的位置关系.

6. 了解常见的二次曲面的方程.

7. 理解本章中的基本内容(包括例题),能独立完成本章中的习题.

复习题　7

1. 填空题.

(1) 若空间中第五卦限内的点 $M(1, 2, z)$ 到原点的距离与原点到点 $M_0(3, 4, 0)$ 的距离相同,则 $z = $ _____.

(2) 向量 $\boldsymbol{a} = (2, -2, 1)$ 在向量 $\boldsymbol{b} = (1, 1, -4)$ 上的投影等于_____.

(3) 若向量 $\boldsymbol{b}$ 与向量 $\boldsymbol{a} = (2, -1, 2)$ 共线,且满足 $\boldsymbol{a} \cdot \boldsymbol{b} = -18$,则 $\boldsymbol{b} = $ _____.

(4) 要使原点 $O(0, 0, 0)$ 到平面 $2x - y + kz = 6(k > 0)$ 的距离 $d = 2$,则 $k = $ _____.

(5) 球面 $x^2 + y^2 + z^2 = R^2$, $(R > 0)$. 与平面 $x + z = a$ 的交线在 xOy 平面上的投影曲线的方程是_____.

2. 选择题.

(1) 已知向量 $\boldsymbol{a} = \boldsymbol{i} + \boldsymbol{j} + \boldsymbol{k}$,则垂直于 $\boldsymbol{a}$,且垂直于 Oy 轴的单位向量是

(A) $\pm \dfrac{\sqrt{3}}{3}(\boldsymbol{i}+\boldsymbol{j}+\boldsymbol{k})$;   (B) $\pm \dfrac{\sqrt{3}}{3}(\boldsymbol{i}-\boldsymbol{j}+\boldsymbol{k})$;

(C) $\pm \dfrac{\sqrt{2}}{2}(\boldsymbol{i}-\boldsymbol{k})$;   (D) $\pm \dfrac{\sqrt{2}}{2}(\boldsymbol{i}+\boldsymbol{k})$.

答( )

(2) 过空间中三个定点 $A(0,4,-5)$、$B(-1,-2,2)$、$C(4,2,1)$ 的平面方程为

(A) $11x-17y-13z-3=0$;   (B) $11x-17y+13z+3=0$;

(C) $11x+17y-13z+3=0$;   (D) $11x-17y-13z+3=0$.

答( )

(3) 空间直线 L 的方程为 $\dfrac{x}{0}=\dfrac{y}{1}=\dfrac{z}{2}$,则该直线过坐标原点,且

(A) $L\perp Oy$ 轴,但是 L 不平行于 Ox 轴;

(B) $L\perp Ox$ 轴;

(C) $L\perp Oz$ 轴,但是 L 不平行于 Ox 轴;

(D) $L/\!/ Ox$ 轴.

答( )

(4) 方程 $y^2+z^2-4x+8=0$,表示

(A) 单叶双曲面;   (B) 双叶双曲面;

(C) 旋转抛物面;   (D) 锥面.

答( )

(5) 曲面 $x^2+y^2+z^2=a^2$ 与 $x^2+y^2=2az$,$(a>0)$ 的交线是

(A) 抛物线;   (B) 圆周;

(C) 椭圆周;   (D) 双曲线.

答( )

3. 解下列各题.

(1) 设非零向量 $\boldsymbol{A}$、$\boldsymbol{B}$、$\boldsymbol{C}$ 满足 $\boldsymbol{A}=\boldsymbol{B}\times\boldsymbol{C}$,$\boldsymbol{B}=\boldsymbol{C}\times\boldsymbol{A}$,$\boldsymbol{C}=\boldsymbol{A}\times\boldsymbol{B}$,求 $|\boldsymbol{A}|+|\boldsymbol{B}|+|\boldsymbol{C}|$ 的值.

(2) 平行四边形 $ABCD$ 的邻边由向量 $\overrightarrow{AB}=\boldsymbol{a}-2\boldsymbol{b}$,$\overrightarrow{AD}=\boldsymbol{a}-3\boldsymbol{b}$ 决定,其中 $|\boldsymbol{a}|=5$,$|\boldsymbol{b}|=3$,$(\widehat{\boldsymbol{a},\boldsymbol{b}})=\dfrac{\pi}{6}$,求平行四边形 $ABCD$ 的面积 S.

(3) 设 $|\boldsymbol{a}|=\sqrt{3}$,$|\boldsymbol{b}|=1$,$(\widehat{\boldsymbol{a},\boldsymbol{b}})=\dfrac{\pi}{6}$,求 $\boldsymbol{A}=\boldsymbol{a}+\boldsymbol{b}$ 与 $\boldsymbol{B}=\boldsymbol{a}-\boldsymbol{b}$ 的夹角 $(\widehat{\boldsymbol{A},\boldsymbol{B}})$.

(4) 设 $\boldsymbol{a}+3\boldsymbol{b}\perp 7\boldsymbol{a}-5\boldsymbol{b}$,$\boldsymbol{a}-4\boldsymbol{b}\perp 7\boldsymbol{a}-2\boldsymbol{b}$,求 $(\widehat{\boldsymbol{a},\boldsymbol{b}})$.

(5) 已知动点 $M(x,y,z)$ 到 xOy 平面的距离与点 M 到点 $A(1,-1,2)$ 的距离相等,求点 M 的轨迹的方程.

(6) 求过点 $A(3,0,0)$ 和点 $B(0,0,1)$ 且与 xOy 平面成 $\dfrac{\pi}{3}$ 角的平面方程.

4. 求下列各题的解.

(1) 平面 π 通过平面 $x+5y+z=0$ 和 $x-z+4=0$ 的交线,且与平面 $x-4y-8z+12=0$ 成 $\dfrac{\pi}{4}$ 的角,求平面 π 的方程.

(2) 验证三个平面:$x+y-2z-1=0$,$x+2y-z+1=0$,$4x+5y-7z-2=0$ 通过同一条直线 L,写出直线 L 的对称式方程.

(3) 求直线 $L:\dfrac{x-1}{9}=\dfrac{y+1}{-4}=\dfrac{z}{-7}$ 在平面 $\pi:2x-y-3z+6=0$ 上的投影直线 l 的方程.

(4) 设平面 π 垂直于平面 $z=0$,并且通过点 $M_0(1,-1,1)$ 到直线:$\begin{cases}y-z+1=0,\\x=0.\end{cases}$ 的垂线,求平面 π 的方程.

5. 试解下列各题.

(1) 已知两个力 $\boldsymbol{f}_1$ 与 $\boldsymbol{f}_2$,其中 $|\boldsymbol{f}_1|=5(\mathrm{N})$,$|\boldsymbol{f}_2|=3(\mathrm{N})$,$(\widehat{\boldsymbol{f}_1,\boldsymbol{f}_2})=\dfrac{\pi}{3}$,求 $\boldsymbol{f}_1$ 与 $\boldsymbol{f}_2$ 的合力 $\boldsymbol{f}$ 的大小和方向.

(2) 已知 $\triangle ABC$ 的顶点为:$A(1,-1,2)$,$B(5,-6,2)$ 和 $C(1,3,-1)$,试求从点 B 到 AC 边的高 BD 的长度.

附录　初等数学常用公式、曲线汇编

一、代数常用公式

(1) 因式分解公式

$(a \pm b)^2 = a^2 \pm 2ab + b^2$.

$a^2 - b^2 = (a + b)(a - b)$.

$(a \pm b)^3 = a^3 \pm 3a^2b + 3ab^2 \pm b^3$.

$a^3 \pm b^3 = (a \pm b)(a^2 \mp ab + b^2)$.

$(a + b + c)^2 = a^2 + b^2 + c^2 + 2ab + 2bc + 2ac$.

(2) 某些级数的部分和

$1 + 2 + 3 + \cdots + n = \dfrac{1}{2} n(n + 1)$.

$1^2 + 2^2 + 3^2 + \cdots + n^2 = \dfrac{1}{6} n(n + 1)(2n + 1)$.

$1^3 + 2^3 + 3^3 + \cdots + n^3 = \dfrac{1}{4} n^2(n + 1)^2$.

$1^4 + 2^4 + 3^4 + \cdots + n^4 = \dfrac{1}{30} n(n + 1)(2n + 1)(3n^2 + 3n - 1)$.

$1 - 2 + 3 - \cdots + (-1)^{n-1} n = \dfrac{1}{2}(n + 1) \quad (n \text{ 为奇数})$.

$1 - 2 + 3 - \cdots + (-1)^{n-1} n = -\dfrac{1}{2} n \quad (n \text{ 为偶数})$.

$1^2 - 2^2 + 3^2 + \cdots + (-1)^{n-1} n^2 = (-1)^{n-1} \dfrac{1}{2} n(n + 1)$.

$1^3 - 2^3 + 3^3 - \cdots + (-1)^{n-1} n^3 = \dfrac{1}{4}(2n - 1)(n + 1)^3 \quad (n \text{ 为奇数})$.

$1^3 - 2^3 + 3^3 - \cdots + (-1)^{n-1} n^3 = -\dfrac{1}{4} n^2(2n + 3) \quad (n \text{ 为偶数})$.

$2 + 4 + \cdots + 2n = n(n + 1)$.

$1 + 3 + \cdots + (2n - 1) = n^2$.

$$1^2 + 3^2 + \cdots + (2n-1)^2 = \frac{1}{3}n(4n^2-1).$$

$$1^3 + 3^3 + \cdots + (2n-1)^3 = n^2(2n^2-1).$$

$$1 \cdot 2 + 2 \cdot 3 + \cdots + n(n+1) = \frac{1}{3}n(n+1)(n+2).$$

$$a + (a+d) + \cdots + [a+(n-1)d] = \frac{a[a+(n-1)d]}{2} \cdot n \quad (\text{等差级数}).$$

$$a + aq + \cdots + aq^{n-1} = a \cdot \frac{1-q^n}{1-q}, (q \neq 1) \quad (\text{等比级数}).$$

(3) 代数方程的根

$$Ax = B \quad (A \neq 0). \quad x = \frac{B}{A}.$$

$$ax^2 + bx + c = 0, \quad x_1, x_2 = \frac{-b \pm \sqrt{b^2-4ac}}{2a}.$$

且 $\quad x_1 + x_2 = -\frac{b}{a}, \quad x_1 \cdot x_2 = \frac{c}{a}.$

$\Delta = b^2 - 4ac$ 称为一元二次方程的判别式,

若 $\Delta > 0$,二次方程有两个不相等的实数根;

若 $\Delta = 0$,二次方程有两个相等的实数根;

若 $\Delta < 0$,二次方程有一对共轭的复数根.

$$x^3 + px + q = 0,$$

$$x_1 = \sqrt[3]{-\frac{q}{2} + \sqrt{(\frac{q}{2})^2 + (\frac{p}{3})^3}} + \sqrt[3]{-\frac{q}{2} - \sqrt{(\frac{q}{2})^2 + (\frac{p}{3})^3}};$$

$$x_2 = \omega\sqrt[3]{-\frac{q}{2} + \sqrt{(\frac{q}{2})^2 + (\frac{p}{3})^3}} + \omega^2\sqrt[3]{-\frac{q}{2} - \sqrt{(\frac{q}{2})^2 + (\frac{p}{3})^3}};$$

$$x_3 = \omega^2\sqrt[3]{-\frac{q}{2} + \sqrt{(\frac{q}{2})^2 + (\frac{p}{3})^3}} + \omega\sqrt[3]{-\frac{q}{2} - \sqrt{(\frac{q}{2})^2 + (\frac{p}{3})^3}}.$$

其中 $\omega = \frac{-1+\sqrt{3}i}{2}, \omega^2 = \frac{-1-\sqrt{3}i}{2}$,(卡丹公式).

且有 $x_1 + x_2 + x_3 = 0, \frac{1}{x_1} + \frac{1}{x_2} + \frac{1}{x_3} = -\frac{p}{q}, x_1 x_2 x_3 = -q.$

$\Delta = (\frac{q}{2})^2 + (\frac{p}{3})^3$ 称为一元三次方程 $x^3 + px + q = 0$ 的判别式.

若 $\Delta > 0$,方程有一个实数根和两个复数根;

若 $\Delta = 0$,方程有三个实数根,(当 $p = q = 0$ 时,方程有三重零根;

当 $(\frac{q}{2})^2 = -(\frac{p}{3})^3 \neq 0$ 时,三个实根中有两个相等);

若 $\Delta < 0$,方程有三个不相等的实数根.

*对一般的三次方程:$az^3 + bz^2 + cz + d = 0$ ($a \neq 0$),可化为 $z^3 + \frac{b}{a}z^2 + \frac{c}{a}z$

$+ \frac{d}{c} = 0$. 令 $z = x - \frac{b}{3a}$,方程变为 $x^3 + px + q = 0$. 解出此方程后,可得:$z_1 = x_1 - \frac{b}{3a}, z_2 = x_2 - \frac{b}{3a}, z_3 = x_3 - \frac{b}{3a}$.

(4) 复数的运算

$z = a + bi, (i = \sqrt{-1}, i^2 = -1, i^3 = -i, i^4 = 1)$.

$a = \mathrm{Re}z, b = \mathrm{Im}z, |z| = \sqrt{a^2 + b^2} = r$;

$z = |z|(\cos\theta + i\sin\theta) = |z|e^{i\theta}$ (θ 为幅角);

$(a + bi) \pm (c + di) = (a \pm c) + (b \pm d)i$;

$(a + bi) \times (c + di) = (ac - bd) + (bc + ad)i$;

$(a + bi) \div (c + di) = \frac{ac + bd}{c^2 + d^2} + \frac{bc - ad}{c^2 + d^2}i$.

设 $z_1 = r_1(\cos\theta_1 + i\sin\theta_1), z_2 = r_2(\cos\theta_2 + i\sin\theta_2)$,

则 $z_1 \cdot z_2 = r_1 \cdot r_2[\cos(\theta_1 + \theta_2) + i\sin(\theta_1 + \theta_2)]$;

$\frac{z_1}{z_2} = \frac{r_1}{r_2}[\cos(\theta_1 - \theta_2) + i\sin(\theta_1 - \theta_2)]$;

$z_1^n = r_1^n(\cos n\theta_1 + i\sin n\theta_1)$;

$z_1^{\frac{1}{n}} = r_1^{\frac{1}{n}}(\cos\frac{\theta_1 + 2k\pi}{n} + i\sin\frac{\theta_1 + 2k\pi}{n})$ ($k = 0, 1, \cdots, n-1$).

(5) 阶乘、排列与组合

n 的阶乘:$n! = 1 \cdot 2 \cdot 3 \cdots n$ (并规定 $0! = 1$).

跳乘:$(2n+1)!! = 1 \cdot 3 \cdot 5 \cdots (2n+1) = \frac{(2n+1)!}{2^n \cdot n!}$,

$(2n)!! = 2 \cdot 4 \cdot 6 \cdots 2n = 2^n \cdot n!$ (并规定 $0!! = 1$).

选排列:从 n 个不同的元素中,每次取出 k 个($k \leqslant n$)不同的元素排成一列,其排列种数为

$$A_n^k = n(n-1)(n-2)\cdots(n-k+1) = \frac{n!}{(n-k)!}.$$

全排列:

$$P_n = A_n^n = n!.$$

组合：从 n 个不同的元素中，每次取出 k 个 $(k \leqslant n)$ 不同的元素合并成一组，其组合种数为

$$C_n^k = \frac{A_n^k}{k!} = \frac{n!}{(n-k)!\,k!}\,;$$

$$C_n^k = C_n^{n-k} = \frac{n}{k}C_{n-1}^{k-1} = \frac{n}{n-k}C_{n-1}^k.$$

二项式定理：$(a+b)^n = C_n^0 a^n + C_n^1 a^{n-1}b^1 + C_n^2 a^{n-2}b^2 + \cdots + C_n^n b^n$

$$= \sum_{k=0}^{n} C_n^k a^{n-k}b^k.\,(并规定\ C_n^0 = 1)$$

(6) 指数与对数运算法则及公式

$$a^m \cdot a^n = a^{m+n}\,; \qquad\qquad \frac{a^m}{a^n} = a^{m-n}\,;$$

$$(a^m)^n = a^{mn}\,; \qquad\qquad (ab)^m = a^m \cdot b^m\,;$$

$$\left(\frac{a}{b}\right)^m = \frac{a^m}{b^m}\,; \qquad\qquad a^{\frac{m}{n}} = \sqrt[n]{a^m} = (\sqrt[n]{a})^m\,;$$

$$a^{-m} = \frac{1}{a^m}\,; \qquad\qquad a^0 = 1.$$

$$\log_a a = 1\,; \qquad\qquad \log_a 1 = 0\,;$$

$$\log_a(xy) = \log_a x + \log_a y\,; \qquad \log_a \frac{x}{y} = \log_a x - \log_a y\,;$$

$$\log_a x^\alpha = \alpha \log_a x\,; \qquad\qquad a^{\log_a x} = x\,;$$

$$\log_a x = \frac{\log_b x}{\log_b a}\,; \qquad\qquad \log_a b \cdot \log_b a = 1.$$

二、几何常用公式

(1) 三角形

在 $\triangle ABC$ 中，a,b,c 分别为 $\angle A$、$\angle B$、$\angle C$ 的对边

$$\angle A + \angle B + \angle C = 180° = \pi(弧度)$$

$$S_{\triangle ABC} = \frac{1}{2}ab\sin C = \sqrt{p(p-a)(p-b)(p-c)}$$

$$= 2R^2 \sin A \sin B \sin C = \frac{abc}{4R} = rp.$$

(这里 $p = \frac{1}{2}(a+b+c)$，R 为外接圆半径，r 为内切圆半径.)

a 边上的高线 $\quad h_a = b\sin c = \sqrt{b^2 - \left(\dfrac{a^2+b^2-c^2}{2a}\right)^2}\,;$

a 边上的中线　$m_a = \dfrac{1}{2}\sqrt{2(b^2 + c^2) - a^2} = \dfrac{1}{2}\sqrt{b^2 + c^2 + 2bc\cos A}$；

$\angle A$ 的平分线　$t_a = \dfrac{1}{b+c}\sqrt{bc\left[(b+c)^2 - a^2\right]} = \dfrac{2bc}{b+c}\cos\dfrac{A}{2}$；

外接圆半径　　$R = \dfrac{a}{2\sin A} = \dfrac{b}{2\sin B} = \dfrac{c}{2\sin C} = \dfrac{abc}{4S_{\triangle ABC}}$；

内切圆半径　　$r = \dfrac{S_{\triangle ABC}}{p} = \sqrt{\dfrac{(p-a)(p-b)(p-c)}{p}}$

$$= p\tan\dfrac{A}{2}\tan\dfrac{B}{2}\tan\dfrac{C}{2} = 4R\sin\dfrac{A}{2}\sin\dfrac{B}{2}\sin\dfrac{C}{2}$$；

(2) 圆(设圆的半径为 r)

圆周长　　　$C = 2\pi r$；

圆面积　　　$S = \pi r^2$；

圆扇形面积 $S = \dfrac{1}{2}rs = \dfrac{1}{2}\alpha r^2 = \dfrac{\pi\theta r^2}{360}$　(其中 s 为弧长，α 为圆心角的弧度数，θ 为圆心角的角度数)；

圆扇形的弧长 $s = \dfrac{\pi\theta}{180}r = \alpha r$；

圆扇形的弦长 $b = 2r\sin\dfrac{\theta}{2}$；

(3) 正多边形(设边长为 a)

正三角形面积 $S = \dfrac{\sqrt{3}}{4}a^2$；

正方形的面积 $S = a^2$；

正五边形面积 $S = \dfrac{1}{4}\sqrt{25 + 10\sqrt{5}}\,a^2$；

正六边形面积 $S = \dfrac{3\sqrt{3}}{2}a^2$；

正 n 边形面积 $S = \dfrac{n}{2}R^2\sin\dfrac{360°}{n}$.

(4) 立体几何

正圆锥的体积　$V = \dfrac{1}{3}\pi R^2 h$　(R 为底面半径，h 为圆锥的高)；

正圆锥的侧面积 $S_{侧} = \pi Rl$　(l 为圆锥的斜高)；

正圆锥的表面积 $S = \pi R(R + l)$；

$$l = \sqrt{R^2 + h^2}.$$

圆台的体积　　$V = \dfrac{\pi}{3}h(R^2 + r^2 + Rr)$　(h 为圆台的高，r，R 分别为上、下底圆

半径）．

圆台的侧面积　$S_侧 = \pi l(R + r)$　（l 为圆台的斜高）．

圆台的表面积　$S = S_侧 + \pi(R^2 + r^2) = \pi[l(R + r) + (R^2 + r^2)]$．

圆台所在的圆锥的高 $H = h + \dfrac{hr}{R - r}$．

球的体积　　　$V = \dfrac{4}{3}\pi R^3$　（R 为球的半径）．

球的表面积　　$S = 4\pi R^2$．

三、平面三角常用公式

（1）三角函数的基本公式

$\sin\alpha \cdot \csc\alpha = 1$，　　　　$\cos\alpha \cdot \sec\alpha = 1$，　　　$\tan\alpha \cdot \cot\alpha = 1$，

$\tan\alpha = \dfrac{\sin\alpha}{\cos\alpha}$，　　　　$\cot\alpha = \dfrac{\cos\alpha}{\sin\alpha}$，

$\sin^2\alpha + \cos^2\alpha = 1$，　　$\sec^2\alpha = 1 + \tan^2\alpha$，　　$\csc^2\alpha = 1 + \cot^2\alpha$．

$1(弧度) = \dfrac{180°}{\pi} \approx 57°18' \approx 57.29°$．

$1° = \dfrac{\pi}{180}(弧度) \approx 0.01745(弧度)$．

（2）三角函数在某些特殊角的值

函数 ＼ 角 α	0	$\dfrac{\pi}{6}$	$\dfrac{\pi}{4}$	$\dfrac{\pi}{3}$	$\dfrac{\pi}{2}$
$\sin\alpha$	0	$\dfrac{1}{2}$	$\dfrac{\sqrt{2}}{2}$	$\dfrac{\sqrt{3}}{2}$	1
$\cos\alpha$	1	$\dfrac{\sqrt{3}}{2}$	$\dfrac{\sqrt{2}}{2}$	$\dfrac{1}{2}$	0
$\tan\alpha$	0	$\dfrac{\sqrt{3}}{3}$	1	$\sqrt{3}$	不存在
$\cot\alpha$	不存在	$\sqrt{3}$	1	$\dfrac{\sqrt{3}}{3}$	0
$\sec\alpha$	1	$\dfrac{2\sqrt{3}}{3}$	$\sqrt{2}$	2	不存在
$\csc\alpha$	不存在	2	$\sqrt{2}$	$\dfrac{2\sqrt{3}}{3}$	1

(3) 三角函数在各象限中的符号

函数＼角 α	$0 < \alpha < \dfrac{\pi}{2}$	$\dfrac{\pi}{2} < \alpha < \pi$	$\pi < \alpha < \dfrac{3\pi}{2}$	$\dfrac{3\pi}{2} < \alpha < 2\pi$
$\sin\alpha$	+	+	−	−
$\cos\alpha$	+	−	−	+
$\tan\alpha$	+	−	+	−
$\cot\alpha$	+	−	+	−
$\sec\alpha$	+	−	−	+
$\csc\alpha$	+	+	−	−

(4) 化各象限里的三角函数为第一象限三角函数的表(诱导公式)：

函 数	$\beta = \dfrac{\pi}{2} \pm \alpha$	$\beta = \pi \pm \alpha$	$\beta = \dfrac{3\pi}{2} \pm \alpha$	$\beta = -\alpha$ $\beta = 2\pi - \alpha$
$\sin\beta$	$+\cos\alpha$	$\mp\sin\alpha$	$-\cos\alpha$	$-\sin\alpha$
$\cos\beta$	$\mp\sin\alpha$	$-\cos\alpha$	$\pm\sin\alpha$	$+\cos\alpha$
$\tan\beta$	$\mp\cot\alpha$	$\pm\tan\alpha$	$\mp\cot\alpha$	$-\tan\alpha$
$\cot\beta$	$\mp\tan\alpha$	$\pm\cot\alpha$	$\mp\tan\alpha$	$-\cot\alpha$
$\sec\beta$	$\mp\csc\alpha$	$-\sec\alpha$	$\pm\csc\alpha$	$+\sec\alpha$
$\csc\beta$	$+\sec\alpha$	$\mp\csc\alpha$	$-\sec\alpha$	$-\csc\alpha$

(5) 两角和差的三角函数

$$\sin(\alpha \pm \beta) = \sin\alpha\cos\beta \pm \cos\alpha\sin\beta,$$

$$\cos(\alpha \pm \beta) = \cos\alpha\cos\beta \mp \sin\alpha\sin\beta,$$

$$\tan(\alpha \pm \beta) = \frac{\tan\alpha \pm \tan\beta}{1 \mp \tan\alpha\tan\beta},$$

$$\cot(\alpha \pm \beta) = \frac{\cot\alpha\cot\beta \mp 1}{\cot\beta \pm \cot\alpha}.$$

(6) 倍角的三角函数

$$\sin 2\alpha = 2\sin\alpha\cos\alpha = \frac{2\tan\alpha}{1 + \tan^2\alpha}.$$

$$\cos2\alpha = \cos^2\alpha - \sin^2\alpha = 2\cos^2\alpha - 1 = 1 - 2\sin^2\alpha,$$

$$\tan2\alpha = \frac{2\tan\alpha}{1 - \tan^2\alpha}, \quad \cot2\alpha = \frac{\cot^2\alpha - 1}{2\cot\alpha}.$$

(7) 半角的三角函数

$$\sin\frac{\alpha}{2} = \pm\sqrt{\frac{1 - \cos\alpha}{2}}, \cos\frac{\alpha}{2} = \pm\sqrt{\frac{1 + \cos\alpha}{2}},$$

$$\tan\frac{\alpha}{2} = \pm\sqrt{\frac{1 - \cos\alpha}{1 + \cos\alpha}} = \frac{1 - \cos\alpha}{\sin\alpha} = \frac{\sin\alpha}{1 + \cos\alpha},$$

$$\cot\frac{\alpha}{2} = \pm\sqrt{\frac{1 + \cos\alpha}{1 - \cos\alpha}} = \frac{1 + \cos\alpha}{\sin\alpha} = \frac{\sin\alpha}{1 - \cos\alpha}.$$

(8) 和差化积公式

$$\sin\alpha \pm \sin\beta = 2\sin\frac{\alpha \pm \beta}{2}\cos\frac{\alpha \mp \beta}{2},$$

$$\cos\alpha + \cos\beta = 2\cos\frac{\alpha + \beta}{2}\cos\frac{\alpha - \beta}{2},$$

$$\cos\alpha - \cos\beta = -2\sin\frac{\alpha + \beta}{2}\sin\frac{\alpha - \beta}{2},$$

$$\tan\alpha \pm \tan\beta = \frac{\sin(\alpha \pm \beta)}{\cos\alpha\cos\beta},$$

$$\cot\alpha \pm \cot\beta = \pm\frac{\sin(\alpha \pm \beta)}{\sin\alpha\sin\beta}.$$

(9) 积化和差公式

$$\sin\alpha\sin\beta = \frac{1}{2}\big[\cos(\alpha - \beta) - \cos(\alpha + \beta)\big],$$

$$\cos\alpha\cos\beta = \frac{1}{2}\big[\cos(\alpha - \beta) + \cos(\alpha + \beta)\big],$$

$$\sin\alpha\cos\beta = \frac{1}{2}\big[\sin(\alpha - \beta) + \sin(\alpha + \beta)\big].$$

(10) 三倍角公式

$$\sin3\alpha = -4\sin^3\alpha + 3\sin\alpha,$$

$$\cos3\alpha = 4\cos^3\alpha - 3\cos\alpha,$$

$$\tan 3\alpha = \frac{3\tan\alpha - \tan^3\alpha}{1 - 3\tan^2\alpha},$$

$$\cot 3\alpha = \frac{\cot^3\alpha - 3\cot a}{3\cot^2\alpha - 1}.$$

（11）三角形的边角关系

正弦定理： $\dfrac{a}{\sin A} = \dfrac{b}{\sin B} = \dfrac{c}{\sin C} = 2R.$

余弦定理： $a^2 = b^2 + c^2 - 2bc\cos A.$

四、常用参考曲线图

（1）部分幂函数曲线图　　　　（2）半立方抛物线

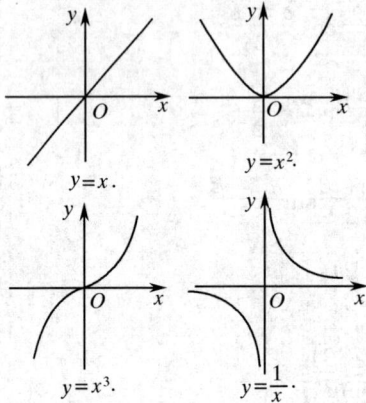

$y=x.$

$y=x^2.$

$y=x^3.$

$y=\dfrac{1}{x}.$

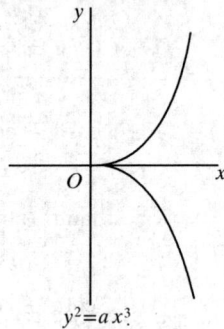

$y^2=ax^3$

（3）箕舌线　　　　　　　　（4）蔓叶线

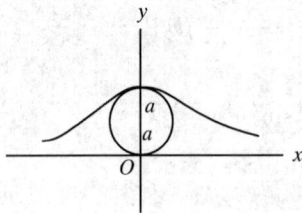

$x^2y = 4a^2(2a-y).$

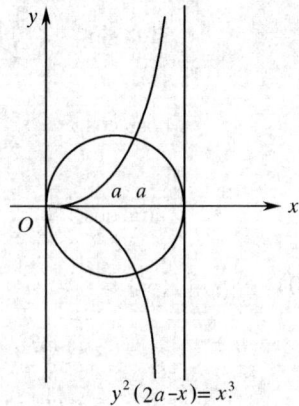

$y^2(2a-x) = x^3.$

(5) 伯努利双纽线

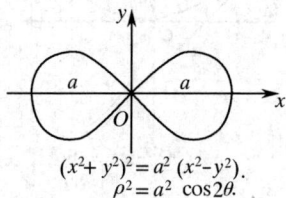

$$(x^2+y^2)^2=a^2(x^2-y^2).$$
$$\rho^2=a^2\cos2\theta.$$

(6) 蚌线

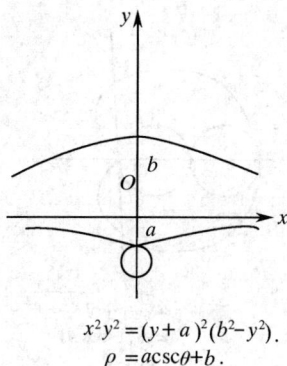

$$x^2y^2=(y+a)^2(b^2-y^2).$$
$$\rho=a\csc\theta+b.$$

(7) 普通摆线

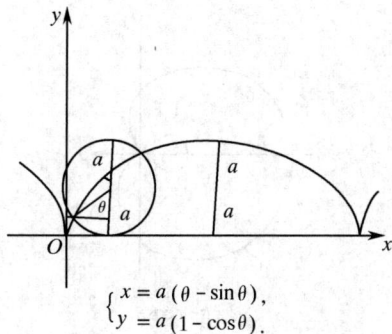

$$\begin{cases}x=a(\theta-\sin\theta),\\y=a(1-\cos\theta).\end{cases}$$

(8) 摆线,顶点在原点

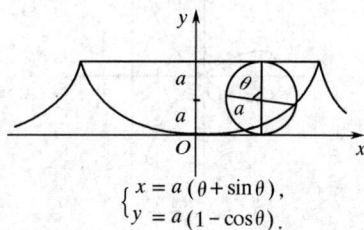

$$\begin{cases}x=a(\theta+\sin\theta),\\y=a(1-\cos\theta).\end{cases}$$

(9) 有四个尖点的内摆线

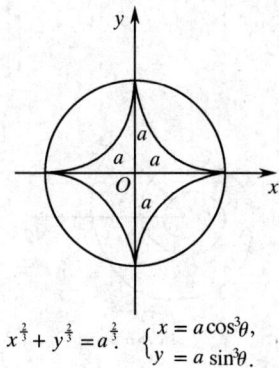

$$x^{\frac{2}{3}}+y^{\frac{2}{3}}=a^{\frac{2}{3}}.\quad\begin{cases}x=a\cos^3\theta,\\y=a\sin^3\theta.\end{cases}$$

(10) 悬链线

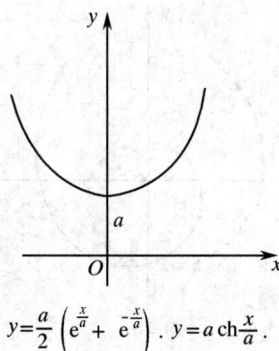

$$y=\frac{a}{2}\left(e^{\frac{x}{a}}+e^{-\frac{x}{a}}\right).\quad y=a\operatorname{ch}\frac{x}{a}.$$

（11）心形线

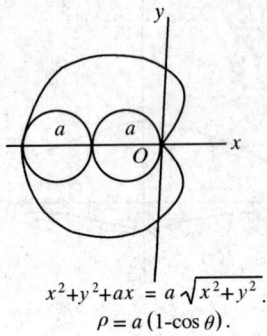

$$x^2+y^2+ax = a\sqrt{x^2+y^2}.$$
$$\rho = a(1-\cos\theta).$$

（12）笛卡儿叶线

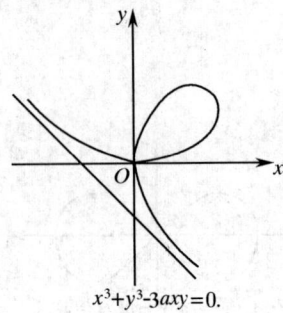

$$x^3+y^3-3axy=0.$$

（13）环索线

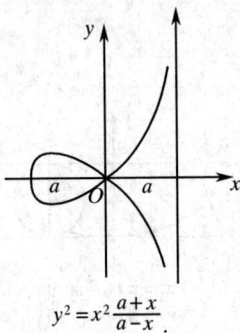

$$y^2 = x^2\frac{a+x}{a-x}.$$

（14）巴斯卡蜗线

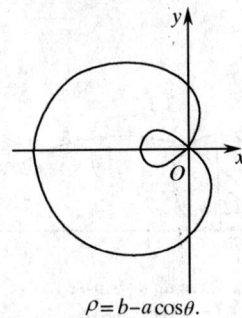

$$\rho = b-a\cos\theta.$$

（15）阿基米得螺线

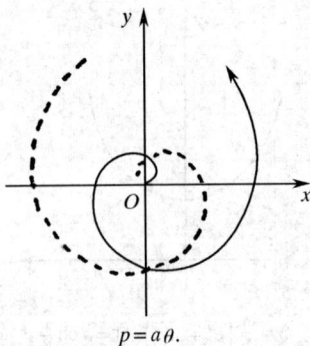

$$p = a\theta.$$

（16）对数螺线

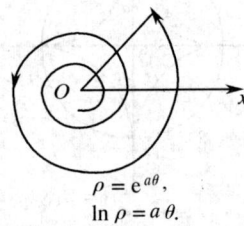

$$\rho = e^{a\theta},$$
$$\ln\rho = a\theta.$$

（17）概率曲线

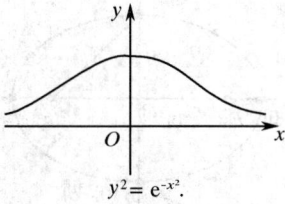

$$y^2 = e^{-x^2}.$$

（18）原点为孤立点的曲线

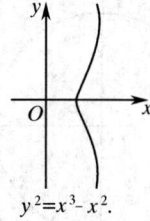

$$y^2 = x^3 - x^2.$$

（19）三瓣玫瑰线

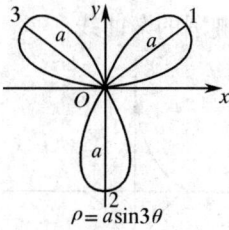

$$\rho = a\sin 3\theta$$

（20）三瓣玫瑰线

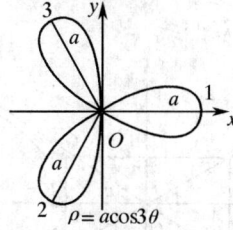

$$\rho = a\cos 3\theta$$

（21）四瓣玫瑰线

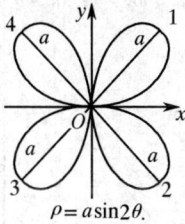

$$\rho = a\sin 2\theta.$$

（22）四瓣玫瑰线

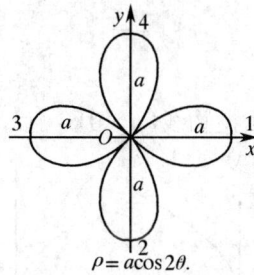

$$\rho = a\cos 2\theta.$$

（23）双 纽 线

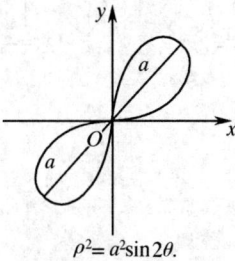

$$\rho^2 = a^2\sin 2\theta.$$

（24）八瓣玫瑰线

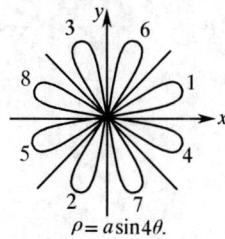

$$\rho = a\sin 4\theta.$$

（25）圆

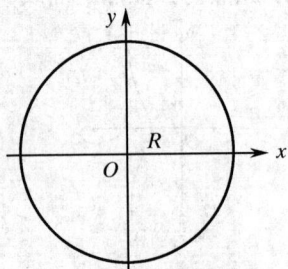

$$x^2+y^2=R^2 \cdot \begin{cases} x = R\cos\theta, \\ y = R\sin\theta. \end{cases}$$

（26）椭圆

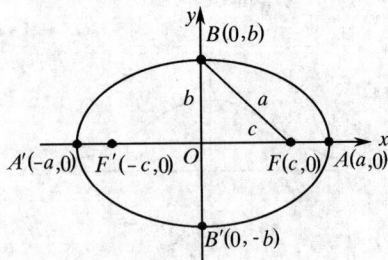

$$\frac{x^2}{a^2}+\frac{y^2}{b^2}=1 \cdot \begin{cases} x = a\cos\theta, \\ y = b\sin\theta. \end{cases}$$

（27）双曲线

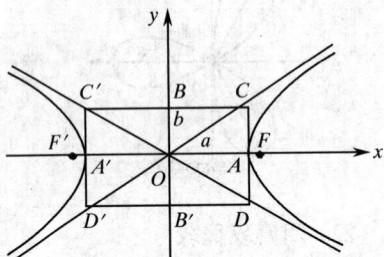

$$\frac{x^2}{a^2}-\frac{y^2}{b^2}=1 \cdot$$

（28）椭圆的渐曲线

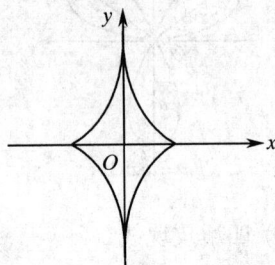

$$(ax)^{\frac{2}{3}}+(by)^{\frac{2}{3}} = (a^2-b^2)^{\frac{2}{3}}$$

（29）抛物线$(p>0)$

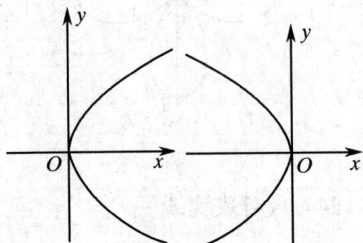

$$y^2=2px \qquad y^2=-2px$$

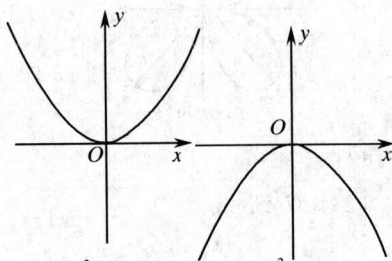

$$x^2=2py \qquad x^2=-2py$$